DevOps: A Software Architect's Perspective

DevOps教科書

レン・バス ■ インゴ・ウェーバー ■ リーミン・チュー
Len Bass　Ingo Weber　Liming Zhu
長尾高弘・訳

日経BP社

DevOps: A Software Architect's Perspective
by Len Bass, Ingo Weber, Liming Zhu

Authorized translation from the English language edition, entitled
DevOps: A Software Architect's Perspective, 1st Edition, ISBN: 0134049845
by Len Bass, Ingo Weber, Liming Zhu,
published by Pearson Education, Inc., publishing as Addison-Wesley
Professional.

Japanese language edition published by Nikkei Business Publications, Inc.

Japanese translation rights arranged with Pearson Education, Inc.
through Japan UNI Agency, Inc., Tokyo, Japan.

〔 〕でくくった部分は、訳者と日経ＢＰ社による補足です。

目次

第2部 デプロイパイプライン

第4章 全体のアーキテクチャ

第5章 ビルドとテスト

第４部 ケーススタディ

第５部　今後の方向

はじめに

私たちは数年前から運用(オペレーション)の問題を研究しており、当然、DevOpsという動きにも注目している。DevOpsは、Gartnerのハイプサイクル〔技術の成熟度、採用度、社会への適用度を示す図〕で着実に上昇しており、経営上の存在理由もしっかりとしている。ITマネージャーの立場からのDevOps論(たとえば、小説の『*The Phoenix Project: A Novel about IT, DevOps, and Helping Your Business Win*』〔日本語訳は『The DevOps 逆転だ！――究極の継続的デリバリー』〕)や、プロジェクトマネージャーの立場からのDevOps論(たとえば、『*Continuous Delivery: Reliable Software Releases Through Build, Test, and Deployment Automation*』〔日本語訳は『継続的デリバリー―― 信頼できるソフトウェアリリースのためのビルド・テスト・デプロイメントの自動化』(アスキー・メディアワークス)〕)も目にすることができた。そして、社内文化の改革やユニット(組織単位)の境界の破壊について取り上げた文献は多数ある。

しかし、私たちが非常に不満に思ったのは、ソフトウェアアーキテクトの立場からDevOpsを取り上げた文献が非常に少ないことだ。運用の担当者を正規のステークホルダーとして扱い、彼らが何を必要としているかに耳を傾けることは、確かに重要なことだ。運用とプロジェクト管理をサポートするツールを使うことも重要である。しかし、私たちは、DevOpsにはステークホルダー管理とツールの利用以上のものがあるはずだということを強く感じたのである。

実際、そのようなものがある。本書が埋めたいと思っているギャップはそれだ。DevOpsは、設計、プロセス、ツールの整備、組織構造の間の魅力的な相互作用である。本書では、2つの大きな問いに答えようと思っている。DevOpsの目標を達成するために、ソフトウェアアーキテクトが下さなければならない技術的な判断とは何かと、DevOps空間の他のプレーヤーたちはソフトウェアアーキテクトにどのようなインパクトを与えるのかだ。

そして、DevOpsの目標を達成するためには、システムのアーキテクチャを根本的に変えなければならないことがある。また、システムを本番稼働させ、サポートするために必要な職掌にも改革が必要になる場合がある。

ソフトウェアアーキテクトが設計、構築するシステムのビジネス面でのコンテキストや目標を理解しなければならないのと同じように、DevOpsを理解するためには、技術と運用のコンテキストだけではなく、組織とビジネスのコンテキストを理解しなければならない。

本書のメインの読者は、「このプロジェクトや組織はDevOpsの実践を取り入れるべきか」と尋ねられそうな現役のソフトウェアアーキテクトだ。尋ねられるのではなく、導入を命令されるアーキテクトも含まれる。しかし、本にはメインではない読者というものもいるものだ。ソフトウェアアーキテクトの仕事を学びたいと思っている学生は、本書の内容に興味を感じるだろう。また、DevOpsをテーマとする研究者も、本書からは重要な基礎知識が得られるはずだ。しかし、私たちが読者として意識しているのは、現役のアーキテクトである。

本書の概要

本書は、DevOpsの背景から論じていく。第1部は、DevOpsの目標、DevOpsが解決しようとしている問題を取り上げる。DevOpsの実践とアジャイルの方法論との関係のほか、組織的、文化的な問題にも触れる。

第2章では、クラウドを掘り下げる。DevOpsの実践は、プラットフォームとしてのクラウドとともに発展、成長してきた。両者は理論的には切り離せるものだが、実際には、仮想化とクラウドはDevOpsの実践を可能にした重要な要因である。

背景についての最後の章である第3章では、ITIL（Information Technology Infrastructure Library）を通して運用を掘り下げる。ITILは、運用部門のもっとも重要な職務の組織論だ。DevOpsの実践にすべての運用の職務が含まれているわけではないが、運用部門の職責についての理解がある程度あれば、担当とその職務を理解するときに特に重要なコンテキストが見えてくる。

第2部は、デプロイパイプラインを説明する。まず、第4章では、マイクロサービスアーキテクチャというスタイルを掘り下げていく。DevOpsの実践のためにはシステムのアーキテクチャをこのスタイルで決めていく必要があるというわけではないが、マイクロサービスアーキテクチャは、DevOpsを生み出したさまざまな問題の解決を意図して設計されている。

第5章では、ビルド、テストプロセスとツールチェーンを駆け足で見ていく。これらを理解することは重要だが、これらは私たちが重点を置いているテーマではない。システムを本番稼働に導くために使われているさまざまな環境、それらの環境で使われているさまざまなタイプのテストに簡単に触れる。DevOpsで使われるツールの多くは、ビルド、テストのプロセスで使われるので、それらのツールを理解し、使いこなすためのコンテキストを示そうと思う。

第2部の最後のテーマはデプロイだ。DevOpsの目標の1つは、デプロイのスピードアップである。この目標を達成するために、個々の開発チームが準備でき次第それぞれのコードを独立してデプロイできるようにするというテクニックが使われている。しかし、独立したデプロイは、整合性に関連してさまざまな問題を引き起こす。同時に本番稼働しているシステムの複数のバージョンを管理し、エラーが起きた場合にはロールバックするさまざまなデプロイモデルを取り上げるほか、システムを本番稼働するために処理しなければならないその他各種のテーマも説明する。

第2部は、機能的な側面からデプロイを見ているが、システムの設計に大きな影響を及ぼし、システムがどれだけ普及するかを左右するのは、品質的な側面になることが多い。第3部では、横断的な意味を持つ問題に注目していく。まず、第7章ではモニタリングとライブテストを取り上げる。現代のソフトウェアのテストは、システムが本番環境に置かれても終わりにならない。まず第1に、問題点の洗い出しのためにシステムを徹底的にモニタリングする。そして第2に、システムが本番環境に置かれたあとも、さまざまな形でテストが継続する。

第8章で取り上げるセキュリティも横断的な意味を持つ問題である。全社規模のものから特定のシステム限定のものまで環境内のセキュリティ管理のさまざまなタイプを示す。セキュリティに関連したさまざまな職務を取り上げ、セキュリティ監査においてそれらの職務がどのように評価されるかを示す。

重要な品質はセキュリティだけではない。第9章では、DevOpsの実践に関連するその他の品質を取り上げる。パフォーマンス、信頼性、デプロイパイプラインの可塑性などが話題となる。

第3部の最後の章である第10章では、経営に関連して考慮しなければならないことを取り上げる。DevOpsのように広範な部門を巻き込む実践は、経営陣の支持がなければ採用できない。このような支持を獲得するための手段として一般的なのはビジネスプランだ。そこで、DevOpsの採用を実現するビジネスプランの要素を示し、議論、ロールアウト、計測をどのように進めるべきかを説明する。

第4部では、3つのケーススタディをお見せする。DevOpsの実践を軌道に載せた組織は、秘訣の一端を教えてくれる。第11章では、事業継続の目的のために2つのデータセンターを管理する方法を論じる。第12章は、継続的デプロイパイプラインの具体的なポイントを示す。第13章は、1つの組織がマイクロサービスアーキテクチャに移行していく過程を示す。

第5部では、将来を予測して本書を締めくくる。第14章は、私たちの研究について、また、運用を一連のプロセスとしてみるという研究の方法的基礎について説明する。第15章は、DevOpsが今後3年から5年のスパンでどのように発展していくかについての私たちの予測を示す。

謝辞

本書のような本は、多くの人々の助けを必要とする。ケーススタディを提供してくれたChris Williams、John Painter、Daniel Hand、Sidney Shekと一部の章で私たちに力を貸してくれたAdnene Guabtni、Kanchana Wickremasinghe、Min Fu、Xiwei Xuに感謝したい。

Manuel Paisは、ケーススタディの手配を助けてくれた。Philippe

Kruchten、Eoin Woods、Gregory Hartman、Sidney Shek、Michael Lorant、Wouter Geurts、Eltjo Poort は、本書のさまざまな側面にコメントしたり参加したりしてくれた。

Jean-Michel Lemieux、Greg Warden、Robin Fernandes、Jerome Touffe-Blin、Felipe Cuozzo、Pramod Korathota、Nick Wright、Vitaly Osipov、Brad Baker、Jim Watts は、第 13 章にコメントしてくれた。

Addison-Wesley は、制作プロセスでいつものプロフェッショナルで効率のよい仕事をしてくれた。本書にとっては彼らの専門能力は大きな力になっている。

最後に、私たちは NICTA とその経営陣に感謝したい。NICTA は、オーストラリア通信芸術省とオーストラリア研究会議が ICT Centre of Excellence Program を通じて設立したものだ。彼らの寛大な支援がなければ、本書を書くことはできなかっただろう。

凡例

図では 4 種類の記法を使う。アーキテクチャの主要概念は、専用の記法を持っている。ある種のプロセスを表現するために BPMN（ビジネスプロセスモデリング記法）を使い、別のプロセスのためにポーターの価値連鎖図を使う。そして、飛び飛びに起きるアクティビティの流れを描く UML シーケンス図である。ここでは UML シーケンス図は示さないが、ほかの記法は次のように使う。

アーキテクチャ図

図 P.1　個人と人のグループ

図 P.2 コンポーネント（実行時のエンティティ）、モジュール（コーディング時のエンティティのコレクション）、データフロー

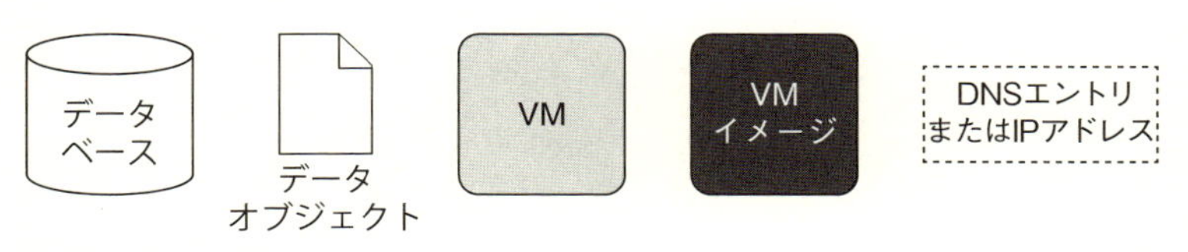

図 P.3 専用エンティティ

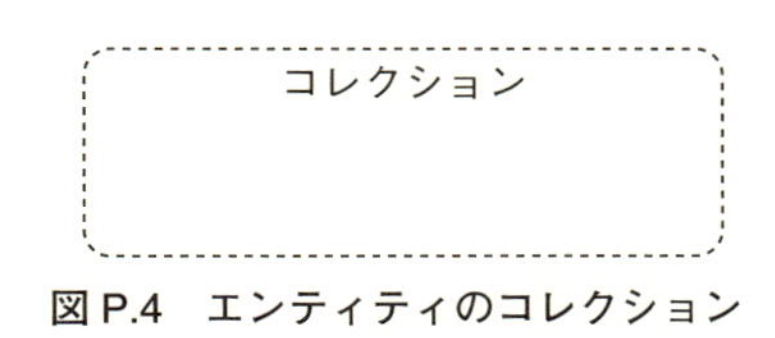

図 P.4 エンティティのコレクション

BPMN

イベントとアクティビティの記述にはBPMN（ビジネスプロセスモデリング記法）を使う。

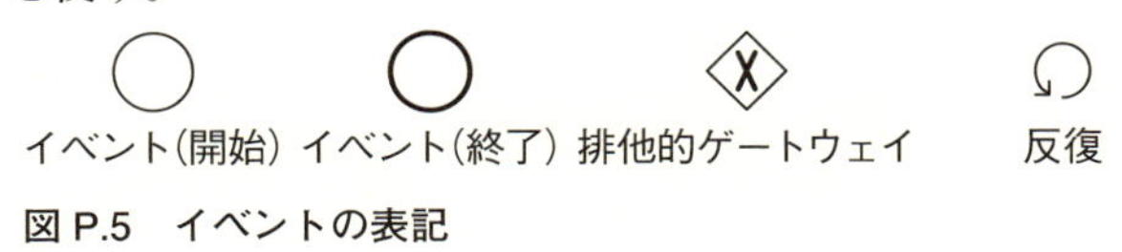

図 P.5 イベントの表記

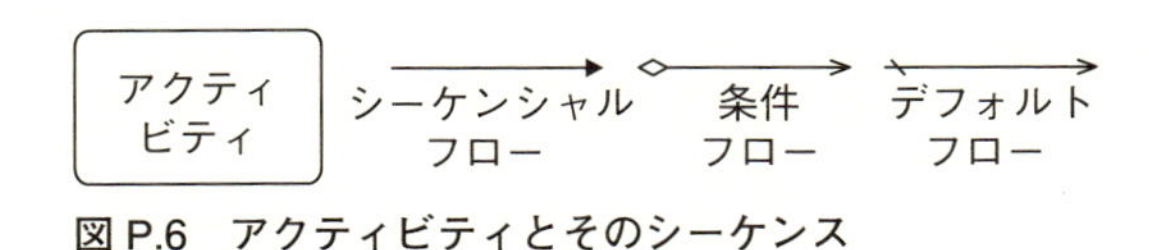

図 P.6 アクティビティとそのシーケンス

ポーターの価値連鎖図

この記法は、プロセス（このなかには、BPMNでモデリングされたアクティビティが含まれる）を表すために使われる。

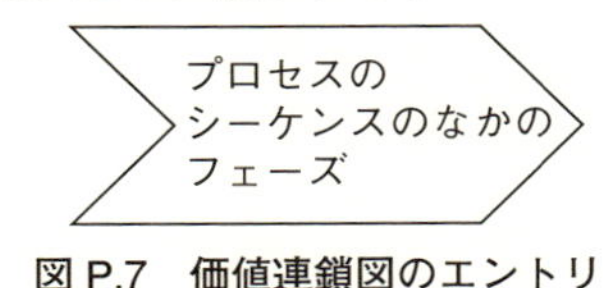

図 P.7 価値連鎖図のエントリ

第 1 部

▲▼▲

背景

第 1 部では、本書のその他の部分を読むために必要な背景知識を説明する。DevOps は、開発部門と運用部門の間で摩擦を起こさないようにすることを目指す運動だ。また、DevOps の出現は、大小の企業、組織の基本プラットフォームとしてクラウドが成長した時期と一致している。第 1 部には、3 つの章が含まれている。

第 1 章では、DevOps とは何かを明らかにし、そのさまざまな要因を取り上げていく。DevOps は、開発部門と運用部門の相互対話、開発部門が本番システムを自動的にデプロイできるようにすること、本番システムにエラーが見つかったときに開発チームが主要な責任を負うことなど、複数のことをまとめて表現する用語だ。この章では、それらさまざまな要素を整理して、DevOps とは何かについて、DevOps が必要とされる要因と目標は何か、そのような目標を達成するためにどうしていくのかについての首尾一貫した説明を試みる。

特定の DevOps の実践がどのように機能しているのかを理解するためには、クラウドの仕組みを知っている必要がある。第 2 章では、その知識をつかむ。特に、仮想マシンの仕組み、IP アドレスの使われ方、DNS サーバーの役割と操作方法、オンデマンドスケーリングを実現するためにロードバランサとモニターがどのようにやり取りをしているかについての知識は重要だ。

DevOps を実現するためには、Dev（開発）と Ops（運用）の両方の実践を変えなければならない。第 3 章では、運用の全体像を明らかにする。運用が組織のために提供しているサービスを説明し、デプロイされたアプリケーションのサポートから全社規模のセキュリティ規則の施行までの運用の職掌を明らかにする。

第1章 DevOpsとは何か

本に式を1つ入れるたびに売上が半分になると言われたので、
式はまったく入れないことにした。

——スティーブン・ホーキング

1.1 イントロダクション

この本が答えようとしているのは、「なぜDevOpsなどというものに注目しなければならないのか、DevOpsが私にどのような影響を及ぼすというのか」という問いだ。本書をずっと読んでいけば、その問いに対する長い答えが得られるだろう。しかし、今簡潔に答えるなら、ソフトウェア開発に関わっており、所属する会社が新機能の市場投入までの時間を短縮したいと考えているなら、それは無視できないということだ。DevOpsという考え方が生まれてきた理由はそこにあり、DevOpsの実践は、チームの組み方、システムの作り方はもちろん、構築するシステムの構造にも影響を及ぼすだろう。あなたがソフトウェア工学を学ぶ学生や研究者なら、DevOps実践の導入により、あなたが取り組もうとしている問題にどのような影響が及ぶかに注目すべきだ。あなたが教育者なら、カリキュラムにDevOpsを取り入れれば、生徒たちに現代の開発実践を教える上で役に立つので、やはりDevOpsには関心を持つべきである。

まず、DevOpsとは何かを定義してから、短い例を示す。そして、この運動を生み出した要因、動機、DevOpsの視点、DevOpsの成功を阻む障害を明らかにする。DevOpsについて書かれた文章の多くは、さまざまな組織的、文化的な問題点を論じている。この最初の章では、これらの話題をまとめて、本書のこれからの部分の枠組みを築く。

1.1.1 DevOpsの定義

DevOpsは、2013年のGartnerのハイプサイクルのアプリケーション開発部門で上昇中に分類されている。これは、この言葉がバズワードになりつつあり、そのため定義が間違っていて、誇大広告のようになっているという意味だ。私たちがDevOpsに与える定義は、手段よりも目標に重点を置く。

> **DevOpsは、高品質を保ちつつ、システムに変更をコミットしてからその変更が通常の本番システムに組み込まれるまでの時間を短縮することを目的とした一連の実践である。**

どのような実践が含まれるのかについて深く入り込んでしまう前に、私たちの定義が暗黙のうちに示していることを明らかにしておこう。

- システムにデプロイされる変更（通常はコードという形を取る）の品質は重要な意味を持つ。品質とは、ユーザー、デベロッパ、システム管理者など、さまざまなステークホルダーが使うのに適しているという意味である。また、品質には、可用性、セキュリティ、信頼性、その他いくつかの「○○性」も含まれる。品質を保証するためには、たとえば、変更されたコードを本番システムに入れる前に、さまざまな自動テストケースを実行し、それに合格することを義務づけるという方法がある。一般公開する前に、限られたユーザーを対象として本番システムに変更が加わった状態をテストしてみるという方法もある。さらに、一定期間にわたって新しくデプロイされたコードを綿密にモニタリングするという方法もある。私たちの定義は、品質をどのように保証するかは規定せず、ただ単に本番コードは品質が高くなければならないとしている。

- 私たちの定義は、デリバリーのメカニズムも高品質でなければならないとしている。これは、デリバリーメカニズムの信頼性と反復可能性が高くなければならないということだ。デリバリーメカニズムがたびたびエラーを起こすなら、デリバリーに必要な時間も長くなる。変更のデリバリーの方法にエラーが起きた場合、たとえば可用性や信頼性の低下ということを通じてデプロイされたシステムの品質には悪影響が及ぶ。
- 私たちは2つの時点を重要なものとしている。1つは、デベロッパが新しく開発したコードをコミットするタイミングだ。これは、開発が終了し、デプロイのフェーズが始まるタイミングである。もう1つは、本番システムにコードをデプロイするタイミングだ。第6章で触れるように、コードが本番システムにデプロイされたあと、コードをライブテストしたり、障害が起きないかどうかを綿密にモニタリングしたりすることもあるが、ライブテストと厳しいモニタリングに合格したら、その部分は正常な本番システムの一部と見なされるようになる。本書では、ライブテストと厳しいモニタリングのためにコードを本番システムにデプロイすることと、テスト終了後、新しいコードをそれまでの本番コードと等価なものと見なすこととを区別する。
- 私たちの定義は目標に重点を置いたものになっている。実践の形態や実践のためにツールを使うかどうかなどは規定していない。デベロッパによるコミットから本番へのデプロイまでの期間を短縮することを目標とした実践なら、アジャイルメソッド、ツール、調整の形態などの有無にかかわらず、それはDevOpsの実践である。これはほかのいくつかの定義とは対照的だ。たとえば、Wikipediaは、さまざまなステークホルダーの間のコミュニケーション、コラボレーション、インテグレーションを強調し、そのようなコミュニケーション、コラボレーション、インテグレーションの目標については何も言っていない。時間短縮という目標は、明示されていないのである。DevOpsとアジャイルの方法論のつながりを強調する定義もある。しかし、この場合も、アジャイルの方法を使うことによる開発時間や本番システムの品質に対するメリットは言及されない。さらに、どのようなツールを使うかに重点を置く定義もあるが、それらもDevOpsの実践の目標、時間や品質の問題には触れない。

- 最後に、目標に重点を置いた定義では、DevOpsの実践の範囲がテストとデプロイに制限されることはない。これらの目標を達成するためには、さまざまな要件に運用の視点を導入することが大切になる。要件が問題になるということは、つまり、変更のコミットよりもずっと前の段階からということだ。同様に、この定義では、DevOpsの実践は、本番システムへのデプロイで終わるわけではない。DevOpsの目標は、システムのライフサイクルを通じて、デプロイされたシステムの品質を保証することにある。そこで、目標達成に役立つ監視作業も、実践に含まなければならない。

1.1.2 DevOpsの実践

DevOpsの実践は、次に示すような5種類に分類できる。これらはDevOpsについての文献で言及されているものであり、私たちの定義を満足させるものである。

- 要件に関して運用を正規のステークホルダーとして扱う。この実践は、定義のなかの品質維持の側面に合致する。運用には、ログやモニタリング（監視）に関連した要件項目がある。たとえば、ロギングされるメッセージは、オペレータが理解でき利用できるものでなければならない。要件策定に運用を参加させれば、この種の要件が確実に考慮されるようになる。
- 重要なインシデントの処理では、開発に従来よりも責任を持たせる。この実践は、エラーが見つかってから修復されるまでの時間を短縮することを目的としている。この種の実践を取り入れている企業は、一般に開発が新しいデプロイに対して主要な責任を負う期間を設けている。その期間が経過したら、運用が主要な責任を負う。
- 開発、運用を含むすべての人々に共通のデプロイプロセスを使うことを義務づける。この実践は、デプロイの品質を高めることを目的としたものだ。不規則なデプロイに起因するエラーとそれによる構成ミスを防ぐことができる。エラーを診断、修復するためにかかる時間も短縮される。デプロイプロセスが定型化されることにより、特定のデプロイアーティファクトの履歴を追跡し、そのアーティファクトに含まれていたコンポーネントを理解することも用意になる。

- 継続的デプロイを使う。継続的デプロイに付随する実践は、デベロッパがリポジトリにコードをコミットしてから、そのコードがデプロイされるまでの時間を短縮することを目的としている。継続的デプロイは、本番システムに導入されるコードの品質を向上させるために自動テストにも力を入れている。
- デプロイスクリプトなどのインフラストラクチャコードをアプリケーションコードと同じ実践ルールのもとで開発する。インフラストラクチャコードの開発に適用される実践は、デプロイされるアプリケーションの品質を保ち、デプロイプロセスを予定通りに実行するという2つの目的を持っている。構成ミスなどのデプロイスクリプトのエラーは、アプリケーション、環境、デプロイプロセスのエラーの原因になる。運用のためのスクリプトやプロセスを開発するときに通常のソフトウェア開発で使われている品質管理実践に従うようにすれば、それらの品質管理に役立つ。

図1.1は、DevOpsプロセスの概要を示している。突き詰めれば、DevOpsとは、運用担当の人々を正規のステークホルダーとして扱えということだ。リリースの準備は、非常に重要で厄介なプロセスである（それについては1.2.1節「リリースプロセス」で触れる）。そのため、運用担当者は、開発中のシステムで起きるようなランタイムエラーに対処できるような訓練を必要とする。しかし、その一方で、彼らはログファイルの種類や構造に関する提案など、要件策定プロセスに適切なインプットを与えることもできる。DevOpsの実践をとことんまで徹底すると、開発担当者にシステムのデプロイ、実行の進行状況やその過程で発生するエラーを監視させ、彼らに要

件を提案させることになる。そしてその間に、チームプラクティス、ビルドプロセス、テストプロセス、デプロイプロセスにかかわる実践がある。継続的デプロイパイプラインについては、第5章と第6章で取り上げる。また、そのあとの章では、モニタリング、セキュリティ、監査を取り上げる。

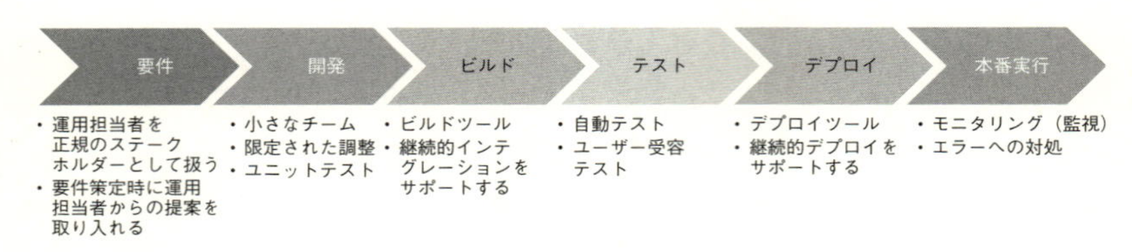

図 1.1　DevOps のライフサイクル［ポーターの価値連鎖図］

IT プロフェッショナル、オペレータ、運用担当者という用語法に疑問があるかもしれない。関連する用語としてシステム管理者というものもある。IT プロフェッショナルは、いま触れた職務のほか、ヘルプデスクサポートなどの職務を合わせ持つ。オペレータとシステム管理者という用語の区別には歴史的な理由があるが、今日ではあまり根拠がない。歴史的には、オペレータは、ハードウェアの設置、設定、バックアップの管理、プリンタのメンテナンスなど、ハードウェアを直接操作する仕事に携わっていたのに対し、システム管理者は、コンピュータシステムのアップタイム、パフォーマンス、リソース、セキュリティなどを担当していた。しかし、今日では、従来システム管理者の仕事とされていた職務にまったくタッチしないオペレータはまれである。本書では、コンピュータの操作やシステム管理の仕事に携わるすべての人々を運用担当者またはオペレータと呼ぶことにする。

1.1.3　継続的デプロイの例：IMVU

IMVU 社は、3D アバターを使ったソーシャルエンタテインメント商品を提供する企業だ。この節は、IMVU のエンジニアが書いたブログに手を加えたものである。

IMVU は継続的インテグレーションを実行している。デベロッパは早い段階で頻繁にコードをコミットする。コミットすると、テストスイートが実行される。IMVUには1000個のテストファイルがあり、それが30台から40台のマシンに分散されている。テストスイートの実行には約9分かかる。コミットされたコードがすべてのテストに合格すると、それは自動的にデプロイに回される。デプロイには約6分かかる。コードは、クラスタにまとめられている数百台のマシンに移されるが、最初のうちはごく少数のマシン（カナリア）でしか生きたコードとしては動かない。サンプリングプログラムがカナリアでの実行結果を解析し、統計的に有意な退行がある場合には、リビジョンは自動的にロールバックされる。そうでなければ、クラスタのカナリア以外のマシンでもコードはアクティブになる。IMVUは、平均して1日に50回、新しいコードをデプロイしている。

このプロセスのエッセンスは、テストスイートにある。テストスイートを通過しながらロールバックされるコミットが現れるたびに、その誤ったデプロイを検知できたはずの新しいテストが生成され、テストスイートに追加される。

フルセットのテストスイート（合格すれば本番システムにデプロイしてもよいと判断できるもの）の実行に9分しかかからないというのは、大規模システムでは珍しい。多くの企業、組織では、本番デプロイを認めるためのフルテストスイートの実行には数時間かかり、そのため徹夜で実行されることが多い。一般的には、テストスイートのサイズを適正なところまで縮小し、「信用できない」テストを取り除くことが課題となる。

1.2 なぜDevOpsなのか

DevOpsは、さまざまな面で、リリースの遅さによる問題に対処するものだ。リリースが市場に投入するまでにかかる時間が長ければ長いほど、そのリリースが提供する機能面、品質面での改良から得られる利益が小さくなる。理想を言えば、継続的にリリースしたい。いわゆる継続的デリバリー、継続的デプロイだ。2つの用語の微妙な違いについては、第5章と第6章で説明する。本書では、継続的デプロイ、またはデプロイという用語を使う。まず、形式張ったリリースプロセスを説明してから、リリースが遅くなる理由を深く掘り下げていく。

1.2.1 リリースプロセス

新しいシステムや既存システムの新バージョンを顧客にリリースするというステップは、ソフトウェア開発のサイクルでもっとも注意を要するステップだ。これは、システムやバージョンを外部にディストリビュートする場合でも、消費者が直接使う場合でも、社内専用で使う場合でも同じだ。複数の人間がシステムを使う以上、新バージョンをリリースすると、非互換性やエラーが発生し、顧客が困ったことになる可能性が生まれる。

そのため、企業や組織はリリースプランを立てるときには細心の注意を払う。次に示すリリースプランのステップは、Wikipediaの記事に修正を加えたものだ。伝統的に、ほとんどのステップは手作業で進められる。

1. 顧客／ステークホルダーとの間でリリース、デプロイのプランを立て、合意する。これは、チームレベルで行われる場合もあれば、企業レベルで行われる場合もある。リリース、デプロイプランは、新リリースに含まれる機能をはっきりさせるだけでなく、運用担当者(ヘルプデスク、サポート担当者を含む)への日程の周知徹底、必要な資源の確保、必要になる追加訓練の日程の決定なども含んだものでなければならない。
2. 各リリースパッケージに含まれる一連のアセット、サービスコンポーネントが互いに互換性を保つようにする。ライブラリ、プラットフォーム、依存サービスなど、あらゆるものは時間とともに変化していく。変化は、非互換性を生み出すことがある。このステップは、非互換性がデプロイ後に初めて明らかになるようなことを防ぐためにある。第5章では、このような互換性をすべて確保するための方法を説明する。依存関係の管理は、本書全体を通じて繰り返し登場するテーマだ。
3. リリースパッケージとパッケージを構成するコンポーネントの完全性が

移行作業中を通じて維持され、構成管理システムに正確に記録されるようにする。このステップは2つの部分に分かれる。コンポーネントの古いバージョンが誤ってリリースに含まれないようにすることと、このデプロイのコンポーネントの記録を確実に残すことだ。デプロイ後に見つかったエラーの原因を突き止めるためには、デプロイの要素を把握しておくことが大切である。デプロイの詳細は、第6章で説明する。

4. すべてのリリース、デプロイパッケージを追跡、インストール、テスト、確認できるようにし、必要ならアンインストール、ロールバックできるようにする。デプロイは、コードのエラー、リソースの不足、ライセンスや証明書の期限切れなどのさまざまな理由により、ロールバック(新しいバージョンをアンインストールして古いバージョンを再度デプロイすること)が必要になることがある。

このリストで挙げたアクティビティは、さまざまなレベルで自動化することができる。これらすべてを主として人間同士の連携で実現しようとすると、担当者の作業量が莫大なものになり、時間がかかり、エラーが起きやすくなる。自動化は、チームレベルであれ会社レベルであれ、リリースプロセスについての合意を反映したものになる。一般に、ツールは複数回使われるので、ツールにコード化されたリリースプロセスについての合意は、1回のリリースを越えて長期にわたって維持される。

正しいデプロイのために必要な労力を惜しむ気分になったときには、最近報道されたデプロイエラーのコストのことを考えるとよいだろう。

- 2012年8月1日にKnight Capitalはアップグレードエラーを起こし、4億4000万ドルもの損失を被った。
- 2013年8月20日、Goldman Sachsはアップグレードエラーを起こし、数百万ドルの損失を被ったと見られている。

これらは、アップグレードエラーによるダウンタイムや誤動作のために起きた多数の損失例のなかの2つに過ぎない。アップグレードの正しいデプロイは、企業にとって非常に重要で重大なアクティビティだが、その一方で、エラーが起きる可能性を最小限に抑えてタイムリーに進めなければならない仕事でもある。複数の企業がデプロイ時にどのような問題があるのかを記録に残すために調査を行っている。そのなかの2例を紹介しよう。

- XebiaLabsは、デプロイツール、継続的インテグレーションツールを販売している。同社は2013年に調査を行い、130を越える企業から回答を得た。回答を寄せた企業のなかの34%はITサービス企業で、医療、金融サービス、遠隔通信企業が10%ずつだった。これらの回答企業の7.5%は、自社のデプロイプロセスには「信頼性がない」と答え、57.5%は、デプロイプロセスに「改善が必要」と答えた。49%は、デプロイプロセスの最大の問題は、「環境とアプリケーションの間に首尾一貫しないところが多過ぎることだ」と答え、32.5%が「エラーが多過ぎることだ」と答えた。29.2%は、カスタムスクリプトによってデプロイを行っていると答え、35.8%は部分的にスクリプト、部分的に手作業だと答えた。
- CA Technologiesは、IT管理ソリューションを提供している。同社が2013年に実施した調査では、売上高1億ドル超の企業1300社が回答した。DevOpsの採用には利益があると答えた企業のうち、53%はすでにソフトウェアやサービスのデプロイの頻度が上がっていると答え、41%はデプロイの頻度が上がることを予想していると答えた。また、42%はデプロイされたアプリケーションの品質が上がっていると答え、49%は品質向上を予想していると答えた。

どちらの調査も、デプロイの自動化を推進することに利益を見出す企業によって行われたものだが、さまざまな市場の多くの企業がデプロイのスピードと品質に強い関心を寄せていることをはっきりと示している。

1.2.2 調整がうまくいかない理由

開発部門がシステムのコーディング、テストをすべて終了させたあとで何が起きるかについて考えてみよう。そのシステムは、次のような性質を持つ環境に配置しなければならない。

- 適切な人々だけがシステムにアクセスできる。
- 環境内のすべての関連システムに対して互換性がある。
- 十分な資源がある。
- システムの動作のために使われるデータがアップツーデートになっている。
- システムが生成するデータは環境内のほかのシステムで利用できる。

さらに、ヘルプデスク担当者には新システムの機能についての訓練が必要になり、運用担当者にはシステムの運用中に発生する可能性のあるすべての障害の解決方法についての訓練が必要になる。リリースのタイミングも重要だ。リリース時に運用担当の主要メンバーが不在であってはならないし、既存リソースを強調するセールスプロモーションが行われるのもまずい。

誤ってこのようなことが起きることはなくても、これらはどれも開発部門と運用部門の間の調整を必要とすることだ。開発担当者が運用担当者にこれらの項目のなかのどれかを伝え忘れるというシナリオは容易に想像できる。デベロッパは、とかく「開発が終わったから動かしてみよう」と思うものだ。このような態度が生まれる理由については、DevOpsの受け入れを拒む文化的な障害を取り上げるときに掘り下げていきたい。

企業がスムーズなリリースを保証するプロセスを作っている理由の1つは、いつも適切な形で調整が行われるとは限らないことにある。DevOps運動にエネルギーを与えている現状への不満の1つがこれだ。

1.2.3 運用担当スタッフの能力の限界

運用担当者たちはさまざまな仕事をこなすが、達成できることは何かということや誰がどのシステムのことをよく知っているかということに関して限界がある。Wikipediaに詳しく書かれている現代の運用担当者の職務について考えてみよう。

- システムログを分析して、コンピュータシステムが抱えている可能性のある問題を見つけ出す。
- 既存のデータセンター環境に新しいテクノロジーを導入、統合する。
- システムとソフトウェアを日常的に検査する。
- バックアップを実行する。
- オペレーティングシステムのアップデート、パッチ、設定変更を行う。
- 新しいハードウェア、ソフトウェアを設置、インストール、構成、設定する。
- ユーザーアカウント情報を追加、削除、更新する。パスワードの再設定などの作業をする。
- ユーザーからの技術的な質問に答えたり、作業を助けたりする。
- セキュリティを確保する。
- システムの設定情報を文書化する。
- 報告されている障害を解決する。
- システムのパフォーマンスを最適化する。
- ネットワークインフラストラクチャを稼働し続ける。
- ファイルシステムを構成、追加、削除する。
- Veritas（現在はSymantec）、Solaris ZFS、LVMなどのボリューム管理ツールの知識を維持する。

これらの項目は、どれも深い理解を必要とする。あるインターネット企業のIT本部長に最大の問題は何かと尋ねたときに、「能力のある担当者を見つけて辞めさせないことだ」と答えたのも不思議ではない。

しかし、DevOps運動は、別のアプローチを取っている。DevOpsのアプローチは、従来運用担当者が行っていた仕事の多くを自動化して運用専門の人員の必要性を軽減し、残りの一部をデベロッパに任せるというものだ。

1.3 DevOpsの視点

今まで取り上げてきた問題の内容とそれが長く続く性質を持つことなどを考えると、新機能をデプロイするまでにかかる時間を短縮し、デプロイ時に発生するエラーを削減すると約束する運動が非常に魅力的に見えたとしても不思議ではない。DevOpsにはさまざまな形のものがあり、旧来の実践との違いの程度もまちまちだが、どのような形のDevOpsでも、共通するテーマが2つある。自動化と開発チームの職責だ。

1.3.1 自動化

図1.1では、さまざまなライフサイクルプロセスを示した。ビルド、テストから本番実行までのステップは、どれもある程度まで自動化することができる。個々のステップで使われているツールについては、適切な章で紹介していく。ここでは、自動化の意味にスポットライトを当てよう。なお、1.7節では、自動化に頼ることに潜む問題の一部を取り上げる。

ツールは、プロセスの各ステップで必要な操作を実行し、本番環境、あるいは何らかの外部仕様に適合するかどうかをチェックし、プロセスで発生したエラーを適切な担当者に通知し、品質管理、報告、監査の目的で操作の履歴を残すことができる。

ツールとスクリプトは、全社的な方針の遵守を強制することもできる。たとえば、変更には必ず根拠を持たせなければならないというルールを決めたとする。ツールやスクリプトは、変更をコミットする前に、変更を加えようとしている人物に根拠を要求することができる。確かに、この要件は出し抜けるものではあるが、ツールが根拠の入力を求めるようにすれば、ルールを守る割合は高くなるだろう。

ツールがプロセスの中心になったら、ツールの利用も管理しなければならなくなる。たとえば、ツールは、スクリプト、設定変更、オペレータのコンソールなどから起動される。コンソールコマンドが込み入ったものになっている場合には、使われているコマンドがごくわずかでも、利用をスクリプト化することが望ましい。ツールは、Chef クックブックや Amazon の CloudFormation などの仕様ファイルでコントロールすることもできる（これらについてはあとで説明する）。このようなスクリプト、構成ファイル、仕様ファイルは、アプリケーションコードと同じ水準の品質管理の対象にしなければならない。また、スクリプトや構成、仕様ファイルは、バージョン管理の対象にもしなければならないし、正しさを確認するためにテストも必要になる。これを「コードとしてのインフラストラクチャ」と呼ぶことが多い。

1.3.2 開発チームの職責

自動化により、エラーの発生件数は削減され、デプロイのためにかかる時間は短縮される。デプロイにかかる時間をさらに短縮するためには、先ほど詳しく説明したように運用担当者の職責を検討すべきだ。開発チームが DevOps の職責を受け入れるなら、つまり、サービスのデリバリー、サポート、メンテナンスを担当するなら、必要な知識はすべて開発チームにあるので、運用、サポート担当者に知識を移転する必要が薄れる。知識移転が不要になれば、デプロイプロセスのなかの調整のステップをかなり取り除くことができる。

1.4 DevOps とアジャイル

DevOps には、アジャイルの実践との関係を強調するような側面がある。この節では、IBM のディシプリンド・アジャイル・デリバリーに DevOps の実践を重ね合わせてみる。ここでしようとしていることは、ディシプリンド・アジャイル・デリバリーの説明ではなく、DevOps によって何が追加されるかだ。ディシプリンド・アジャイル・デリバリーの説明については、『ディシプリンド・アジャイル・デリバリー』を参照していただきたい。図 1.2 に示すように、ディシプリンド・アジャイル・デリバリーには、方向づけ、構築、移行の 3 つのフェーズ（段階）がある。DevOps の文脈では、移行はデプロイと読み替えることができる。

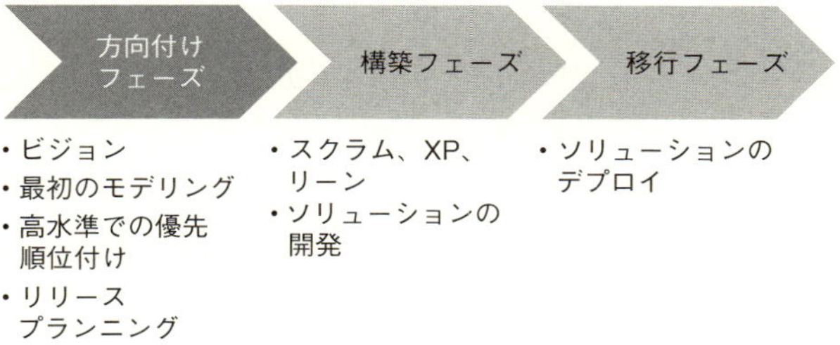

方向付け
フェーズ
構築フェーズ
移行フェーズ

・ビジョン
・最初のモデリング
・高水準での優先順位付け
・リリースプランニング

・スクラム、XP、リーン
・ソリューションの開発

・ソリューションのデプロイ

図 1.2　ディシプリンド・アジャイル・デリバリーのフェーズ（『ディシプリンド・アジャイル・デリバリー』掲載のものを修正）[ポーターの価値連鎖図]

DevOps の実践は、3 つのフェーズのすべてに影響を及ぼす。

1. 方向づけフェーズ

方向づけフェーズでは、リリースプランニングと最初の要件策定が行われる。

a. 運用を考慮に入れることにより、デベロッパに与えられる要件は増える。それらについては、本書のあとの部分で詳しく説明するが、この種の要件のなかには、リリース間での下位互換性の維持とソフトウェアで機能をオンオフできるようにすることが含まれる。運用関連のログメッセージの形式と内容は、運用の問題解決能力に影響を及ぼす。

b. リリースプランニングには機能の優先順位付けが含まれるが、リリースの日程と新リリースサポートのために必要な運用担当者の訓練についての運用部門との調整も含まれる。リリースプランニングには、環境内のほかのパッケージとの互換性の確保や、リリースが失敗したときの修復プランも含まれる。DevOps の実践を取り入れれば、リリースプランニングにおける調整に関連した項目の多くが不要になり、ほかの部分は大幅に自動化される。

2. 構築フェーズ

DevOps 実践のなかで構築フェーズで重要な意味を持つ要素は、コードブランチの管理、継続的インテグレーションと継続的デプロイ、自動テストのためのテストケースの組み込みだ。これらはアジャイル実践の一部でもあるが、デプロイパイプラインの自動化のために重要な意味を持つ。新しい要素は、構築と移行を統合し、自動的につなぐことだ。

3. 移行フェーズ

移行フェーズではソリューションがデプロイされる。開発チームは、デプロイの過程を監視し、ロールバックすべきかどうかとそのタイミングを判断し、デプロイ後の本番実行を監視する。開発チームには、デプロイとその後の本番実行で発生する障害を監視し、解決する「信頼性エンジニア」という職種がある。

1.5 チームの構造

この節では、DevOpsの職責が加わった開発チームの規模や役割分担を説明する。

1.5.1 チームの規模

チームの規模についての具体的な推奨内容はメソドロジーごとに異なるが、比較的小規模にすべきだとしているところでは一致している。Amazonには「ピザ2枚ルール」がある。つまり、チームの規模は、ピザ2枚で満足できる人数を越えてはならないということだ。このルールには、ピザの大きさはどれくらいなのか、チームメンバーがどれくらい腹をすかせているのかなど、曖昧な要素がかなり含まれているが、意図は明確だ。

小規模チームのメリットを挙げてみよう。

- 意思決定が早い。会議では、出席者は自分の意見を言いたがるものだ。会議の出席者の数が少なければ少ないほど、表明される意見の数は少なくなり、異なる意見を聞くためにかかる時間は短くなる。そのため、大規模なチームよりも、意見を表明して合意に達するまでの時間が短くなる。
- 大勢の人々よりも少数の人々の方がコヒーレントユニットを形成しやす

い。コヒーレントユニットとは、全員がチームの共通目標セットを理解し、賛同しているチームのことである。

- 大きなグループよりも小さなグループを前にしたときの方が、意見やアイデアを言いやすい。

小規模チームのデメリットは、少数の人々では作れない規模の仕事があることだ。その場合、仕事を小さな部品に分割し、それぞれを別々のチームで作る。それらの部品は併用したときに十分にうまく噛み合い、大きな仕事を達成できなければならない。そのためには、チーム間の調整が必要だ。

チームの規模は、アーキテクチャ全体を大きく左右する。小規模チームは、必然的に小さなコードを相手にする。本書では、マイクロサービスのコレクションを中心として作られたアーキテクチャが、これら小規模な仕事をパッケージングし、明示的な調整の必要度を下げるためのよい手段になるということをこのあとで述べる。そこで、開発チームのアウトプットを「サービス」と呼ぶことにしよう。第4章では、一連の小規模チームが主導するマイクロサービスアーキテクチャに移行するための方法とそのときの問題を取り上げる。第13章では、Atlassianのケーススタディを示す。

1.5.2 チーム内の職務

アジャイルチームのなかでの職務についてのスコット・アンブラーの説明から2つを取り出してみよう。

チームリーダー

この職務は、スクラムではスクラムマスター、ほかのメソッドではチームコーチとかプロジェクトリーダーと呼ばれるもので、チームの仕事を捗らせ、チームのための資源を獲得し、チームを問題から守る仕事である。この職務は、プロジェクト管理のソフトなスキルを包括するものだが、計画や日程の策定など、技術的な内容までは含まない。これらはチーム全体のアクティビティとした方がよい。

チームメンバー

この職務は、デベロッパとかプログラマーとも呼ばれ、システムを作り、顧客に届ける仕事だ。具体的には、モデリング、プログラミング、テスト、リリースアクティビティなどが含まれる。

DevOpsのプロセスを進めるチームには、その他の職務として、サービスオーナー、信頼性エンジニア、ゲートキーパー、DevOpsエンジニアがある。一人で複数の職務を兼ねてもかまわないし、1つの職務を複数の人で担当してもよい。メンバーにどの職務を任せるかは、個々人のスキルと負荷、その職務を満足にこなすために必要なスキルと作業量によって決まる。第12章では、ケーススタディのなかでDevOpsと継続的デプロイを採用するチームの役割分担の例を示す。

サービスオーナー

サービスオーナーは、チームの外との調整を行う職務だ。サービスオーナーは、システム全体の要件策定作業に参加し、チームの作業項目のなかでの優先順位を決め、チームが担当しているサービスのクライアントからの情報、チームに与えられたサービスについての情報をチームに提供する。次のイテレーションの要件収集とリリースプランニングは、現在のイテレーションの構想フェーズと並行して進められる。そのため、これらのアクティビティでは調整や時間が必要になるが、それによってデリバリーが遅れることはない。

サービスオーナーは、サービスのビジョンを維持し、人々に伝える。個々のサービスは比較的小さいので、ビジョンにはチームが提供するサービスのクライアントや、チームのサービスが依存するほかのサービスについての知識が含まれる。つまり、ビジョンには、システム全体のアーキテクチャとアーキテクチャのなかでのチームの役割が含まれる。

サービスオーナーで特に必要とされるものは、他のステークホルダーやチーム内のほかのメンバーとのコミュニケーション能力だ。

信頼性エンジニア

信頼性エンジニアは、複数の業務をこなす。まず、信頼性エンジニアは、デプロイ直後の時期のサービスをモニタリングする。モニタリングには、カナリア（少数ノードによるライブテスト）を使ったり、サービスのさまざまな計測値をチェックしたりといった内容が含まれる。この２つは、本書のあとの部分で詳しく説明する。第２に、信頼性エンジニアは本番実行時にサービスに起きた障害の受付窓口になる。そのため、電話がかかってきたときにはなるべく対応できるようにしておかなければならない。Googleは、この職務を「サイト信頼性エンジニア」と呼んでいる。

障害が発生したら、信頼性エンジニアは、通常自動ツールの助けを借りながら、障害の診断、緩和、解決のために、短時間で分析を行う。これは非常に精神的にダメージの大きい条件のもとで発生することがある（たとえば、夜間や恋人との会食時など）。障害によっては、ほかのチームの信頼性エンジニアも巻き込む場合がある。いずれにしても、信頼性エンジニアは、診断とトラブルシューティングの卓越した能力を持っていなければならない。また、信頼性エンジニアは、問題の解決、回避のために、サービス内部の包括的な理解を求められる。

短時間の分析に加え、信頼性エンジニアは、障害の根本原因を見つけなければならない（チームの協力を借りてもそうでなくても）。根本原因は、「5つのなぜ」というテクニックではっきりさせる。根本原因が見つかるまで「なぜ」を考え続けるのである。たとえば、デプロイしたサービスが遅すぎるとして、直接の原因はワークロードに予想外のスパイクが発生することだとする。その場合、なぜ予想外のスパイクが起きるのかを２度目の「なぜ」として考える。それを繰り返していくのである。最終的に、回答は、サービスのストレステストに適切なワークロードの特徴情報が組み込まれていないというものになる。この根本原因は、ストレステスト内のワークロードの特徴情報を改善すれば解決できる。信頼性エンジニアは、障害の診断、緩和、解決の作業の反復的な部分を自動化するために品質の高いプログラムを書かなければならないようになってきており、優秀なデベロッパでなければならなくなりつつある。

ゲートキーパー

Netflix は、図 1.3 のような手順でローカルな開発からデプロイに進んでいる。

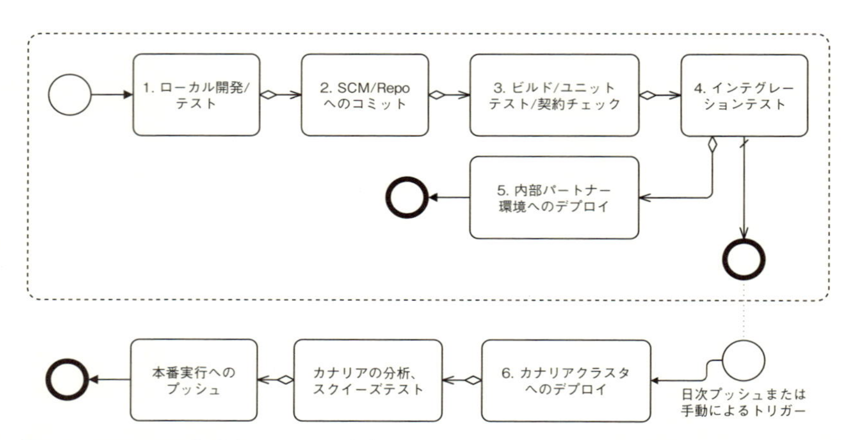

図 1.3 Netflix の本番実行までのデプロイパイプライン（http://techblog.netflix.com/2013/11/preparing-netflix-api-for-deployment.html の図を修正）[BPMN]

図の個々の矢印は、次のステップに移るという決定を表している。決定は自動的に行うこともできる（Netflix の場合）し、手作業で行うこともできる。デプロイパイプラインの次のステップにサービスを移すかどうかを手作業で判断する職務がゲートキーパーだ。ゲートキーパーは、サービス、またはサービスの一部のあるバージョンが次のステップへの「ゲート」を通過してよいかどうかを決める。ゲートキーパーは、包括テストの結果やチェックリストを使ったり、ほかのメンバーに相談したりして判断してよいが、基本的に、コードやサービスをデプロイパイプラインの次の段階に移すかどうかを判断する権限は、ゲートキーパーのものだ。場合によっては、デプロイから本番実行へのゲートキーパーがオリジナルのデベロッパだということもある。テスト結果から判断を下すにしても、ゲートキーパーが全責任を負うことになる。金融業界のように、規制によって人間のゲートキーパー（オリジナルのデベロッパではない人物）が必要とされる業界もある。

Mozilla には、「リリースコーディネーター」という職務がある（リリースマネージャーと呼ばれることもある)。この職務に就いている人物は、リリース全体のコーディネートの責任者である。リリースコーディネーターは、リリースにどの機能を含め、どの機能を含めないかを決めるトリアージ会議に出席し、機能がどのような流れでリリースに含まれるようになったかを完全に理解し、バグの深刻度の議論の判定者となり、急遽必要になった追加を承認し、切り戻しの判断も下せる。そして、実際のリリース日には、リリースコーディネーターがデベロッパ、品質管理、リリースエンジニアリング、ウェブサイトデベロッパ、広報、販売促進の間のあらゆるコミュニケーションを調整する。リリースコーディネーターは、ゲートキーパーだと考えることができる。

DevOps エンジニア

このプロセスでツールを使える場面を増やすという目で図 1.2 をもう 1 度よく見てみよう。使われているツールとしては、コードテストツール、構成管理ツール、継続的インテグレーションツール、デプロイツール、ポストデプロイテストツールといったものが挙げられる。

構成管理は、サービスのソースコードだけではなく、さまざまなツールに対するすべてのインプットを対象とする。そのため、「前回のデプロイと今回のデプロイの違いは何か」、「最後のビルド以降追加された新しいテストは何か」といった問いに答えられるようになる。

ツールは発展し、専門的な知識を要求し、特別なインプットを必要とする。DevOps エンジニアの職務は、DevOps ツールチェーンで使われるさまざまなツールに目を光らせ、必要なインプットを与えることだ。この職務には、個人レベル、チームレベル、全社レベルのいずれのレベルでも仕事がある。たとえば、企業は、特定の構成管理ツールを全社で使うという決定を下すことがある。その場合でも、チームは独自のブランチ管理戦略を決めなければならないかもしれない。さらに、個々のデベロッパはブランチを作る。命名とアクセスのための方針は存在し、おそらく自動的に強制されるだろう。開発チームが構成管理ツールのどのリリースを使うかを決めるのは、DevOps エンジニアの職務の一部だ。開発チームのためにツールを適切に調整し、デベロッパたちが正しく使っているかどうかを監視するのもDevOpsエンジニアの仕事である。DevOpsエンジニアの職務は、開発、デプロイパイプラインの自動化にかならず付随して出てくる。この職務が組織とチームの構造のなかでどのような形で組み込まれているかは、この職務が存在し、かならず担当者を必要とするということとは関わり合いのないことだ。

1.6 調整

DevOpsの目標の1つは、市場投入までの時間を短縮するために調整を最小限に減らすことだ。調整が必要になる理由は2つある。1つは、さまざまなチームが開発した部品を併用するときに部品と部品がしっかりと噛み合って動作するようにするためであり、もう1つは、作業の重複を避けるためだ。OED（Oxford English Dictionary）は、coordinationという単語を「効果的に共同作業できるようにするために、複雑な実体やアクティビティの差異のある要素を組織すること」と定義している。この節では、調整の概念とそのメカニズムを深く掘り下げていく。

1.6.1 調整の形態

調整のメカニズムにはさまざまな属性がある。

- **直接**

調整を行っている個人が互いに相手を知っている（たとえば、チームメンバー）

- **間接**

特徴（たとえば、システム管理者）だけしかわからない人々を相手にする調整メカニズム。

- **永続的**

調整が終わったあと、もの（たとえば、ドキュメント、電子メール、掲示板）が残る。

- **短期的**

調整自体からはモノは生まれない（たとえば、直接面談によるミーティング、対話、電話／ビデオ会議）。人間や機械のレコーダーを使えば、短期的調整を永続的にすることができる。

- **同期的**

リアルタイムでの調整（たとえば、直接面談）。

- **非同期的**

リアルタイムでない調整（たとえば、文書、電子メール）。

調整のメカニズムは、DevOpsで使われているツールの多くに組み込まれている。たとえば、バージョン管理システムは、デベロッパたちが互いに同僚のコードを上書きしないようにする自動調整の一形態だと考えられる。継続的インテグレーションツールは、ビルドの正しさをテストするための調整の一形態である。

調整には、どの形態のものにもコストとメリットがある。同期的な調整は日程調整を必要とし、移動が必要になることもある。同期調整を実現するために費やされる時間は、参加者全員にとってコストである。しかし、同期調整には、参加者が問題解決のために直接力になれるというメリットがある。同期調整には、通信の帯域幅、タイムゾーンの違い（時差）、調整の永続性によって変わるその他のコストとメリットもある。調整の個々の形態は、コストとメリットによって分析することができる。

調整メカニズムの理想的な形態は、遅れ、必要な準備、人々が費やす時間などのコストが低く、すべてのステークホルダーが内容を知ることができる、問題解決がスピーディー、効果的に情報を伝達できるといった面でのメリットが大きいものだ。

先ほども触れたWikipediaのDevOpsの項目は、DevOpsプロセスの特徴は「コミュニケーション、コラボレーション、インテグレーション」だとしている。今の調整（コーディネーション）についての議論から考えると、自動ではないコミュニケーション、コラボレーション、それも同期的なものを過度に使うと、短時間での市場投入というDevOpsの目標が損なわれてしまう。

1.6.2　チーム内の調整

チーム内の調整メカニズムには、ヒューマンプロセスと自動化プロセスの２種類がある。DevOpsのヒューマンプロセスはアジャイルプロセスから取り入れたもので、限られた永続性のもとでの帯域幅の広い調整を意図して設計されている。ヒューマンプロセスの調整メカニズムの例としては、立席の会議や情報ラジエーターなどが挙げられる。

チーム内調整の自動化プロセスは、チームメンバーが互いに同僚のアクティビティを邪魔しないようにするもの（バージョン管理システム、構成管理システム）、反復的な作業を自動化するもの（継続的インテグレーション、継続的デプロイ）、エラーの検知と報告をスピードアップするもの（自動化されたユニット、インテグレーション、需要、ライブテスト）などである。デベロッパたちにできる限り早くフィードバックを返すことが目標の１つとなっている。

1.6.3　チーム間の調整

リリースプロセスのアクティビティを改めて検証すると、もっとも時間がかかる要素はチーム間調整だということが明らかになる。顧客、ステークホルダー、ほかの開発チーム、運用との調整が必要になる。そこで、DevOpsプロセスは、できる限りこの種の調整を圧縮しようとする。開発チームの立場から見ると、チーム間調整には３つのタイプがある。ステークホルダーや顧客とのアップストリーム調整、運用とのダウンストリーム調整、ほかの開発チームとのチーム間調整である。

アップストリーム調整は、サービスオーナーの仕事だ。ダウンストリーム調整は、運用の仕事の多くを開発チームに移すことによって実現される。そこで、ここでは開発チーム間の調整に論点を絞る。開発チームがほかの開発チームとの間で調整を行う理由は２つある。片方のチームで開発されたコードがもう片方のチームで開発されたコードとうまく噛み合って動作するようにすることと、作業を重複させないようにすることだ。

1. コードをうまく噛み合わせること

それぞれのチームが独立して仕事を進められるようにしつつ、作業成果の統合を単純化するための方法の1つは、ソフトウェアアーキテクチャを用意することだ。開発しようとしているシステムにアーキテクチャを作っておけば、部品はうまく噛み合いやすくなる。それでもさらに調整は必要になるが、アーキテクチャは調整メカニズムとして機能する。アーキテクチャは、システム全体を作るに際しての設計原則を規定する。この種の設計原則には、次の6つがある。

a. 責任分担

DevOpsのプロセスでは、一般的な責任はアーキテクチャで規定される。しかし、個別具体的な責任は各イテレーションの開始時に決められる。

b. コーディネーションモデル

コーディネーションモデルは、アーキテクチャのコンポーネントが実行時にどのようにコーディネーション(調整)を行うかを規定する。すべての要素のために単一のコーディネーションモデルを作れば、コーディネーションモデルのための調整は不要になる。

c. データモデル

責任分担と同様に、データモデルオブジェクトとそのライフサイクルはアーキテクチャ内で規定されるが、イテレーションのスタート時に修正を受けることがある。

d. リソース管理

リソースはアーキテクチャによって管理され、決定される。リソースの限界(たとえばバッファサイズやスレッドプールのサイズ)は、イテレーションの開始時に決められるか、アーキテクチャ内で規定されたシステム規模の方針によって決められる。

e. アーキテクチャの要素の間でのマッピング

このようなマッピングがアーキテクチャとチームへの作業の振り分けのなかで規定されていれば、必要とされるチーム間調整は最小限に抑えられる。このテーマについては、第4章でDevOpsプロセスで開発されるシステムのアーキテクチャ的なスタイルを論じるときに再び取り上げる。

f. バインド時の決定

これらはアーキテクチャ全体で規定される。多くの実行時バインド値は、構成パラメータを介して規定される。構成パラメータの管理については、第5章で取り上げる。

2. 作業の重複防止

チーム間の調整には、作業の重複を防ぎ、再利用を奨励するという別のテーマがある。DevOpsの実践では、作業の重複は市場投入のための時間を短縮するための必要コストだと説明される。この議論には2つの部分がある。まず第1に、個々のチームが達成する仕事は小さいので、重複が起きても小さなもので済む。各チームがそれぞれのデータストアを作るというような大きな重複は、アーキテクチャが防いでくれる。第2に、各チームがそれぞれのサービスに責任を持つので、デプロイ後に発生した問題のトラブルシューティングは、チームが書いたコードに対して行う方が早い。こうすれば、別のチームに問題をエスカレーションせずに済ませられる。

1.7 障害

DevOpsが開発の長期的な問題を解決し、これだけはっきりとしたメリットをもたらすなら、DevOpsの実践を採用しない企業があるのはなぜなのだろうか。この節では、DevOpsの採用を阻む障害を掘り下げていく。

1.7.1 企業文化、企業の業種

DevOpsを論じるときには、文化は重要である。企業全体、企業内の別々

のグループのどちらでも、DevOpsに関連する文化的な問題は、DevOpsの形態や受容に影響を及ぼす。文化は、職務だけではなく、所属する企業のタイプによっても左右される。

DevOpsの目標の1つは、新機能、新商品を市場に投入するまでの時間を短縮することだ。企業は、DevOpsの実践を採用するときに、市場投入までの時間短縮のメリットと何かまずいことが起きるリスクとを秤にかける。ほぼすべての企業がリスクを気にする。しかし、特定の企業が気にするリスクは、その企業がどのような業務を行っているかによって異なる。次のような企業では、問題が発生するリスクは市場投入のメリットよりも重く感じられる。

- 規制のある業種の企業。金融、医療、公益事業などの業種には、遵守しなければならない規制があり、違反すると重い処罰を受ける可能性がある。しかし、規制されている分野の企業でも、規制のない商品を持っている場合がある。そのため、金融企業が何らかの商品のためにDevOpsのプロセスを使う可能性はある。それよりも注意が必要な商品でも、たとえばゲートキーパーを追加するなどの方法で順応できる場合がある。
- 自動車や建築といった成熟して動きの遅い業種はリードタイムが長く、デッドラインは厳しくても、かなり早い段階で見通しが立つ。
- ERP（企業資源計画）システムなど、顧客にとって他社への移行コストが高い業種では、運用の安定性を脅かすリスクを避けたがる企業が多い。システムにダウンタイムが発生することによるコストは、新機能を素早く導入する競争上のメリットと比べてはるかに重い意味がある。

次のような企業では、移行を急ぎ過ぎてときどきエラーが起きることよりも機敏ですばやい反応の方がはるかに重要だ。

- 商品のなかでビジネスアナリティクスが占める意味が大きい企業は、データ収集とそのデータから触発された機能の導入の間の時間を短くしようと努める。次のサイクルはすぐにやってくるので、エラーが起きてもすぐに修正できる。

- 競争の圧力をひしひしと感じている企業は、ライバルよりも早く新商品、新機能を市場に投入したいと考えている。

これらの例は、企業の規模ではなく、企業が参入している業種によって左右されていることに注意しよう。活動を監視し、経営原則に口出しのできる規制当局を抱えている企業、商品のリードタイムが年単位の企業、資本設備の推定寿命が40年もあるような企業は、機敏に動くことは難しい。

ここで述べてきたことのポイントは、ビジネスには環境があり、その環境の文化のかなりの部分を継承しているということだ。詳しくは第10章を参照していただきたい。DevOpsの実践のなかには、デベロッパに本番環境への直接デプロイを認めるなど、急激な変化を引き起こすものがある。しかし、DevOpsの実践のなかには、商品や規制の全体的な流れに影響を及ぼさず、漸進的なものもある。運用担当者を一人前のステークホルダーとして扱うことなどは、この種の漸進的な変化の部類に入る。

動きの遅い企業がもっと機敏になったり、機敏な企業が規制当局を持つようになったりすることはある。DevOps実践の導入を検討している場合には、次の3つのことを意識する必要がある。

1. 検討している実践に暗黙のうちに含まれているほかの実践は何か

たとえば、最初に継続的インテグレーションをしていなければ、継続的デプロイをすることはできない。依存する内容を含む実践を採用するときには、その前に独立した実践を採用しておく必要がある。

2. 導入を検討している実践は具体的に何か

その実践の前提条件、コスト、メリットは何か。

3. 会社の文化はどのようなものか。この特定のDevOps実践を取り入れることによってどのような波及効果があるか

その実践が運用と開発だけに影響を与えるときと、企業構造や監督、監視の実践にも影響を与えるときとではまったく異なる。実践を採用するのが困難になるのは、社内のほかの部分に与える影響に関連している。しかし、実践を採用したときに影響を受けるのが1つの開発チームと数人のオペレータだけだとしても、関わっている全員がDevOpsの文化を受け入れることが重要だ。DevOpsエンジニアを雇ってそれで終わりだと思うのは、DevOps導入の失敗例としてよく話題に上るものだ。

1.7.2 部門のタイプ

どのような結果が求められているかに着目すると、企業の文化を知るための1つの方法となる。委託契約で働くセールスピープルは、売り上げを上げるために非常によく働く。四半期利益によって報酬が与えられるCEOは、次の四半期の業績に集中する。これは、人間の性質というものだ。デベロッパは、コードを作ってリリースするように求められる。理想的には、エラーフリーコードを書くことが求められていればよいのだが、これが難しいことは、Dilbertのマンガを見ればよくわかる。頭が尖がった上司は、バグを見つけて修復するたびに10ドル出すと言うが、Wallyはこう答える。「やった。午後には新しいミニバンが買えるぞ」。いずれにしても、デベロッパはコードを本番稼働させることを求められる。

それに対し、運用の人々はダウンタイムを最小限に抑えることが求められる。ダウンタイムを最小限に抑えるとは、ダウンタイムの原因になるものを検証して取り除くことだ。しかし、詳しい検証には時間がかかる。さらに、変更を避けることも、ダウンタイムの原因を1つ取り除くことになる。「壊れていないなら直すな」は、何十年も前からよく知られている言葉だ。

基本的に、デベロッパは変え（新しいコードをリリースすること）ようとし、運用担当は変更に抵抗しようとする。この2つの異なるインセンティブは、異なる態度を生み、文化的な衝突の原因になることがある。

1.7.3 縄張り意識

社内の2つの部門が会社の成功を確実にするという共通の目標を持っていると口にするのは簡単なことだ。しかし、それを実際に実現するのははるかに難しい。個々人の帰属意識はまず第1に自分のチームにあり、会社全体への帰属意識はそれよりも劣る。どの機能をどのような優先順位で実装するかを示すリリースプランの策定が開発チームに委ねられると、社内のほかの部門は、自分たちの権限の一部が奪われたという気持ちになり、顧客が不幸になるかもしれないとまで考える。従来、運用で行われていたアクティビティが開発で行われるようになると、アクティビティが減った運用の人々はどうなるだろうか。

これは、社内政治によくある波だが、そう言ったからといって脅威でなくなるわけではない。

1.7.4 ツールサポート

プロセスの自動化のメリットについてはすでに触れたが、このようなメリットは現実のものだ。しかし、コストがかからないというわけではない。

- ツールをインストール、設定、利用するためにはノウハウが必要だ。ツールには新しいリリース、インプット、つまらない問題がかならずついてまわる。会社のなかに、ツールについてのノウハウをしっかりと根づかせなければならない。
- 企業がさまざまな開発チーム全体で共通実践を使う場合、共通プロセスを定義して全開発チームにそれに従わせるための手段が必要だ。ツールを使うということは、暗黙のうちにそのツールに寄付をすることになる。共通プロセスの定義の例については、第12章のケーススタディを参照のこと。

1.7.5 人事的な問題

Datamationの2012年版IT報酬ガイドによれば、ソフトウェアエンジニアはシステム管理者よりも50%ほど収入が高い。そのため、システム管理者(運用)からソフトウェアエンジニア(開発)に仕事を移すと、50%も人件費の高い人がその仕事をすることになる。そのため、同じ費用から同じ結果を生むだけのために、仕事のためにかかる時間を1/3も減らさなければならない。実際に時間短縮効果を得るためには大きな削減が必要であり、それだけの時間削減を実現するためには自動化が主要な手段になる。これは、企業がどのDevOpsプロセスをどのように採用するかを決めるために必ずしなければならない費用効果分析の1つだ。

今求められているスキルセットを持つデベロッパは、需要が高いのに供給は少ない。そして彼らの仕事量は多い。そのようなデベロッパの仕事をさらに増やせば、デベロッパ不足に拍車がかかるかもしれない。

1.8 まとめ

この章でまず覚えておいていただきたいのは、DevOpsには、アジャイルの実践を取り入れるオペレータや運用の職責を負うデベロッパなど、さまざまな視点からの定義があるが、共通の目標が1つあることだ。その目標とは、ビジネスアイデアとしての機能や改良を最終的にユーザーが利用できるようにデプロイするまでの時間を削減することである。

DevOpsは、文化的にも技術的にもさまざまな難題を抱えている。DevOpsはチーム構造、ソフトウェアアーキテクチャ、伝統的な運用の方法に大きな影響を及ぼす。この章では、よく採用されるDevOps実践のリストを示して、どのような影響があるのかについての感じを味わっていただいた。本書のこれからの部分では、これらすべてのテーマを詳しく取り上げていく。

DevOpsのトレードオフを少しまとめておこう。

- **DevOpsツールのサポートが必要になること**

このツールサポートのコストをかけると、新機能を市場に投入するまでの時間が短縮される。

- **ITプロフェッショナルの職務の一部をデベロッパに移すこと**

これにはさまざまな側面がある。少なくとも次のようなことを考えなければならない。

- 2つのグループで仕事を完成させるためのコスト

- 2つのグループで仕事を完成させるための時間
- 2つのグループの人員確保
- 本番実行中にエラーが見つかったときの修復にかかる時間。デプロイ直後にエラーが見つかった場合、エラーを素早く診断するために必要なコンテキスト情報はまだデベロッパが持っている。それなのに、運用で最初にエラーを診断しようとすると、デベロッパにエラーが知らされるまで時間がかかる場合がある。

● 新機能やデプロイの見落としをなくすこと

これは開発チームの自主性と全体的な調整の間のトレードオフだ。自主性を与えられた開発チームの効率の高さというメリットの方が、全体的な視点からの調整がないことによる作業の重複のコストを上回る。

以上のすべてから、DevOpsにはITを魅力的な新天地に導く可能性があり、イノベーションの頻度が上がりユーザーエクスペリエンス向上のサイクルがスピードアップすると私たちは考えている。私たちが本書を書いていて楽しくなったのと同じように、読者には本書を読んで楽しいと思っていただければうれしい。

1.9 参考文献

次の参考資料は、DevOpsについて本書とは異なる定義を与えている。

- Gartnerのハイプサイクル[Gartner]は、DevOpsを「上昇中」に分類している:http://www.gartner.com/DisplayDocument?doc_cd=249070(ユーザー登録が必要)
- AgileAdminsは、アジャイルの視点からDevOpsを説明している:http://theagileadmin.com/what-is-devops/

次の調査や業界レポートには、はるかに多くの企業からの回答が含まれている。

- XebiaLabsは、DevOpsに関連したテーマについて広範囲の調査や業界レポートを作っており、http://xebialabs.com/xl-resources/whitepapers/ で見ることができる。
- CA Technologiesのレポートからは DevOpsに対する企業の異なる理解の仕方について知ることができ、http://www.ca.com/us/collateral/white-papers/na/techinsights-report-what-smart-businesses-know-about-devops.aspx でアクセスできる。

一部のベンダー、コミュニティは、継続的インテグレーションツールを継続的デプロイツールに向かって拡張しているが、継続的デリバリー、継続的デプロイのためにまったく新しいツールをリリースしているベンダーも多い。

- 人気の高い継続的インテグレーションツール、Jenkinsには、サードパーティーによるプラグインが多数あり、そのなかには継続的デプロイへの拡張のためのワークフローが含まれている。http://www.slideshare.net/cloudbees には、Cloudbeesによるプラグインがある。
- IBMは最近UrbanCodeを買収した。UrbanCodeは、継続的デリバリーツールスイート([InfoQ-M 13]と[InfoQ-R 13]を提供する新興ベンダーの1つだ。
- ThoughtWorksもGoという独自の継続的デプロイパイプラインスイートをリリースした。http://www.go.cd/ を参照のこと。

この章で取り上げた基本用語の説明の一部は、次のWikipediaリンクを利用している。

- DevOpsの定義の1つとして参照したものは、http://en.wikipedia.org/wiki/System_administrator に掲載されている。

- リリース、デプロイプランのステップは、http://en.wikipedia.org/wiki/Deployment_Plan に修正を加えたものである。
- オペレータの職掌は、http://en.wikipedia.org/wiki/DevOps に掲載されている。
- 5つのなぜは、トヨタ自動車で生まれたもので、http://en.wikipedia.org/wiki/5_Whys で説明されている。

継続的デプロイは夢にすぎないのかどうかについての議論は、[BostInno 11] にある。スコット・アンブラーは、DAD (ディシプリンド・アジャイル・デリバリー) についての本の共著者であるばかりでなく、ブログも書いており、本書のチーム内の役割分担の説明はそのブログの内容を修正したものである。

Netflix は、同社プラットフォームに関連したさまざまな問題について論じる技術系のブログを持っている。デプロイのステップは、[Netflix 13] で説明されている。

Mozilla のリリースコーディネーターの職務については、[Mozilla] に書かれている。

Len Bass、Paul Clements、Rick Kazman は、アーキテクチャ上の決定について、『*Software Architecture in Practice*』[Bass 13] で論じている。

IMVU についての議論は、Timothy Fitz のブログ [Fitz 09] に修正を加えたものである。

第2章 プラットフォームとしてのクラウド

私たちは、すでにやっているすべてのことを含むようにクラウドコンピューティングを定義し直した。……コンピュータ業界は、女性のファッションよりもファッションに左右される唯一の業界だ。……オレンジが新しいピンクなら、私たちはオレンジのブラウスを作る。だから、私たちはクラウドコンピューティングの発表をする。このことで争うつもりはない。

——ラリー・エリソン

2.1 イントロダクション

クラウドを説明するときに標準的に使われるたとえは、グリッド電力だ。電気を使いたいときには、装置をコンセントにつないでスイッチを入れる。すると、装置に電力が供給される。ほとんどの場合、さまざまな電力会社がどのような仕組みで発送電をしているかは知らないままで済む。例外は、停電が起きたときくらいのものだ。停電が起きると、どこのメカニズムが壊れたかはわからないにしても、電気を使うためには複雑なメカニズムが必要なのだということを意識することになる。

NIST（米連邦標準技術局）は、次のような要素でクラウドの特徴を説明している。

- **オンデマンドセルフサービス**

コンシューマーは、必要に応じて自動的にサーバー時間やネットワークストレージなどのコンピューティング機能を一方的に用意できる。個々のサービスプロバイダの担当者とやり取りをする必要はない。

- **広域ネットワークアクセス**

コンピューティング機能はネットワーク越しにあり、標準的なメカニズムでアクセスできる。そのため、さまざまな種類のシン/シッククライアントプラットフォーム(たとえば、スマホ、タブレット、ラップトップ、ワークステーションなど)からの利用を促進している。

- **リソースのプーリング**

プロバイダのコンピューティングリソースは、マルチテナントモデルを使って複数のコンシューマーにサービスを提供できるようにプールされている。コンシューマーのニーズに従って、さまざまな物理/仮想リソースが動的に割り当て、再割り当てされる。顧客からは、提供されるリソースの位置は抽象的なレベル(たとえば、国、州、データセンター)で指定できるだけであり、正確な位置を指定することはもちろん、知ることもできない。そのような意味では、ある種の位置独立を実現している。提供されるリソースとしては、ストレージ、処理能力、メモリ、ネットワーク帯域幅などがある。

- **Rapid Elasticity(素早く弾力的なスケーリング)**

提供される機能は、需要に合わせて速やかに拡大、縮小され(場合によっては自動的に)、弾力的に用意/解放される。コンシューマーから見たとき、用意できる機能は無限のように見えることが多く、いつでも任意の量に調整できる。

- **計測に基づくサービス**

クラウドシステムは、サービスタイプ(たとえば、ストレージ、処理能力、帯域幅、アクティブユーザーアカウント)に適した抽象化レベルで能力を計測して、リソースの利用状況を自動的に制御、最適化する。リソースの利用状況はモニタリング、制御、報告することができるので、サービスのプロバイダ、コンシューマーの両方に対して透過的である。

運用とDevOpsの観点からこれらのなかでもっとも重要な項目は、オンデマンドセルフサービスと計測に基づくサービスである。クラウドは、好きなだけ獲得できる無限のリソースのように見えるものを提供してくれるが、それでも使った分の料金を支払わなければならない。あとで説明するように、ほかの項目も重要だが、オンデマンドセルフサービスとペイパーユースほどではない。

NISTの説明は、暗黙のうちにクラウドサービスのプロバイダとコンシューマーを区別している。本書での私たちの立場は、主としてコンシューマーの視点に立つことだ。読者の会社が独自のデータセンターを運営している場合、この区別はある程度曖昧になるだろうが、そのような会社でも、データセンターの運営は、通常DevOpsの範疇に含まれているとは考えられないだろう。

NISTは、表2.1に示すように、クラウドプロバイダが提供するサービスのさまざまなタイプの特徴も定義している。NISTは3種類のサービスを定義しているが、DevOpsの実践ではどのタイプも利用できる。

表2.1　クラウドのサービスモデル

サービスモデル	例
SaaS：Software as a Service	電子メール、オンラインゲーム、CRM、仮想デスクトップなど
PaaS：Platform as a Service	Webサーバー、データベース、ランタイム環境、開発ツールなど
IaaS：Infrastructure as a Service	仮想マシン、ストレージ、ロードバランサ、ネットワークなど

• SaaS：Software as a Service

コンシューマーには、クラウドインフラストラクチャで実行されるプロバイダのアプリケーションを利用する権利が与えられる。アプリケーションには、さまざまなクライアントデバイスからウェブブラウザのようなシンクライアントインタフェース（たとえばウェブベースのメール）またはアプリケーションインタフェースを介してアクセスできる。コンシューマーは、ごく限られたユーザー用アプリケーション設定を除き、ネットワーク、サーバー、オペレーティングシステム、ストレージなどのクラウドインフラストラクチャ、さらには個々のアプリケーションの機能に至るまで一切管理、制御できない。

- **PaaS：Platform as a Service**

　コンシューマーは、プロバイダが供給するプログラミング言語、ライブラリ、サービス、ツールを使って作られた自作、他作のアプリケーションをクラウドインフラストラクチャにデプロイする権利が与えられる。コンシューマーは、ネットワーク、サーバー、オペレーティングシステム、ストレージなどのクラウドインフラストラクチャを管理、制御できないが、デプロイしたアプリケーションを制御することができ、アプリケーションホスティング環境の設定も操作できる場合がある。

- **IaaS：Infrastructure as a Service**

　コンシューマーには、処理能力、ストレージ、ネットワーク、その他コンシューマーが任意のソフトウェア（オペレーティングシステム、アプリケーションの両方）をデプロイ、実行できる基本コンピューティングリソースを用意する権利が与えられる。コンシューマーは、クラウドインフラストラクチャを管理、制御できないが、オペレーティングシステム、ストレージ、デプロイしたアプリケーションは制御できる。また、一部のネットワーキングコンポーネント（たとえば、ホストのファイアウォール）には限定された制御を加えられることが多い。

　まず、クラウドのメカニズムについて説明してから、これらのメカニズムがDevOpsに対して与える影響を説明しよう。

2.2　クラウドの機能

　クラウドを実現しているのは、インターネット経由でアクセスできる数十万台のホストの仮想化だ。まず、IaaSの機能、つまり仮想化とIP管理について説明してから、PaaSが提供する個別の機能を説明する。そして、数十万台ものホストを抱えていることによって起きることや、クラウドの弾力性はどのようにして実現されているのかといった一般的な問題を取り上げる。

2.2.1 仮想化

クラウドコンピューティングでは、仮想マシン(VM)が物理マシンをエミュレートする。仮想マシンイメージは、ブートできるオペレーティングシステムとその上にインストールされるソフトウェアを含んだファイルだ。仮想マシンイメージは、VM(より正確に言えば、VMインスタンス)を起動するために必要な情報を提供する。本書では、「VM」と「VMインスタンス」の両方の用語をともにVMインスタンスの意味で使う。そして、「VMイメージ」をVMやVMインスタンスを起動するために必要なファイルという意味で使う。たとえば、AMI(Amazon Machine Image)は、ECS(Elastic Compute Cloud)のVMインスタンスを起動するために使えるVMイメージである。

IaaSを使うときには、コンシューマーは、クラウドプロバイダがその目的のために提供しているAPI(アプリケーションプログラミングインタフェース)を使って、VMイメージからVMを手に入れる。このAPIは、コマンドラインインタープリタ、ウェブインタフェース、その他のツールに埋め込まれている場合がある。いずれにしても、要求の対象は、CPU、メモリ、ネットワークなどのリソースをともなうVMである。与えられるリソースは、他の仮想マシンもホスティングしているコンピュータ上でホスティングされるかもしれない(マルチテナント)が、コンシューマーの視点からは、プロバイダはスタンドアロンのコンピュータと同等のものを作っているように見える。

仮想マシンの作成

VMの作成では、2つのアクティビティが行われる。

- ユーザーがVM作成のコマンドを発行する。一般に、クラウドプロバイダは、VMを作成できるようにするユーティリティを持っている。このユーティリティには、VMが必要とするリソース、そのVMによって発生する料金を請求するアカウント、ロードするソフトウェア(下記参照)、VMのセキュリティや外部接続などを指定する一連の構成パラメータが与えられる。

- クラウドインフラストラクチャは、どの物理マシンにVMインスタンスを作るかを決める。物理マシンのオペレーティングシステムは「ハイパーバイザー」と呼ばれ、新しいVMのためにリソースを確保し、メッセージを送受信できるように新しいVMの「配線」をする。新VMには、メッセージを送受信するために使われるIPアドレスが割り当てられる。以上は、ハイパーバイザーがハードウェアの上で実行されている場合である。オペレーティングシステム的なソフトウェアのレイヤが追加される場合もある。しかし、レイヤが1つ追加されると、それによりオーバーヘッドが発生するので、もっとも一般的なのは今説明したような形である。

仮想マシンのロード

VMに意味のある仕事をさせるためには、VMにソフトウェアをロードする必要がある。ソフトウェアは、一部をVMとして、別の一部を起動後のアクティブになったVMからのロードによって揃えることができる。VMイメージは、必要なソフトウェアとデータを持った状態のVMをロード、設定し、VMのメモリの内容を永続ファイルにコピーして(一般に仮想ハードディスクという形で)作ることができる。すると、そのVMイメージ(ソフトウェアとデータ)から思いのままに新しいVMインスタンスを作ることができる。

VMイメージを作成することは、イメージを「焼く」とも表現される。「重く」焼かれたイメージには、アプリケーションを実行するために必要なすべてのソフトウェアが含まれているのに対し、「軽く」焼かれたイメージには、オペレーティングシステムとミドルウェアコンテナのように、必要なソフトウェアの一部だけしか含まれていない。これらのオプションとトレードオフについては、第5章で説明する。

仮想化は、いくつかのタイプの不確実性を導入するので、それらについて意識しておかなければならない。

- VMは同じ物理マシンでほかのVMとリソースを共有するので、VM

間でパフォーマンスの足を引っ張り合うことがある。通常、クラウドコンシューマーはほかのコンシューマーが所有する同じ物理マシン上のVMを見ることができないので、このような状況はクラウドサービスのコンシューマーには特に理解しがたいだろう。

- 土台の物理インフラストラクチャと動的にロードしなければならない追加ソフトウェアによっては、仮想マシンをロードするときの時間と信頼度にも不確実性が現れる。DevOpsの運用は、他の環境をセットアップしたり、新しいバージョンのソフトウェアをデプロイしたりするために、VMを頻繁に作成、破棄することがよくある。このような不確実性が現れることを意識しておくことが大切だ。

2.2.2 IPとDNSの管理

VMは、作成されたときにIPアドレスを割り当てられる。IPアドレスは、インターネット上の任意のコンピュータにメッセージをルーティングするための手段だ。IPアドレスとそのルーティング、管理は、どれも複雑なテーマである。以下の部分では、DNS（Domain Name System）とVMのIPアドレスの永続性について説明する。

DNS

WWWの土台の部分には、URLの一部をIPアドレスに変換するシステムがある。この機能が関わってくるのは、URLのドメイン名の部分（たとえば、ssrg.nicta.com.au）で、この部分はDNSによってIPアドレスに変換することができる。たとえばブラウザは、通常の初期化処理の一部として、DNSサーバーのアドレスを与えられている。図2.1に示すように、ブラウザにURLを入力すると、ブラウザは自分が知っているDNSサーバーにURLを送る。DNSサーバーは、DNSサーバーのネットワークの助けを借りてURLをIPアドレスに解決する。

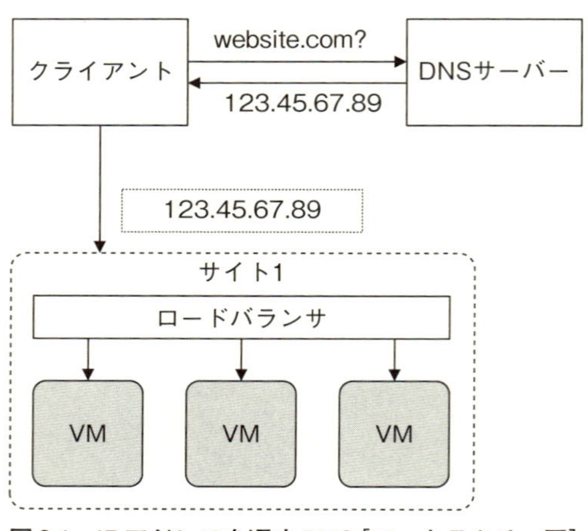

図2.1　IPアドレスを返すDNS［アーキテクチャ図］

ドメイン名は、解決のルーティングパスを示す。たとえば、ssrg.nicta.com.auというドメイン名があるとき、まず、.auの部分の解決方法を調べるために、ルートDNSサーバーに行く。ルートサーバーは、オーストラリアの.com名が格納されているオーストラリアのDNSサーバーのIPアドレスを返してくる。そして、.com.auサーバーがnictaのDNSサーバーのIPアドレスを返してくる。最後に、nictaのDNSサーバーが、ssrgのIPアドレスを返してくる。

この階層構造で重要なのは、下位の.nictaや.ssrgはローカルに管理できることだ。そのため、.nictaサーバー内のssrgのIPアドレスは、比較的簡単にローカルに変更できる。

さらに、個々のDNSエントリは、TTL(Time To Live)という名前の属性を持っている。TTLは、エントリ(つまり、ドメイン名とIPアドレスの対応関係)が無効になる時刻を規定する。クライアントとローカルDNSサーバーはエントリをキャッシングするが、そのようにしてキャッシュされたエントリは、TTLで指定された間だけ有効になる。クエリーが有効期限前に届いたら、クライアント/ローカルDNSサーバーは、キャッシュからIPアドレスを取り出すことができる。通常TTLは大きな値に設定される。最大24時間にすることができる。それに対し、TTLはわずか1分に設定することもできる。第11章から第13章のケーススタディでは、DevOpsの条件下でローカル制御と短いTTLの組み合わせの使い方を考えていく。

もう1つ触れておきたいことがある。図2.1では、DNSがドメイン名に対して1個のIPアドレスを返しているところを示しているが、実際には、DNSは複数のアドレスを返すことができる。図2.2は、DNSサーバーが2つのアドレスを返しているところを示している。

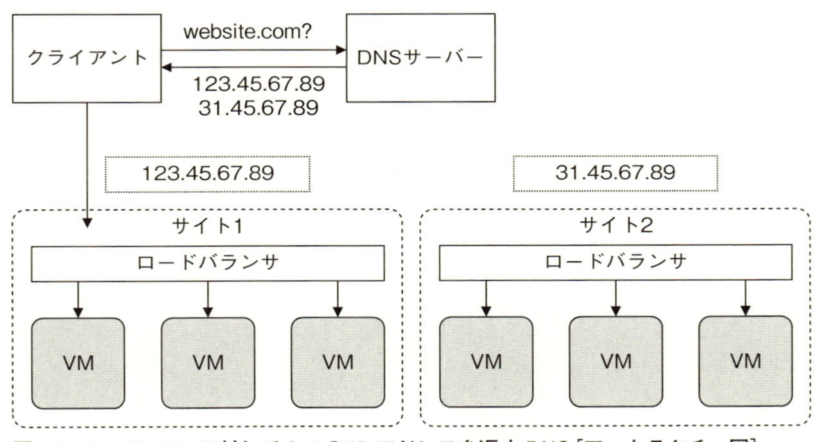

図2.2　1つのURLに対して2つのIPアドレスを返すDNS［アーキテクチャ図］

クライアントは、まず最初のIPアドレスを試してみて、応答がなければ第2のIPアドレスを試すということを続けていく。DNSサーバーは、ロードバランシングのためにサーバーの順序をずらしていってもよい。

複数のサイトが存在できることにはいくつかの理由がある。

- **パフォーマンス**

ユーザーが非常に多いので、1つのサイトでサービスを提供することはとてもできない。そこで、複数のサイトが存在する。

- **信頼性**

サイトのなかの1つが何らかの理由で応答しなければ、クライアントは第2のサイトを試すことができる。

• テスト

第2のサイトは、限定された本番環境のなかでテストしたい何らかの新機能、新バージョンを提供することができる。この場合、第2のサイトへのアクセスは、テストを実行してもらうつもりの少数の人々に制限される。この方法の詳細については、第5章と第6章で説明する。

仮想マシンのIPアドレスの永続性

作成時に仮想マシンに割り当てられたIPアドレスは、VMがアクティブな間はアクティブなままに保たれる。VMは終了、一時停止、停止したときに非アクティブになる。そのようなときには、IPアドレスはクラウドプロバイダのプールに返され、再割り当てに使えるようになる。

IPアドレスの再割り当てには、注意すべき影響が及ぶ。あなたのアプリケーションのなかのあるVMが別の仮想マシンにメッセージを送るとき、VMは、受信するVMのIPアドレスがまだ正しいかどうかをチェックしなければならない。アプリケーションに少なくともVM_AとVM_Bがあるときには、次のような流れについて考えよう。

1. VM_BがVM_Aからのメッセージを受信する。
2. VM_Aがエラーを起こす。
3. クラウドプロバイダがVM_AのIPアドレスを再割当てする。
4. VM_Bが送信元IPアドレスに応答を返す。
5. メッセージはあなたのアプリケーションの一部ではないVMに送られる。

このような流れになることを避けるには、クラウドプロバイダに永続IPアドレス(割増金が必要になる場合が多い)を要求するか、自分のアプリケーションVMがメッセージを送る前に、受信VMがまだ生きていて同じIPアドレスを持っているかどうかをチェックしなければならない。

2.2.3 PaaS

今まで触れてきたことの多くはIaaSのみに当てはまることだった。PaaS

商品を使うときには、これらの詳細の多くは考えなくて済む。PaaSは、IaaSよりもスタックの上位にあり、下位の詳細をある程度まで隠しているのだ。

先ほどのNISTの定義で示したように、PaaS商品では、定義済みの環境でアプリケーションを実行できる。たとえば、Javaで書かれたウェブアプリケーションをWARファイルにコンパイルし、ホスティングされたウェブアプリケーションコンテナにデプロイすることができる。そして、ニーズに合わせてそのサービスを設定することができる。たとえば、下位の（標準化されていることが多い）リソースの数を設定するということだ。そして、ホスティングされているDBMS（SQLでもNoSQLでも）にそのアプリケーションを接続することもできる。ほとんどのPaaSプラットフォームは、独自のインフラストラクチャであれ、IaaSであれ、ホスティング環境を提供しているが、オンプレミス（自社運用）環境に導入できるものもある。

ほとんどのPaaSプラットフォームは、一連のコアサービス（たとえば、Javaウェブアプリケーション、Rubyのgem、Scalaアプリケーションなどのホスティング）とアドオン（たとえば、特定のモニタリングソリューション、オートスケーリングオプション、ログのストリーミング、アラートサービスなど）を提供している。ある意味では、PaaSは、運用部門が従来提供してきたサービスの一部と似ている。運用部門は、インフラストラクチャレイヤの管理を自分のテリトリーに収め、開発チームには、システムをホスティングするための環境と、環境についてのオプション群（開発チームが選択できる）を提供してきた。しかし、世界中から利用できるプロバイダのPaaSを使えば、運用部門が従来提供してきた環境を使うよりも多くのアドオン、新しいオプションをよりスピーディーに使える。

IaaSと同様に、使ったことのないPaaS商品を使う場合には、まず使い方を身につけなければならない。勉強しなければならないものには、プラットフォーム固有のツール、構造、構成オプション、ロジックなどが含まれる。ほとんどのPaaSプラットフォームは比較的簡単に使い始められるが、コマンドや設定の細部にはマスターするのに時間がかかる複雑な部分が含まれている。

IaaSよりも抽象化されたPaaSを使えば、システムのなかのより重要な部分、つまりアプリケーションに力を集中させることができる。ネットワークの設定、ロードバランサ、オペレーティングシステム、下位レイヤに対するセキュリティパッチといったものを処理する必要はない。しかし、それは下位レイヤが見えなくなり、コントロールできなくなるということでもある。それでも困らないのであれば、PaaSソリューションを使うことには十分に意味があるだろう。しかし、あとで下位レイヤの制御が必要になってしまうと、マイグレーションが次第に大変になっていくだろう。

2.2.4 分散環境

この節では、クラウドプロバイダの環境に数十万台のサーバーがあることが暗黙のうちに持つ意味を掘り下げてみよう。これらは、さまざまな処理にかかる時間や障害が起きる確率と関係があり、この2つはデータの一貫性に影響を及ぼす。

処理にかかる時間

スタンドアロンのコンピュータシステムでは、メモリからアイテムを読み出すために必要な時間とディスクからデータを読み出すために必要な時間には大きな差がある。実際の数字は、ハードウェアのスピードが向上しているため、時代とともに変化しているが、両者にどれくらいの差があるのかについておおよそのイメージをつかむために具体的な数字を出すと、メモリからシーケンシャルに1MB（約100万バイト）にアクセスするためにかかる時間が12 μ秒前後であるのに対し、回転するディスクのアイテムにアクセスするには、ディスクヘッドを正しい位置に移動するために4m秒前後の時間、さらに1MBの読み出しのために2m秒前後の時間がかかる。

アプリケーションに含まれるさまざまなプロセスの間での通信手段がメッセージになっている分散環境では、同じデータセンター内でのラウンドトリップ（往復）に約500 μ秒かかる一方、たとえばカリフォルニアとオランダの間のラウンドトリップに約150m秒かかる。

以上の数字から得られる結論の1つは、データをメモリで管理するかディスクで管理するかはパフォーマンスに関連してきわめて重要な判断になるということだ。キャッシングを使えば、一部のデータを両方の場所に残しておけるが、データの一貫性の維持という新たな問題が生まれる。もう1つの結論として、永続データを物理的にどこに配置するかもパフォーマンスに大きな影響を及ぼすということも言える。これら2つと次節で取り上げる障害のことを考えると、異なるスタイルのDBMSを使ってデータの一貫性を保つことを検討すべきだということになる。

障害、故障

それぞれのクラウドプロバイダは高可用性を保証しているかもしれないが、そのような保証は、全体としてのクラウドの大きなセグメントを対象としたもので、個々のコンポーネントを対象としたものではない。そのため、個別のコンポーネントの障害、故障は、依然としてアプリケーションに影響を与える。次のリストは、データセンター内で発生する可能性のある障害の種類についてGoogleが発表しているデータだ。このリストからもわかるように、個々の要素が障害を起こす確率はかなり高い。Amazonは、それぞれ2個のディスクを接続する6万4000台のサーバーを持つデータセンターでは、毎日平均して5台以上のサーバーと17個のディスクが壊れるというデータを公開している。

次に示すのは、稼働1年目のデータセンターで発生した問題のリストである(GoogleのJeff Deanのプレゼンテーションから)。

- 約0.5回のオーバーヒート(ほとんどのマシンの電源が5分未満落ちる。復旧に1、2日)
- 約1回のPDU(電力供給ユニット)のエラー(500～1000台のマシンが突然消える。復旧に約6時間かかる)
- 約1回のラックの移動(大量の警告、約500～1000台のマシンの電源を落とす。約6時間かかる)
- 約1回のネットワークの配線替え(2日以上にわたってマシンの約5%を交替で落とす)。

- 約20回のラックのエラー（40～80台のマシンが瞬時に消える。復旧に1～6時間）
- 約5回のラックの不安定化（40～80台のマシンで50％のパケット消失）
- 約8回のネットワークメンテナンス（4回で約30分のランダムな接続の切断）
- 約12回のルーター再ロード（数分のDNS利用不可）
- 約3回のルーター故障（1時間にわたってプルトラフィックが必要に）
- 数十回のDNSの30秒切断
- 約1000台の個別マシンの故障
- 数千個のハードディスクの故障
- 遅いディスク、問題のあるメモリ、設定の誤ったマシン、不安定なマシンなど
- 野良犬、サメ、死んだ馬、酔ったハンターなどによる長距離リンクの切断など

この障害の統計は、アプリケーションや運用という立場から見てどのような意味があるだろうか。まず第1に、特定のVMやネットワークの一部は動作しなくなることがある。このVMやネットワークは、アプリケーションや運用の仕事をしているかもしれない。第2に、コンポーネントを直列的に使ったときの障害の確率は、個々のコンポーネントのエラー率を掛けた値になるので、要求に関係のあるコンポーネントが多ければ多いほど、障害が起きる確率は高くなる。これら2つの確率は節を分けて掘り下げることにしよう。

VMの障害

分散システムのアーキテクトが下す判断のなかでも、アプリケーションのさまざまな部品の間でどのように状態情報を分割するかは大きな意味を持つ。ステートレスなコンポーネントが障害を起こした場合には、状態情報のことを気にせずにコンポーネントを交換できる。しかし、状態情報はアプリケーションがアクセスできるどこかでメンテナンスしていなければな

らない。そして、同じVMで状態情報の取得と計算をいっしょにすると、ある程度のオーバーヘッドがかかる。3つの主要な条件に分けて考えてみよう。

1. ステートレスコンポーネント

VMがステートレスなら、VMが障害を起こしても、同じVMイメージから新たなインスタンスを作って、メッセージが正しくその新インスタンスにルーティングされるようにするだけで修復できる。これは、障害復旧という観点からはもっとも望ましい状況である。

2. クライアントの状態

セッションは、複数のコンポーネント、デバイスの間でのダイアローグである。一般に、ダイアローグに継続性を与えるために、個々のセッションにはIDが与えられる。たとえば、ブラウザとサーバーの間の1度のやり取りでウェブサイトにログインする。そして、セッション状態を使うことにより、ブラウザはあなたがログインに成功し、主張している通りの人物であるということをその後のメッセージでサーバーに知らせることができる。クライアントは、セキュリティやアプリケーションの処理のために、その他の情報を追加することがある。クライアント状態は、サーバーにコンテキストを知らせるメッセージや一連のパラメータとともに送らなければならないので、最小限に抑える必要がある。

3. アプリケーションの状態

アプリケーション、またはアプリケーションの特定のユーザーについての情報を含んでいる。ナレッジベースやウェブクローラーの実行結果のように大きなデータになることもあるが、ユーザーがストリーミングビデオを見ているときの現在位置のように小さなデータになることもある。アプリケーションの状態には、3つのタイプがある。

a. 少量の永続状態

永続状態は、複数のセッションにまたがって、またサーバーやクライアントの障害の前後を通じて維持しなければならない。少量の永続状態は、フラットファイル、あるいはファイルシステムのその他の構造物で維持できる。アプリケーションは、個々のユーザーのために、またアプリケーション全体のために、この種の状態を維持することができる。少量の状態は、ZooKeeperやMemcachedのようなVMインスタンスの違いを越えて永続状態を維持できるツールを使ってキャッシングすることもできる。

b. 中規模の永続状態または半永続状態

先ほど示した時間に関する数字から考えると、計算のなかで頻繁に使われる永続状態のうち、これに該当する部分をキャッシングすると大きなメリットが得られる。別のVMインスタンスにもまたがって状態を維持し、状態の共有を実現するのも効果的だ。これは、ある意味ではハードウェアレベルでの共有メモリと同じだ。違いは、ネットワークを介して異なるVMの間で行われることだけである。Memcachedなどのツールは、キャッシングされたデータベースエントリや生成されたページなど、適度な分量の共有状態を管理することを目的として作られている。Memcachedは、クライアントに対して自動的にデータの首尾一貫したビューを示す。そして、サーバー間でデータを共有することを通じて、VMが障害を起こしたときの回復の手段を提供する。

c. 大規模な永続状態

大規模な永続状態は、DBMSが管理するデータベースやHDFS（Hadoop Distributed File System）などの分散ファイルシステムで管理できる。HDFSは、ネットワーク規模の（あるいは少なくともクラスタ規模の）ファイルシステムとして機能し、データアイテムの複製を自動的に管理し、エラーからデータを守る。また、64MBブロックという形でデータを書き込むなどのメカニズムによって高いパフォーマンスを提供する。もっとも、ブロックサイズを大きくすると、少量のデータの書き込みは効率が悪くなる。だから、HDFSは、大きなデータを対象として使うべきだ。HDFSファイルはクラスタ全体で使えるので、障害を起こしたクライアントでもHDFS管理下のデータを失うことはない。

ロングテール分布

自然現象は、図2.3aのような正規分布を示すことが多い。値は、平均の近くに集まり、端に向かっていくと値の数は減っていく。しかし、クラウドでは、要求に対する応答時間など、多くの現象が図2.3bに示すようなロングテール分布を示す。これは、エンティティが増えると障害が起きる確率が高くなる上に、1つのコンポーネントが障害を起こすと、応答時間（たとえば、主要なネットワークリンクが切断され、エラーが検知されたあと、ネットワークパケットが別のリンクを介してルーティングされるまでの時間）が通常よりも桁違いに遅くなることに起因することが多い。

ロングテールは、MapReduceの完了時間、サーチクエリに対する応答時間、Amazonクラウドのインスタンス起動時間で観察されている。最後の例では、インスタンス起動要求を満足させるための時間の中央値は23秒だが、要求の4.5%は36秒以上かかっている。

まだ証明されているわけではないが、私たちの直観では、分散のゆがみ（ロングテールの長さ）は、要求を満足させるためにアクティブ化されたクラウドの異なる要素数の関数になるはずだ。つまり、計算、ファイルの読み出し、ローカルメッセージの受信などの単純な要求は、正規分布に近くなる。それに対し、大規模なMapReduceジョブ、大規模なデータベース全体のサーチ、仮想インスタンスの起動のような複雑な要求は、ロングテールのような非対称のゆがんだ分布になる。

応答までにとてつもなく長い時間がかかる要求は、エラーとして扱うべきだ。しかし、そのような要求で問題なのは、要求が完全にエラーになっているのか、いずれ最後まで終わるのかがわからないことだ。このようなロングテールと闘うためには、たとえば要求の履歴情報の上位95%よりも長い時間がかかっている要求は一度中止し、要求を再発行するというような方法が考えられる。

一貫性

エラーが起きる確率を考えると、永続データは複製をとっておくべきだろう。データアイテムのコピーが2つある場合、クライアントがそのデー

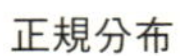

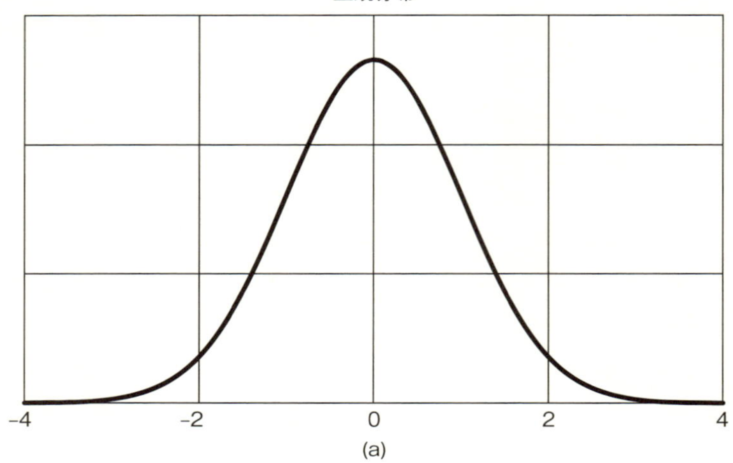

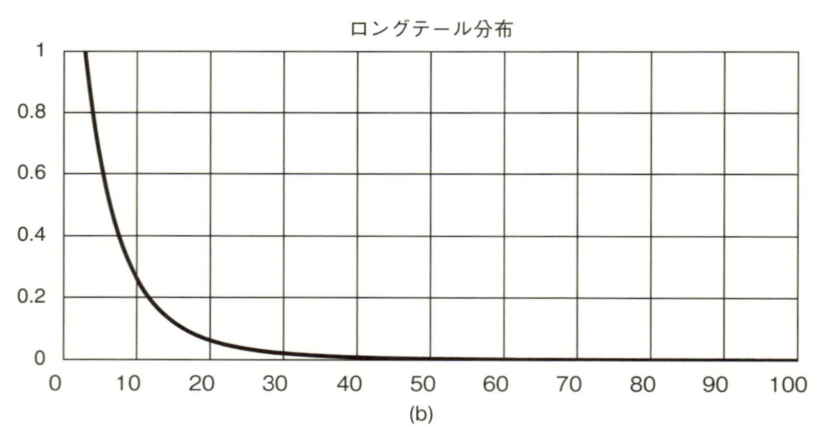

図 2.3　(a)値が平均周辺に集まり、中央値と平均が等しい正規分布。(b)一部の値が中央値からかけ離れて遠くなるロングテール分布

タアイテムを読み出したときに、どちらのコピーを読み出したかにかかわらず、同じ値が得られるようにしておきたい。ある瞬間にデータアイテムのすべてのコピーが同じ値になっている場合、その瞬間、データアイテムには「一貫性」があると言う。永続ストレージにデータアイテムを書き込むためには時間がかかることを忘れないようにしよう。

分散システムでは、個々のデータアイテムにアクセスするためのアクセスシーケンスを制御するロックを導入して一貫性を維持している。しかし、データアイテムをロックすると、データアイテムへのアクセスに遅れが生じる。そこで、一貫性を維持しつつ、ロックによる遅れを短縮するためのさまざまなスキームが作られている。どのスキームを使うかにかかわらず、データアイテムの可用性は、ロックの導入による遅れの影響を受ける。

さらに、クラウドでは、アクセス時間を短縮するために、永続データ、特に大量になる場合の永続データは、複数の位置に分割される。CAP（Consistency：一貫性、Availability：可用性、Partition Tolerance：分断耐性）定理により、完全な可用性を持ち、首尾一貫していて、分割されたデータを同時に実現することはできない。データアイテムに変更を加えた直後は無理でも、ある程度の時間が経ったあとは分散され、分割され、複製されたデータが一貫性を持つ場合、「結果整合性」があるという。つまり、複製が最終的に一貫性を持つということである。

NoSQL データベース

CAP 定理やリレーショナルデータベースをセットアップするためのオーバーヘッドなど、さまざまな理由から、NoSQL という名前のもとに分類されるような一群のデータベースシステムが作られた。もともと、NoSQL は文字通り No SQL という意味だったが、一部のシステムが SQL をサポートするようになったので、現在では Not Only SQL という意味になっている。

NoSQL システムは、リレーショナルデータベースとは異なるデータモデルを使っている。リレーショナルデータベースは、データをテーブル（表）という形にまとめることを基礎としている。それに対し、NoSQL システムは、キーバリューペアやグラフなどのデータモデルを使っている。NoSQL

システムの発達により、さまざまな波及効果が生まれた。

- NoSQL システムはリレーショナルシステムほど成熟しておらず、リレーショナルシステムが持つトランザクション、スキーマ、トリガーなどの機能は、NoSQL システムではサポートされていない。アプリケーションでこれらの機能が必要なら、アプリケーションプログラマーは自分で機能を実装しなければならない。
- アプリケーションプログラマーは、どのデータモデルがもっとも適切かを決めなければならない。アプリケーションの内容が異なれば、永続データに関するニーズも異なるため、データベースシステムを選択する前に、このようなニーズを理解する必要がある。
- アプリケーションは、異なるニーズのために複数のデータベースシステムを使うことがある。キーバリューストアは、緩やかに構造化された大量のデータを効率よく処理できる。グラフデータベースシステムは、データアイテム間のつながりを効率よく管理できる。複数のデータベースシステムの使い分けには、ニーズにシステムをよりよく合わせられるというメリットがある。第 11 章のケーススタディでは、異なる目的のために複数のデータベースシステムを使い分ける例を示す。ただし、複数の異なるデータベースシステムを使う方法には、ライセンスとメンテナンスのコストが上がるという欠点がある。

弾力性

NIST が認めるクラウドの特徴の 1 つは、スピーディーな用意と弾力性だ。弾力性とは、負荷によってアプリケーションのために使われる VM などのリソースの数が増減することである。負荷を測るためには、たとえば既存のリソースの利用状況をモニタリングする。

図 2.4 は、クライアントがロードバランサを介して VM にアクセスし、モニターがスケーリンググループにまとめられているさまざまな VM の CPU と I/O の利用度を計測しているところを示している。モニターは、自分の情報をスケーリングコントローラに送る。スケーリングコントローラ

は、スケーリンググループ内のサーバーを増減するタイミングを決めるルールのコレクションを持っている。ルールは受動的(たとえば、「利用度が特定の水準に達したときに、サーバーを追加する」)にすることも、能動的(たとえば、午前7時にサーバーを追加し、午後6時に取り除く」)にすることもできる。新サーバー追加のルールが作動したら、スケーリングコントローラは新しいVMを作り、正しいソフトウェアがロードされた状態にする。作成された新VMはロードバランサに登録され、ロードバランサがメッセージを送れるVMは増える。さまざまなAPIを介してスケーリングを制御することもできる。第12章では、これの実例を取り上げる。

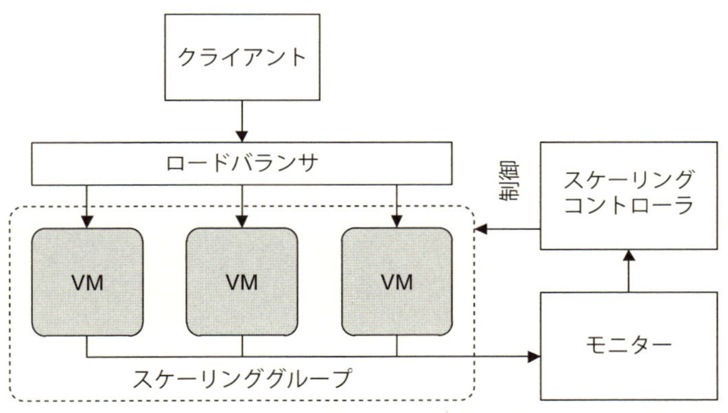

図2.4　スケーリングコントローラへの入力としてモニタリングの結果が送られる[アーキテクチャ図]

2.3　クラウド固有の特徴がDevOpsに与える影響

クラウドには、DevOpsに影響を及ぼす独自の特徴が3つある。環境を単純に作成し、切り替えられること、VMを簡単に作れること、データベースの管理だ。環境の問題から考えていこう。

2.3.1 環境

ここで環境と言っているのは、ソフトウェアシステムを実行するために必要なサポートソフトウェア、データセット、ネットワーク通信、定義された外部エンティティといった一連の計算資源である。

この定義のポイントは、定義された外部エンティティを除き、環境が自己完結的なことだ。一般に、1つの環境は、ほかの環境から切り離される。第5章では、環境、インテグレーション、ユーザーテスト、本番といった各種環境を見ていく。第12章のケーススタディでは、環境のライフサイクルは、明示的にデプロイパイプラインの一部とされている。開発、テスト、デプロイのプロセスで複数の環境を持てるのは、クラウド固有の特徴ではないが、新しいインスタンスのクローニングのように、環境を単純に作り、移行できるのはクラウドならではだ。環境の分離は、変更可能な共有リソースを作らなければ実現できる。何らかのフィードのように、読み出し専用のリソースは、問題なく共有できる。環境が外部の世界と通信するには、定義された外部エンティティを介在させるしかないので、これらのエンティティはURLでアクセスできるようになっており、そのため別個に管理される。このような外部エンティティの状態への書き込み、変更は、本番環境だけが行うようにしなければならない。その他の環境のためには、別個の外部エンティティを作る必要がある(たとえば、ダミー、テスト用クローンとして)。

サイロは環境の視覚的なイメージの1つだ。図2.5は、テスト環境と本番環境という2つの異なる環境を示している。それぞれの環境には、同じシステムのわずかに異なるバージョンがある。2つのロードバランサは、それぞれの環境専用であり、別々のIPアドレスを持っている。テストは、図2.5aに示すように、本番環境に入力ストリームを送り、テスト環境にコピーを送れば実行できる。この場合、テストデータベースを本番データベースから切り離すことが大切だ。図2.5bは、別の方法を示している。この場合、ライブテストを実行するテスト環境に実際の本番メッセージのサブセットを送る。カナリアテストなどのライブテストの方法については、第6章で説明する。環境の切り替えは1つのスクリプトで実行でき、そのスクリプトは、使う前に正しいことをテストできる。第6章では、テスト環境と本番環境の間の切り替えに使える別のテクニックを示す。

本番環境とその他の環境の間で簡単に切り替えができることにより、事業継続性の達成が簡単になる。事業継続性とは、メインデータセンターのなかで、あるいはメインデータセンターに対して大きな障害が発生したときでも、企業が操業を続けられるようにすることである。第11章では、複数のデータセンターの管理についてのケーススタディを示すが、今の段階では、2つの環境を同じデータセンターに並置する必要はないということを覚えておこう。本来の環境とバックアップ環境の間で素早く切り替えをすることが目標なら、2つのデータベースを同期させておかなければならない。

2.3.2 仮想マシンの簡単な作成

コンシューマーの視点からのクラウド管理で起きる問題の1つは、新しいVMを確保するのがあまりにも簡単だから起きるものだ。仮想マシンには、物理マシンと同様に、最新のパッチを当て、責任を取れるようにしておかなければならない。パッチされていないマシンはセキュリティリスクを抱える。また、パブリッククラウドでは、コンシューマーはVMを使った分だけ支払いをする。アメリカのある大きな大学で、学生が自分の割り当てをクリーンアップせずに夏休みの旅行に出かけたところ、帰ったときに8万ドルの使用料を請求されたという事件が起きたことはよく知られている。

管理するVMが多すぎて複雑になることをVMスプロールと呼ぶ。同様に、手持ちのVMイメージが多すぎるときの問題は、イメージスプロールと呼ばれる。アカウントをスキャンし、どのマシンが割り当て済みで、最近のマシンの使われ方がどうなっているかを調べるJanitor Monkeyなどのツールがある。プラットフォームとしてクラウドを利用するときには、マシンの割り当てとVMイメージのアーカイブ化の方針を作って遵守させることが必要になる。

2.3.3 データについて考慮すべきこと

クラウドが経済的に成り立つようになった時期は、NoSQLデータベース

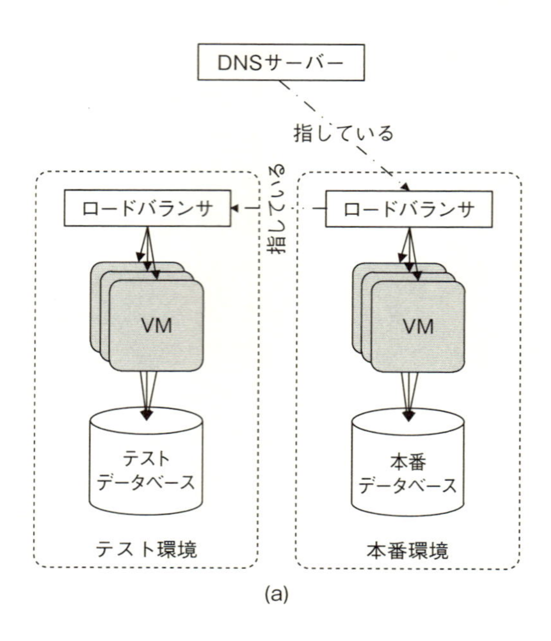

(a)

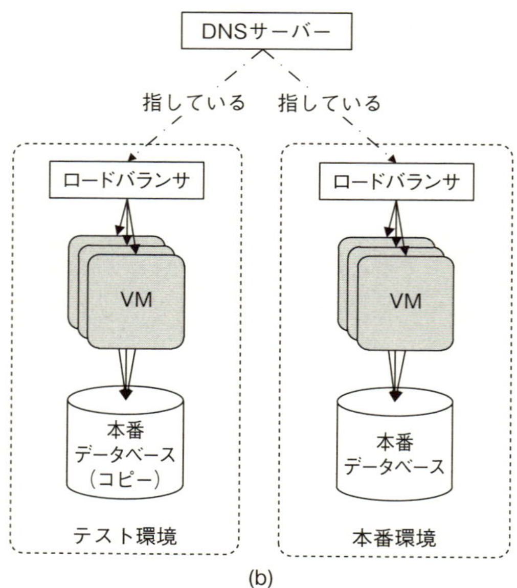

(b)

図 2.5　(a) ライブデータを使ったテスト。(b) ユーザーのサブセットによるライブテスト　[アーキテクチャ図]

の登場と符合していた。多くのシステムは、リレーショナル、NoSQLの異なるデータベースシステムを複数利用している。さらに、ビジネスインテリジェンスや運用のさまざまな目的のために、さまざまなソースから大量のデータが収集されている。スケーリングによってクラウドに計算資源を追加できるのと同じように、ストレージリソースも追加できる。まず、クラスタ内のアプリケーションにストレージを提供するHDFSについて説明する。HDFSは、多くのNoSQLデータベースシステムのためにファイルシステムを提供している。次に、分散ファイルシステムに関連して運用上考慮すべきことを説明する。

HDFS

HDFSは、共有ストレージリソースのプールを提供する。アプリケーションは、Java、C、その他のよく使われているプログラミング言語のファイルシステムインタフェースを介してHDFSにアクセスする。使えるコマンドには、open、create、read、write、close、appendがある。HDFSが提供するストレージは複数のアプリケーションに共有されるので、ファイル名の名前空間を制御し、アプリケーションが新しいブロックに書き込みたいときにはスペースを割り当てるマネージャーが作られている。このマネージャーは、情報の提供も行うので、アプリケーションは特定のブロックに直接アクセスすることもできる。ストレージノードのプールもある。

HDFSのマネージャーはNameNode、ストレージプールの個々の要素はDataNodeと呼ばれる。ホットバックアップごとに1つのNameNodeがある。DataNodeは、それぞれ別々の物理コンピュータかVMである。アプリケーションは、固定サイズのブロック(一般に64MB)に書き込むよう制限される。アプリケーションがファイルに新しいブロックを書き込みたいときには、NameNodeにコンタクトを取り、ブロックが格納されるDataNodeにブロックを要求する。個々のブロックは、何度か(一般には3回)複製される。NameNodeは、書き込みを要求されると、そのためのブロックが格納されるDataNodeのリストを返す。すると、アプリケーションは自分のブロックをリスト内のDataNodeに書き込む。

HDFSの多くの機能は、個別のDataNodeの障害からデータを守り、HDFSのパフォーマンスを上げることを意図して設計されている。本書の目的からすると、ポイントは、HDFSがアプリケーション間で共有されるストレージサイトのプールを提供しているということだ。

運用上考慮すべきこと

HDFSなどの共有ファイルシステムに関して運用上考慮すべきことは2つある。

1. HDFSのインストレーションを管理するのは誰か。HDFSは、複数のアプリケーションで共有されるファイルシステムにもなるし、単一のアプリケーションのためにインスタンスを作ることもできる。単一アプリケーションで使う場合、HDFSの管理は、そのアプリケーションの開発チームの仕事になる。共有の場合、HDFSの管理は、社内のどこかに委ねなければならない。
2. 大きな障害が起きたとき、HDFSに格納されているデータはどのように保護されるのだろうか。HDFS自体が複数のDataNodeにデータを複製しているが、データセンター全体が障害を起こすと、HDFSは利用できなくなり、HDFSが管理しているデータは破壊されたり失われたりする可能性がある。そこで、事業のなかでも、HDFSの継続的実行とHDFSに格納されているデータへのアクセスに依存している部分の事業継続性には、別個の対策が必要だ。

2.4 まとめ

クラウドは、近年ITの大きなトレンドとして成長してきた。クラウドには、計測に基づく利用(ペイパーユース)やRapid Elasticity(素早く弾力的なスケーリング)などの特徴があり、アプリケーションをほぼ無限の数のVMにスケールアウトすることができる。適切なアーキテクチャを設計すれば、アプリケーションは本当に素早くスケーリングするようになり、その新アプリケーションが「バイラル」になって、ユーザー数が2時間ごとに倍増するようなことになっても、ユーザーを悲しませることはない。また、需要が下がっても、ハードウェアに莫大な投資をし続ける必要はなく、不要になったリソースを単純に解放することができる。

クラウドを使えば多くの面白い可能性が開けてくるが、分散コンピューティングが抱えるさまざまな問題への対処も必要になる。

- クラウドは、本質的に分散化されたプラットフォームを基礎とし、仮想化を活用してユーザーが使えるリソースをスピーディーにスケーリングできる。
- IP アドレスは、仮想化されたリソースにアクセスするための鍵を握っており、DNS エントリを通じて URL ともつながっている。IP アドレスを操作すれば、環境の分離を通じてさまざまな形態のテストをすることができる。
- 大規模な分散環境では、個別のコンポーネントの障害は折り込み済みである。障害には適応できなければならない。具体的には、状態情報を管理するとともに、異常に時間のかかっている要求を認識して復旧する必要がある。
- 運用の立場から見ると、クラウドに関連して、増殖する VM の管理、種類の異なるデータベース管理システムの管理、開発と運用のニーズに応えられる環境の確保といったことを新たに考慮しなければならない。

2.5 参考文献

NIST のクラウド定義は、SP 800-145[NIST 11] の一部である。

さまざまなタイプの記憶装置、ネットワーク接続の遅れの数値は、http://www.eecs.berkeley.edu/~rcs/research/interactive_latency.html から引用している。

Jeff Dean のキーノートスピーチは、新しいデータセンターの問題点をリストアップしている [Dean]。

Amazon Web Services の James Hamilton は、プレゼンテーション（http://www.slideshare.net/AmazonWebServices/cpn208-failuresatscale-aws-reinvent-2012）で大規模な障害について参考になることを述べている。

Memcached システムのウェブサイトは、http://memcached.org/。

HDFS とそのアーキテクチャについての詳しい情報は、以下のところで見ることができる。

- http://hadoop.apache.org/docs/r1.2.1/hdfs_design.html
- http://itm-vm.shidler.hawaii.edu/HDFS/ArchDocOverview.html

ロングテール分布とこの分布が見られる事例の一部が [Dean 13] に掲載されている。

MapReduce の異常値については、[Kandula]（PowerPoint プレゼンテーション）で論じられている。

論文"Mechanisms and Architectures for Tail-Tolerant System Operations in Cloud" は、ロングテール分布に耐性のあるメソッド、アーキテクチャの戦術を提案している [Lu 15]。

Netflix の Janitor Monkey は、VM スプロール、イメージスプロールの管理に役立つ。https://github.com/Netflix/SimianArmy/wiki/Janitor-Home 参照。

CAP 定理は、Erick Brewer が提案し、Gilbert と Lynch が証明した [Gilbert 02]。

第3章 運用

DevOpsコミュニティには、IT管理とは何かがわかっていて、DevOpsの枠のなかでITILをうまく使える優れた頭脳の持ち主が数人いる。そして、他の人々は、彼らよりも現実をしっかりと把握できないでいる。……

——ロブ・イングランド、http://www.itskeptic.org/devops-and-itil

3.1 イントロダクション

DevOpsは、開発に終始しないのと同じように、運用にも終始しない。しかし、DevOpsを理解するためには、運用や開発の人々がどのような背景を抱えているかを知ることが大切だ。この章では、IT運用部門が行うアクティビティを説明する。これらのアクティビティのうち、DevOpsのアプローチに適したものがいくつあるかについては議論が分かれるが、この章ではその議論にも触れていく。

運用とは何かということを特徴づけるものの1つとしてITIL(Information Technology Infrastructure Library)がある。ITILは、運用担当者のおおよその職務記述として使われている。ITILは、「サービス」の概念を基礎としており、運用の仕事は、全体戦略の枠内でこれらのサービスの設計、実装、運用、改良をサポートすることだ。図3.1は、ITILがこれらのアクティビティの相互関係をどのように見ているかを示している。

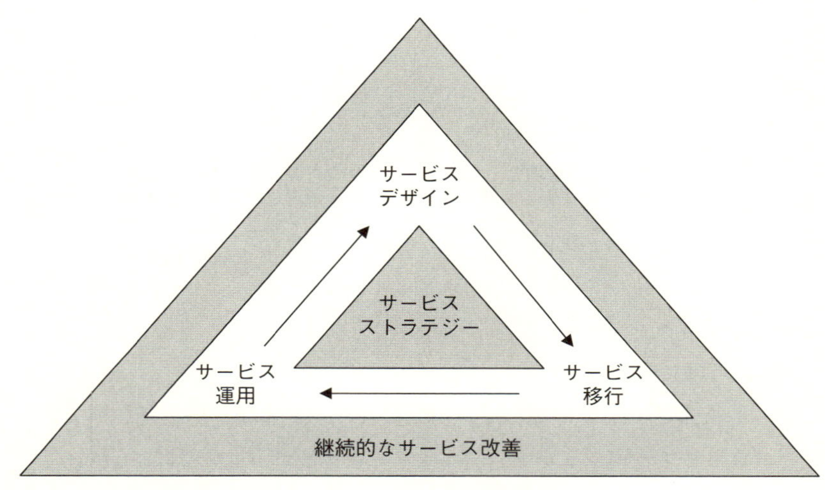

図 3.1 サービスのライフサイクル (ITIL のものを修正)

まず、従来運用部門が担当してきた形でのサービスを説明する。次に、図 3.1 に戻り、サービスのライフサイクルを掘り下げる。最後に、DevOps がこの全体的な構図のなかでどのように機能するかを説明する。

3.2 運用サービス

運用サービスは、ハードウェアの用意(プロビジョニング)、ソフトウェアの用意、さまざまな IT 業務のサポートなどである。運用が提供するサービスには、SLA (サービス品質保証契約)、キャパシティプランニング(容量計画)、事業継続性、情報セキュリティなども含まれる。

3.2.1 ハードウェアの用意

ハードウェアは、会社が所有する物理ハードウェアでも、サードパーティーやクラウドプロバイダが管理する仮想ハードウェアでもかまわない。利用者も、個人、プロジェクト、社内の大部分のどれにでもなり得る。表 3.1 は、3 種類の利用者がどのようなハードウェアを使うかをまとめたものである。

表 3.1　個人、プロジェクト、企業全体が使うハードウェアのタイプ

利用者	物理ハードウェア	仮想ハードウェア
個人	ラップトップ、デスクトップ、タブレット、スマホ	開発、ユニットテスト用仮想マシン
プロジェクト	インテグレーションサーバー、バージョン管理サーバー	インテグレーションやバージョン管理のために使われる仮想マシン
全社	プリンタ、ネットワークインフラストラクチャなどのサービスのためのサーバー	全社規模のサービスのために使われる仮想マシン

- **物理ハードウェア**
  - **個人用ハードウェア**

    個人用ハードウェアには、個人に割り当てられたラップトップ、デスクトップ、タブレット、スマホなどが含まれる。一般に、運用には、自分たちがサポートする標準構成がある。しかし、実際にハードウェアを発注、構成するのが運用部門になるか個人になるかは、企業、組織によってまちまちになる。また、標準構成をどれだけ厳しく強制するかも、企業、組織によって異なる。極端な場合、運用部門は認められたソフトウェアとシステム設定しかロードできないようにロックされたデバイスを従業員に支給する。システム間の互換性は、標準によって保証される。一方では、運用はガイドラインを用意するものの、個人が使いたいハードウェアを発注し、好きなように用意することが認められている。それらのハードウェアの間の互換性は、個人がそれぞれ保証しなければならない。
  - **プロジェクト用ハードウェア**

    プロジェクト用ハードウェアには、インテグレーションサーバー、バージョン管理サーバーなどが含まれる。ただし、これらのハードウェアは、会社全体のレベルで管理される場合もある。プロジェクト用ハードウェアの要件はプロジェクトによって設定される。運用は、社内で決められた範囲内で、あるいはプロジェクトと運用の交渉によって決められた基準で、発注、システム設定、サポートに関わる。
  - **全社規模ハードウェア**

    この種のハードウェアは、運用の責任で用意される。データセン

ター、あるいはメールサーバーのような全社で使うサーバーは、運用部門によって管理、運用される。

- **仮想ハードウェア**

仮想ハードウェアも、個人用、プロジェクト用、全社用になり、物理ハードウェアのパターンに従う。プロジェクト用仮想ハードウェアの仕様と管理は一般にプロジェクトが決め、全社用仮想ハードウェアの仕様と管理は運用部門が担う。一般に、運用部門は仮想ハードウェアの利用全体を管理し、プロジェクトが専用仮想マシンの導入を検討するときの予算は運用が握っている場合もある。プロジェクト、全社レベルの物理ハードウェアの大半は、実際にはプライベート/パブリッククラウドのリソースで仮想化できることに注意しよう。例外は、デバイス、プリンタ、データセンターのためのネットワークインフラストラクチャである。

3.2.2 ソフトウェアの用意

ソフトウェアは、社内で開発されるか(おそらく契約プログラマーの力を借りて)、サードパーティから獲得するかのどちらかになる。サードパーティソフトウェアのなかには、プロジェクト専用のものがある。その場合は、ハードウェアで説明したのと同様のパターンに従う(ソフトウェアの管理、サポートをプロジェクトが担う)。会社全体用のものは、運用部門が管理、サポートを行う。DevOpsが生まれた理由の1つは、社内開発されたソフトウェアのデプロイの遅れだ。従来の運用とDevOpsの関係については、この章の最後の部分で再び取り上げる。

表3.2は、異なるタイプのソフトウェアの責任の所在を示している。

表3.2 ソフトウェアのタイプごとの責任の所在

開発	サポート
プロジェクト	プロジェクト
サードパーティー	利用範囲次第で運用部門かプロジェクト
運用	運用
DevOps グループ	DevOps グループ

3.2.3 IT 業務

運用部門は、次に示すようにさまざまな業務をサポートする。

- **サービスデスク業務**

サービスデスクのスタッフは、あらゆるインシデントとサービス要求を処理し、あらゆる問題に対して第1段階のサポートを提供する。

- **技術エキスパート**

運用部門は、一般にネットワーク、情報セキュリティ、ストレージ、データベース、社内サーバー、ウェブサーバーとアプリケーション、電話の専門知識を持っている。

- **日常的な IT サービス**

定期的、反復的なメンテナンス、モニタリング、バックアップ、ファシリティマネジメントなどが含まれる。

DevOps の Ops 側の人々は、一般に最後の2つのグループから参加してくる。日常的 IT サービスには、新しいソフトウェアシステムや使っているシステムの新バージョンの用意が含まれ、このプロセスの改善が DevOps の主要な目標になる。第12章のケーススタディで示すように、情報セキュリティとネットワークのエキスパートも DevOps に参加する。少なくとも継続的デプロイパイプラインの設計には参加してくる。デプロイパイプラインは、標準化を推進し、遅延を防ぐために全社で共有される。

3.2.4 SLA（サービス品質保証契約）

企業、組織は、サービスの外部プロバイダとの間でさまざまな SLA を結んでいる。たとえば、クラウドプロバイダは、一定水準の可用性を保証する。運用部門は、伝統的に SLA が守られているかどうかを監視し、プロバイダに SLA を守らせる業務を担当している。外部プロバイダの SLA と同様に、運用部門は自社ウェブサイトや電子メールサービスなどの社内 SLA についても責任を負う。しかし、DevOps の普及にともない、開発や DevOps グループがアプリケーション SLA や外部 SLA の業務を引き受けるようになりつつある。

これらの業務は、どれもサーバー、ネットワーク、アプリケーションからさまざまなパフォーマンスデータを取り出し分析するという部分を含んでいる。モニタリングテクノロジーの詳細については、第7章を参照のこと。また、経営の立場から何をモニタリングすべきかは、第10章で掘り下げている。

3.2.5 キャパシティプランニング

企業、組織のために十分な計算リソースを確保することも運用部門の業務の1つだ。物理ハードウェアでは、マシンの発注、構成が含まれる。プランニングには、ハードウェアの発注、構成にかかるリードタイムを記述しておかなければならない。

しかし、もっと重要なのは、企業の商品を購入する顧客たちが、たとえば商品リストを見たり、発注したり、注文の処理状況をチェックしたりするための計算リソースの確保だ。そのためには、ワークロードとその特徴を予測しなければならない。過去の履歴データから予測できる部分もあるが、新商品や販促イベントが発表されるときには、事業部門との調整が必要になる。DevOpsは、運用と開発の間の調整を強調しているが、調整にはこの2つ以外のステークホルダーも関わってくる。キャパシティプランニングの場合なら、事業部門と販売促進部門だ。クラウドの弾力性、ペイアズユーゴーモデル、新しい仮想ハードウェアの用意の容易さにより、キャパシティプランニングは、ハードウェアの購入計画というよりも、実行のモニタリングとオートスケーリングという意味になりつつある。

3.2.6 事業継続性とセキュリティ

企業、組織は、社内外の顧客、ユーザーがしたいことをし続けられるようにするために、大きな障害が発生しても基幹サービスを動かし続ける必要がある。事業継続性を維持するためのさまざまな方法の費用便益分析を支えるのは、次の2つのパラメータだ。

- **RPO（目標復旧時点）**

大きな障害が起きたとき、データが失われてもやむを得ないと考えられる時間は最長どれだけか。たとえば、1時間ごとにバックアップを取っている場合、失われるデータは最後のバックアップ以降に蓄積されたデータなので、RPOは1時間になる。

- **RTO（目標復旧時間）**

大きな障害が起きたとき、サービスが利用不能になってもやむを得ないと考えられる時間は最長どれだけか。たとえば、復旧機能が別のデータセンターにあるバックアップにアクセスするために10分かかり、バックアップデータを使って新しいサーバーインスタンスを作るために5分かかる場合、RTOはあわせて15分になる。

この2つの値は相互に依存していない。ある程度のデータ消失が許容できても、サービスが停まることは許容できない場合はある。同様に、ある程度のサービスの停止は許容できても、データ消失は許容できない場合もある。

図3.2は、RPOが異なる3種類のバックアップ戦略を示している。第11章のケーススタディでは、ある企業が使っている方法を説明する。第13章のケーススタディでは、複製のためにクラウドプロバイダのサービスを使う別の方法を説明する。

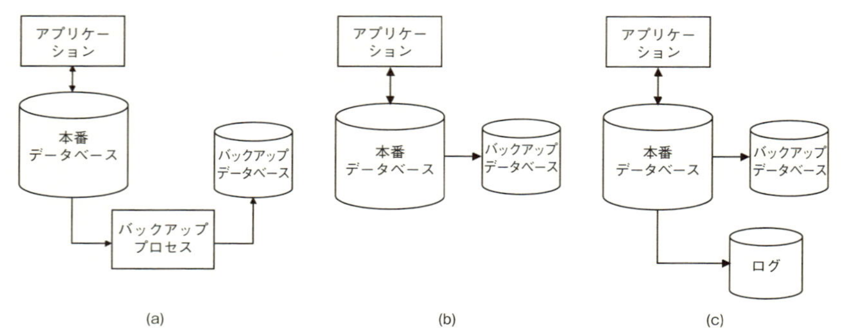

図3.2　データベースバックアップ戦略。(a)独立したエージェントがバックアップを実行する。(b)データベース管理システムがバックアップを実行する。(c)データベース管理システムがバックアップを実行し、すべてのトランザクションのログを残す。[アーキテクチャ図]

1. 図3.2aは、外部エージェント（バックアッププロセス）が定期的にデータベースをコピーする方法を示している。アプリケーションサポートは不要だが、バックアッププロセスは、一貫性のあるバージョンのデータベースをコピーしなければならない。つまり、アップデートが実行されていないときにコピーするということだ。バックアッププロセスが、データベース管理システムの外にある場合、トランザクションが実行中かもしれないので、バックアッププロセスをアクティブにするときには細心の注意が必要だ。この場合、RPOは、2回のバックアップの間の周期になる。つまり、バックアッププロセスがアクティブになる直前に大きな障害が起きると、最後のバックアップ以降の変更はすべて失われる。
2. 図3.2bは、外部エージェントを使わない方法を示している。この場合、データベース管理システムが定期的にコピーを作る。3.2aと3.2bの違いは、3.2bではデータベース管理システム自身が一貫性を保証するのに対し、3.2aでは一貫性を保証するのはバックアッププロセスをアクティブ化するメカニズムだということである。RPOは、3.2aと同様に、コピーを取る周期になる。データベースが何らかのレベルの複製（つまり、複製データベースも同じトランザクションを実行しない限り、トランザクションがコミットされない）を行うRDBMS（リレーショナルデータベース管理システム）なら、大障害が発生したときに失われるトランザクションは、複製にまだコミットされていないものになる。しかし、その分、毎回のトランザクションのオーバーヘッドが高くなるというコストがかかる。
3. 図3.2cは、データベース管理システムがすべての書き込みのログを残すように図3.2bに修正を加えたものだ。こうすると、バックアップデータベースから処理を始めてログエントリをリレーすれば、データを作り直せる。修復中にログとバックアップデータベースの両方が生きているなら、すべてのデータがバックアップデータベースかログにあるので、RPOは0になる。本番データベースにトランザクションをコミットするためのプロトコルは、対応するログエントリが書き込まれるまでコミットを完了しないことだ。この方法では、一部のトランザクションが完了しない場合があり得るが、完了したトランザクションで失われるものはない。

この方法は、信頼性の高いRDBMSで使われているほか、HDFS（Hadoop Distributed File System）などの分散ファイルシステムでも使われている。

RTO（アウテージや大障害が起きたあと、どれだけ早くアプリケーションを起動して実行中の状態にすることができるか）について考えるときの方法としては、第11章のケーススタディで説明するように複数のデータセンターを使うもの、クラウドプロバイダが提供する別々の可用性ゾーン、地域を利用するもの、複数のクラウドプロバイダを使うものなどがある。

RTOとRPOを考えれば、さまざまな災害復旧テクニックの費用便益比を分析できる。複製、別個の複製での状態の一貫性の維持など、一部のテクニックは、アプリケーションのアーキテクチャの助けを必要とする。それに対し、定期的なバックアップなどのテクニックは、アプリケーションのアーキテクチャがどのようなものでも動作する。アプリケーションティアでステートレスサーバーを使い、クラウドプロバイダの別個の地域を使うなら、RTOは短くなるが、RPOは短縮できない。

伝統的に、コンピュータシステムの全体的なセキュリティは、運用部門が責任を負うことになっている。ネットワークの安全確保、侵入者の検知、オペレーティングシステムのパッチ当ては、すべて運用が行うアクティビティだ。第8章では、セキュリティとその維持について少し深く掘り下げる。

3.2.7 サービス戦略

ここで、図3.1に示したITILのライフサイクルに戻ろう。図の中央には、今まで取り上げてきた個々のサービス（ハードウェアの用意、ソフトウェアの用意、IT業務、キャパシティプランニング、事業継続性、情報セキュリティ）のための戦略が配置されている。

戦略を立てるということは、特定の期間内に会社が特定の領域のなかのどのあたりに達するべきかを決めることであり、現在の位置を判定し、現在の状態から望ましい状態に移るための道筋を決めるということである。望ましい状態は、社内外のイベントの影響を受ける。人事の摩擦、ハードウェアエラー、新しいソフトウェアのリリース、マーケティング、事業活動といった社内のイベントはすべて望ましい状態に影響を与える。また、買収、政府の施策、顧客の反応といった外部のイベントも望ましい状態に影響を与える。発生する可能性のあるイベントは、どれも一定程度の可能性で発生するので、戦略の立案には、占いと似た部分がある。

リソースや能力に対する将来の需要がわかっていると、現在カバーできていない領域の強化に役立つ。たとえば、来年中に会社のアプリケーションの一部をクラウドに移したい場合、適切なスキルセットを持つ人々が社内にいるかどうかを知っていることが大切だ。いない場合には、新しい人を雇うか、今いる従業員の一部にスキルを磨かせるか、その両方をするかを決めなければならない。未来の需要は、継続的なサービスの改善をリードする場合があるのだ。

戦略の立案には時間がかかり、ステークホルダーの間の調整が必要になる。そのメリットは、実際に立てられた戦略というよりも、複数の立場からものを考え、社内にある制約について考えたことにある。そのため、サービス戦略を立案するのはときどきにして、短いタイムフレームでアプローチできるようなゆるやかなガイドラインを作るようにすべきだ。第13章のケーススタディでは、マイクロサービスへの移行の戦略立案とその実施について論じる。

3.2.8 サービス設計

新しいサービスや変更されたサービスを実現するためには、まず設計が必要だ。設計の常として、サービスが実現しようとしている機能のことだけではなく、ほかのさまざまな品質のことも考えなければならない。サービスを設計するときに考慮すべきことをいくつか挙げておこう。

- サービスの一部としてどのようなオートメーションが含まれるか。オートメーションは、ソフトウェア設計の原則に従って設計しなければならない。一般に、このなかにはトーマス・アールがサービス設計のために明らかにした8つの原則が含まれる。

- 標準化された契約
- 疎結合
- 抽象化
- 再利用
- 自立性
- ステートレス
- 見つけやすさ
- 構成可能性

- サービスのガバナンスと管理構造は何か。サービスは管理し、発展させる必要がある。サービスのパフォーマンスとサービスに加える変更に責任を持つ人々は、名前でなくても肩書で見分けられるようにしなければならない。
- サービスの品質保証契約は何か。サービスのパフォーマンスはどのようにして計測するのか、計測をサポートするためにはどのようなモニタリング構造が必要か。
- サービスの人事的な要件は何か。現存の人員でサービスを作ることはできるのか、それとも特定のスキルを持つ人を雇うか契約する必要があるのか。あるいは、サービスを完全にアウトソースすべきなのか。
- サービスに関連して考えなければならないコンプライアンスは何か。サービスによって満たされるコンプライアンスは何で、新たに満たさなければならなくなるコンプライアンスは何か。
- キャパシティについて考えなければならないことは何か。追加リソースは必要か。そのリソースをいつ入手すべきか。
- 事業継続性について考えなければならないことは何か。大きな障害が起きたときにサービスを継続しなければならないか。どのようにしてサービスを継続するか。
- 情報セキュリティについて考えなければならないことは何か。どのデータに機密性があり、保護が必要なのか。誰がデータの責任者か。

ITILのサービスデザインの巻は、これらの問題をすべて詳しく取り上げている。

3.2.9 サービス移行

サービス移行には、サービス設計からサービス運用までの間に行われるすべてのアクティビティが含まれる。つまり、新規サービスや変更されたサービスを無事運用するまでに必要なすべてのことだ。本書の内容のほとんどは、ソフトウェアの新バージョンの導入に影響を及ぼす範囲内のサービス移行に関連したことである。

移行とサポートの計画には、リソース、キャパシティ、変更の計画、移行の範囲と目標の策定、要件のドキュメント化、適用される法令、規制の検討、資金の計画、マイルストーンの設定などが含まれる。サービス移行は、基本的にサービスの実装、デリバリーの段階である。DevOpsと継続的デプロイは、高頻度の移行を実現し、よりよい品質管理を提供するために、サービス移行のデリバリーの部分を高度に自動化する。サービス移行で考慮しなければならないこれらのポイントについては、第5章と第6章で詳しく説明する。

サービス移行では、サービス設計の節で挙げた課題を解決するだけでなく、ユーザーや運用部門内の直接のサポート担当者に新規サービスや変更されたサービスの知識を広めることも必要だ。

たとえば、デプロイツールの新バージョンを実装しようとしているときには、次の3つの問いに答えなければならない。

- 新バージョンは、古いバージョンのすべての機能をサポートしているか。そうでない場合には、古いバージョンのユーザーをサポートするための移行プランはどうなっているか。
- 新機能としてどのようなものが追加されているか。そのデプロイツールのためのスクリプトはどのようにして書き換えるのか。誰がその書き換えの責任者になるのか。
- 新バージョンは、構成の異なるサーバーを必要とするか、あるいはそのようなサーバーをサポートするか。それはテスト / ステージングサーバーと本番サーバーを含むか。

デプロイパイプラインで使われるツールも、ほかのソフトウェアと同じように書き換えられる。「コードとしてのインフラストラクチャ」という言葉には、この種のソフトウェアの変更も、顧客用に開発したソフトウェアの変更と同じように管理しなければならないという意味が含まれている。このような管理の一部はデプロイパイプラインが暗黙のうちに行ってくれるが、注意が必要な部分もある。ITIL は、次の 3 つの変更モデルを区別している。

- 標準的な変更(たとえば、頻繁に発生し、リスクの低いもの)
- 通常の変更
- 緊急の変更

これらはそれぞれ別々に管理しなければならない。管理者の注意、監視のレベルも変える必要がある。サービス移行については、ITIL で非常に詳しく説明されている。

3.2.10 サービス運用

ソフトウェアデベロッパとアーキテクトの最大の関心事は開発だが、運用は、顧客が優れた設計、実装、移行の利益を得られるか否かを分ける部分だ。ここではサポートが大きな役割を果たす。特に、インシデントと障害の管理だ。モニタリングと微修正も大きな問題である。第 9 章では、考慮すべきことをさらに取り上げる。

3.2.11 サービス運用の概念

運用におけるイベントは、ITIL では「IT インフラストラクチャの管理、または IT サービスのデリバリーにとって重要で、逸脱がサービスに引き起こした影響を評価できるような検知可能、または認識可能なできごと」と定義されている。イベントは、構成アイテム、IT サービス、モニタリングツールによって作られる。より具体的に言えば、モニタリングツールは、構成アイテムやサービスから積極的にイベント情報を引き出したり、(受動的に)それらを受け付けたりすることができる。運用中に注意すべきイベントとしては、次のようなものがある。

- システム、インフラストラクチャから送られてくるステータス情報
- 火災報知機などの環境の条件
- ソフトウェアライセンスの利用状況
- セキュリティ情報(たとえば、侵入の検知)
- サーバーやアプリケーションのパフォーマンス関連の計測値などの通常のアクティビティ

「インシデント」は、ITILによれば、「サービスを中断させる、あるいは中断させる可能性のあるイベント」である。インシデントは、ユーザー(たとえば電話や電子メール)、エンジニア、サポートデスクスタッフ、モニタリングツールなどから発生がわかる。インシデント管理は、DevOpsが大きな影響を与えられる分野の1つだ。

インシデント管理の主要なアクティビティの内容は次の通りである。

- インシデントのロギング
- 分類と優先順位づけ
- 初期診断
- 適切なスキル、権限を持つスタッフへのエスカレーション(必要な場合)
- インシデントの影響と範囲の分析を含む調査、診断
- 解決と修復。実際の作業は、サポートスタッフの指導によりユーザーが行うか、サポートスタッフが直接行うか、社内外の専門家に委ねる。
- インシデント終結。必要なら再分類を行い、さらにユーザー満足度調査、ドキュメント化、再発の可能性があるかどうかの判定を行う。

インシデント管理は、DevOpsが従来の運用のアクティビティのあり方

を変えつつある分野の1つだ。特定のソフトウェアシステムの運用に関連したインシデントは、開発チームに回される。誰が問題についての電話を受け付けたかにかかわらず、インシデントは記録を取り、解決までの追跡をしなければならない。第5部では、DevOpsとプロセスビューの助けを借りて、このようなエラーの検知、診断、修復を自動化する方法を論じる。

3.3 サービス運用の職務

運用で特に重要なのはモニタリングだ。モニタリングすることにより、イベントを集め、インシデントを検知し、SLAが満たされているかどうかを判断するための計測をすることができる。モニタリングは、サービス改善の基礎を提供してくれる。SLAは、たとえばインシデントに対処するまでの時間など、運用のアクティビティの定義、モニタリングにも使える。

モニタリングは、クラウドリソースのオートスケーリングと同じように、ほかの「システム制御」と組み合わせることもできる。オートスケーリングでは、ウェブサーバープールの平均CPU負荷がたとえば70%になると、新しいウェブサーバーを起動するというルールを作れる。制御には、「オープンループ」と「クローズドループ」がある。オープンループ制御(つまり、フィードバックのモニタリングを考慮に入れない)は、指定された時刻に定例バックアップを取るときに使える。それに対し、クローズドループ制御では、アクションを起こすかどうかを決めるときに、オートスケーリングの例のようにモニタリングから得られた情報を考慮に入れる。クローズドループのフィードバックサイクルは、ネストしてより複雑な制御ループを作ることができる。このとき、低水準の制御は個別の計測値に反応し、高水準の制御はそれよりも長いタイムスパン、広い範囲で得られた情報、トレンドを考慮に入れる。もっとも高い水準では、制御ループは異なるライフサイクルのアクティビティとリンクできる。望ましい数値と計測された数値の差によっては、継続的サービス改善によって、サービス戦略、設計、トランジションの変更が開始されることがある。これらの変更は、最終的にはサービス運用の変更につながる。

モニタリングの結果は、開発または運用部門が分析、処理する。DevOpsのプロセスを取り入れるときには、決めておかなければならないことが1つある。どの部門がインシデントの処理を担当するかだ。インシデント処理については、第10章を参照していただきたい。

3.4　継続的サービス改善

企業、組織が実施するすべてのプロセスは、どれくらいうまく機能しているか、どうすれば改善できるか、企業が実施しているプロセス全体のなかにうまくフィットするかという視点から考えなければならない。

今までに取り上げてきたすべての運用サービス（ハードウェアとソフトウェアの用意、IT業務サポート、SLAの設定とモニタリング、キャパシティプランニング、事業継続性、情報セキュリティ）は、全社的なプロセスだ。これらは、私たちが明らかにしてきた問いの立場から監視、評価しなければならない。

組織的には、これらのサービスにはそれぞれオーナーが必要だ。サービスのオーナーとは、サービスのモニタリング、評価、改善を監督指導する個人である。

継続的サービス改善で重点を置くべきは、ITサービスの仕事とビジネスニーズ（変化しても同じでも）がぴったりと合うようにすることだ。ニーズが変化しているなら、ITサービスは範囲、業務内容、SLAを見直すべきだ。ビジネスニーズが同じなら、サポートの強化のためにITサービスを拡張してよい。しかし、サービス改善は、効率の向上に重点を置くこともできる。DevOpsは、このような変化をより早く信頼できる形で実践に移すために役立つ。

図3.3は、ITILが提案しているサービス改善の7ステップのプロセスを示している。このデータ駆動プロセスは、現在の改善サイクルを動かしているビジョン、戦略、目標の確定からスタートする。それに基づき、ステップ1は、何を改善すべきかを理解するために、そして改善が完了したあとで目標が達成できたかどうかを判断するために、何を計測すべきかをはっ

きりさせる。指標は、おおよそテクノロジー、プロセス、サービスの3つに分類される。

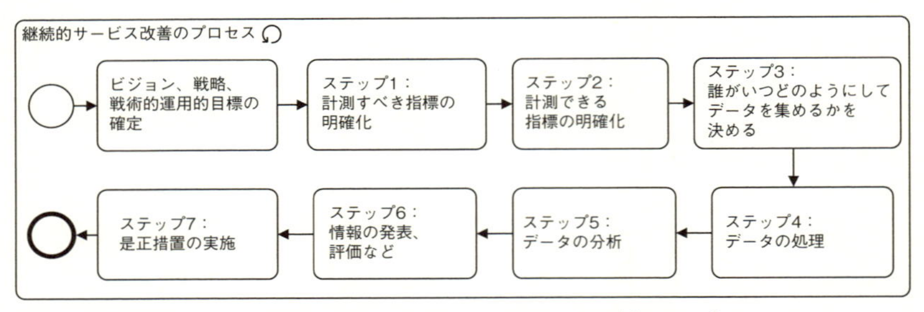

図3.3　継続的サービス改善のプロセス（ITILのものを修正）［BPMN］

実際のデータ収集は、ステップ3で実施される。ここでは、ベースラインがまだなければ、あとで比較するときのためにベースラインを確立することが重要だ。また、データのコレクションは明確に規定する必要がある（誰がいつどのようにしてどれくらいの頻度で集めるのか）。ステップ4では、データを処理する（たとえば、ソースの異なるデータを集計したり、決められた間隔ごとに集計したり）。ステップ5では、データを分析する。ステップ6では、分析から得られた情報を発表し、是正措置を決める。ステップ7で、決められた是正措置を実施する。これらのアクティビティは、サービスのライフサイクルのあらゆる段階、すなわち戦略、デザイン、トランジション、運用に影響を与える。

3.5　運用とDevOps

今まではITILの中心概念やフェーズを説明してきたが、ここからは伝統的なIT運用とDevOpsの相互作用が未来をどのようにして形作っていくかに光を当てよう。本書の基本メッセージは、ITILは重いとか、DevOpsのプロセスにITILは向かないとか考えてITILを無視するのは近視眼的であり、ITILフレームワークに組み込まれている教訓を改めて学ばなければならないということだ。

運用は、ハードウェアとソフトウェアの用意、専門的なスキルを持つ人員の確保、SLAの設定とモニタリング、キャパシティプランニング、事業継続性、情報セキュリティを担当している。これらの仕事のほとんどは、DevOpsプロセスの内側と外側の両方に含まれているという性質を持っている。運用のどのような部分をDevOpsに含めるべきかについて論じるときには、運用が現在行っているすべてのアクティビティを含めて考えなければならないし、アクティビティ、人員のスキルと確保状況をすべて考慮に入れなければならない。運用のアクティビティのうち、DevOpsに影響を与える部分は、次の通りだ。

- **ハードウェアの用意**

  仮想ハードウェアは開発チームが確保してよい。自動化が進んだ環境ではアプリケーションが確保する。

- **ソフトウェアの用意**

  社内開発されたソフトウェアは、開発によってデプロイされる。その他のソフトウェアは、運用によって用意される。

- **IT業務の提供**

  開発チームは、インシデント管理やデプロイツールに関して持っている権限に見合う程度には、これらの仕事を実行できるだけの能力を持つメンバーを確保しなければならない。

- **SLAの設定とモニタリング**

  特定のアプリケーションに固有なSLAについては、開発がモニタリング、評価、インシデントへの対応をしなければならない。

- **キャパシティプランニング**

  個別のアプリケーションのキャパシティプランニングは開発が行い、全社的なキャパシティプランニングは運用が行う。

- **事業継続性**

  事業継続性のうち、アプリケーションのアーキテクチャが関わる部分は開発が責任を持ち、その他の部分は運用が責任を持つ。運用は事業継続性のためのサービスや方針を提供することができ、開発はそれを利用する。

- **情報セキュリティ**

情報セキュリティのうち、アプリケーションのアーキテクチャが関わる部分には開発が責任を持ち、その他の部分は運用が責任を持つ。

DevOpsに参加する人員の数は、会社、組織がどのプロセスを採用するかによって変わる。ある企業は、運用チームの20%と開発チームの20%がDevOpsのプロセスに関わると推計している。異なるチームがどの程度関わるかに影響を与える要素をいくつか列挙してみよう。

- インシデントが起きたときに、開発がまず回答するのはどの程度の部分か
- 継続的デプロイパイプラインで使われるツールのために独立したDevOpsグループがあるかどうか
- 2つの部門に含まれる人員のスキルセットと忙しさ。

ITILのサービス移行とDevOpsのアプローチの間には、違いが1つある。ITILは、かなり大規模なリリースパッケージを想定しており、慎重な計画、変更管理などが適しているのに対し、DevOpsの一般的なシナリオでは、高頻度で小規模なリリースを繰り返すことだ。ロブ・スペンサーは、あるブログで、DevOpsのリリースを「比較的小規模なパッケージの並行ストリーム」と考えることを提案しており、表3.3のような例を示している。

表3.3　リリースパッケージの例（ロブ・スペンサーのブログ投稿から）

ストリーム	頻度	ITILの職務／プロセス
1. コードオブジェクトのチェックイン、テスト、デプロイ	毎日	R&DM（研究開発管理）、SACM（サービス資産・構成管理）
2. 新しい機能要件のために作成、テストされた知識の更新	1日おき	SACM、SV&T（サービス検証及びテスト）、知識管理
3. 正式な運用受容テスト	週に2回	SV&T、SLM（サービスレベル管理）、BRM（事業管理マネージャー）、アプリケーション／技術部門のマネージャー
4. ハードウェアデリバリー	必要に応じ	R&DM、技術管理
5. 初期サポートと継続的サービス改善	毎日	CSI（継続的サービス改善）、SLM、BRM、サービスオーナー

表3.3のほとんどの行は、開発プロセスのサイクルにおける不変数と見ることができる基準になっている。DevOpsでは、これらの不変数の頻度は、ITILよりもはるかに高い。しかし、右側の職務とプロセスの欄は、ITILから取っており、実証済みのメソッドとプロセスを利用している。注目したいのは、最後の行の「初期サポートと継続的サービス改善」という今は1つのストリームになっているものだ。リリースが毎日なら、初期サポートのフェーズは、実質的に終わりがない。

多くのスタートアップ企業は、このようなアプローチは大げさ過ぎると考えるかもしれないが、大規模で成熟した企業は、DevOpsとITILの関係を定義することを効果的だと考え、このアプローチはDevOpsの導入を促進し、支持を増やすと考えるだろう。

3.6 まとめ

ITILは、運用のアクティビティについての一般的なガイダンスを提供している。そのようなアクティビティとしては、ハードウェアとソフトウェアの用意、サービスデスクや専門的な技術エキスパートの提供、日常的なITサービスの用意などが含まれる。その種のプロセスの標準定義の多くと同様に、ITILが提供しているのは、個別具体的なガイダンスではなく、アクティビティをどのように進めるかについての一般的なガイダンスだ。たとえば、ITILは、「Xを目標としてAを計測する」ではなく「Xという目標について、Xを決められるような計測値を選ぶ」というように記述する。

企業活動は、企業のために何らかの戦略的な目標を満足させるべきで、デザイン、実施、モニタリング、改善が必要とされる。デベロッパがコミットしてから本番環境で稼働するまでの時間を短縮し、見つかったエラーを速やかに修復するという目標を持つDevOpsの実践は、運用のサービスの一部にインパクトを与え、それらのサービスをモニタリング、改善するためのメカニズムを提供する。DevOpsが運用に与える影響の詳細は、企業のタイプや採用されるDevOps実践によって変わる。

DevOpsとITILの関係は、ITILサービスを大規模なリリースにパッケージングすることを要求する代わりに、DevOpsがさまざまなITILサービスの継続的デリバリーを提供するのだと考えることもできるだろう。

3.7 参考文献

ITILは、1980年代にイギリス政府がスタートさせた標準化の作業だ。修正、統合、改訂などを経て、最新バージョンは2011年に作られている。5巻に分けて出版されている[Cannon 11; Hunnebeck 11; Lloyd 11; Rance 11; Steinberg 11]。

トーマス・アールは、サービス指向アーキテクチャの立場からサービス設計の問題点について多くの論文を書いているが、彼の要求は、ソフトウェアだけでなく、もっと一般的に広げて応用できる。本書は、運用が提供するサービスにそれを応用している。サービス設計について書かれた彼の著書、『*Service-Oriented Architecture: Principles of Service Design*』[Erl 07]を参照していただきたい。

ITILとそのDevOpsとの関係を論じているブログとしては、次のものがある。

- "DevOps and ITIL: Continuous Delivery Doesn't Stop at Software" [Spencer 14]
- "What is IT Service?" [Agrasala 11]
- FireScopeは、全社規模のモニタリングを提供している企業である。同社のブログ"What is an IT Service?" [FireScope 13] も参照していただきたい。

Wikipediaの http://en.wikipedia.org/wiki/Recovery_point_objective は、目標復旧時点(RPO)の意味を説明するとともに、目標復旧時間(RTO)と比較対照している。

第2部

デプロイパイプライン

第2部では、高品質を維持しながらできる限り早く本番環境にコードを送り込むための方法に注目していく。この方法はパイプラインという形を取り、コードは本番環境に達するまでにさまざまな品質管理の関門を通過しなければばならない。デプロイパイプラインは、DevOpsのアーキテクチャの側面とプロセスの側面が交差する場所だ。第2部の3つの章では、異なる開発チームの間で必要な調整を最小限に抑え、異なる開発ブランチを統合するために必要な時間も最小限に抑えて、高品質なテストセットを用意し、高品質のコードを素早く本番環境に送るという目標の達成方法を説明する。

第4章では、マイクロサービスアーキテクチャを説明する。必要とされる多くの調整がこのアーキテクチャによって満たされ、そのためデプロイの前に顔を突き合わせて調整しなくても済むようになるのはなぜかを明らかにする。

継続的デプロイパイプラインの要件を満たすためには、必然的に効率のよいテストを実行し、必要とされるマージの回数を少なく抑える必要がある。第5章では、これらの問題について論じる。

コードが本番環境に移せる状態になったとき、実際にコードをデプロイするための方法はいくつもある。オールオアナッシングのデプロイ戦略がいくつかあり、部分的なデプロイを行う戦略がいくつかある。よく使われているある方法を使うと、サービスの複数のバージョンが同時にアクティブになり、そのため一貫性に疑問符が付く。さらに、すべてのチームに好きなときにデプロイさせることを認めてしまうと、クライアントとクライアントが使っているサービスの間に矛盾が生じてしまう危険性がある。第6章では、これを含むさまざまな問題点を論じる。

第4章 全体のアーキテクチャ

分散システムとは、存在することを知りさえしないコンピュータの障害によって自分のコンピュータが使えなくなる場合があるということだ。

――レズリー・ランポート

この章では、DevOps 実践が全体構造に及ぼす意味を考えていくことにする。DevOps 実践は、システムの全体構造にも、システムの個々の要素で使われるテクニックにも影響を及ぼす。DevOps は、直接的な調整を暗黙のうちに済ませられるようにするとともに、調整が必要な部分を減らしてその目標の一部を達成する。この章では、開発しようとしているシステムのアーキテクチャが暗黙の調整メカニズムとして機能する仕組みを見ていく。まず、DevOps の実践のために必然的にアーキテクチャの変更が必要とされるかどうかを明らかにする。

4.1 DevOps の実践はアーキテクチャの変更を必要とするか

現在のシステムとアーキテクチャは、莫大な投資の末にできたものかもしれない。DevOps の利益を得るためにシステムのアーキテクチャを変えなければならないのだとすれば、当然、「それだけのことをする価値はあるのか」という疑問が湧くだろう。この節では、DevOps の実践の一部はアーキテクチャとは無関係だということを示しつつ、DevOps のすべてのメリットを完全に享受するためには、アーキテクチャのリファクタリングが必要になることがあることを説明する。

第1章で説明したように、DevOpsの実践には5つのカテゴリがあることを思い出そう。

1. 要件の視点から、運用を正規のステークホルダーとして扱う。運用がシステムに要件を追加すれば、アーキテクチャ変更が必要になることがある。特に、運用からの要件は、ロギング、モニタリング、インシデント処理をサポートする情報などの分野になるだろう。しかし、これらの要件は、システム変更を必要とするその他の要件と同じだ。おそらく、アーキテクチャに小さな変更を加えなければならなくなるだろうが、根本的な変更が必要になることはまずない。
2. 重要なインシデント処理における開発の仕事を増やす。この変更はプロセスの変更に過ぎないので、アーキテクチャの変更が必要になることはないはずだ。しかし、1つ前のカテゴリと同様に、開発がインシデント処理の要件を意識するようになると、それによりアーキテクチャの変更が発生する場合がある。
3. 開発と運用の両方の担当者を含む全員に新たなデプロイプロセスを強制的に使わせる。一般に、プロセスが強制されると、通常の作業手順を変更しなければならない人々が出てくる。また、プロセスの上で動作するシステムの構造にも影響が及ぶ場合がある。デプロイプロセスを強制できるポイントの1つは、各システムの初期化の部分である。どのシステムも、初期化時に自分の系譜を確認する。つまり、システムは一連のステップを踏んでから実行中の状態に達する。これらのステップは、それぞれ実際に行われたかどうかをチェックできる。さらに、システムが依存するほかのシステム(たとえば、オペレーティングシステムやミドルウェア)にも系譜をチェックできる部分が含まれる。
4. 継続的デプロイを使う。継続的デプロイは、アーキテクチャをもっとも深い部分まで変更しなければならなくなる可能性のある実践である。一方では、アーキテクチャに大きな変更を加えずに継続的デプロイの実践を導入することができる企業がある。たとえば、第12章のケーススタディを見ていただきたい。その一方で、継続的デプロイの実践を導入した企業は、マイクロサービスベースのアーキテクチャへの切り替えを始めることが多い。たとえば、第13章のケーススタディを見ていただきたい。この章のこれからの部分では、マイクロサービスアーキテクチャを採用すべき理由を掘り下げていく。

5. アプリケーションコードと同じ実践を使ってインフラストラクチャコードを開発する。この実践はアプリケーションコードに影響を及ぼすことはないが、インフラストラクチャコードのアーキテクチャには影響を及ぼす可能性がある。

4.2 アーキテクチャの全体的な構造

全体構造の細部についての議論に飛び込む前に、いくつかの用語の意味を明確にしておこう。モジュールとコンポーネントは、過大な意味を負わされることが多く、本によって異なる意味で使われることも多い。本書では、モジュールは筋の通った機能を持つコードユニット、コンポーネントは実行可能ユニットという意味で使う。コンパイラやインタープリタがモジュールをバイナリに変え、ビルダーがバイナリをコンポーネントに変える。そのため、開発チームはモジュールを直接開発する。コンポーネントは開発チームがモジュールを開発した結果できるものであり、開発チームはコンポーネントを開発すると言うこともできるが、コンポーネントの開発は、開発チームが間接的に行うことだということをはっきりさせておくべきだ。

第1章でも述べたように、DevOpsのプロセスを使う開発チームは通常小規模で、チーム間の調整は限られているだろう。小規模チームという表現のなかには、彼らが開発しているコンポーネントの視野は限られているという意味も含まれている。チームがコンポーネントをデプロイするとき、そのコンポーネントとやり取りのあるほかのコンポーネントとの間で互換性がなければ、コンポーネントを本番環境に送り込むことはできない。互換性は、チーム間の調整によって明示的に保証することもできるし、アーキテクチャの定義を通じて暗黙のうちに保証することもできる。

企業は、アーキテクチャを大幅に変更しなくても継続的デプロイを導入できる。たとえば、第12章のケーススタディは、基本的にアーキテクチャを選ばない。しかし、コンポーネントを本番環境に導入するまでに必要な時間を飛躍的に削減したい場合には、アーキテクチャのサポートが必要だ。

- 他のチームと表立って調整しなくてもデプロイできるようにすれば、コンポーネントを本番環境に送るために必要な時間は大きく削減される。
- 同じサービスの異なるバージョンを同時に本番環境で実行できるようにすると、同じチームのほかのメンバーと調整せずに、チームメンバーがそれぞれデプロイするようになる。
- エラーが起きたときにデプロイをロールバックすることにより、さまざまな形のライブテストができる。

「マイクロサービスアーキテクチャ」は、これらの要件を満たすアーキテクチャのスタイルである。このスタイルは、DevOpsの多くの実践を採用したり、これらの実践に触発されたりした企業が実際に使っている。プロジェクトの要件によってこのスタイルから外れる場合もあるが、DevOpsの実践を採用しつつあるプロジェクトでは、このスタイルがプロジェクトの一般的な基礎として役に立つことに間違いはない。

マイクロサービスアーキテクチャは、個々のサービスがごくわずかな機能を提供するようなサービスの集合体で、システム全体の機能は、複数のサービスの組み合わせによって生み出される。第6章では、マイクロサービスアーキテクチャに若干の変更を加えて、各チームが他のチームから独立して自分のサービスをデプロイできるようにするとともに、本番環境で同時に複数のバージョンのサービスを実行したり、比較的簡単に前のバージョンにロールバックしたりすることも可能にする。

図4.1は、マイクロサービスアーキテクチャを使ったときにどうなるかを描いたものだ。ユーザーは、単一のインタフェースサービスを使ってやり取りする。このサービスは、ほかのサービスのコレクションを利用する。

ここで、「サービス」という用語はサービスを提供するコンポーネントのことであり、「クライアント」はサービスを要求するコンポーネントのことである。1つのコンポーネントが、あるやり取りではクライアントに、別のやり取りではサービスになることがある。LinkedInのようなシステムでは、1つのユーザー要求に対するサービスの深さが70に達することもある。

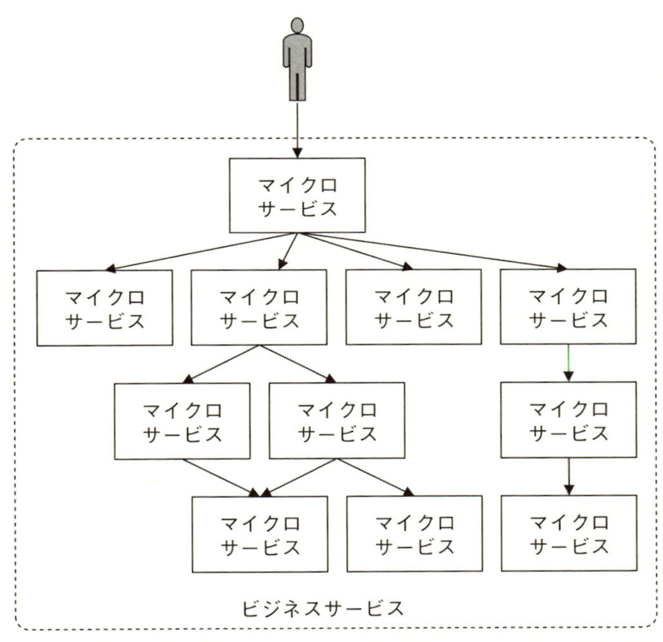

図4.1　ユーザーは単一のサービスとやり取りし、そのサービスがほかのさまざまなサービスを利用する［アーキテクチャ図］

小さなサービスから構成されるアーキテクチャを作るのは、小規模チームを作るためだ。チーム間の調整を最小限に抑えるという要件のために、アーキテクチャのなかでグローバルに規定できる部分を見てみよう。アーキテクチャ設計の一部としてグローバルにすることができ、そのためにその部分に関してはチーム間調整が不要になる部分だ。そのような部分として、調整モデル、リソース管理、アーキテクチャ要素間のマッピングの3つのカテゴリについて見ていく。

4.2.1 調整モデル

2つのサービスの間にやり取りがある場合、それぞれのサービスを担当する2つの開発チームは、何らかの形で調整しなければならない。アーキテクチャ全体のなかに組み込める調整モデルは、具体的には、クライアントが使いたいサービスを見つける方法と個別のサービスが通信する方法の2つだ。

図4.2は、サービスとクライアントのやり取りの概要を示している。サービスはレジストリに登録を行う。登録内容は、サービスの名前だけでなく、呼び出し方の情報(たとえば、URLやIPアドレスの端点情報)なども含む。クライアントは、レジストリからサービスについての情報を取り出し、その情報に基づいてサービスを呼び出す。レジストリがIPアドレスを提供する場合、ローカルDNSサーバーとして機能する。ローカルというのは、一般にレジストリがインターネット全般に対して開かれておらず、アプリケーションの環境内に収まっているからだ。NetflixのEurekaは、DNSサーバーとして機能するクラウドサービスレジストリの例である。レジストリは、利用可能サービスのカタログとして機能し、社内サービスセットのバージョン管理、オーナー情報、SLAなどの追跡にも使える。レジストリに対する拡張については、第6章で詳しく説明する。

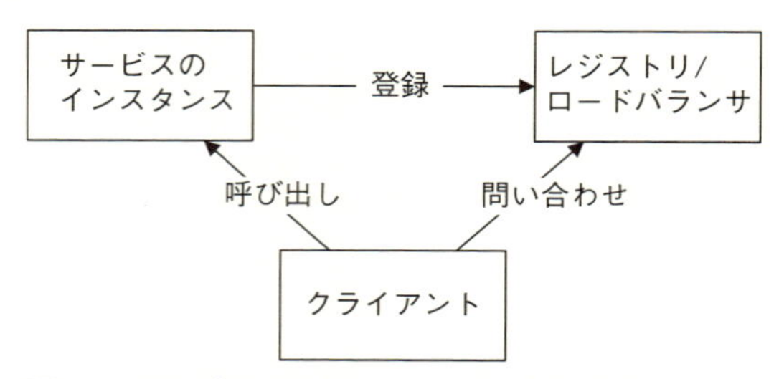

図4.2 サービスインスタンスは、自らをレジストリに登録する。クライアントは、レジストリにサービスのアドレスを問い合わせ、サービスを呼び出す。[アーキテクチャ図]

一般に、サービスインスタンスは複数作られるが、それは1つのインスタンスでは重過ぎる負荷に対応するためであり、障害からシステムを守るためである。レジストリは、負荷のバランスを取るために、登録されたインスタンスを循環的に呼び出す。つまり、レジストリは、レジストリとしてだけではなく、ロードバランサの働きもする。最後に、サービスのインスタンスが障害を起こす可能性について考えてみよう。その場合、レジストリは、障害を起こしたインスタンスにクライアントを導いてはならない。サービスに定期的に登録を更新させるか、積極的にサービスの健全性をチェックすれば、起きた障害からシステムを守ることができる。サービスが指定された時間内に登録を更新できない場合、そのサービスはレジストリから取り除かれる。一般に、サービスには複数のインスタンスがあるので、あるインスタンスが障害を起こしても、サービスがなくなることはない。先ほど触れたNetflixのEurekaは、ロードバランサ機能を持つレジストリの例だ。Eurekaは、サービスに定期的な登録更新を義務づける機能をサポートする。

クライアントとサービスが通信するためのプロトコルとしては、HTTP、RPC、SOAPなど、遠隔通信プロトコルなら何でも使える。サービスは、RESTfulインタフェースを提供してもしなくてもよい。サービス間の通信手段は、この遠隔通信プロトコルだけでなければならない。サービスが提供するインタフェースの詳細については、依然としてチーム間調整が必要だ。あとでAmazonの例を取り上げるときに、この調整の方法の一例を示す。また、サービス間の通信を遠隔通信プロトコルだけに制限するための要件についても見ていく。

4.2.2 リソース管理

リソース管理のうち2つのタイプのものは、グローバルに決定し、アーキテクチャに組み込むことができる。仮想マシンのプロビジョニング/デプロビジョニングと需要のばらつきの管理である。

仮想マシンのプロビジョニングとデプロビジョニング(プロビジョニングの解除)

新しいVMは、クライアントが要求したときや障害が発生したときに作成できる。また、需要が下がったら、インスタンスをデプロビジョニングすることができる。インスタンスがステートレスなら(つまり、要求と要求の間で維持しなければならない情報を持っていないなら)、新しいインスタンスは、プロビジョニングと同時にサービスを提供できる。同様に、ステートレスなインスタンスは、デプロビジョニングも比較的簡単であり、インスタンスが新しい要求を受け付けなくなり、応答しなければならない既存の要求がなくなるまでのクールダウン期間を経たら、そのインスタンスはデプロビジョニングできる。そのため、クールダウン期間は、インスタンスが受け付けたすべての要求(バックログ)に応答できるだけの長さがなければならない。需要の低下によりインスタンスをデプロビジョニングする場合には、バックログはかなり少ないはずだが、そうでない場合には、この動作は充分に注意を払って行うようにしなければならない。ステートレスサービスでもう1つ好都合なのは、メッセージをサービスのどのインスタンスにルーティングしてもよいことだ。これは、インスタンス間での負荷の共有をやりやすくしてくれる。

ここから、状態はサービスインスタンスの外で管理するということをグローバルに決定しようという考えが生まれる。第2章で述べたように、アプリケーションの多量の状態情報は永続ストレージで管理でき、少量の状態情報はZooKeeperなどのツールで管理できる。そして、クライアントの状態情報は、プロバイダ側では管理すべきではない。

サービスインスタンスのプロビジョニング/デプロビジョニングを制御するコンポーネントをどれにするかも重要な問題だ。

1. サービス自体が追加インスタンスの(デ)プロビジョニングを行うという方法がある。サービスは、自分自身のキューの長さを知っており、要求に対して応答を返すための自分のパフォーマンスも知っている。そこで、それらの計測値と自分のインスタンスを(デ)プロビジョニングするしきい値を比較し、しきい値を越えたら行動を起こす。何らかの意味でサービスのすべてのインスタンスの間で要求が公平に分配されているなら、特定のインスタンス(たとえば、もっとも古いもの)がインスタンスのプロビジョニング/デプロビジョニングのタイミングを決めることができる。こうすると、サービスは需要に合わせて能力を増強、縮小することができる。

2. クライアント、またはクライアントチェーンのなかのあるコンポーネントが、サービスインスタンスの(デ)プロビジョニングを行うという方法もある。たとえば、クライアントは、サーバーに対する需要に基づき、自分がまもなく指定されたしきい値を越えてサービスに要求を発行することを知ることができる。そのときに、サービスの新インスタンスを(デ)プロビジョニングするのである。
3. 外部コンポーネントがサービスインスタンスのパフォーマンス(たとえばCPUの負荷)をモニタリングし、負荷が指定されたしきい値に達したときに、インスタンスを(デ)プロビジョニングするという方法もある。Amazonのオートスケーリンググループは、CloudWatchモニタリングシステムとの共同作業により、この機能を提供している。

需要の管理

個別のサービスのインスタンス数は、クライアント要求というサービスへの需要を反映したものでなければならない。今、インスタンスのプロビジョニング/デプロビジョニングのためのさまざまな方法を紹介したが、これらは需要の管理方法について異なる前提条件を持っている。

- 需要の管理方法としては、パフォーマンスをモニタリングする方法がある。この場合、モニタリングの実現方法なども決める必要がある(たとえば、個々のサービスインスタンスのなかでモニタリングエージェントを実行して内部的にモニタリングするか、専用コンポーネントを使って外部からモニタリングするか)。検知された需要が伸びているときには、新しいインスタンスをプロビジョニングできるという考え方だ。新しいインスタンスのプロビジョニングには時間がかかるので、それに対応するためにモニタリング結果はタイムリーにわからなければならないし、予測を入れてもよいくらいだ。モニタリングについては、第7章でさらに詳しく説明する。

- もう1つ考えられるテクニックは、SLAを使ってインスタンス数を制御するものだ。サービスの各インスタンスは、SLAを通じて、自分は指定されたレイテンシーで指定された数の要求を処理できるということを保証している。サービスのクライアントは、SLAから、自分が送れる要求の数がいくつか、応答が返ってくるまでのレイテンシーがどれくらいになるかを知ることができる。この方法にはいくつかの制約がある。まず、クライアントがサービスに課する要求は、クライアント自身が課された要求に左右される。そのため、要求チェーン全体を通じて連鎖していく効果がある。SLAの指定と実現は、ともにこの連鎖の効果によって不安定になる。第2に、サービスの各インスタンスは自分が処理できる要求の数を知っているかもしれないが、クライアントはサービスの複数のインスタンスを使えるようにしている。そのため、プロビジョニングコンポーネントは、サービスのインスタンスが現在いくつあるかを把握していなければならない。

4.2.3 アーキテクチャ要素間のマッピング

アーキテクチャのなかで規定できる調整項目の最後は、アーキテクチャ要素間のマッピングだ。仕事の割り振りとマシンの割り当ての2つのタイプのマッピングを取り上げる。どちらも、グローバルに決められることだ。

•仕事の割り振り

1つのチームが複数のモジュールを作るときには問題はないが、同じモジュールが複数の開発チームを持つことになると、それらのチーム間での調整がたびたび必要になる。しかし、調整は時間がかるので、1つのチームの仕事をモジュールという形にパッケージ化し、モジュール間のインタフェースを開発して、異なるチームが開発したモジュールを相互運用できるようにした方が簡単になる。実際、1970年代にDavid Parnasが最初にモジュールを定義したときには、モジュールとはチームへの仕事の割り振りのことだった。必ずそうしなければならないというわけではないが、個々のコンポーネント(つまり、マイクロサービス)は1つの開発チームの仕事とするのが妥当である。つまり、リンクされてコンポーネントを形成するような一連のモジュールは、1つの開発チームで作るということだ。これは、1つの開発チームが複数のコンポーネントを担当することを排除するものではないが、コンポーネントに関する調整は1つの開発チームのなかで片づき、複数の開発チームが関わる調整は、必ず複数のコンポーネントにまたがるものになる。アーキテクチャに今説明したような制約を組み込めば、チーム間で調整が必要になる場面はわずかに抑えられる。

・マシンの割り当て

個々のコンポーネント(つまり、マイクロサービス)は、独立したデプロイ可能なユニットとして存在する。そのため、個々のコンポーネントには、1つの(仮想)マシンやコンテナを割り当てられる。あるいは、複数のコンポーネントに1台の(仮想)マシンを割り当てることもできる。1つのマイクロサービスをデプロイし直したりアップグレードしたりしても、ほかのマイクロサービスには影響が及ばない。この方法については第6章で詳しく説明する。

4.3 マイクロサービスアーキテクチャの品質確保

今まで、アーキテクチャに関してグローバルな決定を下すことによってチーム間の調整を不要にしていくアーキテクチャのスタイル(マイクロサービスアーキテクチャ)について説明してきた。このスタイルは、頼れるという安心感(ステートレスサービス)と書き換えやすさ(小さなサービス)を実現しやすくするが、もっと頼りになって書き換えやすいシステムにするために実践すべきことがほかにもある。

4.3.1 頼れるシステム

頼れるようにするということで問題になりがちな弱点、盲点は3つある。チーム間調整の少なさ、環境の正しさ、サービスのインスタンスが故障する可能性である。

チーム間調整の少なさ

チーム間の調整が減ると、クライアント開発チームとサービス開発チームの間でインタフェースのセマンティクスに関して誤解が生じる場合がある。特によく見られるのは、サービスに対する予想外の入力、サービスからの予想外の出力だ。この問題の対策方法は複数ある。まず第1に、防御的なプログラミングを行い、サービス呼び出しの入力や出力が正しいと思い込まないようにすることだ。値の妥当性をチェックすると、早い段階でエラーを検知するために役に立つ。例外のコレクションを豊富にしておくと、エラーの原因を早い段階で確定できる。第2に、すべて、またはほとんどのマイクロサービスを対象とする、エンドツーエンドのインテグレーションテストは控え目にすべきだ。これらのテストは、多くの数のマイクロサービスと現実に存在する外部リソースを巻き込む可能性があるため、頻繁に実施するとコストが跳ね上がる可能性がある。この問題は、CDC（Consumer Driven Contract）というテスト実践を使えば緩和できる。つまり、マイクロサービスをテストするためのテストケースは、そのマイクロサービスのすべての「コンシューマー」が決め、共有するという方法だ。CDCテストケースに変更を加えるためには、マイクロサービスのコンシューマーと開発者の合意がなければならない。インテグレーションテストの一形態としてCDCテストケースを実行すると、エンドツーエンドテストケースを実行するよりもコストがかからない。CDCを適切に実施すれば、エンドツーエンドテストケースを多数実行しなくても、マイクロサービスの正しさに自信を持てる。

CDCは、調整のための方法として機能する。また、マイクロサービスのユーザーストーリーをどのように作り、発展させていくべきかということにも影響を与える。マイクロサービスのコンシューマーと開発者は、共同でユーザーストーリーを作り、オーナーとなる。CDCの定義は、マイクロサービスへの機能の割り当ての関数となり、サービスオーナーが次のイテレーションを決めるための調整の一部として管理するので、現在のイテレーションの進行を遅らせることはない。

環境の正しさ

サービスは、ユニットテストから本番環境デプロイ後までの間に複数の異なる環境で運用される。個々の環境は、コードと構成パラメータのコレクションによってプロビジョニング、メンテナンスされる。コードと構成パラメータに誤りがあることは非常に多い。構成パラメータのなかに首尾一貫しない部分が含まれることもある。クラウドベースのインフラストラクチャの不確実性の度合いによっては、正しいコードと構成パラメータを実行しても誤った環境が作られてしまうことがある。そこで、サービスの初期化部は、現在の環境をテストし、想定通りのものかどうかを確かめるようにすべきだ。また、可能な限り構成パラメータをテストして、環境の違いから予想外に一貫性が失われているところを検知すべきである。サービスのふるまいが環境に依存する場合(たとえば、ユニットテスト中には特定の動作が行われるのに対し、本番では行われないなど)、初期化部はどの環境で実行されているかを判断し、その動作をオン、オフにするようにしよう。DevOpsには、適切なバージョン管理とテストによってアプリケーションコードを管理するのと同じように、環境をセットアップするためのすべてのコードと構成パラメータを管理するという重要なトレンドがある。これは、第1章で説明した「コードとしてのインフラストラクチャ」の例であり、第5章で詳しく説明する。インフラストラクチャコードのテストは、特に難しい問題だ。この問題については、第7章と第9章で取り上げる。

インスタンスの障害

サービスインスタンスには、いつでも障害を起こす可能性がある。インスタンスは、直接、あるいは仮想化を介して物理マシンにデプロイされるが、大規模なデータセンターでは、物理マシンの障害はごく当たり前に起きる。クライアントがサービスインスタンスの障害を検知するための標準的な方法は、要求のタイムアウトだ。タイムアウトが起きると、使っているルーティングメカニズムが別のサービスインスタンスにルーティングしてくれるだろうという想定のもとに、クライアントは再び要求を発行する。何度もタイムアウトが起きる場合には、そのサービスは障害を起こしたものと見なされ、目標を達成する別の手段を試すことができる。

図4.3は、障害を起こしたサービスにアクセスしようとしているクライアントのタイムラインを示している。クライアントはサービスに要求を発行するが、その要求はタイムアウトになる。クライアントは再び要求を発行するが、その要求もタイムアウトになる。この時点で、障害の認識には、タイムアウトまでの間隔の2倍かかっている。タイムアウトの間隔を短くすれば(早く失敗すれば)、サービスに要求を送ったクライアントのクライアントに早く応答を返せるようになる。しかし、タイムアウトの間隔を短くすると、何らかの理由でサービスインスタンスがただ遅れただけなのに、誤って障害を報告してしまう場合がある。単にタイムリーでなかっただけで、どちらのサービス要求も実際にはサービスに届いているのかもしれない。サービスが2回実行されて、通常とは異なる結果を返す場合もある。サービスは、同じサービスを複数回呼び出しただけで誤りを起こさないように設計すべきだ。同じ入力を与えて繰り返し呼び出してもいつも同じ結果を返すサービスを「冪等」と言う。つまり、複数回呼び出しても誤りを起こさないのだ。

図4.3で注目すべきもう1つのポイントは、このサービスが代替処理を持っていることだ。つまり、クライアントは、サービスが障害を起こしているときに実行できる別の処理を持っているのである。図4.3は、代替処理がなければどうなるかまでは描いていないが、その場合は、サービスはクライアントにコンテキスト情報とともに失敗を報告する。エラー報告については、第7章でもっと深く掘り下げる。

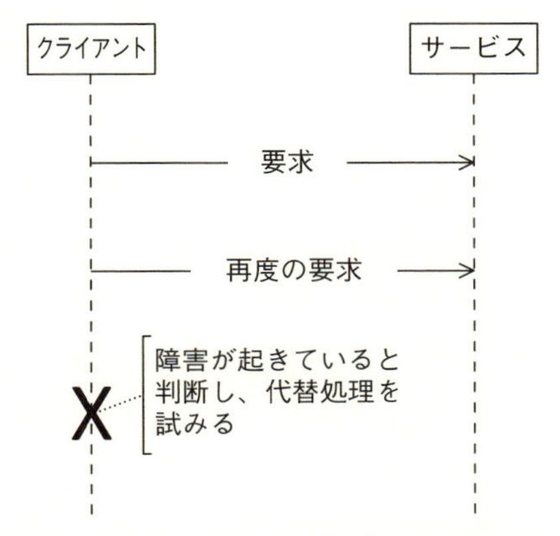

図 4.3 依存サービスの障害を認識するまでのタイムライン［UML シーケンス図］

4.3.2 書き換えやすさ

サービスを書き換えやすくするということは、つまるところ、起きそうな変更を簡単にできるようにするとともに、それらの変更による波及効果を取り除くことだ。どちらについても、サービスを書き換えやすくするための方法は、起きそうな変更の影響を受けそうな部分や、変更が波及効果を起こしそうなやり取りをカプセル化することだ。

起きそうな変更とはどのようなものか

提供されているサービス自体ではなく、開発プロセスから見当がつく変更としては、次のようなものがある。

- **サービスが実行される環境**

モジュールは、第１の環境でユニットテスト、第２の環境でインテグレーションテスト、第３の環境で受容テスト、第４の環境で本番実行される。

- **サービスがやり取りしているほかのサービスの状態**

ほかのサービスが開発中なら、そのサービスのインタフェースやセマンティックスは比較的早く変わる可能性が高い。外部サービスの状態はわからない場合があるので、外部サービスとの通信はできる限りすべて変わる可能性があるものとして扱うのが安全だ。

- **サービスが使っているサードパーティーソフトウェア / ライブラリ**

サードパーティーソフトウェア / ライブラリは、自分のサービスにとっては唐突なタイミングで変わることがある。私たちが聞いたことのある事例では、デプロイプロセスを進めているときに、外部システムが重要なインタフェースを取り除いてしまったというものがある。異なる環境でも同じVMイメージを使うようにすれば、VM内の部分の変更には対応できるが、外部システムの変更には対応できない。

波及効果の除去

起きそうな変更が見つかったら、その種の変更が自分のサービスに波及効果を起こすのを防ぐようにしよう。一般に、この目的のためには、環境、ほかのサービス、サードパーティーソフトウェア / ライブラリに対する変更を局所化し、切り離すことだけを目的としたモジュールを導入する。サービスのその他の部分は、新しく導入したモジュールの安定したインタフェースを介してこれら変更する可能性のあるものとやり取りする。

たとえば、ほかのサービスとのやり取りは、専用モジュールで仲介する。そのサービスに加えられた変更は、仲介モジュールに反映され、仲介モジュールが緩衝材になって、サービス本体には波及効果が及ばない。ほかのサービスにセマンティックスの変更が起きた場合には、本当に波及効果が及ぶ場合がある。しかし、仲介モジュールは影響の一部を吸収できるはずであり、それによって波及効果は少し弱くなる。

4.4 Amazonのチームに関する規則

第1章で触れたように、Amazonにはピザ2枚で全員が腹いっぱいになる人数以上のメンバーを持つチームを認めないという規則がある。Amazonは、今世紀初めに社内マイクロサービスアーキテクチャを採用している。それと同時に、サービスの使い方についての一連の規則を定めている。

- すべてのチームは、今後、サービスインタフェースを介してデータと機能を他チームに提示する。
- チームは、これらのインタフェースを介して互いにやり取りしなければならない。
- これ以外の形態のサービス間、チーム間通信は認めない。直接リンクしたり、ほかのチームのデータストアを直接読み出したり、共有メモリモデルを使ったり、その他いかなる形でも裏口を作ることを認めない。認められている通信は、ネットワークを経由したサービスインタフェース呼び出しだけだ。
- 彼ら（ほかのサービス）がどんなテクノロジーを使っても口出しをしない。
- すべてのサービスインタフェースは、例外なく、外部からアクセスできるように0から設計しなければならない。つまり、チームは外部のデベロッパに対するインタフェースを提供できるようにプランを立て設計をしなければならない。

各チームはいくつかのサービスを作る。すべてのサービスは、公開インタフェースを除き、完全にカプセル化されている。ほかのチームがサービスを使いたいと思うなら、インタフェースを調べなければならない。サービスのユーザーが「顧客」や「アドレス」といった項目に対して適切な定義を読み取れるようにするために、インタフェースのドキュメントには、十分なセマンティック情報を含ませておかなければならない。これらのコンセプトは、社内の異なる部署によって異なる意味を持つことがあったが、インタフェースのセマンティック情報は、機械で解釈できるものなら、以前触れたレジストリ兼ロードバランサで管理することができる。

すべてのサービスを外部からアクセスできるようにしたので、サービスをグローバルに提供するか社内ローカルに留めるかは、技術的な判断ではなく、ビジネス上の判断になった。外部サービスは、ライブラリを介してバインドされたAPI（アプリケーションプログラミングインタフェース）の背後に隠すことができる。そのため、この要件は、インタフェースのために使うテクノロジーを選ばない。

Amazonは、この規則のおかげで膨大な数のサービスのコレクションを持っている。Amazonの販売事業のウェブページは、150種を越えるサービスを利用している。スケーラビリティは、個々のサービスが個別に管理しており、SLAに含まれている。SLAは、特定の負荷のもとで保証する応答時間を定めるという形で規定される。SLAは、特定の需要水準でサービスが約束することも規定する。SLAは、クライアントとサービスの両サイドを縛る。クライアントの需要がSLAで約束されている負荷を越えるなら、応答時間が遅くなるのはサービス側の問題ではなく、クライアント側の問題になる。

4.5 既存サービスでマイクロサービスを採用するには

マイクロサービスは、小規模で独立したチームというDevOpsの哲学を反映しているが、ほとんどの企業、組織は、そのようなアーキテクチャにはなっていない大規模な基幹システムを持っている。このような企業は、自社システムのアーキテクチャをマイクロサービスアーキテクチャに切り替えるかどうか、切り替えるならどの部分かということを決めなければならない。このようなマイグレーションについては、第10章で取り上げる。マイクロサービスアーキテクチャの採用を検討しているアーキテクトが保証すべき事項の一部を挙げると次のようになる。

- 運用上の問題は、要件策定時に考慮する。
- 開発するシステムの全体構造は、小さくて独立したサービスのコレクションにする。
- 個々のサービスは、クライアント、必要とされるほかのサービスの両方に対して用心深い態度で接する。
- チームの職務分掌は定義され、理解されているようにする。
- サービスは、ローカルレジストリ兼ロードバランサへの登録を義務づける。
- サービスは、定期的に自らの登録を更新しなければならない。

- サービスは、クライアントに対してSLAを提供しなければならない。
- サービスはステートレスで一時的な存在として扱えるようにすることを目指す。
- サービスが状態を管理しなければならない場合、その状態は外部の永続ストレージで管理する。
- サービスは、依存サービスが障害を起こしたときに使える代替処理を持つようにする。
- サービスは、クライアントからの問題のある入力やほかのサービスからのおかしい出力を中断する防御的なチェック機構を持つようにする。
- 外部サービス、環境情報、サードパーティーソフトウェア / ライブラリを使う部分は局所化する（つまり、その外部サービス、環境情報、サードパーティーソフトウェア / ライブラリのために作られた専用モジュールを介してやり取りする）。

しかし、マイクロサービスアーキテクチャを採用すると、新しい課題が生まれる。アプリケーションがネットワーク接続された大量のマイクロサービスから構成されるときには、レイテンシー、その他のパフォーマンス上の問題が起きる可能性がある。サービス間の認証、権限付与は、これらによって許容できないオーバーヘッドが生まれることがないように慎重に設計する必要がある。モニタリング、デバッグ、分散トレーシングツールは、マイクロサービスに適するように書き換えなければならなくなることがある。すでに触れたように、エンドツーエンドテストはコストがかかる。古いコンポーネントや既存データがなければ0からアプリケーションをリビルドできることはまずない。

データを失わず、中断を入れないで既存のアーキテクチャをマイクロサービスアーキテクチャに切り替えるのは難しい仕事だ。マイグレーションの過程で、中間的なソリューションを作らなければならない場合がある。第13章のAtlassianのケーススタディでは、これらの難問といくつかの解決方法を取り上げる。このケーススタディでは、Atlassianがマイクロサービスアーキテクチャへの移行という長い旅の最初のステップを説明する。

アーキテクトは、マイグレーションを実施するときには考慮すべきことをまとめたチェックリストを用意すべきだ。

4.6 まとめ

さまざまなチームの間の調整を最小限に抑えるという DevOps の目標は、マイクロサービスというスタイルのアーキテクチャを使えば実現できる。このアーキテクチャでは、調整のメカニズム、リソース管理の決定、アーキテクチャ要素のマッピングはすべてアーキテクチャによって規定され、そのため必要とされるチーム間の調整は最小限に抑えられる。

変更が起きそうな部分を明らかにしてその部分を切り離すなど、マイクロサービスアーキテクチャにさらに一連の開発実践を加えると、さらに頼りになって書き換えやすいシステムを作れる。

マイクロサービスアーキテクチャを採用すると、モニタリング、デバッグ、パフォーマンス管理、テストで新たな課題が生まれる。既存のアーキテクチャからマイクロサービスアーキテクチャへの切り替えでは、慎重なプランニングと積極的な取り組みが必要とされる。

4.7 参考文献

ソフトウェアアーキテクチャについて詳しく学びたい読者には、次の本をお勧めする。

- 『*Documenting Software Architectures, 2nd Edition*』[Clements 10]
- 『*Software Architecture in Practice, 3rd Edition*』[Bass 13]

サービス記述、カタログ化、管理は、『*Handbook of Service Description*』[Barros 12] で詳しく説明されている。この本は、マイクロサービスではない、外部から見えるサービスを対象としているが、マイクロサービスにも関係のある議論が多数含まれている。

マイクロサービスアーキテクチャスタイルについては、『*Building Microservices: Designing Fine-Grained Systems*』[Newman 15] で説明されている。

多くの企業はすでにマイクロサービスアーキテクチャの一種を使った開発と DevOps を実践しており、貴重な経験を公開している。

- Amazon の実践例は、http://apievangelist.com/2012/01/12/the-secret-to-amazons-success-internal-apis/ と http://www.zdnet.com/blog/storage/soa-done-right-the-amazon-strategy/152 で読むことができる。
- Netflix は、マイクロサービスアーキテクチャを大規模に使うときの課題を指摘している［Tonse 14］。

Netflix の Eureka（オープンソースの内部用ロードバランサ兼レジストリ）については https://github.com/Netflix/eureka/wiki/Eureka-at-a-glance を参照のこと。

CDC（Consumer Driven Contracts）については、Martin Fowler のブログ、"Consumer-Driven Contracts: A Service Evolution Pattern,"［Fowler 06］で論じられている。

第5章 ビルドとテスト

テストは失敗を導き、失敗は理解を導く

——バート・ルータン

5.1 イントロダクション

アーキテクトは設計と実装に集中したがるものだが、開発とデプロイのプロセスをサポートするために使われるインフラストラクチャも大切であり、それにはいくつも理由がある。このインフラストラクチャは、次のような要件をサポートしていなければならない。

- チームメンバーが同時に異なるバージョンのシステムを対象として仕事ができる。
- 一人のチームメンバーが書いたコードによってほかのチームメンバーが書いたコードが誤って上書きされない。
- チームメンバーが突然チームを去っても仕事が失われたりしない。
- チームメンバーのコードを簡単にテストできる。
- チームメンバーのコードは、同じチームのほかのメンバーが作ったコードと簡単に統合できる。
- 1つのチームが作ったコードは、ほかのチームが作ったコードと簡単に統合できる。

- 新しく作られたコードを統合したシステムは、さまざまな環境（テスト、ステージング、本番など）に簡単にデプロイできる。
- 新しく作られたコードを統合したシステムは、本番バージョンに影響を与えずに簡単に、そして完全にテストできる。
- デプロイされたばかりの新バージョンのシステムを綿密に監視できる。
- コードが本番システムに移されたあとも、問題が起きたときには古いバージョンのコードを実行できる。
- 問題が起きたときにはコードをロールバックできる。

アーキテクトが開発とデプロイのインフラストラクチャのことを意識しなければならない最大の理由は、上記の要件を満たす開発インフラストラクチャを確保しなければならないのが、まさにアーキテクトかプロジェクトマネージャーだということにある。注意を集中して結果に責任を持つなどというものではないのだ。

要件自体に新しいものはないが、これらをサポートするために使われているツールは年月を経るとともに発達し、高度なものになっている。この章は、デプロイパイプラインのコンセプトに基づいて構成されている。デプロイパイプラインは、図5.1に示すように、デベロッパがコードをコミットしてから、品質の高さを保証されたコードが実際に通常の本番実行に移るまでの間に行われる手順から構成される。

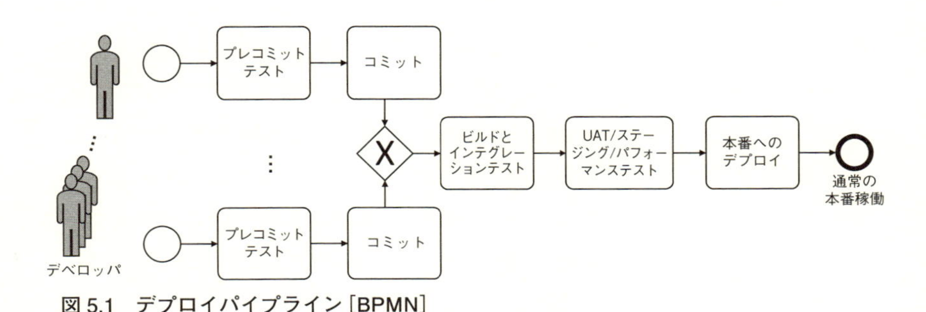

図5.1　デプロイパイプライン［BPMN］

デプロイパイプラインは、デベロッパがバージョン管理システムにコードをコミットしたときに始まる。デベロッパは、コミットする前に、自分のローカル環境で一連のプレコミットテストを行う。プレコミットテストが失敗したら、もちろんコミットは行われない。コミットが行われると、開発中のサービスのインテグレーション（ビルド）が始まる。ビルドされたシステムには、インテグレーションテストが実行される。テストが成功したら、ビルドは擬似本番環境であるステージング環境に進み、そこで再度テストが行われる。そして、システムは厳しい監視のもとでの本番実行に進む。厳しい監視のもとでの実行にも合格すると、通常の本番実行に進む。具体的な手順は、企業、組織によって異なる場合がある。たとえば、小企業では、ステージング環境や新しくデプロイされたバージョンの特別な監視体制はないかもしれない。大企業には、目的の異なる複数の本番環境が作られている場合がある。このような異なる本番環境については第6章で取り上げる。

継続的インテグレーションとは、インテグレーションテストまでの段階が自動的に実行されることだと定義できるだろう。つまり、ビルドが成功したら自動的にインテグレーションテストが実行されるということである。ビルドが成功しなければ、エラーの原因を作ったデベロッパに通知が送られる。継続的デリバリーは、自動実行がステージングシステムまで続くことだと定義できる。ステージングシステムとは、図5.1でUAT（ユーザー受容テスト）/ステージング/パフォーマンステストと書かれている部分のことである。本書では、ステージングという言葉をこれらさまざまな内容を持つもののために使っていく。継続的デプロイは、最後のステップ（本番システムへのデプロイ）まで自動化されることだ。本番環境にデプロイされたサービスは、一定期間にわたって綿密に監視され、問題がなければ通常の本番実行に移る。この最後のステージにもモニタリングとテストはあるが、それはほかのサービスと変わらない。この章では、デプロイパイプラインのビルド、テストの側面を扱っていく。第6章ではデプロイの実践、第7章ではモニタリング（監視）メソッドを説明する。

デプロイパイプラインは、この章の構成を支えるテーマとなっている。さまざまなステップで共通して考慮すべき問題を取り上げてから、プレコミットステージ、ビルドとインテグレーションテスト、UAT/ステージング/パフォーマンステスト、本番稼働、本番稼働後のインシデントの節に進む。しかし、その議論に入る前に、システムがどのようにしてパイプラインを通過していくのかを見ておこう。

5.2 デプロイパイプラインにシステムを通す

コミットされたコードは、図5.1に示したステップを踏んでいくが、コードは自分の意思で前進するわけではない。ツールによって動かされるのである。ツールはプログラム（このようなときにはスクリプトと呼ばれる）またはデベロッパ/オペレータのコマンドに制御される。このシステムの動きのなかで、この節では次の2つの側面に注目する。

1. トレーサビリティ
2. パイプラインの各ステップが実行される環境

5.2.1 トレーサビリティ

トレーサビリティとは、本番実行されているどのシステムについても、本番環境にどのような経緯でたどり着いたかを正確に知ることができることだ。単にソースコードを管理するだけでなく、システムの要素に対して実行されたあらゆるツールに対するあらゆるコマンドも管理するということになる。個別のコマンドをトレース（追跡）するのは難しい。そのため、ツールの制御は、コマンドの入力ではなく、スクリプトで行った方がはるかによい。スクリプトと構成パラメータは、アプリケーションコードと同じようにバージョン管理システムで管理する。コードとしてのインフラストラクチャという動きには、このような理論的根拠がある。テストもバージョン管理システムで管理される。構成パラメータは、バージョン管理システムに格納されるファイルという形で残すか、専用の構成管理システムで処理する。

コードとしてのインフラストラクチャを持ち出したのは、このようなスクリプトもアプリケーションのソースコードと同じ品質の管理をすべきだと言いたいからだ。つまり、スクリプトはテストし、書き換えには何らかの形で統制を加え、それぞれの部分にオーナーを指定するようにすべきだということである。

すべてをバージョン管理システムと構成管理システムで管理すれば、ローカル開発環境から本番環境まで、あらゆるところに正確な環境を作り直すことができる。これは問題の追跡に非常に役に立つだけではなく、新しい環境へのアプリケーションの再デプロイがスピーディーで柔軟になる。

すべてのものをバージョン管理システムに残すことを必須としたときに困るのは、Java ライブラリなどのサードパーティーソフトウェアの扱いだ。この種のライブラリはサイズが大きく、大量のストレージスペースを消費することがある。ライブラリは変化もする。そこで、システムを実行するサーバーで同じバージョンのライブラリのコピーをいくつも実行せず、ビルドに正しいバージョンのサードパーティーソフトウェアを取り込めるようなメカニズムを見つけなければならない。Apache Maven などのソフトウェアプロジェクト管理ツールは、ライブラリの複雑な利用形態の管理では大きな効果がある。

5.2.2 環境

実行中のシステムは、実行中のコード、環境、システム構成、システムがやり取りする環境外のシステム、データのコレクションと見ることができる。図 5.2 は、この要素を示したものだ。

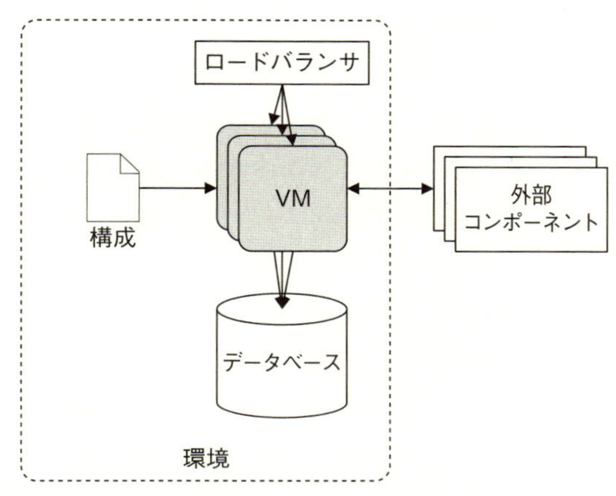

図 5.2　サンプル環境［アーキテクチャ図］

システムがデプロイパイプラインを通過するとき、これらのアイテムは協力して働き、求められた動作や情報を生み出す。

- **コミット前**

コードは、デベロッパが手を入れているシステムのモジュールである。このコードをビルドしてテスト可能なものにするためには、ほかのデベロッパたちも書き換えているバージョン管理リポジトリの適切な部分にアクセスしなければならない。チーム間での調整の削減については第1章で説明した。コミット前に必要な調整は、チーム内のものである。環境は一般にラップトップやデスクトップで、外部システムはスタブかモックで代用し、データとしてはごく限られたテスト用データを使う。RSSフィードなどの読み出し専用の外部システムは、プレコミットの段階でもアクセスできる。構成パラメータは、環境を反映し、デバッグレベルの管理もする。

- **ビルドとインテグレーションテスト**

通常、環境は継続的インテグレーションサーバーだ。コードがコンパイルされ、コンポーネントがビルドされて、VMイメージに焼き込まれる。イメージは、重く焼くことも軽く焼くこともできる（パッケージングについては、あとの節を参照していただきたい）。このVMイメージは、パイプラインのその後のステップでは変わらない、インテグレーションテスト中は、一連のテストデータがテストデータベースを形成する。このデータベースは本番データベースではないが、インテグレーション関連の自動テストを実行するために十分な量のデータから構成されている。構成パラメータは、ビルドされたシステムとインテグレーションテスト環境をつなぐ。

- **UAT/ ステージング / パフォーマンステスト**

環境は、できる限り本番に近づけてある。自動受容テストが実行され、ストレステストは人工的に生成されたワークロードを使って実行される。データベースには、実際の本番データのサブセットを格納する。データセットが非常に大きい場合には、実際のデータの完全なコピーを使うわけにはいかないかもしれないが、サブセットは十分大きなものにして、テストがリアルな形で実行されるようにしなければならない。構成パラメータは、テストされるシステムとより大きなテスト環境をつなぐ。ステージング環境から本番データベースへのアクセスは認めてはならない。

- **本番**

本番環境は、現役で使われている本物のデータベースにアクセスし、ワークロードを十分に処理できるだけのリソースを持つ。構成パラメータは、システムと本番環境をつなぐ。

これらの環境の構成はそれぞれ異なるものになるだろう。たとえば、開発環境のロギングは、本番環境よりもはるかに細々とした形で行われるのが普通だ。そうすることによって、デベロッパはバグを見つけやすくなる。パフォーマンス上のオーバーヘッドが上がるのはそれほど気にならない。もう1つの例は認証情報である。実際の顧客データベースのような本番リソースにアクセスするための認証情報は、デベロッパに与えてはならない。構成のある程度の変更は避けられないが、システムのふるまいに影響が及ばないように、この種の変更は最小限に留めることが大切だ。そのため、本番システムと大きく異なる構成でのテストはあまり役に立たない。

Wikipedia には、ここで示したものよりも長い環境リストが掲載されているが、それはテスト環境を細かく分けているからである。この章の目的のもとでは、今挙げた環境で十分だ。しかし、すでに触れたように、企業の規模やかかっている規制、その他の要因によっては、環境の数を増やさなければならない場合がある。Wikipediaが列挙している環境は次の通りだ。

- ローカル：デベロッパのラップトップ/デスクトップ/ワークステーション
- 開発：開発サーバー、すなわちサンドボックス
- インテグレーション：CI(継続的インテグレーション)のビルドターゲット、またはデベロッパの副作用テスト用
- テスト/QA：機能、パフォーマンステスト、品質管理用
- UAT：ユーザー受容テスト
- ステージ/プレ本番：本番環境のミラー
- 本番/ライブ：エンドユーザー/クライアントにサービスを提供する

デプロイパイプラインの実際のステップを1つ1つ見ていく前に、テストに共通する側面を見ておこう。

5.3 共通する側面

この節では、テストハーネス、ネガティブテスト、回帰テスト、エラーのトレーサビリティ、コンポーネントのサイズ、環境の破棄というデプロイパイプラインのなかで共通するさまざまな側面を取り上げる。

•テストハーネス

テストハーネスとは、プログラムユニットをテストするために構成されたソフトウェアとテストデータのコレクションで、さまざまな条件のもとで実行してプログラムユニットのふるまいや出力を監視する。テストハーネスは、自動テストを実行するためには必要不可欠だ。テストハーネスで特に重要な機能は、レポート生成である。少なくとも、どのテストが失敗したのかをはっきりさせる必要がある。この章で取り上げるほとんどのタイプの

テストは自動化でき、そのためテストハーネスによって実行できる。

- **ネガティブテスト**

ほとんどのテストは、「まともな道」をたどり、環境についてのすべての前提条件が満たされ、ユーザーが適切な入力を与え、適切な順序で操作をしたときに、システムが予想通りに動作するかどうかをチェックする。しかし、前提条件が満たされないときに、システムが定義された通りに動作するかどうかのテストも重要だ。このような目的のテストは、まとめてネガティブテストと呼ばれる。ユーザーの操作順序の誤りのテスト（シミュレーション、実際のいずれでも。たとえば、想定外のタイミングでのボタンのクリック、コマンドの実行、UI/ブラウザの終了など）、接続障害のシミュレーション（外部サービスが利用できなくなる、想定外のタイミングで接続が落ちるなど）などがこれに含まれる。このようなときには、アプリケーションが少し質の劣る動作をするか、穏便に失敗をする（つまり、実際の障害のためにやむを得ない範囲で機能の品質を下げる）ことか、失敗が避けられない場合には、意味のわかるエラーメッセージを表示して、整然と終了することが求められる。

- **回帰テスト**

システムがテストに合格してもテストを残し、再実行することがある理由はこれだ。Wikipediaによれば、回帰（リグレッション）テストは、「拡張、パッチ、構成変更などの変更を加えたあと、システムの既存の部品（動く部分もそうでない部分も）に潜んでいる未発見の新しいバグ（リグレッション）を明らかにしようとする」。回帰テストは、フィックスしたバグがあとで戻ってこないようにするためにも使われる。テスト駆動開発でバグをフィックスしたときには、バグを再現するテストを追加するとよい。修正前のバージョンでは、このテストは失敗するはずだが、バグをフィックスしたら、合格するようになるはずだ。回帰テストは、自動的に作ることができる。デプロイパイプラインのあとの方（たとえば、ステージテスト中）で検知されたバグは、自動的に記録し、ユニットテストやインテグレーションテストに新しいテストとして追加するとよい。

● **エラーのトレーサビリティ（エラーの系譜、出所などとも呼ばれる）**

本番環境でバグが起きた場合、バグを検査、再現するために、どのバージョンのソースコードが実行されていたのかをすぐにはっきりさせられるようにしておきたい。ここではそのための方法を2つ紹介する。どちらも、システム変更のメカニズムが1つだということを前提としている。それは、Chefのような構成管理システムを使ったものでも、重く焼かれたイメージでも、その他の方法でもよい。変更メカニズムが何であれ、すべての有効なシステム変更はそのメカニズムを使うことが前提である。しかし、この前提からの逸脱は、原理的に故意、過失のいずれでも可能であり、そのような逸脱を検知したり防いだりするためのメカニズムを用意しておきたい。

- トレーサビリティを実現するための第1の選択は、プログラムやスクリプトのさまざまな部品に系譜を示すコミットIDを付けるなどして、パッケージングされたアプリケーションの識別タグを追加するものだ。Javaや.NET環境では、パッケージにはメタデータで情報を追加できるので、そこにコミットIDを追加すればよい。コンテナやVMイメージにも同じ方法で情報を追加できる。この情報は、ログの出力行にも追加でき、これらは（選択して）中央のログリポジトリに送ることができる。こうすれば、障害を起こしたVMが障害を分析するために必要な情報を破壊することはない。
- 第2の選択は、本番環境の各マシンの履歴を格納する外部構成管理システムを導入することだ。たとえば、Chefは、マシンに加えたすべての変更を管理する。この方法のよい点は、系譜へのアクセスを必要とするアプリケーションがすでにわかっている場所に系譜の情報が置かれることだ。しかし、この機能を持つ既存システムを使っていないときには、中央のリストをアップツーデートに保つのが大変になるという欠点がある。

● **小さなコンポーネント**

第1章で触れたように、チームを小規模にするということは、コンポーネントを小さくすることだ。第4章では、小さなコンポーネントの威力を示すものとして、マイクロサービスアーキテクチャを説明した。コンポーネントを小さくすると、個別のテストも簡単になる。小さなコンポーネントは実行パスが少なく、インタフェースやパラメータも少ないことが多い。そのため、小さなコンポーネントはテストしやすく、必要なテストケースが少ない。しかし、第1章で触れたように、コンポーネントが小さいとインテグレーションが難しくなり、コンポーネント数が増えるためにエンドツーエンドテストが必要になる。

- **環境の破棄**

ステージングのような特定の目的のための環境が不要になったら、その環境は破棄しなければならない。その環境が使っているリソースを解放することや、意図しないで環境を操作してしまうのを防ぐことが環境の破棄の理由だ。第12章のケーススタディでは、プロセスの明示的な一部として、環境の破棄を行う。目的を達成したあとは、リソースの管理は簡単に緩くなってしまう。すべてのVMは、セキュリティの目的のためにパッチしなければならないが、使われておらず、きちんと管理されていないリソースが残っていると、悪意のユーザーに攻撃の糸口を与えてしまう危険がある。第8章では、未使用の仮想マシンを使ったシステムの不正使用の例を取り上げる。

テストについては、この章のあとの方でさらに詳しく説明する。今の段階では、環境が異なればテストの種類も変えられること、成功するテストが増えれば、そのバージョンの品質に対して自信を持てることを理解しておこう。

5.4 開発とコミット前のテスト

コミットされる前のコードはすべて個々のデベロッパがそれぞれのローカルマシンで実行する。本書では、コード開発と言語の選択には触れない。バージョンの設定と分岐、フィーチャートグル、構成パラメータ、プレコミットテストについて説明する。

5.4.1 バージョン管理とブランチ作成

今ではごく小規模な開発プロジェクトでも、バージョン管理システムに格納される。バージョン管理システムは、リビジョン管理、ソース管理システムとも呼ばれる。この種のシステムは、手動システムとして1950年代からある。CVS (Concurrent Versions System) は1980年代からあり、SVN (Subversion) は2000年にさかのぼる。現在人気のあるバージョン管理システムは、Git (2005年リリース) だ。バージョン管理のコア機能は、デベロッパ間でコードリビジョンを共有し、誰があるバージョンから次のバージョンまでの間に変更を加えたかを記録し、変更の範囲を記録しながら、ソースコードの別々のバージョンを識別することである。

CVSとSVNは、一元管理ソリューションであり、各デベロッパは中央のサーバーからコードをチェックアウトし、書き換えたコードをそのサーバーにコミットする。それに対し、Gitは分散バージョン管理システムであり、すべてのデベロッパは、コンテンツ全体を格納するGitリポジトリのローカルクローン(またはコピー)を持っている。コミットはローカルなリポジトリに対して行われる。一連の変更は、中央のサーバーと同期できる。サーバーに対する変更は、ローカルリポジトリに同期され(pullコマンドを使って)、ローカルな変更は、サーバーに転送される(pushコマンドを使って)。プッシュが実行できるのは、ローカルリポジトリがアップツーデートになっているときに限られる。そのため、通常プッシュよりも先にプルが実行される。プルの過程で、同じファイルへの変更(たとえば、同じJavaクラスに対する変更)は、自動的にマージされる。しかし、このマージは失敗することがある。その場合、デベロッパはローカルに衝突を解決しなければならない。(自動または準手動)マージによる変更は、ローカルにコミットされてからサーバーにプッシュされる。

ほぼすべてのバージョン管理システムは、新しいブランチの作成をサポートしている。ブランチは、基本的にはリポジトリ(またはその一部)のコピーであり、複数の作業ストリームによる独立した発展を認めるものだ。たとえば、開発チームの一部が一連の新機能の開発に当たっているときに、本番環境で実行されている前バージョンで致命的な欠陥が見つかった場合、本番環境で実行されているバージョンにバグフィックスをかけなければならない。これは、本番用にリリースされたバージョンからバグフィックス用のブランチを分岐させれば実現できる。エラーがフィックスされ、フィックスされたバージョンが本番環境にリリースされたら、一般にフィックスを持つブランチは、メインブランチ(トランク、メインライン、マスターブランチなどとも呼ばれる)にマージされる。

この例は、先ほど触れたトレーサビリティの必要性を強調するために役に立つ。エラーをフィックスするためには、実行されていたコードを特定しなければならない(コードのトレーサビリティ)。エラーは、構成の問題によるものかもしれない(構成のトレーサビリティ)し、システムを本番環境に移すために使われたツールスイートによるものかもしれない(インフラストラクチャのトレーサビリティ)。

ブランチ構造は役に立ち、重要だが、ブランチを使うと次の2つの問題がある。

1. ブランチが増えすぎると、特定の仕事をどのブランチですべきかがわからなくなってしまうことがある。図5.3は、多くのブランチを持つブランチ構造を示したものである。この構造のなかで特定の変更をどのブランチにかけるべきかを判断するのは大変な仕事になることがある。このような理由から、短命な仕事のために新しいブランチを作るのは避けるべきだ。

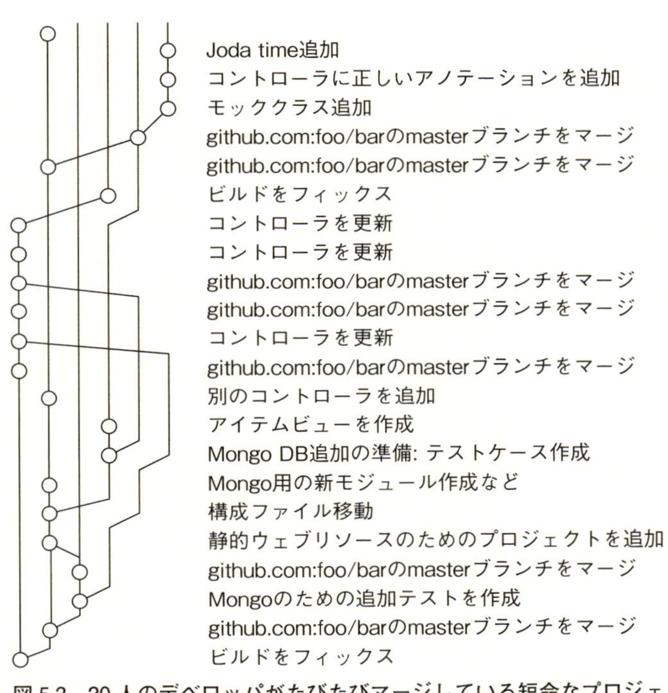

図 5.3　20 人のデベロッパがたびたびマージしている短命なプロジェクトの Git 履歴（http://blog.xebia.com/2010/09/20/git-workflow/ より）[直線は別々のブランチ、斜めの線はフォークまたはマージを表現]

2. 2 つのブランチのマージは難しくなる場合がある。異なるブランチは並行して発展し、デベロッパたちはコードのさまざまな部分に手を入れることが多い。たとえば、数人のデベロッパたちが、バグフィックスのために現在本番実行中のバージョンに変更を加え、さらにそのバージョンから新しく見つかった脆弱性を取り除き、緊急で必要とされている変更をサポートしているとする。同時に、複数のデベロッパのグループが新リリースのための仕事をしている。これらのグループは、それぞれ別個の機能ブランチを使っている。開発サイクルの終わりに近づくと、すべての機能ブランチをマージし、前リリースのメンテナンスによる変更を取り込まなければならなくなる。

ブランチを作らずに、すべてのデベロッパがトランクを直接書き換える方法もある。大きな分岐を改めて統合するのではなく、コミットごとに統合の問題に対処するのである。この方が単純になるが、ブランチを使うときよりも頻繁に統合の問題を処理しなければならない。Paul Hammantは、Googleがこのテクニックをどのように使っているかを説明している。Googleでは、開発は大々的にトランクベースで行われている。1万5000人のデベロッパがトランクにコミットし、1日平均5500回のサブミットが行われ、7500万のテストケースが実行される。

1つのトランクですべての開発を行うときの問題は、一人のデベロッパが同時に同じモジュールのなかで複数の異なる仕事をしている場合があることだ。ある仕事が終わっても、その他の仕事が終わるまではモジュールをコミットできない。このやり方では、新機能のための不完全でテストが済んでいないコードがデプロイパイプラインに入り込んでしまう。この問題を解決するためにフィーチャートグルというものがある。

5.4.2 フィーチャートグル

「フィーチャートグル」(「フィーチャーフラグ」、「フィーチャースイッチ」とも呼ばれる)は、完成していないコードを囲むif文のことだ。リスト5.1はその例である。まだテストできない、あるいは本番環境に移せない新機能は、たとえばグローバルな論理変数をセットしてソースコード自体のなかで無効にする。機能が完成したら、トグルを反転して対応するコードを有効にする。よく使われている方法は、機能のためのスイッチを次節で説明する構成パラメータのなかに含めるというものだ。フィーチャートグルを使えば、未完成の新機能が含まれていても、新リリースを継続的デリバリーすることができる。未完成の部分はスイッチオフになっているので、アプリケーションに影響を与えないのだ。スイッチは、機能が必要なテストにすべて合格し、リリースできる状態になったときに、初めて本番環境でトグルされる(つまり、機能のスイッチがオンになる)。

リスト 5.1　フィーチャートグルの使い方を示す擬似コード

```
If (Feature_Toggle) then
      new code
    else
      old code
    end;
```

なお、第 6 章では、フィーチャートグルのもう 1 つの使い方を取り上げる。

しかし、フィーチャートグルには危険性がないわけではない。第 1 章で触れた Knight Capital の例を思い出そう。約 45 分間で 4 億 4000 万ドル以上の損失を引き起こしたのは、フィーチャートグルの扱いのまずさだった。最新バージョンで数年前に使ったトグルの名前を再利用したが、そのトグルは前のバージョンで別の意味を持っていたのだ。トグルがオンになったときに、本番サーバーのなかの 1 台がまだ古いバージョンを使っていたため、4 億 4000 万ドルもの損失を被ることになった。

教訓 1：トグル名を再利用してはならない。

教訓 2：準備ができたらただちに機能を統合し、トグルテストを取り除かなければならない。

フィーチャートグルがたくさんあると、その管理が複雑になってくる。システム内のすべてのフィーチャートグルを知っていて、それらの現在の状態を把握し、状態を変更できて、最終的にコードベースからフィーチャートグルを取り除けるような専用のツール、ライブラリがあると役に立つ。

5.4.3　構成パラメータ

構成パラメータとは、外部から設定できて、システムの動作を変更できる変数のことである。設定内容は、ユーザーに対する表示で使う言語、データファイルの位置、スレッドプールのサイズ、画面の背景色、フィーチャートグルの設定などだ。ここからもわかるように、構成パラメータに追加できるものの候補は無限にある。

本書の目的からすると、注目すべきものは、システムと環境との関係を設定したり、システムが現在実行されているデプロイパイプライン内のステージに関連する動作を左右したりする構成パラメータだ。

構成パラメータの数は、管理できるレベルに留めるべきだ。それ以上に構成パラメータを増やしてしまうと、パラメータ同士の関係が複雑になり、複数のパラメータの設定のうち、使ってよい組み合わせがどれかは、そのソフトウェアの構成のエキスパートでなければわからなくなってしまう。柔軟性は尊重すべき目標だが、構成が複雑過ぎると、実質的に専用のプログラミング言語を作るのと同じになってしまう。たとえば、SAP Business Suite は、一時期数万の構成パラメータを抱えていた。多くの企業がそれぞれの環境でこのソフトウェアを使えていたのはその柔軟性のためだったが、正しい設定ができるのはごく少数のエキスパートだけだった。

今日では、ほとんどのプログラミング言語で比較的堅牢な構成パラメータ処理を提供する優れたライブラリが作られている。これらのライブラリがチェックできることは、値が指定されているかどうか(デフォルト値があるかどうかも)、正しい形式で正しい範囲内の値が使われているかどうか、URL が有効かどうかなどであり、その設定が複数の構成オプションに対して互換性を持っているかどうかさえチェックできる。

構成パラメータは、使われるタイミングによってグループに分類できる。コンパイル時、デプロイ時、起動時、実行時のいつ考慮されるかである。重要なオプションは、使われる前にチェックすべきだ。URL などの外部サービスの参照情報は、現在の環境からアクセスできるかどうかを確かめるために、起動時に再チェックすべきである。

デプロイパイプラインの異なるステップで構成パラメータを同じ値にしておいてよいかどうかははっきりと決めておかなければならない。本番システムで使われる値が異なるなら、その値を秘密にしなければならないかどうかも決める必要がある。以上をまとめると、構成パラメータは次の 3 種類に分類される。

1. 複数の環境で同じ値を使う。フィーチャートグル、パフォーマンス関連値（たとえば、データベース接続プールのサイズ）は、UAT/ステージング/パフォーマンステストと本番で同じになる。ただし、ローカル開発マシンでは別の値になるかもしれない。
2. 環境によって値が異なる。本番環境で実行されるVMの数は、テスト環境で実行される数よりも多くなるだろう。
3. 秘密にしなければならない値。本番データベースにアクセスしたり、本番インフラストラクチャに変更を加えたりするための認証情報は、秘密にして、それらにアクセスする必要のある人々の間でだけ共有するようにしなければならない。開発インターンが顧客データを持ち出すリスクに耐えられるような企業はない。

構成パラメータの値を秘密にすると、デプロイパイプラインにややこしい問題が生じる。目標は、本番システムでは最新の正しい値が使われるようにしつつ。秘密を保つことだ。そのためのテクニックの1つとして、デプロイパイプラインにメタ権利を与え、パイプラインへのアクセスを制限するというものがある。たとえば、本番環境に新しいVMがデプロイされるときに、デプロイパイプラインが、本番実行で必要な認証情報を格納するキーストアへのアクセス権をそのVMに与えるのである。別のテクニックもある。デプロイパイプラインがマシンのための仮想環境内にネットワーク構成を設定し、マシンが本番環境の一部になるべきものなら、本番データベースサーバー、本番構成サーバーなどへのアクセスが得られるようにするのである。この場合、ネットワークの本番部分でマシンを作る権利を持つのはデプロイパイプラインだけにしなければならない。

5.4.4 開発/プレコミットテストで使われるテスト

開発中のテストには、2つのタイプのものがある。1つはテスト駆動開発という設計思想によるもの、もう1つはユニットテストである。

• **テスト駆動開発**

この考え方に従う場合、実際の機能を実現するコードを書く前に、機能のための自動テストを書く。そして、テストを満足させることを目標として機能コードを書く。テストに合格したら、コードをリファクタリングして、さらに高い品質標準を満足させる。この実践には、すべてのコードに対してポジティブなテストが作られるという長所がある。

• **ユニットテスト**

ユニットテストはコードレベルのテストで、個々のテストは１つ１つのクラスとメソッドをテストする。ユニットテストスイートは、網羅的なカバレッジを持ち、非常に高速に実行されるものになるようにする。典型的なユニットテストは、１つのクラスのコードだけで実現できる機能をチェックし、ファイルシステムやデータベースとのやり取りを含まないように作られている。一般的には、複雑でも必要なもの（データベース接続など）は、クラスに対する入力を提供するような形でコーディングする。そして、ユニットテストはこれらのものについてはもっともらしい入力を提供するモックバージョン（類似品）を用意することができる。こうすると、本物を使うよりもオーバーヘッドは下がり、高速に実行できる。

デベロッパは、これらのテストをいつでも実行できるが、今の実践では、コミット前テストを強制としている。つまり、これらのテストは、コミットを行う前に自動実行される。一般に、コミット前テストには、一連のユニットテストとともに、少数のスモークテストが含まれる。スモークテストとは、サービス全体の機能がまだ実行できることを手っ取り早く（不完全に）チェックするテストのことだ。スモークテストの目的は、ユニットテストをすり抜けるものの、全体としてのシステムを壊してしまうようなバグをインテグレーションテストよりもずっと前に見つけられるようにすることである。コミット前テストが成功したら、コミットが実行される。

5.5 ビルドとインテグレーションテスト

ビルドは、ソースコードや構成パラメータなどの入力から実行可能アーティファクトを作るプロセスだ。そのため、作業としては、ソースコードのコンパイル（コンパイル言語を使っている場合）と実行のために必要なすべてのファイル（たとえば、実行可能ファイル、HTML、JavaScriptなどのインタープリタが処理できるファイルなど）のパッケージングが主となる。ビルドが終了すると、システムの他の部分との統合によりエラーが生まれていないかどうかをチェックする一連の自動テストが実行される。一人のデベロッパよりも広い範囲で管理される履歴を残すために、ここでもユニットテストを実行してよい。

5.5.1 ビルドスクリプト

ビルドとインテグレーションテストは、CI（継続的インテグレーション）サーバーで実行される。このサーバーに対する入力は、1つのコマンドで起動できるスクリプトにする。言い換えれば、ビルドを作るためにオペレータやCIサーバーから与えられる入力はbuildというコマンドだけである。継続的インテグレーションサーバーの動作は、スクリプトによって制御される。こうすると、ビルドは反復可能でトレース可能になる。反復可能だというのはスクリプトが再実行できるからで、トレース可能だというのはスクリプトを解析すれば統合されるさまざまな部品の素性がわかるからだ。

5.5.2 パッケージング

ビルドの目的は、デプロイに適したものを作ることである。デプロイのためにシステムの要素をパッケージングするための標準的な方法はいくつかある。適切なパッケージング方法は、本番環境の影響を受ける。パッケージングの選択肢としては、次のようなものがある。

- **ランタイム固有パッケージ**

  Javaアーカイブ、ウェブアプリケーションアーカイブ、Java、.NETの連邦政府調達規則アーカイブなどが含まれる。

- **オペレーションシステムパッケージ**

アプリケーションがターゲットOSのソフトウェアパッケージ(Debian、Red Hatパッケージシステムなど)に含まれている場合、デプロイのために有効性が実証されているさまざまなツールを使える。

- **VMイメージ**

テンプレートイメージから作れて最新リビジョンの変更点を含むことができる。既存のVMに新しいビルドをディストリビュートすることもできる。これらのオプションについては、次の部分で説明する。いずれにしても、VMイメージは、必要に応じてさまざまな環境に合わせて生成できる。VMイメージを使ったときの欠点としては、互換ハイパーバイザーが必要だということが上げられる。つまり、VMwareイメージはVMwareハイパーバイザーが必要であり、Amazon Web ServicesはAmazon Machine Imagesしか実行できない。すると、テスト環境は同じクラウドサービスを使わなければならないということになる。そうでなければ、デプロイの手順を修正しなければならなくなり、テスト環境にデプロイしても、必ずしも本番環境のためにデプロイスクリプトをテストしたことにならない。

- **ライトウェイトコンテナ**

最近注目されているものである。VMイメージと同じように、ライトウェイトコンテナは、アプリケーションを実行するために必要なすべてのライブラリ、その他のソフトウェアを含むことができるが、プロセス、権利、ファイルなどの分離は維持できる。そして、VMイメージとは対照的に、ライトウェイトコンテナはホストマシン上にハイパーバイザーを必要とせず、オペレーティングシステムを含んでもいない。その分、オーバーヘッド、負荷、サイズが軽くなる。ライトウェイトコンテナは、デベロッパのローカルマシン、会社所有のテストサーバー、クラウドのパブリックリソースで実行できる。ただし、これらの環境では互換OSを実行しなければならない。理想を言えば、同じOSの同じバージョンを使いたいところだ。そうでなければ、VMイメージの項と同じように、テスト環境が本番環境を完全に反映したものではなくなってしまう。

VMイメージやライトウェイトコンテナを使うときにアプリケーションに変更を適用するための主要な方法は2つある。それは「重く焼いた」イメージと「軽く焼いた」イメージであり、両極端の間に中間的な方法がいくつもある。ここで「焼く」というのは、イメージを作ることである。重く焼いたイメージは実行時に変更できない。これは「イミュータブルサーバー」とも呼ばれる。VMが起動されたら、変更(構成パラメータ以外)は適用されない。ビルドフェーズで自動的にイメージ作成も行う場合、その後のすべてのテスト環境と本番環境で同じサーバーイメージが使われる。すべてのテストに合格したイメージは、強力な保証を手にする。このイメージから派生したサーバーは、構成パラメータの部分を除き、本番でもテスト環境と同じ条件で実行される。重く焼かれたイメージは、アプリケーションだけではなくインストールされるパッケージに変更点をカプセル化する。パッケージに対して変更が必要になったら、新しいイメージを焼いてテストする。こうすると、ソフトウェアのアップデートが行われないため、イメージの信頼性は上がり、新しいVMの起動、実行中の不確実性や遅延を取り除ける。第6章では、重く焼いたイメージに基づいて新しいリビジョンをロールアウトする方法を説明する。

軽く焼いたイメージは、実行時にインスタンスに対する一定の変更が認められていることを除けば、重く焼いたイメージとほぼ同じだ。たとえば、PHPアプリケーションに変更を加えるたびに、新しいイメージを焼き、それに基づいて新しいVMを起動して、既存のVMを毎回引退させるのは、大げさ過ぎるだろう。この場合は、ウェブアプリケーションサーバーを停止し、バージョン管理システムから新しいPHPコードをチェックアウトし、ウェブアプリケーションサーバーを起動すれば十分だ。このやり方では、重く焼いたイメージほどの安心感は得られないかもしれないが、時間と費用の点では効率的である。

ビルドによって作られたもの(たとえば、バイナリの実行可能ファイル)でテストが済んだもの(そして、デプロイに値する品質を持つことが明らかになったもの)は、本番環境にデプロイされるものだ。つまり、実行可能コードがJava、Cなどコンパイルを必要とする言語で書かれているものなら、ビルドフェーズ以降にコンパイルは不要である。ただし、使っているコンパイラのバージョンによってバグが現れることがある。あるバージョンのコンパイラでは出るバグが、次のバージョンのコンパイラでは修復されているのである。デプロイパイプラインを通過する過程で再コンパイルすると、コンパイラのバグのためにアプリケーションの動作が変わる可能性がある。

どのパッケージングメカニズムを使った場合でも、デプロイパイプラインのビルドステップは、コンパイル、パッケージングまたはイメージの作成、ビルドリポジトリへのビルドのアーカイブから構成される。

5.5.3 継続的インテグレーションとビルドステータス

1つのコマンドで実行できるスクリプトとしてビルドをセットアップしたら、次のようにして継続的インテグレーションをすることができる。

- CI サーバーが新しいコミットの通知を受けるか、新しいコミットを定期的にチェックする。
- 新しいコミットを検知した CI サーバーがそれを取り出す。
- CI サーバーがビルドスクリプトを実行する。
- ビルドが成功したら、CI サーバーが自動テストを実行する(すでに説明したように。また次節で説明するように)。
- CI サーバーが開発チームにアクティビティの結果を報告する(たとえば、社内ウェブページや電子メールを使って)。

CI では、「ビルドのブレーク」という概念が重要だ。コンパイル / ビルド手続きが失敗したり、ビルドに引き続いて実行された自動テストが何らかの計測で許容範囲外の値を出したりしたときには、コミットがビルドをブレークしたという。たとえば、新ファイルが存在することを前提としているファイルがあるのに、コミットにその新ファイルを追加し忘れると、ビルドはブレークする。テストは、大雑把に言って、きわめて重要なもの(テストが1つでも失敗すると、ビルドをブレークしてしまうもの)とそれほど重要ではないもの(失敗の割合がしきい値を越えなければ、ビルドをブレークしないもの）に分類される。

すべての計測値は、2つの結果に要約される。ビルドは（十分）よいか（ブレークしていない、緑になっている）、ビルドは（十分）よくないか（ブレークしている、赤になっている）だ。

ビルドがブレークすると、同じブランチのほかのチームメンバーもビルドできない。そのため、実質的にチーム全体で継続的インテグレーションのテストができない状態になっている。ビルドのフィックスは優先度の高い問題だ。チームのなかには、ビルドをブレークしないことの重要性を強調するために、ビルドが修復するまで問題のチームメンバーに「私がビルドをブレークしました」という帽子を被らせるところもある。

テストの結果はさまざまな形で示すことができる。色づけライトのようなものを使ったり、各コンポーネントについて赤／緑のライトを表示する大きなモニターを用意したりするチームもあれば、デスクトップ通知を使うチームもある。デスクトップ通知がクライアントのサイトにおいてあると、大きな赤いライトが表示されたときにはクライアントがとても神経質になる。

最後に、プロジェクトが複数のコンポーネントに分割されている場合、それらのコンポーネントは別々にビルドできる。バージョン管理では、それらは1つのソースコードプロジェクトとしても複数のプロジェクトとしても管理できる。どちらの場合でも、コンポーネントは別個に独立した実行可能ファイルにビルドできる（たとえば、Javaの別々のJARに）。このような場合は、すべてのコンポーネントを1つのパッケージに結合する専用ビルドステップを設けるとよい。こうすると、デプロイパイプラインに柔軟性が加わる（たとえば、コンポーネントのディストリビュートの方法など）。また、こうすると一元化されていないビルドも実現できる。CIサーバーは、アイドル状態のデベロッパマシンなど、いくつかのマシンにビルドジョブを分散できる。しかし、コンポーネントを別々にビルドするときには、互換性のあるバージョンのコンポーネントだけがデプロイされるようにするという難題がある。この問題、またこれと関連する問題については第6章で説明する。

5.5.4 インテグレーションテスト

インテグレーションテストは、ビルドされた実行可能アーティファクトをテストするステップだ。環境には、代替データベースなどの外部サービスへの接続も含まれている。その他のサービスを組み込むためには、本番要求とテスト要求を区別して、テストを実行したからといって生産、出荷、支払いなどの本物のトランザクションが発生しないようにするためのメカニズムが必要だ。このような区別は、モックサービスを使うとか、サービスオーナーから提供されたテストバージョンを使うとか、テストを判別できるコンポーネントを使うなら、サービスと通信するためのプロトコルに組み込まれたメカニズムを使ってテストメッセージにはその旨のマークを付ければ実現できる。モックバージョンのサービスを使う場合、テストの実行によって本物の要求が絶対に送られないようにするために、実際のサービスからテストネットワークを切り離すとよい(たとえば、ファイアウォールのルールにより)。このテーマについては、5.8節でインシデントを取り上げるときに再び触れる。

今までに取り上げてきたすべてのテストと同様に、インテグレーションテストはテストハーネスにより実行し、テストの結果は記録し、報告する。

5.6 UAT/ステータス/パフォーマンステスト

ステージングは、デプロイパイプラインでシステムを本番環境にデプロイする前の最後のステップだ。ステージング環境は、できる限り本番環境に近づける。このステップで実行されるテストのタイプは、次のようなものだ。

- ユーザー受容テスト(UAT)は、予定されているユーザーに、システムのUIを使って現在のリビジョンを操作してもらい、テストするというものだ。テストは、テストスクリプトに従った形でも、自由に探っていく形でもよい。このテストは、UAT環境で行われる。UAT環境は本番環境に非常に近く作られているが、外部サービスについてはテストバージョンやモックバージョンを使っている。さらに、UAT 環境からは一部の機密データが削除、交換されている。UAT 環境では、テストユーザーや UAT オペレータには、十分なレベルの権限は与えられない。UAT は、見た目や操作感の一貫性、使いやすさ、探索的テストなどの自動化するのが不可能、あるいは困難なテストで役に立つ。

- 自動化された受容テストは、反復的な UAT の自動化バージョンである。この種のテストは、UI を通じてアプリケーションを制御し、人間のユーザーがすることを忠実に真似ようとする。自動化によって、UAT の負担がある程度軽くなり、システムとのやり取りは毎回確実に同じになる。そのため、自動化された受容テストは、比較的コストのかかる人間のテスターを使ったときよりも反復度を高めることができ、一日のなかの余った時間や夜を使って実施することができる。自動化された受容テストは比較的大変なので、もっとも重要なチェックのなかで反復的な実行が必要とされ、メンテナンスがそれほど必要にならないもののためにのみ使われる。一般に、この種のテストは、専用テストスイートのなかで定義され、実行される。そして、ボタンを数ピクセル右に移動するなどの UI に対する比較的小さな変更によって動かなくなるようなことがあってはならない。自動化された受容テストは、比較的実行に時間がかかり、適切なセットアップを必要とする。
- 先ほども触れたスモークテストは自動化された受容テストのサブセットで、新しいコミットがアプリケーションの中心的機能の一部を壊していないかどうかを素早く分析するために使われる。この名前は、配管作業の世界で使われていたものだと考えられている。パイプの閉じたシステムに煙を充満させると、漏れている個所があれば簡単に見つかる。目安としては、スモークテストはすべてのユーザーストーリーに1つずつ用意し、成功時のパスを辿るようにする。スモークテストは、コミット前テストの一部としても実行できるように、比較的高速に実行されるように実装しなければならない。
- 非機能的テストは、パフォーマンス、セキュリティ、能力、可用性などをテストする。適切なパフォーマンステストを実行するためには、適切なセットアップが必要だ。テストを実行するたびに、本番環境に匹敵し、よく似ているリソースを使う。そうすれば、背景のノイズではなく、アプリケーションに加えた変更が計測される。ほかの環境のセットアップと同様に、仮想化とクラウドテクノロジーを利用すれば、作業が楽になる。しかし、特にパブリッククラウドはパフォーマンスに変動があることが多いので、パブリッククラウドリソースを使うときにはその点に注意が必要だ。

5.7 本番環境

本番環境にシステムをデプロイしたからと言って、ふるまいの観察やテストの実行が終わったわけではない。ここでは、初期リリーステスト、エラー検知、ライブテストについて説明する。

5.7.1 初期リリーステスト

初期リリーステストには複数の形態がある。なお、第6章では、初期リリーステストを実行するためのアプリケーションのリリース方法を説明する。ここでは、テストメソッド自体に集中しよう。

- もっとも古くから使われているアプローチは、ベータリリースだ。選択された少数のユーザー（ベータプログラムに申し込んでもらう場合が多い）がリリース前（ベータ）バージョンのアプリケーションにアクセスする。ベータテストは、主として自社運用でソフトウェアを使うときに行われる。
- カナリアテストは、少数のサーバーに先に新バージョンをデプロイし、動作を観察する方法だ。クラウド版のベータテストである。地下の炭鉱にカナリアを連れて行き、カナリアが苦しみだしたら有毒ガスが出ていると判断していたのと同じように、これら新バージョンを導入したサーバーは、アップグレードの望ましくない影響を検出するために、厳しい監視のもとに置く。1台（または数台）のアプリケーションサーバーを現行バージョンのアプリケーションから安定していて十分にテストしてあるリリース候補バージョンのアプリケーションにアップグレードする。ロードバランサは、ごく一部のユーザー要求をモニタリング中のリリース候補バージョンに送る。候補バージョンのサーバーがいくつかの指標(たとえば、パフォーマンス、スケーラビリティ、エラーの数など)で許容できる数値を出したら、候補バージョンを全サーバーにロールアウトする。

- A/B テストはカナリアテストと似ているが、ビジネスレベルでの特定の重要なパフォーマンス指標でどちらのバージョンが高い結果を出すかを調べるために実施されるところが異なる。たとえば、商品推薦の新しいアルゴリズムが売上向上につながるかどうか、UI の変更によってクリックスルーが増えるかどうかなどである。

5.7.2 エラー検知

すべてのテストに合格したシステムでも、エラーを持っている場合がある。エラーには、機能的なものとそうでないものがある。非機能的エラーを見つけるテクニックとしては、システムを監視して動作のまずさの兆候を探すというものがある。たとえば、ユーザーの要求に対する応答時間やキューの長さを監視する。Netflix は、モニタリングし、履歴データと比較する指標が 95 種類あると言っている。履歴データとの間で大きな不一致があると、オペレータやデベロッパにアラートが送られる。

アラートが発生したあと、その原因を追跡して見つけるのはかなり難しいことがある。システムが生成するログは、このような追跡を可能にする上で重要だ。これについては第 7 章で説明する。ただ、この章の目的からすると、アラートの原因となったソフトウェアの系譜とアラートを引き起こしたユーザー要求が簡単に手に入ることが大切だ。エラーを診断できるようにすることは、私たちがアクティビティの履歴を残す自動ツールを使えと強調している理由の 1 つだ。

いずれにしても、エラーが診断、修復されたら、そのエラーの原因は、将来のリリースで使う回帰テストの 1 つにするとよい。

5.7.3 ライブテスト

モニタリングは、受動的な形のテストだ。つまり、システムを通常のような形で実行し、ふるまいやパフォーマンスについてのデータを集めるということである。システムを本番環境にデプロイしたあとのテストの形態としては、能動的に実行中のシステムを混乱させるというものもある。このような形をライブテストと呼ぶ。Netflixは、Simian Armyと呼ばれる一連のテストツールを持っている。Simian Armyの要素は、受動的であると同時に能動的である。受動的な要素は、実行中のインスタンスを解析して、未使用リソース、期限切れの証明書、インスタンスの健全度のチェック、ベストプラクティスへの準拠の度合いを判断する。

Simian Armyの能動的な方の要素は、本番システムに特定のタイプのエラーを注入する。たとえば、Chaos Monkeyは、ランダムにアクティブなVMを壊す。第2章でも触れたように、クラウドでは、障害は頻繁に起きる。物理サーバーが故障すると、その上でホスティングされていたすべてのVMが突然終了する。そのため、アプリケーションはこの種の障害に強くなければならない。Chaos Monkeyは、この種の障害をシミュレートする。インスタンスが強制終了され、その障害によってシステムが影響を受けないことを確かめるために、応答時間などのあらゆる指標がモニタリングされる。もちろん、一度にまとめて壊してしまうインスタンスが多くなり過ぎないようにはする。

Simian Armyの能動的な要素には、Latency Monkeyというものもある。Latency Monkeyは、メッセージに遅れを注入する。ネットワークは、ビジー状態になり、予想外に遅くなるものだ。Latency Monkeyはサービス間で送られるメッセージを人工的に遅らせて、遅いネットワークをシミュレートする。Chaos Monkeyと同様に、このテストは顧客に影響が出るのを避けるために慎重に実施される。

5.8 インシデント

いかにしっかりとテストし、デプロイを組織しても、システムを本番環境に移したあとに出てくるエラーはあるだろう。デプロイ後にエラーが出る原因になりそうなことを理解していれば、問題を早く診断できる。と言っても、デプロイ後に現れるさまざまなタイプのエラーの分類や相対的頻度がわかっているわけではない。ただ、IT プロフェッショナルたちから聞いた逸話がいくつかある。

- デベロッパがテストコードを本番データベースに接続してしまったという例は、何度も聞いたことがある。経験の浅いデベロッパがやってしまった話や、本番環境へのトンネルを通じて SSH を開いてしまったデベロッパの話を聞いたことがある。
- コンポーネントの間に依存関係がある。コンポーネントの間に依存関係があるときには、デプロイの順序が重要な意味を持ち、順序が誤っているとエラーが起きることがある。第 6 章では、この問題を避けるためにフィーチャートグルを使う方法を取り上げる。
- デプロイと依存システムの変更が偶然重なった。たとえば、アプリケーションが依存していたサービスが依存システムから削除されたが、その削除はステージングテストがすべて合格になったあとで行われた。この章のイメージ作成の議論は、この問題と関係がある。依存システムがイメージに焼き込まれている場合、その後の依存システムへの変更は組み込まれない。依存システムがイメージに含まれていない場合は、実行可能イメージのビルドの性質がこのエラーの発生に影響を及ぼすことはない。
- 依存システムのパラメータの設定が誤っていた。つまり、依存システムのキューがオーバーフローを起こしたり、リソースを使い切ったりするエラーが起きている。このエラーが起きた企業では、依存システムの構成パラメータを修正した上で、モニタリングのルールを追加してこの問題をフィックスしている。

5.9 まとめ

システムを素早く作成、デプロイするためには、適切なデプロイパイプラインを作ることが大切だ。デプロイパイプラインには、少なくとも5つの大きなステップがある。コミット前、ビルドとインテグレーションテスト、UAT/ステージング/パフォーマンステスト、本番環境、通常の本番実行への移行である。

各ステップは別々の環境で別々の構成パラメータのもとで実行されるが、構成パラメータの違いはできる限り小さくすべきだ。システムがパイプラインを通過するうちに、システムの正しさに対して少しずつ自信を持てるようになっていく。しかし、通常の本番実行までたどりついたシステムでも、エラーを抱えていることがある。また、パフォーマンスや信頼性の観点から改良の余地が残っていることもある。ライブテストは、システムを本番環境、あるいは通常の本番実行に移したあともテストを続けるためのメカニズムだ。

本番実行中に特定のコードへのアクセスを禁止するためにフィーチャートグルを使う。フィーチャートグルを使えば、コミットされたモジュールに不完全なコードを入れておくことができる。しかし、フィーチャートグルはコードベースをわかりにくくしてしまうので、不要になったら取り除くようにすべきだ。また、フィーチャートグルを再利用すると、エラーの原因になることがある。

テストはテストハーネスによって実行されるように自動化し、開発チーム、その他のステークホルダーに結果を報告すべきだ。本番環境にシステムを移したあとのインシデントの多くは、デベロッパか構成のエラーによるものである。

DevOpsプロジェクトに参加しているアーキテクトは、次の条件を満足させるようにしなければならない。

- アクティビティがトレース可能で反復可能になるようにさまざまなツールと環境をセットアップする。
- 構成パラメータは、環境によって変わるかどうか、秘密にしなければならないかどうかによって分類する。
- デプロイパイプラインの各ステップは、適切なテストハーネスによって実行される自動テストのコレクションを持つ。

- フィーチャートグルは、対象コードが本番環境に移り、デプロイ成功と判断されたら取り除く。

5.10 参考文献

この章で取り上げたテーマの多くは、『*Continuous Delivery: Reliable Software Releases through Build, Test, and Deployment Automation*』[Humble 10] で詳しく説明されている。

Carl Caum がブログで継続的デリバリーと継続的デプロイの違いを論じている[Puppet Labs 13]。

この章の基本概念の多くは、Wikipedia を参照、引用している。

- バージョン管理システムについては、http://en.wikipedia.org/wiki/Revision_control、https://ja.wikipedia.org/wiki/バージョン管理システムで説明されている。Git などの特定のシステムはそれぞれの項目を持っている。
- テストハーネスについては、http://en.wikipedia.org/wiki/Test_harness で説明されている。
- 回帰テストについては、http://en.wikipedia.org/wiki/Regression_testing で説明されている。
- 異なるタイプの環境(またはサーバーティア)は、http://en.wikipedia.org/wiki/Development_environment で説明されている。

Paul Hammant が [DZone 13] でブランチベースのアプローチとトランクベースのアプローチについて論じている。

重く焼いたイメージと軽く焼いたイメージの議論の例は、[Gillard-Moss 13] で見ることができる。

パブリッククラウドのパフォーマンスの変動については、"Runtime Measurements in the Cloud: Observing, Analyzing, and Reducing

Variance" [Schad 10] など、複数の科学論文で研究されている。

Simian Army は、[Netflix 15] で定義、説明されている。

第6章 デプロイ

エラーコード725：私のマシンでは動くのだが。

―― HTTPステータスコード7XX：デベロッパエラーのRFC

6.1 イントロダクション

デプロイとは、サービスのあるバージョンを本番環境に送り込むプロセスのことだ。サービスの最初のデプロイは、サービスがないところから最初のバージョンに移行することだと考えることができる。ほとんどのシステムでは、初期デプロイは1度しか起きず、新バージョンのデプロイは頻繁に行われるので、この章はサービスのアップグレードを対象として話を進めていく。初期バージョンのデプロイの場合、この章で論じるテーマの一部（現在デプロイされているバージョンのダウンロードなど）は、関係がない。デプロイの全体的な目標は、システムのユーザーに与えるインパクト（障害、ダウンタイムなど）を最小限に抑えながら、アップグレードバージョンのサービスを本番環境に移すことだ。

サービスに変更を加える理由は3つある。エラーの修正、サービスの何らかの品質の向上、新機能の追加だ。議論をシンプルに始めるために、デプロイはオールオアナッシングのプロセスだとする。つまり、デプロイ終了後は、すべてのVMがアップグレードバージョンをデプロイしているか、どのVMもアップグレードバージョンをデプロイしていないかになっているとする。この章のあとの部分では、部分的なデプロイを行う理由も説明するが、その議論はさしあたり後回しにする。

図6.1は、私たちが考えようとしている状況を図示したものだ。これは図4.1に修正を加えたもので、マイクロサービス3（濃い灰色で表示）がアップグレードされようとしている。マイクロサービス3はマイクロサービス4、マイクロサービス5に依存し、マイクロサービス1、マイクロサービス2（つまり、マイクロサービス3のクライアント）に依存されている。さしあたり、すべてのVMは1つのサービスを実行しているものとする。このように想定すると、サービスのデプロイとVMのデプロイを同じものとみることができ、サービス（サービスの設計、サービスと外部との関係）に考えを集中させることができる。そうでない場合については、この章のあとの方で取り上げる。

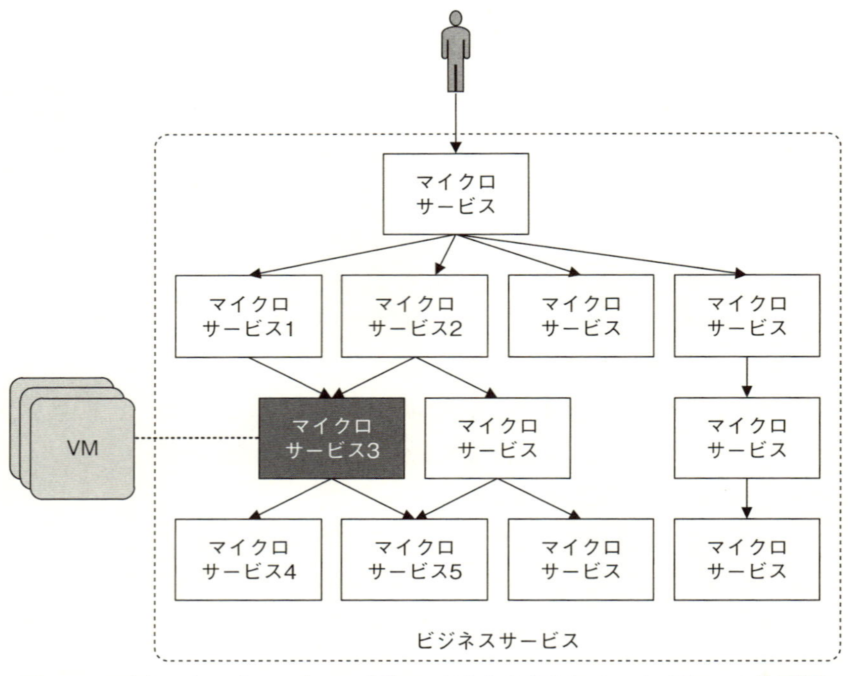

図6.1　マイクロサービス3がアップグレードされようとしている（図4.1の修正版）[アーキテクチャ図]

図 6.1 は、サービスが実行されている複数の VM も示している。特定のサービスを実行する VM の数は、サービスにかかるワークロードによって左右され、多くのクライアントを処理しなければならない場合には、数百、数千にまで増えることがある。個々のアクティブ VM には、1 つのバージョンのサービスがデプロイされているが、すべての VM が同じバージョンを実行しているとは限らない。

デプロイの目標は、サービスの古いバージョン A を実行している N 個の VM があるという現在の状態から、同じサービスの新バージョン B を実行している N 個の VM があるという状態に移行させることだ。

6.2 デプロイの管理戦略

デプロイの管理戦略としては、青 / 緑デプロイとローリングアップグレードの 2 つがよく使われている。両者の違いはコストと複雑さだ。コストには、仮想マシンのコストと仮想マシン内で実行されるソフトウェアのライセンス料の 2 つが含まれる。2 つの戦略を詳しく説明する前に、次の 2 つの前提条件を確立しておかなければならない。

1. 新バージョンのデプロイの過程でも、クライアントに対するサービスを維持しなければならない。ダウンタイムを作らずにクライアントに対するサービスを維持することは、インターネット e コマースビジネスの多くでは、基本中の基本である。顧客は世界中に広がっており、いつでも取引できて当然と考えている。確かに、一日の時間帯によって混雑の有無はあるかもしれないが、サービスはいつでも利用できるようになっていなければならない。顧客が特定の一地域にまとまっている会社なら、ダウンタイムの予定を立てる余裕はあるが、避けられるのにダウンタイムを設ける理由があるだろうか。ダウンタイムを設定すると、システム管理者やオペレータはその時間に仕事をしなければならない。これも、ダウンタイムを避ける理由の 1 つだ。
2. 開発チームは、他のチームと調整せずに、担当するサービスの新バージョンをデプロイできなければならない。これは、ほかのチームが開発しているクライアント向けサービスに影響を与えるかもしれないが、開発チーム間の同期的調整と新機能のリリースのタイミングの関係についてはすでに触れた。開発チームや個人のデベロッパがクライアントサービスを開発しているチームとの調整をせずに自分のサービスの新バージョンをリリースできるようにすると、同期的調整が必要な理由が1つ減る。しかし、6.3節で説明するような論理的な問題が起きる場合がある。

さらに、本番環境に新しいVMを配置するには時間がかかる。アップグレードされたサービスを搭載したVMを本番環境に置くためには、VMに新バージョンをロードし、初期化、環境へのインテグレーションを行わなければならない。場合によっては、先に依存するほかのサービスを導入しなければならないこともある。この作業には分単位の時間がかかる。そのため、並行的に進められる作業がどれくらいあるか、クライアントにサービスを提供しているシステムにどれくらいのインパクトを与えるかにもよるが、数百、数千のVMのアップグレードには、数時間、極端な場合には数日かかることがある。

6.2.1 青/緑デプロイ

「青/緑デプロイ」(「ビッグフリップ」とか「赤/黒デプロイ」と呼ばれることもある)は、バージョンAを格納するN台のVMにサービスを維持させながら、バージョンBを格納するN台のVMをプロビジョニングするものである。バージョンBのN台のVMをプロビジョニングし、サービスを提供できるようになったら、クライアントからの要求をバージョンBにルーティングする。これは、DNSまたはロードバランサにメッセージのルーティングを変更するよう指示するだけのことだ。このルーティングの切り替えは、すべての要求に対して一挙に行う。監視期間が過ぎたらバージョンAをプロビジョニングしているN台のVMは、システムから取り除く。監視期間中に何かまずいことが起きたら、ルーティングを元に戻し、バージョンAを実行しているVMに要求が送られるようにする。この方法は概念的には単純だが、VM とソフトウェアのライセンス料の両方がかさんで高コストになる。また、切り替え、ロールバックのときには、長時間かかる要求やステートフルデータに特別な注意が必要だ。

コストがかかる原因は、すべてのバージョン A VM を終了する前に、N 台のバージョン B VM をプロビジョニングすることにある。まず、新しい VM をすべてプロビジョニングしなければならない。プロビジョニングは並行して行うことができるが、数百台の VM をプロビジョニングするための合計時間は、それでも長くなる。さらに、プロセスの全期間を通じて、クライアントにサービスを提供するために必要な VM のほかに N 台の VM を余分に確保することになる。全期間とは、バージョン B をプロビジョニングする間と、バージョン B に完全に切り替えたあとの監視期間である。そのため、この期間の VM にかかるコストは倍になる。

このモデルの変種として、トラフィックを少しずつ切り替えていく方法もある。要求のごく一部をまずバージョン B にルーティングし、実質的にカナリアテストを実施する。カナリアテストについては第 5 章で説明したが、6.6.1 節「カナリアテスト」でさらに詳しく説明する。しばらくうまく動作するようなら、バージョン B VM をさらにプロビジョニングし、このプールの VM にルーティングする要求を増やす。これを繰り返すと、最終的にすべての要求がバージョン B にルーティングされるようになる。こうすると、デプロイに自信を持てるようになるが、一貫性の問題も生じる。これらの問題については、6.3 節で説明する。

6.2.2 ローリングアップグレード

「ローリングアップグレード」は、少数のバージョン B VM を一度に直接現在の本番環境にデプロイし、同数のバージョン A VM を止める。たとえば、1 度に 1 台のバージョン B VM をデプロイする場合について考えてみよう。新しいバージョン B VM がデプロイされ、要求を受け付けるようになると、1 台のバージョン A VM がシステムから取り除かれる。このプロセスを N 回繰り返すと、バージョン B が完全にデプロイされる。この方法は低コストで進められるが、複雑でもある。デプロイ期間中、若干余分に

VMのコストがかかるだけで済むが、一貫性の問題が起きやすく、現在の本番環境に悪影響が及ぶリスクが高くなる。

図6.2は、Amazonクラウド内でのローリングアップグレードを表したものだ。各VM(さしあたり、1つのサービスを格納するものとする)がデコミットされ(すなわち、ELB:Elastic Load Balancerから削除、登録解除され、終了)、新しいVMが起動されてELBに登録される。バージョンAを格納するすべてのVMがバージョンBを格納するVMに置き換わるまで、これが続く、VMがフルに稼働しておらず、1度にわずかずつのVMを終了してもサービスレベルが維持できるようであれば、ローリングアップグレードの過程での追加コストは低くなるだろう。パフォーマンスへの影響やローリングアップグレードのリスクを緩和するために、ローリングアップグレード開始前に少数のVMを追加する場合には、少しコストが高くなる。

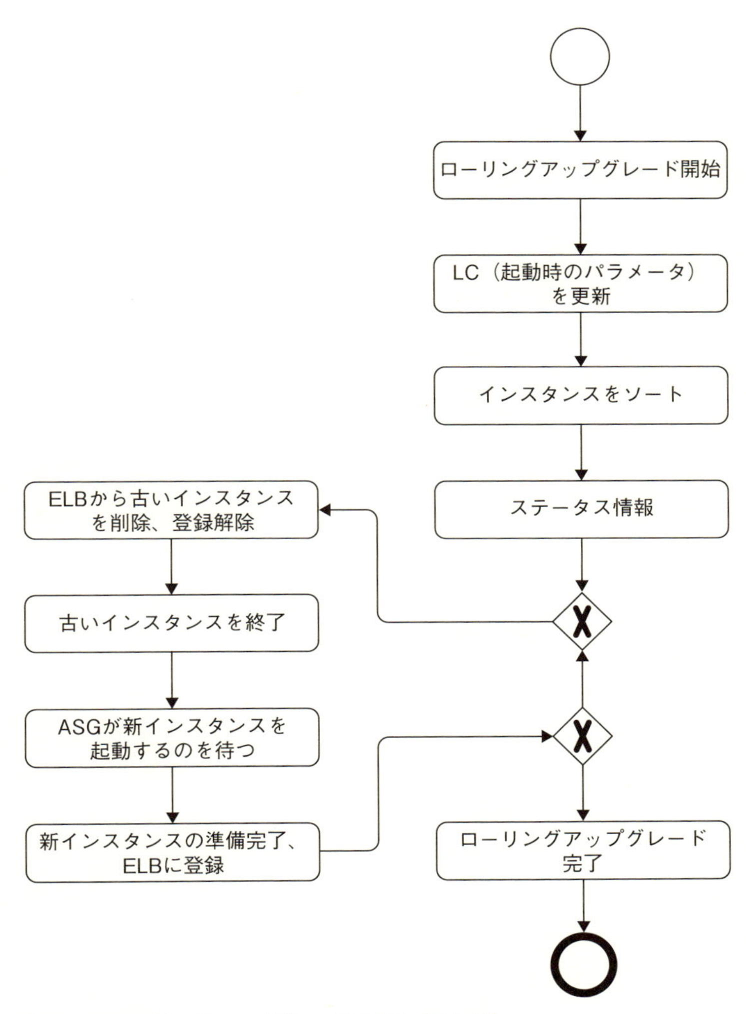

図 6.2　ローリングアップグレードの流れ［BPMN］

ローリングアップグレードの途中では、VM の一部はバージョン A でサービスを提供し、別の部分はバージョン B でサービスを提供する。すると、2 つのバージョンが併用されていることによる問題が生まれる可能性がある。この種の問題については、次節で取り上げる。

6.3 論理的な一貫性

論理的な一貫性に関する問題には3つのタイプのものがある。ローリングアップグレードを使ってデプロイを行った場合、第1のタイプの論理的非一貫性が持ち込まれる。同じサービスの複数のバージョンが同時にアクティブになるのだ。これは、デプロイが完了する前に少数の新バージョンVMをサービスに投入するタイプの青/緑デプロイでも起きる。

図6.1に戻り、デプロイされるサービスがクライアントや依存サービスと同期的調整を行わずにデプロイされたらということを考えたら、第2のタイプの論理的非一貫性の原因が見えてくるだろう。サービスとクライアントの間の機能の不一致である。

論理的非一貫性の第3のタイプは、サービスとデータベースに格納されているデータの間のずれだ。それでは、これら3種類の非一貫性について見ていこう。

6.3.1 同じサービスの複数のバージョンが同時にアクティブになっている

図6.3は、同じサービスの2つのバージョンがアクティブになっていることによる非一貫性を示している。2つのコンポーネントが示されている。クライアントと同じサービスの2つのバージョン(バージョンAとバージョンB)である。クライアントが送ったメッセージがバージョンBにルーティングされ、バージョンBは何らかの処理を行ってクライアントに状態情報を送り返す。クライアントは、サービスに対する次の要求にその状態情報を取り込むが、この第2の要求はバージョンAにルーティングされる。しかし、この状態情報はバージョンBを前提としたものであり、バージョンAは渡された状態情報をどうすればよいのかがわからず、エラーが起きる。この問題は、「バージョン間の競合」と呼ばれる。

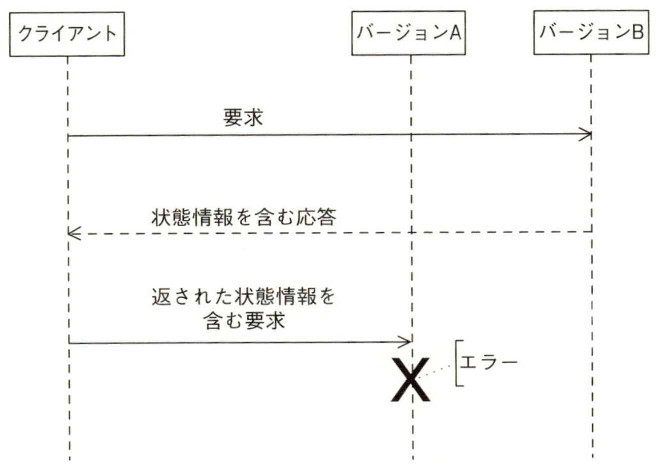

図 6.3　バージョン間の競合からエラーが起きる［UML シーケンス図］

このようなエラーを防ぐ方法はいくつもある。

- クライアントがバージョンを意識するようにして、初期要求がバージョン B の VM によって処理されたことを覚えておく。すると、第 2 の要求は、必ずバージョン B VM で処理されるように指示できる。第 4 章では、サービスをレジストリ / ロードバランサに登録する方法を説明した。この登録に、バージョン番号を入れればよい。すると、クライアントは特定のバージョンのサービスを要求できる。応答メッセージには、クライアントがやりとりしたサービスのバージョンがわかるようなタグを含ませるようにする。
- バージョン B とクライアントに含まれている新機能をフィーチャートグルで囲み、同時にどちらか片方のバージョンだけがサービスを提供するようにする。詳細はすぐあとで説明する。
- サービスを上位互換かつ下位互換にして、特定の要求が使えるかどうかをクライアントが判断できるようにする。これも、詳細はあとで説明する。

これらの選択は、決して相互に排他的なわけではない。つまり、下位互換設定のなかでフィーチャートグルを使うこともできる。たとえば、サービスの大規模な再構成を行い、新機能を追加したとする。ローリングアップグレードの過程で、再構成された新バージョンのVMをインストールしつつ、新機能をまだアクティブにしないということができる。こうするためには、新バージョンは下位互換でなければならない。

まず、フィーチャートグルから説明しよう。フィーチャートグルは、テストプロセスにインパクトを与えずに部分的に完成したコードをデプロイするための手段として第5章でも取り上げた。ここでは、同じメカニズムを使って、アップグレードバージョンの新機能をアクティブにする。

フィーチャートグル

1つの小規模なチームでサービスを開発した場合、そのサービスの機能は限られたものになるだろう。これは、機能が複数のサービスによって実現されるということである。そして、機能をアクティブにするかどうかを2方向で調整しなければならないということでもある。まず、新しくデプロイされたサービスを実行するすべてのVMは、機能全体のなかでそのサービスが担当する部分をアクティブにできなければならない。次に、機能の実装に関わるすべてのサービスは、機能全体のなかで自分が担当する部分をアクティブにできなければならない。

機能をアクティブにするかどうかは、第5章で説明したフィーチャートグルを使って制御できる。繰り返しになるが、フィーチャートグルとは、外部で設定できるフィーチャー変数に基づいて条件部を操作できるif文のなかのコードである。このテクニックを使う場合、機能をアクティブにするためには、(a)機能を実装するすべてのサービスが十分にアップグレードされたかどうかを判定し、(b)それらのサービスを実行するすべてのVMで同時に機能をアクティブにすることになる。

この2つは、どちらも分散システムの要素間で同期を取るという問題の例である。このような同期を実行するために今使われている主要な方法は、Paxos、またはZABアルゴリズムを基礎としている。これらのアルゴリズムを正しく実装するのは難しい。しかし、ZooKeeperなどのシステムには標準実装が含まれている。そして、Zookeeperなどのシステムの使い方は、それほど難しくない。

サービスの視点からこれがどのように動作するのかを見てみよう。説明をしやすくするために、デプロイしようとしているサービスは、FeatureXという単一の機能の一部を実装するものとする。サービスを実行するVMは、デプロイされるときに、FeatureXActivationFlagに注目しているということを登録する。フラグがfalseなら機能はオフになり、trueならオンになる。FeatureXActivationFlagの状態が変化すると、VMはそのことを知らされ、適切に対応する。

アップグレードされるシステム内のどのサービスにも含まれないエージェントがFeatureXActivationFlagの設定を行う。このエージェントは、人間のゲートキーパーでも、自動化ツールでもかまわない。フラグはZooKeeperで管理されているため、関連するすべてのVMの間で一貫性が保たれる。すべてのVMが同時にトグルについての通知を受け取れば、機能は同時にアクティブにされ、障害を起こすようなバージョンの不一致は起きない。この情報の同時ブロードキャストは、ZooKeeperによって行われる。フィーチャートグルのためのこのようなZooKeeperの使い方は、ほかのツールでも実装されていることが多い。たとえば、NetflixのArchaiusは、分散システムのための構成管理機能を提供している。管理される構成パラメータは、フィーチャートグル、その他のプロパティにすることができる。

エージェントは、FeatureXを実装するさまざまなサービスのことを知っており、それらのサービスがすべてアップグレードされるまでは機能をアクティブにしない。そのため、機能に関連するサービスは、特定の順序でアップグレードする必要はなく、短い期間にアップグレードする必要さえない。関連するサービスがすべてFeatureXを実装するものに変更されるまで、数日、あるいは数週間かかってもかまわない。

VMが「十分にアップグレードされた」かどうかの判断には、少し難しい問題がある。VMは障害を起こしたり、使えなくなったりすることがある。

これらのVMがアップグレードされるのをいつまでも待っていて機能をアクティブにできないのは望ましくない。第4章で説明したようなレジストリ/ロードバランサを使えば、アクティブ化エージェントはこれらの問題を避けられる。VMは、自分がまだアクティブだということを知らせるために、定期的に登録を更新しなければならないことを思い出そう。アクティブ化エージェントは、登録されている関連VMをチェックし、関連サービスのすべてのVMが適切なバージョンにアップグレードされたときを判定する。

下位互換と上位互換

フィーチャートグルを使って新しい機能に関わるさまざまなサービスの間の調整をするのは、複数のバージョンのために障害が起きるのを防ぐ1つの方法だ。しかし、サービスの上位互換性、下位互換性を保証するという方法もある。

- 新バージョンのサービスが古いバージョンとしてもふるまう場合、そのサービスは下位互換である。サービスの古いバージョンも知っている要求に対しては、新バージョンも同じふるまいをする。言い換えれば、サービスのバージョンBが提供する外部インタフェースは、そのサービスのバージョンAが提供する外部インタフェースのスーパーセットである。
- 上位互換とは、クライアントが誤ったメソッド呼び出しを示すエラー応答を穏便に処理することである。クライアントがサービスのバージョンBでは使えるがバージョンAでは使えないメソッドを利用しようとしている場合について考えてみよう。サービスがメソッド呼び出しを認識しないことを示すエラーコードを返してきた場合、このクライアントはサービスのバージョンAと接続したのだろうと推測することができる。

下位互換性の確保を要求すると、最初はサービスにあまり多くの変更を加えられないのではないかと感じるかもしれない。インタフェースを変更できないなら、どうすれば新しい機能を追加したり、サービスをリファクタリングしたりすることができるだろうか。実は、下位互換性は、図6.4に示すようなパターンを使えば維持できる。

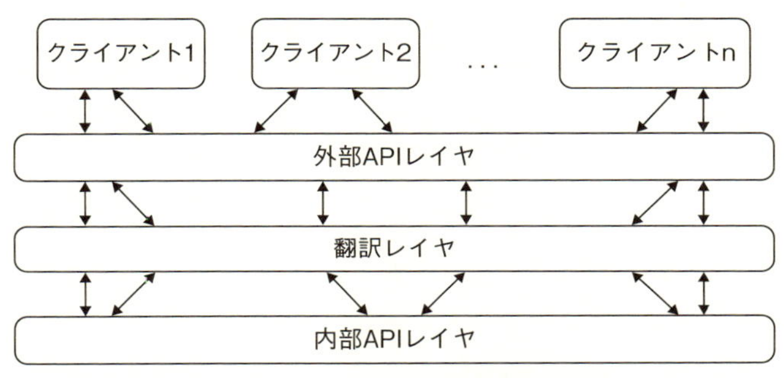

図6.4　サービスインタフェースの下位互換性の維持［アーキテクチャ図］

アップグレードされるサービスは、内部インタフェースと外部インタフェースを区別する。外部インタフェースには、今までのバージョンのすべての既存インタフェースを含み、さらにこのバージョンで追加される新インタフェースも追加する。内部インタフェースは、バージョンごとに再構成できる。外部インタフェースと内部インタフェースの間には古いインタフェースを新しいインタフェースにマッピングする翻訳レイヤを入れる。クライアントから見る限り、古いインタフェースは新バージョンでも使える。クライアントが新機能を使いたい場合、その機能に対しては新インタフェースが使える。

このパターンを使うと、古くなったインタフェースを使うクライアントがなくなっても、そのようなインタフェースをメンテナンスし続けてしまうという問題がある。どのクライアントがどのインタフェースを使っているかは、すべてのサービス呼び出しをモニタリング、記録すればわかる。十分長い間にわたってまったく使われていないインタフェースがあれば、そのインタフェースは非推奨にすることができる。インタフェースを非推奨にすると、メンテナンスの仕事をさらに増やすことになる場合があるので、軽々しく行ってはならない。

上位互換性と下位互換性を保証すれば、あなたの管理下でサービスを独立にアップグレードすることができる。すべてのサービスがあなたの管理下に入るわけではない。特に、サードパーティーのサービス、ライブラリ、古いサービスは、下位互換にできないかもしれない。その場合に使えるテクニックとしてはさまざまなものがあるが、フールプルーフなものはないので注意が必要だ。

- **ディスカバリ**

サービスが登録を行ってクライアントがサービスを見つけられるようにする仕組みを第4章で説明した。登録内容には、サービスのバージョン番号も含めるようにする。クライアントは、サービスの特定のバージョン、または何らかの制約を満たすバージョンへの接続を要求できる。既存のサービスで制約を満たすものがなければ、クライアントはフォールバックするかエラーを報告する。そのためには、クライアントは自分が必要とするサービスのバージョンを知っており、サービスはバージョン番号を登録してアーキテクチャに準拠していなければならない。ただし、サービスインタフェースの一部としてバージョン番号を組み込むべきか否かについては、標準コミュニティのなかで議論が続いている。

- **探索**

ディスカバリは、サービスがレジストリに登録をしていることを前提として動作する。しかし、ライブラリや多くのサードパーティーソフトウェアは、そのような登録をしない。このような場合、ライブラリやサードパーティーシステムにイントロスペクションをかければ、バージョン番号を調べることができる。イントロスペクションを実行するためには、インタフェースを介して、あるいはファイルにバージョン番号を書き込むなどのメカニズムによって、ライブラリやサードパーティーソフトウェアが実行時にバージョン番号にアクセスできるようにしていなければならない。イントロスペクションは、クライアントが必要とするサービスのバージョンを知っていることも前提としている。

● **移植レイヤ**

図 6.5 は、移植レイヤの概念を示したものだ。移植レイヤは、同種のさまざまなシステムのインタフェースに変換できる単一のインタフェースを提供する。このテクニックは、異なるオペレーティングシステムにアプリケーションを移植するために、あるいはアプリケーションから見て複数の異なるデバイスが同じものに見えるようにするために、異なるデータベースシステムによる代用を可能にするために使われてきた。第 4 章では、コンポーネントと外部システムのやり取りは、1 つのモジュールに局所化する必要があるということを説明した。このモジュールが移植レイヤとして機能する。移植レイヤのために定義したインタフェースは、あらゆるバージョンの外部システムを管理できるだけのものでなければならない。このパターンは、2 つのバージョンの外部システムを共存させる必要があるかどうかによって 2 つに分かれる。2 つのバージョンの共存が必要とされる場合は、移植レイヤが実行時にどのバージョンの外部システムを使うかを決めなければならない。そして、サービスは移植レイヤが選択できるようにするための基礎を提供しなければならない。プロトコルの異なるデバイスの管理は、このタイプに分類される。2 つのバージョンの共存が必要とされない場合には、ビルド時にどちらのバージョンを使うかを決めることができ、移植レイヤの正しいバージョンをサービスに組み込むことができる。図 6.5 は、2 つのバージョンの共存を示している。

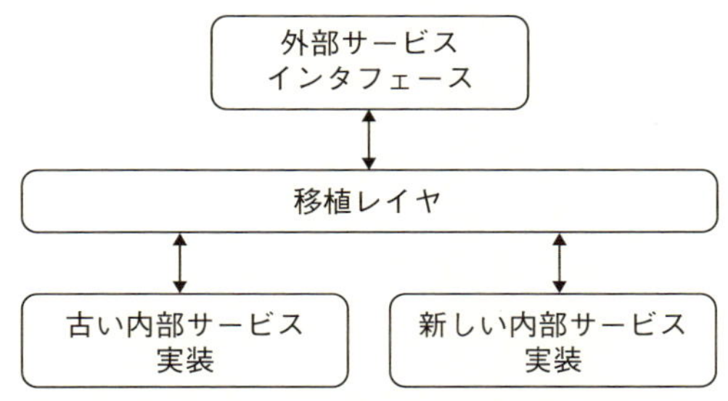

図 6.5　2 つのバージョンの外部システムを共存させる移植レイヤ［アーキテクチャ図］

6.3.2　データベースに格納されているデータとの互換性

さまざまなサービスの間で互換性を維持することに加え、一部のサービスは、一貫した形でデータベースを読み書きできなければならない。たとえば、データスキームの変更について考えてみよう。旧バージョンのスキーマでは、顧客のアドレスのために1つのフィールドを使っていたが、新バージョンではアドレスを丁目番地、都市、郵便コード、国に分割している。この場合、不一致は、アドレスを部分に分割したスキーマでも、サービスが1つのフィールドとしてアドレスを書き込みがちなところから起きる。不一致のきっかけを作ったのは、データベーススキーマの変更だ。なお、スキーマは、RDBMSのように明示的な場合もあれば、さまざまなNoSQLデータベース管理システムのように明示的になっていない場合もある。

このようなスキーマ変更のもっとも基本的な処理方法は、既存フィールドを変更せず、新しいフィールドかテーブルを追加するだけに留めることだ。こうすれば、既存コードに影響を与えずに対応できる。新しいフィールド、テーブルは、アプリケーションに追加する形で統合できる。たとえば、新フィールド、テーブルを新機能として扱えばよい。つまり、新フィールド、テーブルを使うかどうかをフィーチャートグルで制御するか、データベースフィールド、テーブルに関してサービスを上位互換で下位互換にするのである。

しかし、スキーマの変更がどうしても必要な場合は、2つの選択がある。

1. 永続データを古いスキーマから新しいスキーマに変換する。
2. 読み書きの過程でデータを適切な形式に変換する。これはサービス、DBMSのどちらでしてもよい。

これらのオプションは、相互排他的なものではない。バックグラウンドで永続データの変換を行いながら、読み書きしたデータをその場で変換してもよい。最近のRDBMSは、要求を満足させながら、新スキーマに合わせて旧スキーマのデータを再構成する機能を持っている。ただし、ストレージとパフォーマンスでコストがかかるが。このような場面で使われるテクニックと問題点については、[Sockut 09] を参照していただきたい。NoSQL データベースシステムは、一般にこのような機能を提供していないので、使いたい場合には、自分で状況に合わせてソリューションを作らなければならない。

6.4 パッケージング

では、実行時のサービスの一貫性から、サービスを最新バージョンにするビルド時の一貫性に目を移そう。第 4 章で述べたように、コンポーネントをサービスにパッケージングし、個々のサービスが 1 個のコンポーネントとしてパッケージングされるように決めたからといって、パッケージングについて決めなければならないことがなくなったわけではない。バインド時に同じ VM に配置されるコンポーネントや VM にサービスを配置するための戦略を決める必要がある。VM イメージにコンポーネントをパッケージングすることはイメージ作成と呼ばれ、軽い焼き方から重い焼き方までの幅がある。これらについては、第 5 章で述べた。ここでこの議論に追加したいのは、個々の VM にロードされるプロセスの数である。

VM は、1 つのベアメタルプロセッサ、メモリ、ネットワークを複数のテナントまたは VM で共有できるようにするハイパーバイザーの上で実行されるイメージである。VM のイメージは、対象として想定されたハイパーバイザーにロードされる。

VM イメージは、複数の独立したプロセスを含むことができる。プロセスはそれぞれサービスになる。問題は、1 つの VM イメージに複数のサービスを集めるべきかということだ。図 6.6 には、2 つの選択肢が描かれている。上の図では、デベロッパがサービスをコミットすると、それがそのままデプロイまで進み、1 つの VM イメージに組み込まれるところを示している。たとえば、Netflix は、1 台の VM に 1 つのサービスをパッケージングしていると言っている。それに対し、下の図では、複数のデベロッパが 1 つの VM イメージに複数の異なるサービスを入れている。ライトウェイトコンテナは、コンテナあたり 1 サービスを前提としていることが多いが、1 台の

VM に複数のコンテナを配置する可能性はある。

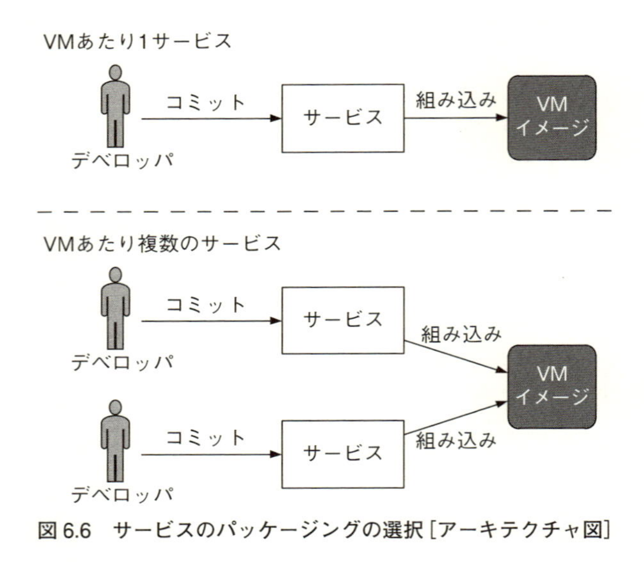

図 6.6 サービスのパッケージングの選択［アーキテクチャ図］

この 2 つの選択の違いは、VM イメージを生成しなければならない回数だ。VM あたり 1 サービスなら、VM イメージは、そのサービスへの変更がコミットされたときに作成される。しかし、VM に 2 つのサービスがある場合、VM イメージは、第 1 のサービスか第 2 のサービスに対する変更がコミットされたときに VM イメージを作り直さなければならない。この違いは比較的小さいが。

サービス 1 がサービス 2 にメッセージを送る場合には、より重要な違いが出てくる。2 つのサービスが同じ VM にあると、メッセージは VM から離れずに届けられる。異なる VM にあると、しなければならない処理が増え、場合によってはネットワーク通信が介在するようになる。そのため、個々のサービスが専用の VM にパッケージングされるときの方がメッセージのレイテンシーが高くなる。

一方、同じ VM イメージに複数のサービスをパッケージングすると、デプロイ競合が発生する可能性が生まれる。競合が発生するというのは、2 つの開発チームがデプロイのスケジュールを調整したりはしないからだ。そのため、それらの開発チームが(ほぼ)同時にアップグレードをデプロイする場合がある。下の例は、アップグレードされたサービスがVMのデプロイされる部分に含まれており(重い焼き方)、あとでデプロイされたソフトウェアにロードされるわけではないことを前提としている。

図6.7は、競合が発生する可能性の1つを示している。開発チーム1は、サービス1(S1)の新バージョン(v_{m+1})とサービス2(S2)の旧バージョンで新イメージを作る。開発チーム2は、サービス1(S1)の旧バージョンとサービス2(S2)の新バージョン(v_{n+1})で新イメージを作る。2つのチームのプロビジョニングプロセスが重なり合っているため、デプロイ競合が起きる。図6.8は、同じ問題の別バージョンを示している。この例では、開発チーム2が変更をロールアウトしたあとになって開発チーム1が自分のVMイメージをロールアウトしている。結果はほぼ同じで、最終的にデプロイされたバージョンは、サービス1とサービス2の両方の最新バージョンを含んだものではない。

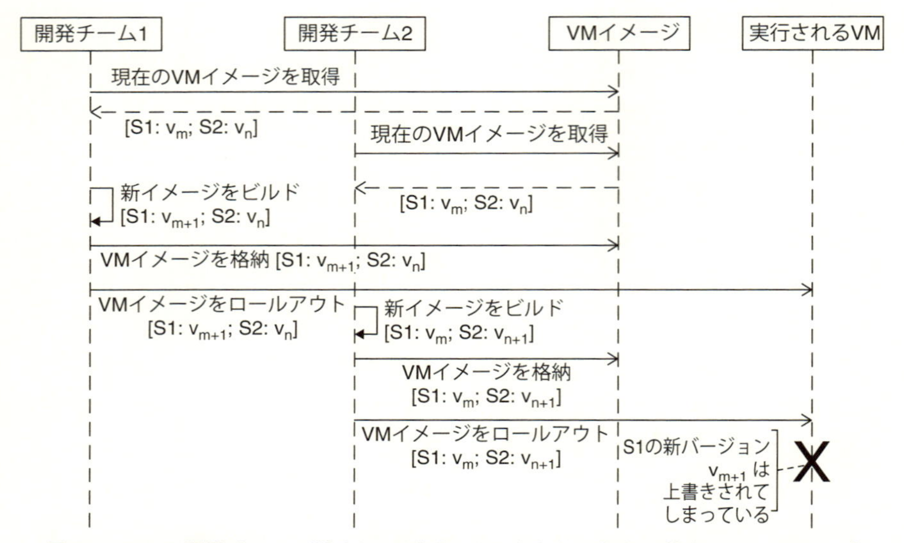

図6.7　2つの開発チームが独立してデプロイしたときに起きる競合の1つのタイプ［UMLシーケンス図］

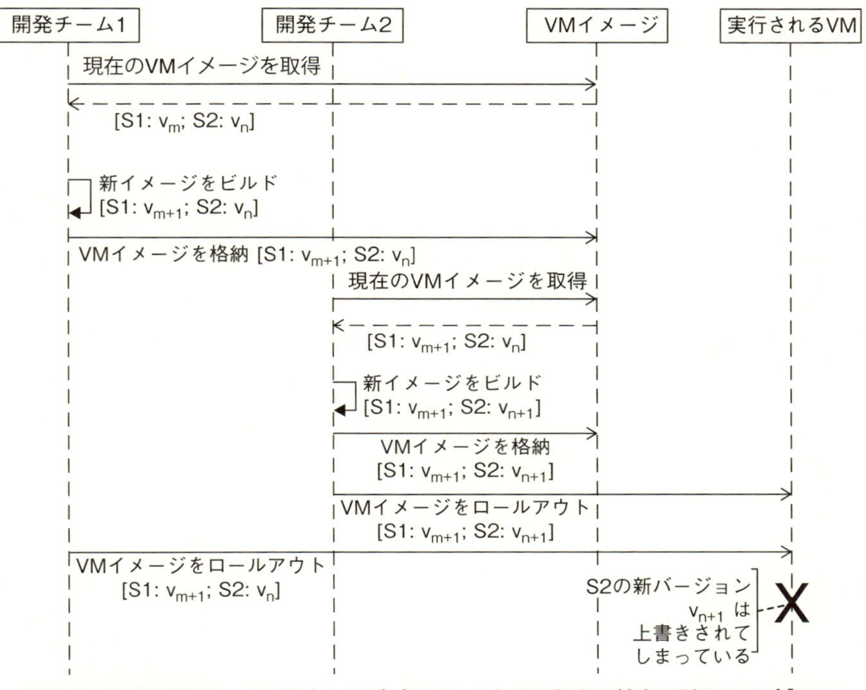

図6.8　2つの開発チームが独立してデプロイしたときに起きる競合の別のタイプ［UMLシーケンス図］

同じVMに複数のサービスを組み込むことには、レイテンシーが削減されるけれどもデプロイ競合が起きる可能性があるというトレードオフがある。

6.5　複数の環境へのデプロイ

サービスの一部をVMwareなどの環境にデプロイし、別の一部をAmazon EC2などの別の環境にデプロイしたいという場合があるかもしれない。サービスが環境に依存せず、メッセージだけで通信している限り、本書が今まで示してきた設計を使えばそのようなデプロイは基本的に可能だ。ただし、第4章で説明したレジストリ／ロードバランサが、メッセージをほかの環境に送れなければならない。

異なる環境の間でメッセージをやり取りすると、パフォーマンスも落ちてしまう。パフォーマンスの低下が許容範囲内に収まるように、低下の度合いは実験的に見極める必要がある。

6.5.1 事業継続性

事業継続性については、第2章で簡単に説明し、その必要性にも触れた。事業継続性とは、大きな障害や大規模な停電が起きても、サービスを維持できることである。事業継続性をどのようにして実現するかについて考えてみよう。基本的には、物理的にも論理的にもかけ離れた複数のサイトにデプロイすることだ。パブリッククラウドへのデプロイとプライベートクラウドへのデプロイを区別するが、基本要素、状態管理などは同じだ。災害復旧については、第10章でさらに詳しく説明し、第11章のケーススタディでも取り上げる。

パブリッククラウド

パブリッククラウドは、総じてきわめて信頼性が高い。パブリッククラウドは数十万台もの物理サーバーから構成されており、手厚い複製とフェイルオーバーサービスを提供している。しかし、障害は起きる。障害は、あなたのシステムの特定のVMに対するものかもしれないし、ほかのクラウドサービスに対するものかもしれない。

- VMに対する障害は、それほど珍しいものではない。クラウドプロバイダは、規模の経済を生み出すための方法の一部として、コモディティハードウェアを購入している。ハードウェアのすべての要素(メモリ、ディスク、マザーボード、ネットワーク、CPU)は、故障する可能性がある。障害は全体的なものになることも部分的なもので済むこともある。ハードウェアが部分的に故障した場合、VMは実行されていても処理速度がかなり遅くなることがある。いずれにしても、VMの障害を検知して対処できるようなシステムアーキテクチャを作らなければならない。ただし、この章ではこのテーマにはこれ以上深入りしない。

- クラウドインフラストラクチャそのものの障害はまれだが、絶対にあり得ないことではない。「public cloud outages」をサーチすると、最近目立ったシステム停止の情報が見られるだろう。それほど目立たない障害でも起きることは起きる。このようなサービス停止が起きても、VMをどのようにデプロイするかを適切に決めればサービスを維持できる。

Amazon EC2は、世界を複数のリージョンに分割している（本稿執筆時点では9つ）。各リージョンには、複数のアベイラビリティゾーンがある。個々のアベイラビリティゾーンは、ほかのアベイラビリティゾーンとは物理的に離れた位置にあり、専用の電源、物理セキュリティ等々を持っている。システムのVMを同じリージョンの異なるアベイラビリティゾーンにデプロイすると、クラウドのサービス停止に対してある程度対処できる。ELB（Elastic Load Balancer）などのサービスはリージョン単位になっているので、システムのVMを異なるリージョンにデプロイするとさらに大幅に安全性が高くなる。異なるアベイラビリティゾーン、リージョンにデプロイするときに考慮しなければならないのは、状態管理とレイテンシーだ。

1. 状態管理

サービスをステートレスにしておくと、たとえば第4章で説明したように、さまざまな利点がある。サービスがステートレスなら、ワークロードが増加しても、追加のVMをいつでも作ることができる。VMが障害を起こしたときにも、追加VMを作れる。適切なインフラストラクチャがあれば、ステートレスなVMの作成、削除は、クライアントからは透過的にすることができる。ステートレスなサービスの欠点は、状態をシステム内のどこかで管理しなければならないことや、サービスがこの状態を取得、変更しようとしたときにレイテンシーが高くなる場合があることだ。レイテンシーが高くなると、サービスはローカルに状態をキャッシュするようになるだろう。すると、状況次第でキャッシュをパージしなければならなくなる。少量の状態なら、Memcached（名前からもわかるように、キャッシングを目的として設計されている）などのさまざまなサービスで管理できる。しかし、大量の状態情報は、永続的なリポジトリで管理しなければならない。異なるアベイラビリティゾーンやリージョンにデプロイするときには、永続的リポジトリの一貫性を保たなければならない。MRDMSを構成すれば、このようなサービスが自動的に提供されるようになる。また、一部のNoSQLデータベースシステムは、複数のVMの間でリポジトリの複製を提供している。一般に、パブリッククラウドは、この目的のために専用のサービスを提供している。ただし、Amazonの場合、Amazon RDSレプリカの間での複製は、アベイラビリティゾーン間でしか提供されていない。

サービスをステートレスにしようとしているとき、そのサービスが状態を管理しているサードパーティーソフトウェアによって提供され、あなたの管理下になく、複製サービスを提供していないときに困ってしまう。事業継続性のプランを練るときには、そのようなソフトウェアから別のメーカーのソフトウェアに移行するというのも考慮すべき方法の1つとなる。

2. レイテンシー

ほかのアベイラビリティゾーンにメッセージを送ると、少しレイテンシーが高くなる。ほかのリージョンにメッセージを送ると、それ以上にレイテンシーが高くなる。ある計測によれば、EUリージョン内の別々のアベイラビリティゾーン間でメッセージを送ると1.35m秒余分にかかるようになるが、EUと米国東部の2つのリージョン間でメッセージを送ると231m秒余分にかかる。このレイテンシーの増加も、事業継続性に関連して考慮しなければならないトレードオフの1つだ。

プライベートクラウド

パブリッククラウドを利用するのではなく、プライベートデータセンターを持たざるを得なかったり、持つことを選択したりする企業も多い。このようなデータセンターは、たとえば約160km離れたバラバラの位置に配置され、それらの間は高速リンクで結ばれる。私たちは2つのデータセンターを持つ企業をいくつも見てきたが、3つのデータセンターを持つ企業はなかった。3つのデータセンターを持つと、事業継続性を維持するためのコストが50%上がるが、2か所同時の障害は通常はまずないと考えられている。

これは、それぞれの企業が下さなければならないリスク管理の判断である。

ソフトウェアアーキテクチャの観点からは、2つのデータセンターを使うのと、パブリッククラウドの2つのアベイラビリティゾーンを使うのとで違うことといえば、データセンター内で使われるハードウェアの選択だけである。パブリッククラウドでは、どのような(仮想)ハードウェアを望むかを指定できる。プライベートクラウドでは、異種ハードウェアの問題を解決するために、両方のデータセンターで同じハードウェアを使う。こうすると、サービスやデプロイツールがデータセンターのことを意識せずにどちらのデータセンターにもサービスをデプロイできるようになる。仮想化によってある程度のハードウェア独立性は得られるが、物理コアの数やブレードの利用などのハードウェア属性は、オペレーティングシステムとパフォーマンスに影響を与える。2つのデータセンターがオペレーティングシステムに影響を与えるようなハードウェア属性を持っており、その属性がVMからも見える場合、VMを片方の環境からもう片方の環境に直接動かすことはできなくなる。ハードウェアの違いによりパフォーマンスに影響が出る場合、デプロイツールは、マシンが50%遅い第2のデータセンターでは、サービスあたり50%余分にVMをプロビジョニングして、それに対応する必要がある。

2つのデータセンターをまったく同じ内容にすると、片方のデータセンターで予想される負荷が低い間は、そこで本番前テストを実施できるという利点もある。

6.6 部分的なデプロイ

ここまでは、オールオアナッシングのデプロイのことだけを話題にしてきた。ここからは、カナリアテストとA/Bテストの2種類の部分デプロイについて考えてみよう。これらについては、第5章で簡単に紹介したが、ここではこれらの部分デプロイを実現する方法を詳しく説明する。

6.6.1 カナリアテスト

新バージョンは、できる限り本番環境に近く作られたステージング環境でテストされてから本番環境にデプロイされる。しかし、このようにしても、新バージョンにまだエラーが残っている可能性はある。エラーは、機能的なものかもしれないし、品質的なものかもしれない。カナリアテストの目的は、本物の本番環境でさらにテストを実行することだ。カナリアテストは、概念的には、シュリンクラップされた市販ソフトウェアの世界のベータテストとよく似ている。

カナリアサーバーを誰に見せるかは大きな問題だ。ユーザーをランダムに選ぶというのも１つの方法だが、たとえばユーザーの所属企業によって決めるとか、開発している会社の社員を対象にするとか、特定の顧客を選ぶといった方法もある。あるいは、特定のデータセンターにルーティングされるすべての要求をカナリアバージョンで処理するために、地理的に決めるという方法もある。

カナリアテストを実行するためのメカニズムは、フィーチャートグルで機能をアクティブにしているか、サービスが上位互換、または下位互換になっているかによって異なる。どちらの場合でも、新機能は、関連するすべてのサービスが部分デプロイされるまで、本番環境では完全なテストができない。

メッセージをカナリアにルーティングするには、レジストリ／ロードバランサをカナリア対応にして、指定されたテスターからのメッセージをカナリアバージョンにルーティングする。望ましいレベルのパフォーマンスが発揮されるまで、メッセージをどんどんルーティングしてよい。

新しい機能がフィーチャートグルで管理されている場合、カナリアバージョンではトグルをオンにして新機能をアクティブにすれば、テストを進められる。

サービスが上位互換、下位互換になっている場合、新機能に関連するすべてのサービスを新バージョンにアップグレードしてからテストを行う。いずれにしても、カナリアをしっかりとモニタリングし、エラーが見つかった場合には、ロールバックしなければならない。

6.6.2 A/B テスト

A/B テストは、第5章で紹介した。A/B テストも部分デプロイによって本番環境で実施されるテストの1つである。A、B は、ユーザーインタフェースか動作に違いのある同じサービスの2つの異なるバージョンを指す。2つの異なるバージョンが与えられたときにテストされるのはユーザーのふるまいだ。

A または B が受注額などのビジネス指標でよい結果を残した場合、そのバージョンが本番稼働に回され、もう片方のバージョンは捨てられる。

A/B テストを実現するための方法は、カナリアテストを実現するための方法とよく似ている。レジストリ／ロードバランサを A/B テスト対応にして、一人の顧客に対しては、A か B のどちらかの動作の VM でサービスを提供し、両方でサービスを提供しないようにする。バージョン B を使ってもらうユーザーの選択は、ランダムでもよいし、意図的なものでもよい。意図的な選択をする場合、地理的な位置、年齢層（登録ユーザーを対象とする場合）、顧客レベル（たとえば、「ゴールド」ユーザー）などを考慮に入れる。

6.7 ロールバック

デプロイ後しばらくの間、新バージョンのサービスは仮採用である。確かにさまざまな形態のテストをくぐり抜けてきているが、まだ完全な信頼を寄せることはできない。第1章で取り上げたリリースプランでも、新バージョンが信頼できない場合があることが織り込まれており、ロールバックプランは欠かせないものとなっている。ロールバックとは、前のリリースに戻すことだ。ロールフォワード、すなわちエラーを修正して新しいリリースを作るという道もある。しかし、ロールフォワードは、基本的にアップグレードのことなので、これ以上説明しない。

ロールバックは判断を必要とし、ロールフォワードの可能性もあるので、ロールバックを自動的に作動させることはまずない。エラーが深刻なもので、とても現在のデプロイを続けることはできないかどうかを決めるのは人間であるべきだ。デプロイを中止した場合、ロールバックするかロールフォワードするかも同じ人が決める。

バージョンAのVMをすべてデコミットする前の青/緑デプロイモデルのように、バージョンAを実行するVMがまだあるときには、単純にトラフィックをそのようなVMにリダイレクトすればロールバックになる。仮採用中、バージョンBに送られていた要求の複製をバージョンAのVMにも送り続けるようにすれば、永続状態の問題にも対処できる。

しかし、ローリングアップグレードモデルを使っている場合や、単純にバージョンBをバージョンAに置き換えるわけにはいかない場合には、もっと複雑な方法でバージョンB VMをバージョンA VMに交換しなければならない。新バージョンのBは、未インストール、部分的にインストール済み、完全にインストール済みながら仮採用、本番環境で完全稼働の4つの状態のなかのどれかになっている。

このうち2つの状態では、ロールバックという可能性はない。バージョンBがまだインストールされていなければ、ロールバックすることはできない。また、本番環境で完全稼働している場合も、ロールバックすることはできない。ただし、旧バージョンを新バージョンのように扱ってデプロイし直すことはできる。第5章で述べたように、バージョンBがコミットされた場合、バージョンBでアクティブ化された機能に対応するすべてのフィーチャートグルの除去は、開発チームが実行すべきアクティビティのリストに入れておくべきことだ。

それ以外の2つの状態、つまりバージョンBが部分的にインストールされているときと、完全にインストールされているが仮採用状態のときには、ロールバックの可能性がある。ロールバックの方法は、フィーチャートグルが使われていて、アクティブにされているかどうかによって変わる。これは2つの状態のどちらになっていても当てはまる。

• フィーチャートグルを使っていない

この場合、VMのロールバックは、新VMを無効にして、バージョンA VMを再インストールすることだ。

- **フィーチャートグルを使っている**

新機能がアクティブにされていなければ、古いバージョンがあるということだ。バージョンBを実行しているVMを無効にしてバージョンAを再インストールすればよい。フィーチャートグルがアクティブにされている場合、非アクティブに戻す。これでエラーがなくなるなら、これ以上することはない。エラーが残るなら、フィーチャートグルなどなかったかのような状況にあるということだ。

最後に残った条件は、永続データを操作するものであり、もっとも複雑だ。すべてのバージョンB VMがインストールされ、バージョンBの機能がアクティブになっているものの、ロールバックが必要だとする。バージョンBがインストールされているものの、機能がアクティブにされていない状態にロールバックするのは、新機能のトグルをオフにするだけであり、簡単なことだ。複雑なのは、永続データのことを考えなければならないからだ。

エラーが見つかったときに困るのは、データベースに誤った値が書かれてしまったときだ。データベース内の誤った値の処理は、ビジネス上重大な意味を持つデリケートな処理である。一般的なアプローチを説明するが、使うときには注意が必要だ。状況を悪化させることは避けたいところである。

一般的なアプローチは、新機能がアクティブにされているバージョンで処理した要求をロールバックし、古い正しいバージョンで処理し直すというものである。まず、ロールバックのために必要なことを説明してから、発生する可能性のある問題について説明する。

問題があるかもしれないトランザクションをロールバックするには、まず該当するトランザクションをはっきりさせなければならない。これは、個々のデータアイテムの系譜を管理していればできることだ。系譜には、データアイテムを書き込んだサービスのバージョン番号と書き込みを引き起こした要求のIDが含まれている。また、十分な情報を持つ要求のログも含まれているので、最初の要求からデータの書き込みまでの因果関係の連鎖を復元できる。

ロールバックが開始されると、その機能を実装する関連サービスのバージョンがわかる。すると、それらのバージョンによって書かれたデータアイテムがわかり、そこからさらに再実行すべき要求がわかる。これだとわかったデータアイテムを取り除き、上書きされたアイテムを復元すると、直接書き込まれた誤っているかもしれない値はデータベースからパージされる。上書きされたアイテムを復元するためには、データフィールドとその値の履歴情報を残す必要がある。依存動作を実行する過程で、誤ったデータ値はさらに広がっている可能性がある。さらに、誤ったデータ値が外部で何らかの効果を生み出している可能性さえある。たとえば、顧客がかなり安くなった料金を見てチケットを購入している場合がある。

データアイテムの系譜を残すようにすれば、動作の連鎖を追跡し、どのデータ値が誤っているかもしれないものか、どれがシステムから外に出て行ってしまったものかを明らかにすることができる。データアイテムの系譜のなかに依存しているデータアイテムが含まれている場合には、データベースに保存されている依存データアイテムを探し出して削除することができる。外部から見える依存動作については、外部から見えるデータのソースをロギングすれば、エラーのある機能がどのようなことを引き起こしているかを把握することができる。しかし、そのようにして起きた問題の是正は、ビジネス上の問題になる。外部から見える誤ったデータのなかには、大した影響を与えないものもあれば、重大な意味を持つものもある。外部から見える誤ったデータの引き起こした問題は、専門的な処理方法が必要であり、ビジネス上の意思決定を下す人々と協力して解決しなければならない。

問題のあるデータを取り除いたら、旧バージョンのサービスを使って指定された要求を再実行する。こうすると、削除したデータが再生成されるが、それはエラーのない形によってである。この方法の問題点は、要求が削除された機能に依存しているかもしれないことだ。その場合、リプレイしても、サービスのなかのどれかからエラーが返されるだろう。リプレイメカニズムは、この種のエラーの処理方法を知っていなければならない。

以上からもわかるように、データベースに書き込まれた誤った値を見つけ出して訂正する作業は、大量のメタデータを必要とするデリケートで複雑な作業だ。

6.8 ツール

デプロイを管理するためのツールは非常にたくさんある。これらのツールは、デプロイされるものの内部に直接的な影響を及ぼすかどうかで分類することができる。第5章で触れたように、VMイメージに新バージョンを含むすべての必須ソフトウェアが含まれていれば、旧バージョンのVM全体を新バージョンのVM全体で置き換えることができる。これを重い焼き方のデプロイアプローチという。それに対し、VMを中止せずに旧バージョンを新バージョンに置き換えてデプロイをするために、VMの内部を書き換えるツールを使うこともできる。たとえ、旧バージョンを実行するVMを終了しても、新しい軽く焼かれたVMを起動することができる。しかし、そのあとで内部からマシンにアクセスし、デプロイプロセスのあとの方のステージで新バージョンをデプロイする。

たとえば、Netflix Asgardは、クラウドベースのアプリケーション、インフラストラクチャを管理するオープンソースでウェブベースのツールである。Asgardは、VMの内容には関心を持たない。Asgardは新バージョンを格納するVMイメージを使って、イメージを実行するためのVMを作る。Asgardには、ローリングアップグレードなどのデプロイプロセスを理解できるという特徴がある。Asgardは、1度のサイクルで複数のVMの仕様をアップグレードすることができる。IaaSベンダーは、スムースなVMのプロビジョニングのための専用ツールも提供している。このツールは、デプロイの一部として使われる。たとえば、Amazonは、ユーザーがパラメータ化され、宣言的なVMデプロイのアプローチとして、ユーザーにCloudFormationスクリプトを開放している。CloudFormationスクリプトは、依存関係とロールバックを理解する。

ChefとPuppetは、仮想マシン内のアイテムを管理するツールの例である。これらは、VM内部のソフトウェアのバージョンを置き換えることができ、構成が仕様に準拠したものになるように保証する。

最近のデプロイのトレンドは、Dockerなどのライトウェイトコンテナツールである。ライトウェイトコンテナは、1つのホスト(VMでも物理マシンでも)の上で複数の隔離されたOSを実行するためのOSレベル仮想化テクニックだ。VMとよく似ているが、VMよりも小さく、ずっと高速に起動する。

VagrantやTest Kitchenなどのイメージ管理、テストツールは、VMとVM内部のアイテムの両方を管理するために役立つ。デベロッパは、コミット前テストやインテグレーションテストのために本番風の環境を作って、本番環境でなければ明らかにならないような問題を見つけ出すこともできる。

6.9 まとめ

複数のVMにサービスをデプロイするための戦略には、青/緑デプロイとローリングアップグレードがある。青/緑デプロイは論理的な問題を引き起こさないが、サービスを提供するために必要な数の倍ものVMを確保しなければならない。ローリングアップグレードは、リソースの使い方ということでは青/緑デプロイよりも効率的だが、論理的一貫性に関していくつも問題を抱えている。

- 1つのサービスの複数のバージョンが同時にアクティブになることがある。これらは、内容の異なるサービスを提供する場合がある。
- ある特定のバージョンのサービスを前提とするクライアントが、そうではないバージョンのサービスに接続してしまう。
- 複数の依存サービスをパッキングしてデプロイする方針のもとで複数の開発チームが並行してデプロイを実施することにより、競合が起きる場合がある。多くの場合、1つのVMに複数のサービスをパッキングすることになるのは、リソースの効率的な利用、パフォーマンス、デプロイの複雑さの間でのトレードオフによる。

論理的一貫性に問題が起きるときの解決方法は、フィーチャートグル、上位、下位互換性の確保、バージョンを意識したコードである。

デプロイは、ロールバックしなければならないことがある。フィーチャートグルはロールバックをサポートするが、デプロイをロールバックするときには、永続データには特に慎重な扱いが必要とされる。

デプロイは、事業継続性の実現にも重要な役割を果たす。距離の離れたサイトへの冗長なデプロイは、継続性を確保するための手段の1つだ。複製をアーキテクチャに組み込んでおけば、想定外の障害が起きたときに処理を修復して再開するための時間が短くなる。

デプロイの管理のためにさまざまなツールが作られている。ライトウェイトコンテナとイメージ管理ツールの登場により、テスト用の小規模で本番によく似た環境へのデプロイが以前よりも簡単になっている。

6.10 参考文献

アップグレード時の危険についてもっと学びたい読者は、[Dumitras 09]に事例研究が掲載されている。

Paxosアルゴリズムは、理解するのも実装するのも難しい。そのため、すでにPaxosを実装していて高水準の機能を提供してくれるライブラリやツールを使うことをお勧めしたい。しかし、Paxosアルゴリズムの理解を深めたいと思う読者は、Turing賞を受賞しているレズリー・ランポートによる最新で単純な説明を見てみるとよいだろう[Lamport 14]。

ZooKeeperはZABアルゴリズムを基礎としており、おそらくPaxosよりもずっと広く使われている。http://zookeeper.apache.orgには、ZooKeeperの詳細と高水準ツールへのリンクが含まれている。PaxosとZooKeeperのZABの比較については、[Confluence 12]を参照していただきたい。

スキーマ変更であれ、誤ったアップグレードのロールバックであれ、稼働しているデータベースの再構成については、[Sockut 09]で詳しく説明されている。

VMイメージの重く焼くアプローチと軽く焼くアプローチの長所と短所

については、[InformationWeek 13] を参照していただきたい。

複数のリージョン /VM にまたがるサービスのレイテンシーについては、次のリンクを参照するとよい。

- http://www.smart421.com/cloud-computing/amazon-web-services-inter-azlatency-measurements/
- http://www.smart421.com/cloud-computing/which-amazon-web-services-region-should-you-use-for-your-service/

この章で取り上げたさまざまなツールについての詳細は、以下の URL で見ることができる。

- Netflix Asgard：https://github.com/Netflix/asgard
- Amazon CloudFormation：http://aws.amazon.com/cloudformation/
- Chef：http://docs.opscode.com/chef_overview.html
- Puppet：http://puppetlabs.com/puppet/what-is-puppet
- Docker：https://www.docker.com/whatisdocker/
- Vagrant：https://www.vagrantup.com/

第3部

パイプライン全体についての問題

第2部は、デプロイパイプラインのさまざまな断面を描いた。これは、パイプラインのそれぞれの部分に注目する機能的な見方だ。第3部では、パイプライン全体を貫通するテーマに注目する。第3部には、そのような章が4つある。

第7章では、システム実行中のデータの収集、処理、解釈を取り上げる。このようなデータは、エラーの検知と修復、パフォーマンスの問題の予測と究明など、さまざまな目的できわめて重要な役割を果たす。

第8章では、複数の異なる視点からセキュリティについて見ていく。視点の1つは、アプリケーションや環境のセキュリティの水準が要件に達しているかどうかを評価する監査者の視点だ。デプロイパイプラインの保護についても見ていく。どちらの場合も、悪意によってセキュリティを破ろうとする試みと、身内の人間が悪意なしに犯してしまう偶然的なセキュリティ破壊の両方を取り上げる。

DevOpsでは、セキュリティ以外にも重要な意味を持つ品質属性がいくつかある。第9章ではそれらを取り上げる。トレーサビリティ、パフォーマンス、信頼性、反復可能性などの属性がデプロイパイプラインの成功のためにいかに重要であるかを見ていく。

最後に、第10章ではビジネスの面に注目する。企業では、経営者を含む他部門の後押しがなければ、DevOpsの実践を取り入れることはできない。この章では、採用すべき計測のタイプ、DevOps実践の段階的な採用のためのアプローチ方法を含め、DevOpsのビジネスプランを立てるための方法を見ていく。

第7章 モニタリング

協力：Adnene Guabtni, Kanchana Wickremasinghe

まず、事実をつかめ。
そのあとで暇になったときに事実を歪めていけばよい。

——マーク・トウェイン

7.1 イントロダクション

ソフトウェア開発と運用の世界では、モニタリング（監視）には長い歴史がある。もっとも初期のモニターは、オシロスコープのようなハードウェアデバイスで、モニタリングのエコシステムにはまだそのようなデバイスが生き残っている。しかし、この章ではその歴史を無視し、ソフトウェアによるモニタリングに話を絞る。ソフトウェアによるモニタリングにはさまざまなタイプのものがあり、それに付随して考えるべきことも多い。さまざまなレベル（リソース /OS/ ミドルウェア / アプリケーションのレベル）での計測値の収集、集めた計測値の分析とグラフ化、ログ収集、システムの健全性についてのアラートの生成、ユーザーとのやり取りの計測などのアクティビティは、すべてモニタリングという言葉が指すものの一部である。

リチャード・ハミングが言っているように、「コンピューティングの目的は数値ではなく、洞察だ」。モニタリングから得られる洞察は、次の5種類に分類できる。

1. エラー

実行時と障害が起きたあとのポストモーテムの両方でエラーとそれに関連する障害を明らかにする。

2. パフォーマンス

個別のシステム、相互作用するシステム全体の両方のレベルでパフォーマンスの問題を明らかにする。

3. ワークロード

短期的、長期的なキャパシティプランニングと課金の両方の目的でワークロードの特徴をつかむ。

4. ユーザー

さまざまなタイプのインタフェースや商品に対するユーザーの反応を計測する。A/B テストについては、第 5 章と第 6 章でも取り上げた。

5. セキュリティ

システムを破ろうとする侵入者を見つけ出す。

本書では、システムの状態の変化やデータフローを観察、記録するプロセスのことを「モニタリング」と呼ぶ。状態の変化は、状態の直接的な計測で表現できるほか、状態の一部に影響を与える更新を記録するログによっても表現される。データフローは、内部コンポーネント、外部システムの両方との間の要求と応答をログに残せば捕まえられる。このようなプロセスをサポートするソフトウェアを「モニタリングシステム」と呼ぶ。

ワークロードのモニタリングと言うときには、運用のアクティビティに関連するツールやインフラストラクチャも含めている。環境内のすべてのアクティビティは、データセンターのワークロードに貢献しており、そのなかには運用やモニタリングのためのツールも含まれている。

この章では、DevOps の登場によってモニタリングに新たに生まれた特徴や課題にポイントを絞る。DevOps の継続的デリバリー / 運用の実践やオートメーション重視の傾向により、システムの変更頻度は非常に高くなった。

マイクロサービスアーキテクチャを使うことにより、データフローのモニタリングも非常に難しくなった。これらをはじめとするさまざまな課題については7.6節で取り上げる。新しい課題としては、たとえば次のものがある。

- 継続的な変更のもとでのモニタリングは難しい。従来のモニタリングは、異常の検知に重点を置いていた。担当者は、正常な運用を続けているときのシステムのプロファイルを知っており、指標のしきい値を設定して、異常なふるまいを検知するためにモニタリングをしていた。システムに変更が加えられたときには、しきい値を調整し直さなければならない。しかし、継続的デプロイの実践とクラウドの弾力性のためにシステムが絶えず変化するようになると、このアプローチの効果は薄れる。正常な運用に基づいてしきい値を設定すると、デプロイ中に誤ったアラームが何度も発生することになるだろう。しかし、だからと言ってデプロイ中のアラームを無効にすると、システムがすでにかなり不安定な状態になっているときには、致命的なエラーを見落としてしまう。第6章でも述べたように、複数のデプロイが同時に起きることもあるので、そのようなときにはしきい値の設定がさらに難しくなる。
- クラウド環境によって、API（アプリケーションプログラミングインタフェース）呼び出しからVMのリソースの利用状況まで新たなレベルが持ち込まれる。シナリオによってトップダウン、ボトムアップのどちらのアプローチを選ぶか、トレードオフのバランスをどのように取るかが難しくなる。
- 第4章で説明したマイクロサービスアーキテクチャを採用した場合、従来よりも増えている部品の動きを意識したモニタリングが必要になる。また、十数個のサービスを経由するユーザー要求が、それでもSLAを満たすようにするために、サービス間通信のロギングを増やさなければならない。そして、何かが問題を起こしたら、大量の（分散された）データを分析して原因を突き止めなければならないのである。
- 大規模な分散システムでは、ログの管理が難しくなる。数百、数千のノードがあるときには、すべてのログを一元管理するのは難しいし、コストが高くなりすぎる。大量のログの分析も、純粋にログの量が多いことに加え、ノイズ、複数の独立したソースから送られてきたログのなかの矛盾などがあるため、きわめて難しい。

モニタリングソリューションは、インフラストラクチャのほかの部分と同様に、テスト、チェックしなければならない。モニタリングソリューションがさまざまな環境でテストされるのは、テストの一部に過ぎない。しかし、本番以外の環境の規模は、本番環境の規模に遠く及ばないかもしれない。そのため、モニタリングソリューションは、本番環境に投入される前に部分的にしかテストされない場合がある。私たちは、モニタリングに関係したフィーチャートグルが大きなインターネットサービスを45分も止めてしまった話を聞いている。これは、モニタリングソリューションのテストだけでなく、フィーチャートグルのしっかりした管理の重要性を示している。

この章は、何をモニタリングするか、どのようにモニタリングするか、いつモニタリングするか、モニタリングデータをどのように解釈するかを順に見ていくという構成にしてある。ツールについての情報の参照箇所を示し、今簡単に説明した課題を詳しく論じ、モニタリングデータの解釈例を示す。

7.2 何をモニタリングするか

モニタリングされるデータの大半は、スタックのさまざまなレベルから得られる。表7.1は、モニタリングデータから得られる洞察とそのようなデータを集められるスタックの位置をまとめたものである。モニタリングをするほとんどの目的で、スタック全体が関わっていることがわかる。私たちは、運用をサポートするツールが、ワークロードを増やし、障害を起こし、モニタリングが必要なアプリケーションだということを強調している。第6章では、デプロイ中の競合のために起きる問題を指摘した。構成パラメータとリソース定義ファイルに対する変更をモニタリングすると、この種のエラーを検知できるようになる。

表7.1　スタックレベルごとのモニタリングの目標

モニタリングの目標	データソース
エラーの検知	アプリケーションとインフラストラクチャ
パフォーマンス低下の検知	アプリケーションとインフラストラクチャ
キャパシティプランニング	アプリケーションとインフラストラクチャ
ユーザーとのやり取り	アプリケーション
侵入の検知	アプリケーションとインフラストラクチャ

モニタリングすべき基本項目は、入力、リソース、結果だ。リソースは、CPU、メモリ、ディスク、ネットワークなどのハードリソースでもよい（仮想化されていても）し、キュー、スレッドプール、構成の定義などのソフトリソースでもよい。結果には、トランザクションやビジネス指向のアクティビティなどのアイテムが含まれる。

では、表7.1からモニタリングの目標について述べよう。

7.2.1　エラーの検知

物理インフラストラクチャの要素は、どれも障害を起こす可能性がある。原因は、オーバーヒートからネズミが齧ったことによるケーブルの損傷までさまざまだ。全体的な障害は、比較的簡単に検知できる。データが流れていたところに一切データが流れなくなる。しかし、検知が難しいのは、部分的な障害だ。たとえば、ケーブルがきちんと固定されていないために、パフォーマンスが下がる場合である。マシンは、たとえばオーバーヒートによって完全に止まってしまうときには、その前に間欠的に障害を起こすようになる。

物理インフラストラクチャの障害を見つけるのはデータセンターのプロバイダの仕事である。データセンターはオペレーティングシステムやその仮想版の測定によってデータを得る。

ソフトウェアも全体的に、あるいは部分的に障害を起こす。ソフトウェアの場合でも、全体的な障害は見つけやすい。ソフトウェアの部分的な障害には、ハードウェアの部分的な障害と同様にさまざまな原因がある。ハードウェアが部分的に障害を起こしているのかもしれないし、下流のサービスがエラーを起こしているのかもしれない。そのソフトウェアかそれをサポートするソフトウェアに構成パラメータの誤りがあるのかもしれない。まだいろいろな理由が考えられる。

ソフトウェアの障害は、次の3通りの方法で検知できる。

1. モニタリングソフトウェアが外からシステムの健全性をチェックする。
2. システム内の特殊なエージェントがモニタリングを行う。
3. システム自体が障害を検知してそれを報告してくる。

部分的な障害は、次節で取り上げるパフォーマンス低下という形で姿を現すこともある。

7.2.2 パフォーマンス低下の検知

パフォーマンス低下の検知は、モニタリングデータのもっとも一般的な用途ではないだろうか。パフォーマンス低下は、現在のパフォーマンスと履歴データを比較すればわかる。もちろん、クライアントやエンドユーザーからの苦情でもわかる。できれば、ユーザーがかなり大きな影響を被る前に、モニタリングシステムがパフォーマンス低下を把握できるようにしたい。

パフォーマンスの計測には、レイテンシー、スループット、利用度の計測が含まれる。

レイテンシー

レイテンシーは、アクティビティの開始から完了までの時間である。レイテンシーはさまざまな粒度で計測できる。粗い粒度では、レイテンシーは、ユーザーによる要求の発行からその要求の完了までの時間である。細かい粒度では、レイテンシーはネットワークにメッセージを乗せてから、そのメッセージが受け取られるまでである。

レイテンシーは、インフラストラクチャレベルでもアプリケーションレベルでも計測できる。1台の物理コンピュータ内でのレイテンシー計測は、アクティビティを開始する直前のクロックを読み、アクティビティ終了直後のクロックを読み、その差を計算すればできる。複数の物理コンピュータにまたがるレイテンシーの計測は、クロックの同期が難しいため問題を孕んだものになる。この問題についてはあとで詳しく論じる。

レイテンシーの数値を報告するときには、計測対象のアクティビティをはっきりさせることが大切だ。さらに、レイテンシーは、蓄積的である。つまり、ユーザー要求への応答のレイテンシーは、要求が満足されるまでのすべてのアクティビティのレイテンシーを合計し、並行処理による重複を調整した結果になる。そのため、大き過ぎるレイテンシーの原因を診断するときには、要求の満足までに実行されるさまざまなサブアクティビティのレイテンシーを把握していると役に立つ。

スループット

スループットは、単位時間内に実行される特定のタイプの処理の数である。スループットには、インフラストラクチャのアクティビティ（たとえば1分あたりのディスク読み出しの回数）も含まれるが、一般的にはアプリケーションレベルで使われる。たとえば、1秒当たりのトランザクション数は、よく計測される値だ。

レイテンシーが単一のユーザー、クライアントに注目するのに対し、スループットはすべてのユーザーを含むシステム全体の計測結果を提供する。スループットが高いこととレイテンシーが低いことは関係がある場合もそうでない場合もある。関係はユーザー数とユーザーの使用パターンによって左右される。

スループットの低下は、それ自体としては問題ではない。スループットは、ユーザー数が減ることにより低下する場合がある。問題があるかどうかは、スループットとユーザー数の両方から判断される。

利用度

利用度は、リソースのどれくらいの割合が使われているかを示す値で、一般に対象のリソースにプローブを挿入して計測する。たとえば、CPUの利用度は80％などという数字になる。利用度の数値が高いときには、レイテンシーやスループットで問題が起きる前兆と考えられることがある。また、利用度の数値は、レイテンシーやスループットの問題の原因を見つけるための診断ツールとしても使える。

リソースには、インフラストラクチャレベルのものとアプリケーションレベルのものがある。CPU、メモリ、ディスク、ネットワークなどのハードリソースは、インフラストラクチャで計測するとよい。キュー、スレッドプールなどのソフトリソースは、リソースがどちらに属するかによって、アプリケーション、インフラストラクチャのどちらか適切な方で計測する。

利用度の意味を理解するためには、どのアクティビティ、アプリケーションがどれだけ使っているのかをはっきりさせなければならないことが多い。たとえば、app1がCPUの20%、ディスク圧縮が30%を使っているというようなことである。つまり、データ収集では、アプリケーションやアクティビティと計測値を結び付けることが重要だ。

7.2.3 キャパシティプランニング

キャパシティプランニングには、長期のものと短期のものがある。長期のキャパシティプランニングは、人間の関与を必要とし、日、週、月、さらには年というような単位で考える。短期のキャパシティプランニングは自動的に行われ、分単位で行われる。

長期のキャパシティプランニング

長期のキャパシティプランニングは、ワークロードの要件に合うハードウェア（リアルであれ仮想であれ）を確保することだ。物理データセンターでは、ハードウェアを発注する。仮想パブリックデータセンターでは、確保しなければならない仮想リソースの数と特徴を決めることだ。どちらでも、キャパシティプランニングのプロセスに対するインプットは、モニタリングデータから推測される現在のワークロードの特徴と、経営的な観点と現在のワークロードから予測される将来のワークロードである。そして、将来のワークロードから望ましいスループットとレイテンシーが導かれ、さまざまなプロビジョニングオプションのコストが明らかになり、企業は1

つの選択肢を選んでそれに予算を付ける。

短期のキャパシティプランニング

クラウドなどの仮想環境では、短期的なキャパシティプランニングとは、アプリケーションのために新しいVMを作ったり、既存のVMを削除したりすることだ。これらの判断を下して実行に移すためには、一般にインフラストラクチャが集めた情報をモニタリングする。現在の負荷に基づいてVMインスタンスの確保を制御するためのさまざまな選択については、第4章で説明した。どの選択でも、現在のVMインスタンスの利用状況をモニタリングすることが重要な一部になっている。

データのモニタリングは、パブリッククラウドの課金でも使われる。使った分だけ課金するというのがNIST（米連邦標準技術局）の定義によるクラウドの本質的な特徴であり、それは第2章でも述べた通りだ。使った分だけ課金するためには、その使った分というのを定義しなければならない。そして、それはクラウドプロバイダがモニタリングをして定義するのである。

7.2.4 ユーザーとのやり取り

ユーザーの満足は、ビジネスの重要な要素だ。ユーザーの満足度は、アプリケーション自体の品質、便利さ以外に、モニタリングできる次の4つの要素によって左右される。

1. ユーザー要求のレイテンシー

ユーザーは、妥当な時間で応答してくれるものだと思っている。アプリケーションによっては、一見したところわずかな感じの応答が大きなインパクトを持つことがある。Googleは、サーチ結果ページの表示が100m秒から400m秒遅れるだけで、ユーザーが実行するサーチの回数に影響があると言っている。Amazonも同じような効果を報告している。

2. ユーザーがやり取りしているシステムの信頼性

障害と障害検知については先ほど説明した。

3. 特定のサービスの効果やユーザーインタフェースの変更

第5章と第6章でA/Bテストについて説明した。A/Bテストで集められた計測値は、間違いなくテストの目的にとって意味があるので、データはAまたはBと必ず対応づけなければならない。

4. 企業、組織が使っている指標の集合

すべての企業、組織は、サービスとサポートの効果を判断するために使っている指標セットというものを用意している。たとえば、フォトギャラリーサイトを運営している場合、写真のアップロード率、写真のサイズ、写真の処理時間、写真の人気、広告のクリックスルー率、ユーザーアクティビティのレベルなどの指標を知りたいと思うだろう。その他の企業が使う指標はまた異なるはずだが、それらはみな、ユーザーの満足度や会社が提供しているコンピュータベースのサービスの有効性をよく反映する重要な指標になっているはずだ。

一般に、ユーザー操作のモニタリングには、次の2つのタイプがある。

1. リアルユーザーモニタリング(RUM)

RUMは、ユーザーのアプリケーションとのやり取りをすべて記録する。RUMデータは、ユーザーが経験しているリアルなサービスレベルを評価し、サーバーサイドの変更がユーザーに正しく伝わっているかどうかを知るために使われる。RUMは通常受動的で、アプリケーションのペイロードに影響を与えたり、サーバーサイドアプリケーションに変更を加えたりしない。

2. 合成モニタリング

合成モニタリングは、デベロッパがアプリケーションに対してストレステストを行うのと似ている。何らかのエミュレーションシステムか実際のクライアントソフトウェア(ブラウザなど)を使って、想定されるユーザー操作の台本を作る。しかし、目標は重い負荷を与えるストレステストではなく、ユーザーエクスペリエンスをモニタリングすることだ。合成モニタリングを使えば、系統的で反復可能な形でユーザーエクスペリエンスをモニタリングできる。合成モニタリングは、第5章で述べた自動ユーザー受容テストの一部にすることもできる。

7.2.5 侵入の検知

侵入者は、たとえば誤った権限付与や中間者攻撃を使ってアプリケーションを壊してシステムに入り込む。アプリケーションは、ユーザーとそのアクティビティを監視して、ユーザーのアクティビティがユーザーの社内での役割や過去の行動から見ておかしいかどうかを判断する。たとえば、たとえば、John というユーザーが携帯電話でアプリケーションを操作しており、その電話がオーストラリアにある場合、ナイジェリアからログインを試みているとすると、それは疑わしい動きだということになる。

侵入検知システムは、異常を探してネットワークトラフィックを監視するソフトウェアである。異常は、権限のないユーザーがシステムを破ろうとしているか、企業のセキュリティポリシーを破ってシステムに侵入しようとしているときに起きる。

侵入検知システムは、さまざまなテクニックを使って攻撃を見分ける。侵入検知システムは、何が正常かを知るために、企業、組織のネットワークの履歴データをよく使う。また、さまざまな攻撃の過程で観察されたネットワークトラフィックパターンを格納するライブラリも使う。侵入検知システムは、現在のネットワークトラフィックと正常パターン（企業、組織の履歴データから得たもの）、異常パターン（攻撃の履歴から得たもの）を比較し、攻撃が今まさに行われているかどうかを判断する。

侵入検知システムは、トラフィックの監視により、悪意でなく、企業、組織のセキュリティポリシーに対する違反が起きていないかどうかも判断する。たとえば、現在監視している従業員が実験的な目的のための外部トラフィック用ポートを開けようとしているかもしれないが、その企業は特定のポートを使った外部トラフィックを認めないセキュリティポリシーを持っているものとする。侵入検知システムは、そのようなポリシー違反を検知できる。

侵入検知システムは、7.5 節で説明するように、アラートとアラームを生成する。擬陽性、擬陰性の問題は、ほかのモニタリングシステムと同様に、侵入検知システムにもある。

特定のデータ異常がシステムへの侵入を表しているかどうかを判断するのは簡単な仕事ではない。7.9節では、例を使って詳しく説明する。

7.3 いかにモニタリングするか

モニタリングシステムは、一般に図7.1に示すように、監視対象の要素とやり取りをする。監視対象のシステム(図7.1のシステム1、2、……)は、独立したアプリケーションやサービスのコレクションという広範囲のものでも、単一のアプリケーションという狭い範囲のものでもかまわない。システムがデータのモニタリングに積極的に関わっている場合(「エージェントレス」というラベルが付いている矢印)、モニタリングは介入的であり、システム設計に影響を及ぼす。それに対し、システムがデータのモニタリングに積極的に関わっていない場合(「エージェントベース」というラベルが付いている矢印)、モニタリングは介入的ではなく、システム設計に影響を及ぼさない。第3のデータソースは、「健全性チェック」とう矢印が示している。外部システムも、健全性チェック、パフォーマンス関連要求、トランザクションモニタリングを通じてシステムやアプリケーションレベルの状態を監視できる。

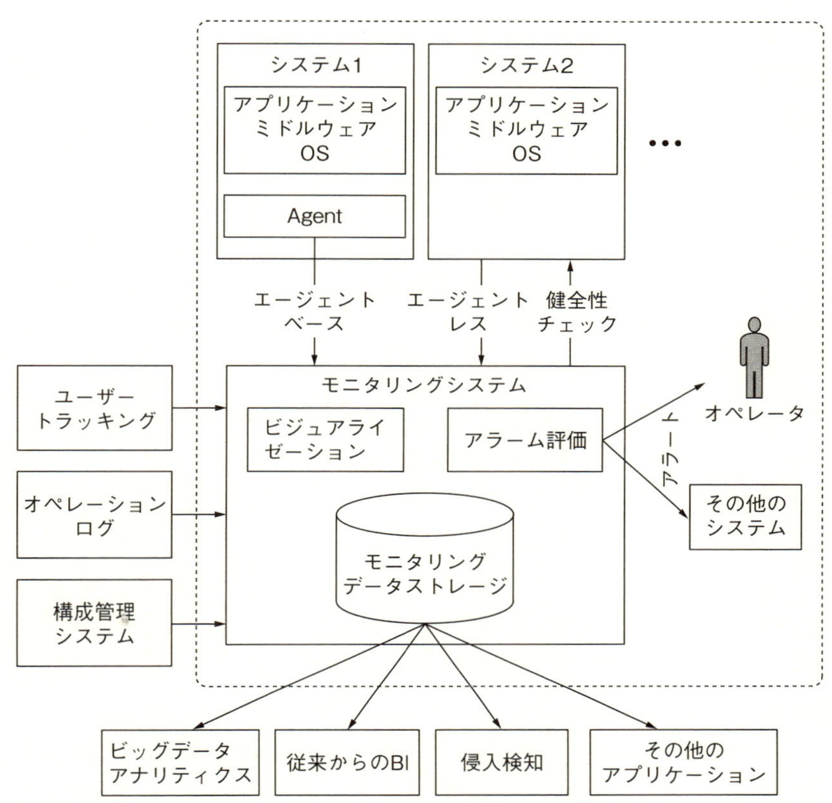

図 7.1 モニタリングシステムとモニタリング対象の要素とのやりとり［アーキテクチャ図］

エージェントベースまたはエージェントレスの手段を通じて集めたデータは、最終的に中央のリポジトリ(図 7.1 の「モニタリングデータストレージ」)に送られる。中央のリポジトリは、一般に分散化されているので、物理的にではなく論理的に中央という意味である。最初の収集から中央リポジトリへのデータの転送までの各ステップでは、フィルタリングや集計をすることができる。フィルタリングや集計をどの程度行うかは、生成されているデータの量、ローカルノードの障害の可能性、通信で必要な粒度などから考える。ローカルノードは障害を起こしてデータが手に入らなくなる場合があるので、ローカルノードからのデータの取得は重要だ。集めたデータをすべて中央リポジトリに直接送ってしまうと、ネットワークで輻輳が起きる場合がある。そのため、モニタリングのフレームワークを準備するときには、ローカルノードからのデータ収集と中央リポジトリへの送信の間のステップでフィルタリングと集計をすることが大切だ。

フィルタリング / 集計の方針は、たとえばデータが失われたらどのような効果が現れるかを考えて決めるとよい。一部のデータは瞬間的な読み取りによるもので、すぐあとで別の瞬間的な読み取りによって不要になってしまう。そのため、このようなデータの1回分を失ったとしても、モニタリング全体やアラームの生成には影響を与えない。

モニタリングデータが集まったら、さまざまなことをすることができる。アラームを設定して、大きな状態変更が起きたらオペレータやほかのシステムに知らせるアラートを生成することもできるし、グラフを作ったりダッシュボードに表示したりして人間のオペレータのために状態変更を視覚化することもできる。モニタリングシステムは、オペレータがモニタリングデータとログの細部を掘り下げられるようにもしており、これはエラー診断、根本原因の分析、問題への最良の対処方法の決定のために重要な役割を果たす。

ここまでは、従来からのモニタリングシステムの姿を示してきたが、最近は、モニタリングシステムと他のシステムの新しいやり取りのために次第に機能しなくなりつつある。それらは、図7.1の点線の外側に示してある。

データストリームと履歴データをモニタリングすると、ストリーム処理や(ビッグ)データアナリティクスなどを実行できる。システムレベルのモニタリングデータを使ってシステムの特性についての洞察が得られるだけでなく、アプリケーション、ユーザーレベルのモニタリングデータを使ってユーザーのふるまいや意図についての洞察を得ることもできる。

モニタリングデータの用途がこのように増えてきていることから、多くの企業は、モニタリングシステムとアプリケーションシステム全体の両方で統一的なログと指標中心のパブリッシュ - サブスクライブアーキテクチャを使い始めている。従来は見られなかったようなログ、指標データを含め、統一ストレージに書き込まれるデータタイプがどんどん増えており、その他のさまざまなシステム（モニタリング関係のものもそうでないものも）が知りたいデータをサブスクライブできるようになっている。このような統一ストレージには、次のような意味がある。

- 2つのシステムの密結合を緩和する。システムはパブリッシュ-サブスクライブ方式で統一的なログを使ってやり取りをする。パブリッシュ-サブスクライブ方式では、パブリッシャはサブスクライバが何なのかを知らず、サブスクライバもパブリッシャが何なのかを知らない。
- 複数のデータソースの統合が単純化される。モニタリングデータの分析では、複数のデータソースの相関関係を探ることが多い。ビジネス指標とパフォーマンス指標の関連づけについてはすでに触れた。これらの計測値のソースは、同じにはならない。中央の統一的ログストアを使うと、ソースではなくタイムスタンプなどの属性に基づいてデータを関連づけることができる。

アプリケーション、ユーザーのモニタリングデータがシステムレベルのモニタリングデータと同等に扱われるようになると、モニタリングシステムとモニタリングされるシステムを分ける線は曖昧になってくる。あらゆる場所、あらゆるレベルで得られたデータが、システムとユーザーについての洞察を得るために使える。ほかのあらゆるシステムが統一ストレージに情報を送り、情報を取り出していることを考えるなら、ここで示したアーキテクチャは、単なるモニタリングシステムのアーキテクチャではなくなっている。

では次に、このアーキテクチャのいくつかの側面をもっと詳しく論じていこう。つまり、モニタリングデータの収集方法、運用のモニタリング、データの収集とストレージである。

7.3.1 エージェントベースのモニタリングとエージェントレスのモニタリング

モニタリングの対象となるシステムがすでに内部モニタリング機能を

持っていて、定義済みのプロトコルを使って外部からもアクセスできるようになっていることがある。たとえば、SNMP (Simple Network Management Protocol) は、サーバーやネットワーク機器から計測値を集めるためのメカニズムとして一般的に使われている。ネットワーク機器はクローズドシステムでモニタリングエージェントをインストールできないものが多いので、SNMP はネットワーク機器では特に役に立つ。WMI (Windows Management Instrumentation) は、Windows システムの管理データへのアクセスを提供する。SSH (Secure Shell) などのプロトコルを使ってシステムにリモートアクセスすれば、システムが用意しているデータにアクセスできる。エージェントレスモニタリングは、エージェントをインストールできないときには特に役に立ち、モニタリングシステムのデプロイを単純化してくれる。モニタリングシステムに情報を提供できるアプリケーションについては 7.2 節でも触れた。ARM (Application Response Measurement) は、外部の ARM サポートシステムにトランザクションの追跡を開始、終了するよう要求したり、1 つのトランザクションのために異なるシステムで使った時間を明らかにさせたりといった処理を開始するための方法をアプリケーションに提供する産業標準だ。

エージェントベースのアプローチにもエージェントレスのアプローチにも、長所、短所がある。デプロイ、メンテナンスという点では、エージェントレスのアプローチの方が優れている。しかし、リポジトリがネットワークの外にあると、安全性が下がってしまう。システムの異なるレイヤが外部とデータを通信できるようにするために、開けなければならないポートが増え、ファイアウォールの規則を緩めなければならないからだ。それに対し、エージェントベースのアプローチでホストにエージェントがあれば、OS、アプリケーションとローカルに通信でき、収集したすべての情報を 1 つのチャネルで送れる。しかも、ネットワークトラフィックと処理のオーバーヘッドも最適化できる。

システム内でモニタリングデータを収集するだけでなく、外部の視点から情報を集めることもできる。健全性チェックをセットアップして定期的にシステムをチェックしたり、外部ユーザーの視点からパフォーマンスモニタリングを実行したりすることができる。

以前触れたように、モニタリング情報と考える情報、あるいは少なくともモニタリングデータの分析に役に立つ情報にはさまざまなタイプのものがある。システムを設計するときには、この情報はどこから来るのか、この情報はアプリケーションとモニタリングのアーキテクチャにどのように組み込まれるのか、品質的にどのような意味があるのかということを考えるべきだ。

7.3.2 運用のアクティビティのモニタリング

Chefなどの一部の運用ツールは、構成パラメータなどのリソースをモニタリングして、あらかじめ指定された設定に従っているかどうかを判断する。すでに触れたように、変更を見つけるためにリソース定義ファイルをモニタリングすることも行われている。これら2つのタイプのモニタリングは、定期的に実際の値、値を指定するファイルをサンプリングするエージェントを使うのがもっともよい。

コードとしてのインフラストラクチャには、インフラストラクチャもほかのアプリケーションと同じようにモニタリング情報を提供すべきという意味が含まれている。そのための手段としては、すでに説明したエージェントベース、エージェントレス、外部のすべてのものが使える。

第14章では、運用ツールとスクリプトの動作のきめ細かいモニタリングの実行方法を取り上げる。これには、モニタリングデータのアサーションも含むことができる。たとえば、ローリングアップグレードでは、新バージョンのアプリケーションを実行するVMとの置き換えのために、一部のVMがサービスから引き離される。すると、残されたVMの平均CPU使用率は上がるだろう。

7.3.3 コレクションとストレージ

時系列データ、すなわちタイムスタンプが付いている一連のデータポイントの記録と分析は、モニタリングの中心的な作業である。これらのデータポイントは、一般に一定の間隔で連続的に得られ、それぞれが状態と状態変更のある側面を表現している。さらに、モニタリングされているシステムは、さまざまな重大度でタイムスタンプ付きのイベント通知を生成する。この通知は、一般にログとして出力される。モニタリングシステムは、直接計測を実施したり、既存データ、統計、ログなどを収集し、計測値に変換する。計測値には、時間と空間を示すさまざまなプロパティがある。次に、このデータは定義済みのプロトコルを使ってリポジトリに送られる。リポジトリに届いたデータストリームは、時系列になるようにさらに処理が必要なことが多い。そして、時系列データベースに格納される。ここで難しいポイントが3つある。関連アイテムを時間によって関連づけること、関連アイテムをコンテキストによって整理すること、大量のモニタリングデータを処理することだ。

- **関連アイテムを時間によって関連づける**

分散システムのタイムスタンプは、首尾一貫したものにはならない。同じクラスタでもノードが異なれば、クロックは数マイクロ秒ずれている場合がある。複数のクラスタにまたがったノードで比較すると、差はもっと広がる。つまり、タイムスタンプで2つのアイテムが時間的に関連しているとか、それらが連続的なものだなどと考えることには問題がある。計測値そのものではなく、両者の差を使って関係を判断するのは1つのテクニックだが、2つの関連する計測値の差が関係ありと判断できる範囲よりも大きければそのような関連を見落とす場合がある。

- **関連アイテムをコンテキストによって整理する**

メッセージのコンテキストは、メッセージ自体よりも重要なことがよくある。たとえば、ローリングアップグレードを行っており、1度のアップグレードで2個のインスタンスを置き換えているものとする。インスタンスのアップグレードの状態について、別々のノードがログメッセージを作るかもしれない。その2つのメッセージが同じインスタンスを参照していることがわからなければ、イベントのシーケンスを組み立て直して問題を診断するのはとても難しくなるだろう。データフローをモニタリングしているときにも、同じ問題が起きる。システムのあるインスタンスからの特定のメッセージは、そのインスタンスに対する入力への直接的な応答で、ユーザー要求や外部イベントへの間接的な応答だとする。パフォーマンスの問題や障害について分析するためには、このメッセージの直接、間接的な原因になったものをともに明らかにすることが重要だ。

- **モニタリングデータの量**

集められたデータは大量になるので、データ保持のポリシーが必要になることがある。単純に時間で区切るのではよくないという場合もある。たとえば、近い過去については粒度の細かいモニタリングデータを残し、遠い過去についてはだんだんデータの粒度を粗くしていくという方法もあり得る。現在残されているストレージ容量や指標の重要度によってもポリシーは変わる。クエリーや表示の高速処理のために、基礎データを処理してインデックス付きの特殊な形式に変換すべき場合もある。

時系列データベースでよく使われているものとしてRRD（ラウンドロビンデータベース）がある。RRDは、時系列データの格納、表示を目的として設計されており、優れたデータ保持ポリシーを設定できるようになっている。また、現在はビッグデータ時代への移行期になっているので、モニタリングデータでも、ビッグデータのストレージ、処理に使われているソリューションが使われるようになってきている。モニタリングデータは、（大きな）履歴データと結合された形で、リアルタイム処理のためにストリーミングシステムにフィードできるデータストリームとして扱うことができる。すべてのデータは、HDFSのようなビッグデータストレージシステムにロードしたり、アーカイブしてAmazon Gracierのような比較的安いオンラインストレージに格納したりすることができる。

7.4 モニタリングの構成をいつ変更すべきか

モニタリングは時間またはイベントを基礎とする。時間を基礎とするモニタリングは、報告を送る間隔を基礎とすることになるが、その間隔はすべてのアプリケーションで一定である必要はないし、アプリケーションの実行を通じて同じにする必要さえない。モニタリングの頻度とイベントの生成は、すべて設定可能で、データセンターで起きているイベントによって変えられなければならない。モニタリングの設定変更を引き起こすイベントの例を示しておこう。

- **アラート**

  アラームとアラートについては、次節で詳しく説明する。アラートが発生すると、サンプリングの頻度を上げることになる場合がある。また、アラートがアラームにならなければ、頻度は下げられる場合がある。

- **デプロイ**

  第6章で説明したどのデプロイシナリオでも、モニタリングに変更を加える場合がある。そのようなデプロイ関連のイベントとしては、次のようなものがある。

  - **カナリアデプロイ**

    カナリアデプロイの目的は新しいバージョンをテストすることなので、それら新バージョンは通常よりも密にモニタリングしなければならない。

  - **ローリングアップグレード**

    VMへのサービスのパッケージング次第では競合が起きうることは以前示した通りである。そのような場合、密なモニタリングを実行すれば、早い段階で競合の発生を検知するのに役立つだろう。

  - **機能のアクティブ化／非アクティブ化**

    機能をアクティブにしたり非アクティブにしたりすると、サービスの動作が変わる。そのような変化は、モニタリング設定の変更も必要とするはずだ。

- **DevOpsツールを含むインフラストラクチャソフトウェアの変更**

  インフラストラクチャソフトウェアに変更が加えられると、アプリケーション自体の変更と同じようにアプリケーションの動作やパフォーマンスに影響が及ぶ。

- **構成パラメータの変更**

今の分散システムでは、誤った構成パラメータが障害の大きな発生源の1つとなっている。構成パラメータに変更を加えたあとは、通常よりも細かくモニタリングをすることによって、問題を早く検知できる。

7.5 モニタリングデータの解釈

モニタリングデータ（時間ベースのものもイベントベースのものも）が中央のリポジトリに集められたものとしよう。このデータは、他のシステム、人間の両方によって継続的に追加され、解析される。まず、ログメッセージの内容についての一般原則から説明していこう。

7.5.1 ログ

ログは時間によってソートされたレコードのシーケンスであり、時系列順のイベントとなっている。レコードは、一般にログの末尾に追加される。通常、ログは状態を直接記録するのではなく、システムの状態変更を引き起こしたかもしれない動作を記録する。変更された値自体はログには書き込まれないこともある。

ログはモニタリングで重要な役割を果たし、特にDevOpsでは重要性が高くなる。デベロッパたちは、開発の場面でのアプリケーションのロギングについてはよく知っている。デベロッパたちは、アクティビティの開発、テスト、デバッグの補助としてシステムの状態と動作を出力する。ほとんどのロギングは、本番デプロイでオフにされるか取り除かれ、警告ときわめて重要な情報だけがロギング、表示される。デベロッパが書くログは、オペレータのためではなく、デベロッパ自身が使うためのものであることが多い。しかし、DevOps運動を動かしているコンセプトの1つは、オペレータを正規のステークホルダーとして扱うことであり、オペレータが使えるログを書くということが大切になる。そして、ログを出力するのはアプリケーションだけではない。ウェブサーバー、データベースシステム、DevOpsパイプラインもログを生成する。アプリケーションログ以外の重要なログのタイプとして、運用ツールが出力するログがある。アップグレードツールでシステムがアップグレードされたとき、マイグレーションツールでシステムのマイグレーションをしたとき、構成管理ツールで構成に変更を加えたときなどに、運用の内容や変更履歴についてのログが記録される。これらは、DevOpsパイプラインから発生するログも含め、運用エラーの検知と診断で非常に重要な役割を果たす。

ログは、障害の検知、診断のために運用の過程で使われる。ログは、誤りの検知のためにデバッグ中に使われる。ログは、特定の障害を引き起こすシーケンスを理解するために、エラーが解決したあとの検証で使われる。ログ出力の一般的なルールをいくつか挙げておこう。

- ログは、首尾一貫した形式を持つようにする。一部のログはあなたが手を出せないサードパーティシステムから出力されるので、いつも形式を揃えられるわけではない。しかし、あなたの管理下にあるログは、首尾一貫した形式を持つようにすべきだ。
- ログには、そのログメッセージが出力された理由についての説明を入れる。「エラー検知」、「コードのトレーシング」といったタグが使える。
- ログエントリには、コンテキスト情報を入れる。コンテキストは単に日時を入れればよいというものではなく、ログエントリの追跡に役立つ次のような情報も入れる。

  - ログエントリを生成したコード内の位置
  - ログエントリが生成されたときに実行されていたプロセスのプロセスID
  - プロセスがログを作る原因となった要求の要求ID
  - メッセージを生成したVMのVM ID

- ログはフィルタリングのための情報を提供すべきだ。ログはリポジトリに集められ、クエリーを使ってアクセスされる。フィルタリングのための情報としては、重大度、アラートレベルなどが含まれる。

7.5.2 グラフと表示

重要なデータが揃ったら、さまざまな方法でそれをビジュアライズすると役に立つ。ほとんどのモニタリングデータは、時系列データであり、グラフにしやすい。柔軟なシステムを使っていれば、何をどのようにグラフ化するかを完全にコントロールできる。一部のモニタリングシステムは、強力なビジュアライズ機能を組み込んでいる。Graphiteのようなビジュアライズとクエリーのための専用システムもある。Graphiteは、大量のデータをリアルタイムでグラフに変換できる。

システムとそのコンポーネントの重要な側面を集計レベルで表示するダッシュボードを作るのもよい。問題を検知したときに、対話的に細部を掘り下げられたり、履歴データを調べられたりするのもよい。ベテランのオペレータなら、グラフのビジュアルパターンから問題を見分けられる。グラフは、スパイク、バースト、循環的な変化、安定した上昇/下降傾向、間欠的なイベントなどの形を示す。これらはすべてモニタリングしている状態と環境の特徴から理解できている必要がある。共有物理リソースで実行される仮想化環境や継続的デプロイ環境では、リソースのスケーリング、リソースのマイグレーション、ローリングアップグレードなどの変化が無数に現れるだろう。そのため、異常に見えることがあったとしても、必ずしも問題を反映しているわけではない場合がある。人間のオペレータがグラフを見て、複雑な手順のなかのどのやり取りによってグラフがそのような形になっているのかを突き止めるのはだんだん難しくなってきている。当然、アラートシステムとアラームの設定も難しくなっている。

7.5.3 アラームとアラート

モニタリングシステムは、オペレータに重要なイベントを知らせる。この情報は、アラームやアラートという形を取ることができる。専門的には、アラートは情報を知らせるために生成され、アラームに先立つ形になる場合がある(たとえば、「データセンターの温度が上昇している」)。それに対し、アラームはオペレータやほかのシステムが動いて対策をしなければならない(たとえば、「データセンターが火事になっている」)。アラームとアラートは、オペレータの設定によって生成される。アラームとアラートは、イベント(たとえば、特定の物理マシンが反応しない)、しきい値を越える値(たとえば、特定のディスクの応答時間が許容範囲内の値よりも大きくなっている)、値とトレンドの高度な組み合わせをきっかけとして生成される。

すべてのアラームはモニタリングシステムが注意を必要とする本物の問題を知らせるために生成し、注意を必要とするすべての問題はアラームを生成するというのが理想だ。さらに、アラームが生成されるときには、状況をさらに深く診断し、修復のためにすべきことを教えるためにアラートが情報を送ってきてほしい。しかし、私たちはそのような理想の世界に住んでいるわけではない。そのため、一般には次のような問題が起きる。

- 擬陽性(アラームが生成されているが対処は不要)と擬陰性(対処が必要なのにアラームが生成されない)を減らすために、モニタリングシステムをどのように設定すべきか。
- アラートがアラームを診断するために必要な情報を送ってくるようにするために、モニタリングシステムをどのように設定すべきか。

システムのさまざまな側面をカバーする多数の指標を持つモニタリングシステムでは、アラートやアラームを生成するために非常に厄介なトレードオフを解決しなければならないことがある。オペレータから見ると、擬陽性のアラームが送られてきたり、同じイベントについて別々のチャネルからアラートの嵐がやってきたりすると困る。そのような状況に置かれると、オペレータは「アラート疲れ」になり、アラートを無視したり、発生しないようにオフにしたりするようになる。それに対し、擬陽性を減らそうとすると、重要なイベントを見落とし、偽陰性が増えるリスクが高くなる。アラームの生成条件が非常に明確なら、見つけにくい誤りを早い段階で知ることができるかもしれない。しかし、システムが時間とともに変化する場合や、システムが正しいけれども以前は知られていなかった処理を一時的に妨害する場合には、アラームの効果が薄れるという危険がある。この問題は、継続的デプロイの実践やクラウドの弾力性によって悪化する。ご存知のように、モニタリングシステムの正しい設定を見つけ出すのは簡単な仕事ではなく、環境や知らせるべき問題の重大性によって影響を受ける。

アラートとアラームの有効性を高めるための一般的なルールをいくつか挙げておこう。

- アラームにコンテキストを導入する。決められた期間や処理の実行中に特定のアラームを無効にすれば済むような単純なコンテキストもある。たとえば、物理コンピュータを置き換えているときには、コンピュータの健全性についてのアラームを生成しても無意味である。しかし、外部イベントや邪魔になっている処理が関わっている場合には、コンテキストはもっと複雑になる。
- アラームは、何かが起きたときだけでなく、起きるはずのイベントが起きなかったときにも作動するように設定できるようにする。すると、起きないことがわかっているイベントが本当に起きなかったときに作動するアラームを設定できるので、アラームのテスト、調整に役立つ。
- 同じイベントを参照していそうな異なるアラートはまとめる。
- 重大度と緊急度を明確に設定し、アラートを受けた人間、システムがそれらの度合いに合わせて行動できるようにする。

7.5.4 診断と対処

オペレータは、モニタリングシステムを使って障害の原因を診断し、緩和、修復の進展を観察する。しかし、モニタリングシステムは対話的に設計されておらず、自動診断できるようにもなっていない。そこで、オペレータたちは、思いつくままにイベントを関連づけたり、細部を掘り下げたり、クエリーを実行したり、ログを解析してみたりする。並行して、彼らは診断テストを手で起動したり、修復操作を行って（プロセスの再起動、問題のあるコンポーネントの分離など）、モニタリングシステムからその効果を観察する。

以前の章で、信頼性エンジニアについて説明した。信頼性エンジニアのスキルは、つまるところ、不確実性の前で問題を診断できる能力だ。問題が診断できたら、対処方法は明らかなことが多い。ただし、ときにはその対処方法をどれにするかがビジネスに対して異なる効果を残すことがある。問題の対処方法にビジネスに影響を及ぼす部分があるなら、会社、組織のエスカレーションの手順から意思決定した人がわかるだろう。

7.5.5 DevOps プロセスのモニタリング

DevOps プロセスは、プロセスの改良、問題点の発見のためにモニタリングすべきだ。プロセスの改良については第 3 章で説明した。改良は、情報の収集に大きく左右される。

Damon Edwards が、モニタリングすることが大切な 5 項目を挙げている。

1. ビジネス指標
2. サイクルタイム
3. エラーを発見するまでの平均時間
4. エラーを報告するまでの平均時間
5. スクラップ(やり直し)の量

これら 5 つの値の生データは、複数の場所から複数の報告システムによって得られることに注意しよう。先ほども述べたように、モニタリングデータの解釈では、複数の場所から得られたデータを関連づけられるかどうかが重要だ。

7.6 課題

この節では、7.1 節で触れた 4 つの課題を詳しく見ていく。これらの課題は、DevOps の実践と新しいコンピューティング環境ゆえのものである。

7.6.1 課題 1：継続的変更のもとでのモニタリング

正常な動作からの逸脱は、運用上の問題が起きる兆候だ。正常な動作は、システムが比較的安定した状態をずっと保つことを前提としている。しかし、大規模で複雑な環境は、変化するのが当たり前だ。それは、ワークロードがさまざまだとかアプリケーションのダイナミックな側面のことを言っているのではない。そういったことなら、十分予測できることが多いのだ。新しい課題はクラウドの弾力性と自動化されたDevOpsの運用からやってくる。クラウドの弾力性によってインフラストラクチャのリソースの状況は気まぐれに変わるようになる。DevOpsにより、アップグレード、構成変更、バックアップなどの散発的な処理が実行される。こういった処理と継続的運用の実践により、ソフトウェアの変更は従来よりも頻繁になる。すでに述べたように、1日に何度も新バージョンを本番環境にデプロイすることが日常的になる。個々のデプロイはシステム変更であり、モニタリングにインパクトを与える可能性がある。さらに、これらの変更は、アプリケーションやインフラストラクチャの別々の部分で同時に起きることがある。

過去のシステムのモニタリングデータは、新しいシステムのパフォーマンス管理、キャパシティプランニング、異常状態の検知、エラー診断にどれくらい使えるのだろうか。実際の運用では、オペレータは、それらのシステム変更による擬陽性のアラートを減らすために、予定されたメンテナンス、アップグレードではモニタリングをオフにすることがある。しかし、変更が当たり前になると、モニタリングが行われなくなってしまいかねない。これでは目隠し飛行だ。

データの変化しない部分をていねいに見つけるのは1つの手だ。たとえば、無次元データ(つまり、比率)を使っている部分のことである。個々の変数は頻繁に変わっても、2つの変数の比率は比較的安定している。変更されたもののモニタリングに重点を置くのも効果的だ。

第6章では、本番での問題を見つけるために新システムの小規模なロールアウトをモニタリングするカナリアテストの利点について説明したが、カナリアのパフォーマンスと履歴データのパフォーマンスを比較するのもよい。機能の変更から合理的に説明できない変化は、問題の兆候かもしれない。

継続的に変化が起きる環境では、モニタリングパラメータの設定も難しい。

システムがあまり複雑ではなく、比較的安定しているなら、手動でモニタリングすべき指標を指定し、しきい値を設定し、アラートのロジックを定義することができる。従来なら、モニタリングの大規模な再構成は、インフラストラクチャの大規模な変更や新しいインフラストラクチャ（たとえば仮想環境やクラウド）へのマイグレーションのときに行うものだった。新しいソフトウェアのリリースは数か月ごとであり、モニタリングの部分を調整するための時間は十分に残されていた。しかし、そのような環境でも、ときどきのシステム変更のときに行うモニタリングシステムのセットアップとメンテナンスは、モニタリングのエキスパートが認めるもっとも難しい問題だったのである。

システムのインフラストラクチャとシステム自体の「継続的な」変更によってモニタリングパラメータの設定は難しくなっている。インフラストラクチャの側では、第5章で触れたように、まったく同じVMタイプを要求してもパフォーマンスには大きなばらつきがある。このばらつきは、与えられたCPUタイプなど、あなたが手を出せないところにある要因のためだ。モニタリングは、それに合わせて調整が必要になるかもしれない。あるいは、次はもっとよいものが運良くもらえるかもしれないという願望のもとに、遅いVMを新しいVMに置き換えるようスケーリングコントローラを設定する方法もある。

結局、アラーム、アラート、しきい値の設定はできる限り自動化するとよいということだ。モニタリングの設定というプロセスも、自動化できるし自動化すべきDevOpsプロセスの1つなのである。新しいサーバーをプロビジョニングするときには、モニタリングシステムにこのサーバーを自動的に登録するのもプロビジョニングの一部である。サーバーが終了したら、自動的に登録解除も行わなければならない。

システム変更の結果としての設定変更について論じてきたが、この議論のなかでは、設定変更のルールは手動で設定されることが暗黙の前提となっていた。しかし、一部のしきい値は、変更から自動的に導かれる。時間とともに自動的に学習して設定できるしきい値もある。たとえば、少数のサーバーを対象とするカナリアテスト中のモニタリングの結果をフルシステムの新しい基礎として、それを自動的に設定していってもよいだろう。

7.6.2 課題2：ボトムアップ、トップダウンとクラウドにおけるモニタリング

モニタリングの大きな目標の1つは、障害、誤り、小規模の不具合をできる限り早く見つけ、それらに早い段階で対処できるようにすることだ。この目標を満足させるためには、ボトムアップでモニタリングをするのが自然なやり方である。下位の階層、個別のコンポーネントの誤りが上位のアプリケーションサーバーやアプリケーションそのものに集計値という形で伝わり、影響を及ぼす前に、下位の誤りを見つけて対処できるのが理想的だ。しかし、このシナリオには2つの難題がある。

まず第1に、個別のコンポーネントなどの下位レベルでは、モニタリングすべきものがずっと多い。あなたが相手にしているものは、数百台のサーバーにデプロイされたいくつかのコンポーネントから構成される1つのアプリケーションかもしれないが、それらはさらにネットワーク、ストレージコンポーネントに支えられている。1つの根本原因がさまざまなコンポーネントに目に見える現象を引き起こしていく。実際に稼働している環境で、それらの現象の相関関係を明らかにして根本原因を突き止めるのはきわめて難しい場合がある。

第2の難問は、クラウドの弾力性とオートメーションに起因する継続的な変化に関わるものだ。クラウドでは、下位の階層のインフラストラクチャやサーバーは、正当な理由（たとえば、サーバードリフトを防ぐための終了、スケールアウト／スケールイン、ローリングアップグレードなど）でも問題のある理由（たとえば、インスタンスの障害やリソース共有の不安定性）でも増減する。そして正当な理由から問題のある理由を見分けるのは簡単なことではない。

これらの問題を避けるために、クラウドベースのシステムや非常に複雑なシステムでは、モニタリングにトップダウンのアプローチを増やしてきている。トップレベルや集計データをモニタリングし、そこで問題が見つかったときに限り、下位レベルのデータをモニタリングするのである。下位レ

ベルのデータの収集を止めるわけではないが、エラーを探して系統的にモニタリングするところまではしない。下位レベルのデータの収集は、パフォーマンス、ストレージ、オーバーヘッドが許容する範囲内でのみ行う。これが魔法の解決策にならない理由はいくつかある。まず第1に、早い段階で問題に気づくチャンスを犠牲にしているため、トップレベルで何かまずいことに気づいたときには、すでに手遅れで大きな影響を避けられなくなっている場合がある。第2の問題はもっと大きなもので、下位レベルのデータをどのようにして掘り下げていくかだ。低いレベルでの根本原因が発生してから、高いレベルで問題を見つけるまでの間に、かなり長い時間が経過している場合がある。今の分散システムには、障害や誤りがシステムレベルで姿を表し、エンドユーザーのエクスペリエンスに影響を与えるのを防ぐために、組み込みのフォールトトレランスが組み込まれていて、障害や誤りを見えなくしている。そのため、最初の障害が起きてから、システム全体に障害の影響が浸透して障害が明らかになるまでにかかる時間はまちまちになっている。高いレベルの障害の検知では、単純にタイムスタンプに頼るわけにはいかない。また、最初の障害に関連する計測値やログがまだ残っているとは限らない。ネットワークの削除されたノードやリージョンとともにそれらは消えている場合がある。毎秒数百万もの外部/内部要求が飛び交う大規模システムでは、常にすべての重要データを安全な場所に送るのは非常に難しい。

簡単な解決方法はない。ボトムアップのモニタリングもトップダウンのモニタリングもともに重要であり、組み合わせて実施しなければならない。そして、通常は単なるタイムスタンプよりも、コンテキスト情報の方がはるかに重要である。すでに説明したように、モニタリングデータに変更についての運用的な知識を組み込むことが、イベントの相関関係を見つけるための重要な手段となる。

7.6.3 課題3：マイクロサービスアーキテクチャのモニタリング

第4章で、DevOpsがアーキテクチャにもたらす結果の1つはマイクロサービスアーキテクチャだということを論じた。このアーキテクチャなら、独立したチームに個々のマイクロサービスを担当させられる。しかし、その結果として、あなたのシステムは「出力の多い」システム、「階層の深い」システムになってしまう。すべての外部要求が多数の内部サービスを通過しなければ応答にたどり着けなくなる。それらのサービスのなかに応答の遅いものがあれば、全体としての応答時間が遅くなる。応答時間がロングテール分布を示すことは第2章で説明した。マイクロパーティションと選択的なレプリケーションによってマイグレーションが簡単になったことを利用すれば、ネットワークの問題のある部分からサービスを動かすことができる。同じサービスに対する複数の要求をモニタリングし、必要な応答は1つだけだということを突き止めるのはかなり難しくなる。

マイクロサービスアーキテクチャでは、「遅い」ノードを見つけて修復するための方法も難しくなる。散発的なパフォーマンス問題を見つけることの難しさについては先ほど触れた。多数のノードを抱えるマイクロサービスアーキテクチャでは、遅いけれども動作しているノードを見極めることが一層難しくなる。問題は、「遅い」とは何かということだ。適切なしきい値をどのようにして選べばよいのか。第13章のケーススタディでは、ある解決方法を示す。

7.6.4　課題4：大量の分散（ログ）データの処理

大規模システムでは、あらゆるものをモニタリングしようとすると、パフォーマンス、転送、ストレージにかなりのオーバーヘッドがかかる。大規模システムは簡単に毎分数百万ものイベント、計測値、ログ行を生成する。このデータ量の多さから考えるべきことをいくつか挙げておこう。

1. 短い間隔で計測値を収集することによるパフォーマンス上のオーバーヘッドは莫大なものになり得る。オペレータは、固定された間隔ではなく、システムのそのときどきの状況に合わせて間隔を変化させる必要がある。異常の初期的な兆候が見られるときや散発的処理が開始されるときにはモニタリングの粒度を細かくし、状況が改善されたり散発的処理が終わったりしたときには間隔を長くする。

2. データの収集には、自分でツールを作るのではなく、新しい分散ロギング／メッセージングシステムを使うようにする。Logstash などの分散ロギングシステムは、あらゆるタイプのログを収集し、データを送る前に十分にローカル処理を加えることができる。この種のシステムを使えば、パフォーマンスにかかるオーバーヘッドを軽減し、ノイズを取り除けるだけでなく、ローカルにエラーを突き止められる場合さえある。LinkedIn は、主としてログの集計、モニタリングデータの収集のために、Kafka というハイパフォーマンスの分散メッセージングシステムを開発した。Kafka はイベント指向のアーキテクチャを採用しており、送られてくるストリームと処理を切り離している。
3. ビッグデータアナリティクスの登場とともに、研究者たちは、ノイズが多く、一貫性がなく、量の多いデータを処理するために、高度な機械学習アルゴリズムを使い始めている。この分野には注目すべきだ。

7.7 ツール

モニタリングのためのシステム、ツールは、オープンソース、市販製品とも多数作られている。しかし、モニタリングという用語にはさまざまな意味が込められているため、それらのツールの比較は難しいことが多い。広く使われているものを紹介しよう。

• Nagios

Nagios は、プラグインがたくさんあるために人気があり、おそらくもっとも広く使われているモニタリングツールになっているはずだ。プラグインは、基本的にユーザーが関心を持っている指標を集めてくるエージェントである。大きくて活発なコミュニティが多数の指標のためのプラグインとシステムをメンテナンスしている。しかし、Nagios の核の部分は、大部分が機能の限られたアラートシステムである。Nagios は、サーバーが増減するクラウド環境の処理でも弱さがある。

- **Sensu と Icinga**

Nagios よりもよいシステムを目指したシステムがいくつかある。Sensu は、拡張性が高くスケーラブルなシステムで、クラウド環境でも快適に動作する。Icinga は Nagios から派生したシステムで、スケーラブルな分散モニタリングアーキテクチャと拡張性に重点を置いている。Icinga は、Nagios よりも強力な内部レポートシステムを持っている。両システムとも、Nagios の大規模なプラグインプールを再利用できる。

- **Ganglia**

Ganglia は、もともとクラスタの指標を集めるために作られたシステムだ。データロスと中央リポジトリとの通信過多を防ぐために、ノードレベルの計測値が近隣のノードにレプリケートされるように設計されている。多くの IaaS プロバイダが Ganglia をサポートしている。

- **Graylog2、Logstash、Splunk**

この3つは分散ログ管理システムで、大量のテキストベースログを処理できるように作られている。ログ解析のためのフロントエンドと強力なサーチ機能がある。

- **CloudWatch など**

パブリッククラウドを使っている場合、通常はクラウドプロバイダが何らかのモニタリングソリューションを提供している。たとえば、AWS は CloudWatch を提供しており、固定された間隔で数百種の指標の計測値を集められる。

- **Kafka**

先ほども触れたように、ほかのシステムが並行して使えるように大量のログと計測値をリアルタイムで集めてくるのは非常に難しいので、収集、拡散の部分のために専用システムが設計されている。Kafka は、モニタリングだけではなくほかの用途も含めて使えるパブサブメッセージングシステムである。

- **ストリーム処理ツール（Storm、Flume、S4）**

継続的に大量のログと計測値を集めているなら、実質的にモニタリングデータのストリームを作っているのと同じだ。そのため、ストリーム処理システムは、リアルタイム処理的な形も含めて、モニタリングデータの処理に使える。

Apdex（Application Performance Index）は、企業連携によって開発されたオープンな標準である。Apdexは、実行中のアプリケーションのパフォーマンスを報告、比較するための標準メソッドである。その目的は、計測したパフォーマンスがユーザーの期待にどの程度沿ったものになっているかを分析、報告する統一的な方法を規定して、計測値をユーザーの満足度についての洞察に変換することだ。

7.8 モニタリングデータから異常を診断する —— Platformer.comの場合

私たちがモニタリングをする理由として挙げたのは、パフォーマンスの問題点を明らかにすることと、システムに対する侵入者を見つけることだった。この節では、Platformer.comのデータを使って次の3つを具体的に明らかにする小さなケーススタディを行う。

- モニタリングデータに含まれているこれら2つの異常の区別は、いつも簡単だとは限らないこと。
- アプリケーションのパフォーマンスのモニタリングを開発の職責とするか運用の職責とするかは、簡単には決められないこと。
- 社内の異なる組織の間での調整不足はコストを引き上げること。

まず、取り上げるデータコレクションのコンテキストを説明する。次に、得られたデータとその分析方法を説明する。最後に、このインシデントがDevOpsと職責に対して持つ意味をよく考えてみよう。

7.8.1 コンテキスト

Platformer.comは、オーストラリアのPaaSプロバイダである。コンテキスト管理ソリューションやCRM（顧客関係管理）ソリューションなどのアプリケーションのマーケットプレイスを提供するほか、データベースなどのアプリケーションの基礎となるシステムを提供している。顧客は、インタフェースを介して、いつどのようにシステムをスケーリングするか、災害復旧をどのように実装するかなどを指定できる。値はIaaSよりも高い抽象化レベルのサービスから与えられるので、顧客はIaaSサービスを理解し、管理するという面倒なことを省略して同様の利点を手に入れられる。また、同じインタフェースが複数のクラウドプロバイダをカバーできるので、特定のクラウドベンダーに縛られることもない。

Platformer.comの顧客は、インフラストラクチャサービスについて3つの選択肢を与えられる。

1. サードパーティークラウドプロバイダにアクセスする

Platformer.comがサポートするサードパーティープロバイダとしては、AWS、Microsoft Asure、Rackspace、OrionVMなどが含まれる。顧客は、Platformer.comポータルを介してサードパーティークラウドプロバイダにアクセスする。

2. 顧客のプライベートクラウドにアクセスする

このオプションは、顧客のプライベートクラウドにPlatformer.comソフトウェアを置く。

3. 顧客のプライベートデータセンターにアクセスする

このオプションは顧客のプライベートクラウドを使うのと似ているが、顧客はクラウドソリューションを採用しなくてもよいところが異なる。

Platformer.comは、図7.2に示すように、階層化されたアーキテクチャを使ってサービスを提供している。このアーキテクチャのなかで目立つのは、デリバリーメカニズムの違いとは無関係にPlatformer.comサービスの共通ビューを提供するAPIと顧客に返されたモニタリング情報を表示するダッシュボードだ。

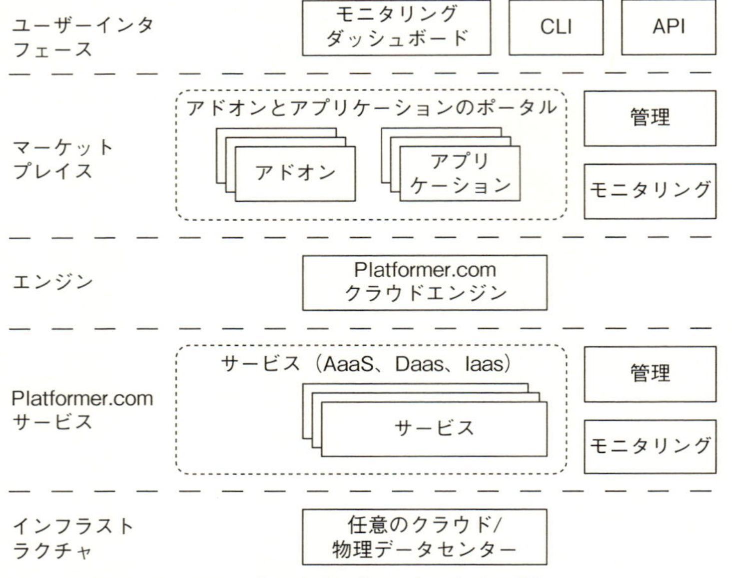

図 7.2　Platformer.com のアーキテクチャ［アーキテクチャ図］

このケーススタディで Platformer.com の顧客となっているのは、PhotoPNP という写真の展示、教育、発表のためのオンラインサービスを提供する非営利団体である。PhotoPNP は、Platformer.com のサービスを使って、e コマースアプリケーションが組み込まれた Jooma というウェブコンテンツ管理ソリューションをプロビジョニングしている。

7.8.2　データ収集

まったく異なるプラットフォームで動作する 1 つの API を提供するためには、Platformer.com のような PaaS プロバイダは、サポートするプラットフォームの最大公約数的なもの（すべてのプラットフォームがサポートするサービス）を提供するか、あるプラットフォームでサポートされているサービスを別のプラットフォームの別のサービスでシミュレートするしかない。

モニタリングに関しては、Platformer.com は、CPU、ディスク、メモリ、ネットワークパフォーマンスの計測値を提供する。これらの計測値は、Platformer.comのロードバランシング処理、必要に応じた新しいVMのプロビジョニングと既存VMのデプロビジョニングのニーズに応えている。Platformer.comの顧客には、計測値はダッシュボードを通じて知らされる。

Platformer.comがサポートするプラットフォームはさまざまなので、土台のプラットフォーム次第でさまざまな計測ツールが使われている。表7.2は、サポートされているプラットフォームと各プラットフォームで使われているモニタリングソリューションをまとめたものである。

表7.2 プラットフォームとモニタリングソリューション

インフラストラクチャプロビジョニング	管理ソリューション	モニタリングソリューション
パブリックIaaSプロバイダ		
Amazon Web Services	AWS management API	AWS CloudWatch
Rackspace	Rackspace management API	Rackspace cloud monitoring & alerting
OrionVM	OrionVM API	Nagios または AlienVault
Microsoft Azure	Azure management API	Azure monitoring & alerting
IBM/SoftLayer (public)	SoftLayer management API	SoftLayer comprehensive monitoring & alerting
DigitalOcean	DigitalOcean management API	Nagios または AlienVault
Private IaaSプロバイダ		
IBM SoftLayer (private)	SoftLayer management API	SoftLayer comprehensive monitoring & alerting
Telkomsigma	(CloudSigma) VMware management API	Nagios, AlienVault
オンプレミスIT		
物理サーバー(Linux)	Puppet、Chefなどのツールを使って非仮想化サーバーをセットアップ、管理している 仮想マネージャーユーティリティ、Open Stack APIを使って仮想化サーバーを構築、管理している	Nagios または AllenVault
物理サーバー(Windows)	Microsoft SMSを使って非仮想化サーバーをセットアップ、管理している VMware API、OpenStack APIを使って仮想化サーバーを構築、管理している	Nagios または AllenVault

7.8.3 異常の検知

PhotoPNPのサーバーの正常なCPU使用率は5%程度だが、9月17日と18日には、約17%までスパイクした。このスパイクは、ほかのリソース

（これについての計測値も集めている）で起きた変化に対応するものだった。CPUの負荷のスパイクは、システム（この場合は、PhotoPNPのサーバーの１つ）に侵入者がいる兆候の１つだ。Platformer.comは懸念を感じ、スパイクが起きた原因を調査した。その後、PhotoPNPがユーザーになってくれそうな人たちにシステムを紹介するオープニングナイトを開催しており、それによってスパイクが発生したことがわかった。この調査結果は、その後PhotoPNPが問題の時期についてGoogle Analyticsのユーザーレベル指標をチェックして確認している。

7.8.4　検討

この例からはほかにも次のような結論を導き出せる。

- DevOpsコミュニティのなかでは、データのなかに異常が見つかったときに誰が最初に対応すべきかについて議論がある。この場合、プラットフォームプロバイダは、正常なアプリケーションレベルの需要が異常の原因だと判断できるだけの材料を持っていなかったことがわかっている。開発チームが最初に対応していれば、混乱は避けられただろう。しかし、CPU使用率のスパイクが実際に侵入者によるものだった場合、アプリケーションデベロッパが最初に対応していたら、十分な対応をするのが遅れてしまっていただろう。しかも、アプリケーションデベロッパに侵入者を検知できるように要求するということは、彼らのアプリケーションをはるかに越えるレベルの専門知識を要求することになってしまう。
- 侵入者がPhotoPNPのサーバーに侵入したかもしれないという考えは、CPU使用率の解析から得られたものだが、負荷が何によるものかを明らかにするためには、システムレベルの計測値だけでなく、アプリケーションレベルの計測値も必要だった。

この章の前の方で、ログ管理システムを使って別々のソースから得られたログや計測値の相互の関係を明らかにする方法について述べた。Platformer.comの場合、基本的なシステムレベルの計測値だけしか見えるようになっておらず、アプリケーションレベルの計測値は使えなかった。

- 負荷が増えそうなイベントを計画しているということをPhotoPNPがPlatformer.comに知らせていれば、侵入者が入ったかもしれないという疑いが生まれる余地はなかった。Platformer.comの場合、ビジネスレベルの主体は別の組織になっていた。しかし、同じ組織に属していれば、この種のローカルなコミュニケーションは簡単にすることができただろう。これは、ビジネスとITの調整の欠如を示す例に簡単になり得る。

7.9 まとめ

モニタリングは、少なくとも5つの目的で行われる。障害の検知、パフォーマンスの問題の診断、キャパシティプランニング、ユーザーの反応がわかるようなデータの取得、侵入の検知だ。これらの目的は、それぞれ別々のデータ、別々のデータ解釈法を必要とする。

モニタリングシステムにはさまざまなものがあるが、時間ベースのデータとイベントベースのデータの両方を利用できる共通構造がある。また、モニタリングに対応しているアプリケーションとそうでないアプリケーションの両方に対応できる。一般に、モニタリングパイプラインは、中央リポジトリにモニタリングデータを格納する。モニタリングデータは中央リポジトリへのクエリーで参照でき、アラーム、アラートを生成したり、可視化したりすることができる。分析のためには、複数のソースからのデータの相関関係をつかむことが大切だ。

継続的デプロイの実践を採用すると、アプリケーションやその土台のインフラストラクチャに対する変更の頻度が高くなる。それらの変更のためにモニタリングシステムを調整するための時間は足りなくなる。そのため、モニタリングの設定プロセス自体を自動化すべきだということになる。アラームのしきい値などもダイナミックに自動修正するのである。クラウド環境を使うと、システムの一部の透明度が下がり、インフラストラクチャレベルでの変更が絶えず起きるようになる。モニタリングツールは、そのような環境に対応できるように設計する必要がある。

システムは規模を拡大し、分散化の度合いを高め、ますます複雑になっていこうとしている。ログや計測値の量が非常に増えるため、モニタリングデータの収集、転送、格納をサポートする新しいインフラストラクチャが必要とされる。そして、大量のモニタリングデータを集めたら、ビッグデータアナリティクスがその分析にも役に立つ可能性がある。分析から得られる洞察は、システムの健全性やパフォーマンスについてのものに限られず、ビジネスや顧客についての洞察も得られるようになるだろう。

7.10 参考文献

この章で取り上げたテーマの多くは、『*Effective Monitoring and Alerting*』[Ligus 13] で詳しく説明されている。

この章で触れたモニタリングツールの1つ、Ganglia については、『*Monitoring with Ganglia*』[Massie 12] という本がある。

マイクロサービスアーキテクチャスタイルについては、『*Building Microservices: Designing Fine-Grained Systems*』[Newman 15] で説明されている。

統一化のメカニズムとしてのログという考え方は、LinkedIn のページ [Kreps 13] によるものである。

Google に対するクエリーの応答の遅れが与える影響についての研究は、Google research blog [Brutlag 09] に掲載されている。

DevOps プロセスのモニタリングのタイプは、Damon Edwards が示している [Edwards 14]。

ほかの章と同様に、多くの項目の説明で Wikipedia を使っている。

- Real user monitoring：http://en.wikipedia.org/wiki/Real_user_monitoring
- Synthetic monitoring：http://en.wikipedia.org/wiki/Synthetic_monitoring
- Apdex：http://en.wikipedia.org/wiki/Apdex

取り上げたツールは、次のリンクでアクセスできる。

- RRDtool：http://oss.oetiker.ch/rrdtool/
- Application Response Measurement：https://collaboration.opengroup.org/tech/management/arm/
- Logstash：http://logstash.net/
- Nagios：http://www.nagios.org/
- Sensu：http://sensuapp.org/
- Icinga：https://www.icinga.org/
- Graylog：http://graylog2.org/
- Splunk：http://www.splunk.com/
- CloudWatch：http://aws.amazon.com/cloudwatch/
- Kafka：http://kafka.apache.org
- Storm：http://storm.incubator.apache.org/
- Flume：http://flume.apache.org/
- S4：http://incubator.apache.org/s4/

第8章 セキュリティとセキュリティ監査

過ちは人の常、本気で破滅したければルートのパスワードが必要だ。

——アノニマス

DevOpsのコンテキストでセキュリティを論じようとすると、セキュリティの実践はアジャイルではないし、コードのコミットから通常の本番稼働が認められるまでの時間の短縮には邪魔になるだろうという思い込みに満ちた反応を受ける。しかし、私たちは、このような反応はまったく逆を向いていると思う。セキュリティについて考えずにDevOpsの実践を採用することを議論すれば、セキュリティチームはDevOps実践への批判者となり、多くの企業でDevOpsの採用を見送らせることになるだろう。第12章のケーススタディでは、採用のプロセスにセキュリティチームを巻き込んでいくアプローチを見ていく。DevOpsのアクティビティで、そのほかにセキュリティの議論で取り上げるべきテーマは、次のようなものだ。

- **セキュリティ監査**

  セキュリティ監査が迫っているときには、開発と運用の調整がきわめて大切になる。

- **デプロイパイプラインの安全確保**

  悪意の攻撃者からすると、デプロイパイプライン自体は実に魅力的なターゲットだ。

• **マイクロサービスアーキテクチャ**

マイクロサービスアーキテクチャを採用すると、セキュリティに関して新たな難問が生まれる。

セキュリティ監査は、金融機関、医療記録などの個人情報を扱う組織、金融取引を内部で管理している組織(つまり、ほとんどすべての組織)では避けられない現実だ。セキュリティ監査は、セキュリティのポリシーから実現されている内容まで、組織のあらゆる側面を検査する。DevOpsのキャッチフレーズの1つとして、「コードとしてのインフラストラクチャ」というものがある。スクリプトやDevOpsプロセスの仕様をコードとして扱い、コードを扱うときと同じ品質管理実践を行うという意味だ。セキュリティポリシー、ガバナンスルール、構成データは、インフラストラクチャコードと自動化に自然に組み込むことができ、監査が簡単になる。自動化は、監査資料の出力やコンプライアンス上の問題点の検知にも役立つ。このテーマについては、セキュリティの具体的な側面を論じるときに再び取り上げる。

セキュリティ監査は、組織に課された一連の要件が満たされていることを確認する。これらの要件は、IT/非ITの両面における組織のすべての方針、実践を対象とするものである。そのため、開発部門がどのような実践方法に従っていても、その実践は要件に準拠していなければならない。

この章は、まずセキュリティとは何かということを論じてから、セキュリティに対する脅威を見ていく。ここでは、それらの脅威に対抗するために何をすべきなのか、それを誰がすべきなのか、組織内での役割を示す。また、脅威に対抗するためのテクニックやセキュリティ監査中に起きることを説明する。そして、アプリケーション開発の観点からセキュリティ問題をひと通り見て、デプロイパイプラインのセキュリティを論じて章を締めくくる。

8.1　セキュリティとは何か

セキュリティはCIAと覚える。Confidentiality（機密性）、Integrity（完全性）、Availability（可用性）の略である。機密性とは、権限のない人間が情報にアクセスできないことである。完全性は、権限のない人間が情報を書き換えられないこと、可用性は、権限のある人間が情報にアクセスできることだ。

これらの定義で重要な意味を持つのが「権限」である。権限を持つ人間にアクセスを認め、権限を持たない人間のアクセスを拒否するのは難しい。権限には次の問いに対する答えという形で2つの要素が含まれる。誰が情報を読んだり書き換えたりしようとしているかと、その人は要求した処理を実行する権利を持っているかである。どちらの要素も、さまざまなテクニックによってサポートされている。DevOpsの文脈では、情報と処理はともにアプリケーション、そして同じ重要度でデプロイパイプライン（たとえば、ソースコード、ビルドサーバー、パイプライン内の特定の処理）を表す。さらに、これらのテクニックは、広く使われているソフトウェアパッケージに組み込まれてきている。セキュリティエキスパートが強く勧告しているのは、「独自のものを作るな」だ。入り込むエラーはわかりにくいものである場合がある。目立たないエラーに気づかなければ、あなたのシステムを攻撃しようとしている人間に入口を与えることになる。

防御手段が1つなら必ず裏をかかれるというのは、セキュリティプロフェッショナルの常識の1つだ。そのため、セキュリティプロフェッショナルたちは、「多層防御」、すなわち無数の異なる防御手段の裏をかかなければシステムを破れないようにすることを勧めている。典型的なスパイ小説で機密情報が書かれた紙をどのようにして守っているかを考えてみよう。隔離された建物のまわりにフェンスを張り、フェンスのなかにはガード犬を入れ、建物にはセキュリティシステムを設置し、建物のなかに鍵をかけたドアをいくつも用意し、安全な部屋に機密書類を置く。このたとえ話は、必要なセキュリティが費用便益分析の結果で決まることを示している。セキュリティにどれだけの費用をかけるかは、システムが破られたときにどれだけ大きな損失が発生するかによって決まる。同様に、攻撃者があなたのシステムを破るためにどれだけのコストをかけるかは、システムを破ったときに得られる利益によって決まる。

多層防御という考え方からは、システムは破られ得るものだという事実が強調される。だから、何が起きたのかを検知し、修復の手段を与えてくれるようなメカニズムが必要なのである。そのため、CIA には否認不能という属性がついてくる。つまり、システム内のデータに対して行ったことを否定できないような作りのシステムということだ。この属性は、監査で重要になる。

攻撃のライフサイクルという概念も重要だ。攻撃は、阻止されるか、実行中に見つかるか、成功したあとに見つかるかだ。セキュリティの世界では、セキュリティリスクを最小限に抑えるための手段を「セキュリティコントロール」と呼ぶ。これらは、攻撃のライフサイクルのどこで使うかによって、予防的、検知的、修復的なものになる。

最後に、セキュリティコントロールは、誰が実装するかによっても分類される。暗号化などの技術コントロールは、アプリケーションかインフラストラクチャのなかで実装される。ベンダーリリースから 24 時間以内に当てられるセキュリティパッチなどの組織コントロールは、組織が作り上げてきたポリシー、手続きに従って実装される。これら 2 つのタイプのコントロールは補完的に使うことができ、1 つのアクションで両方のタイプが必要になることがある。たとえば、セキュリティパッチがただちにインストールされるようにするだけでなく（組織コントロール）、システムがパッチレベルについてのクエリーに応えられるようにすべきだ（技術コントロール）。

8.2 脅威

システムやサブシステムを設計するときには、実際に攻撃者の視点を試してみるべきだ。Microsoft は、脅威のモデルとして STRIDE というものを導入した。この用語は頭字語になっている。図 8.1 を参照していただきたい。STRIDE は、次のような意味である。

- **Spoofing identity（なりすまし）**

  たとえば、システムに違法にアクセスし、ほかのユーザーの認証情報（ユーザー名とパスワードなど）を使う。

- **Tampering with data（データの改竄）**

  悪意によってデータを書き換える。

- **Repudiation（操作の否認）**

  ユーザーが行った操作を行っていないと主張してもほかに証明手段がない。

- **Information disclosure（情報漏えい）**

  情報にアクセスできないはずの人々が情報を知る。

- **Denial of service（DoS：サービス妨害）**

  たとえば、ウェブサーバーを一時的に利用不能な状態にして、真っ当なユーザーにサービスを提供できなくする。

- **Elevation of privilege（特権ユーザーへの昇格）**

  特権を持たないユーザーがアクセス特権を手に入れ、システム全体を乗っ取ったり壊したりできる状態になる。

Spoofing identity（なりすまし）
Tampering with data（データの改竄）
Repudiation（操作の否認）
Information disclosure（情報漏えい）
Denial of service（サービス妨害）
Elevation of privilege （特権ユーザーへの昇格）

図 8.1 STRIDE モデル

これらの脅威がCIAの定義と密接に関連していることに注意しよう。なりすましは認証を回避して機密性を損なう。改竄はデータの完全性を損なう。否認は、侵入、ルール違反が起きたときに行われるべきことを直接ターゲットにしている。情報漏えいは、機密性の否定だ。サービス妨害は、可用性を損なう。そして、特権ユーザーへの昇格は、CIAのすべてを破壊できるようにするテクニックだ。

監査中は、システム内のセキュリティコントロールとその他の組織、プラットフォームのコントロールの組み合わせにより、これらの脅威を起きにくくしている様子を示せるように準備すべきだ。

ここで、インサイダー（内部関係者）が脅威の原因になることに触れておかなければならない。SEI（カーネギーメロン大学ソフトウェア工学研究所）は、インサイダーを「組織のネットワーク、システム、データにアクセスする権限を現に持っているか、過去に持っていた現在及び過去の従業員、コントラクター、ビジネスパートナー」と定義している。インサイダーによる攻撃とは、インサイダーが自分の権限を悪用して意図的にCIAのどれかを損なうことである。

Verizonは、データへの攻撃の約15％がインサイダーによるものだとしている。つまり、インサイダー攻撃は無視できない存在であり、組織のセキュリティ分析で考慮すべきことだということである。

VerizonとSEIは、次のように攻撃の動機を緩やかに特徴づけている。

- **金融**

金融的な動機による攻撃は、金銭や売れるものを盗もうというものである。クレジットカード番号などには市場が存在する。そのような市場を追跡すれば、発生している攻撃の範囲がどのようなものなのかがある程度理解できるだろう。

- **知的財産**

企業の商業秘密や政府組織の機密情報などの知的財産を奪おうとする攻撃は多い。

- **破壊行為**

この種の攻撃としては、DoS攻撃やウェブサイトなどの顧客向け情報の改変、不満を持つ従業員による機密データの完全な破壊などがある。

最後に言っておきたいのは、多くの問題の原因が意図的な攻撃ではなく、セキュリティ関連のミスだということだ。章の冒頭で引用した「過ちは人の常、本気で破滅したければルートのパスワードが必要だ」が言う通りである。

8.3　保護が必要なリソース

CIAのうち、CとIは「情報」についてのことである。情報は、保護すべき主要リソースの1つである。情報には、休眠中のもの、使われているもの、移動しつつあるものがある。DevOps関連の情報としては、ソースコード、テストデータ、ログ、更新データ、本番環境にあるバージョンを投入した人の記録がある。

- 「休眠中の情報」は、永続ストレージに格納されている。休眠中のデータには、関係者の一人の管理下でソフトウェアシステムを通じてアクセスすることも、永続ストレージを物理的に所有することによってアクセスすることもできる。前者の例としては、ログインして特定のデータへのアクセスを認証された正規ユーザーが挙げられる。アクセスのためのソフトウェアは、認証情報の意味を理解しており、データを取得、表示、変更するための方法を知っている。後者の例としては、あなたの車のトランクから盗まれたラップトップに格納されている機密データのコピーが挙げられる。DevOpsのコンテキストでは、アプリケーション関連の永続データの保護に加えて、プレーンテキストのログに出力した情報を機密データとするかどうか、テストデータ（機密性の高い本番データベースの初期のスナップショットになっている場合がある）を保護すべきかどうか、ソースコードの保護が十分かどうかを考える必要がある。すべてを暗号化しあとで復号することによるセキュリティと、暗号化と復号によるパフォーマンスの低下のトレードオフになる。これから見ていくように、マイクロサービスアーキテクチャではサービスが小さいので、サービスごとにセキュリティポリシーを設定しやすくなる。
- 「使用中の情報」は、情報システムが使っている情報である。ユーザーのために表示されたり、パフォーマンス、信頼性の確保のためにキャッシュに格納されたり、仮想マシン（VM）内に格納されたりする。この情報には、情報が今ある情報システムの一部にアクセスできるユーザーがアクセスできる。DevOpsのコンテキストでは、多くの人々が、信頼性の確保とサーバードリフトの防止のために、サーバーのライフスパンを大幅に短縮すべきだと主張している。この実践は、時間とともにサーバーに蓄積される機密情報を破棄することによりセキュリティの強化にもつながる。使用中の情報は、内部的に暗号化し、表示のためにのみ復号することもできる。こうすると、キャッシングプロキシがあまり効果的でなくなり、使い方が煩わしくなる。

- 「移動中の情報」は、別の位置に移動しつつある情報である。移動がネットワークを介したものなら、ネットワークアクセスを介して情報にアクセスできる。ネットワークには、移動の端点のいずれか、あるいは中間点を通じてアクセスできる。中間点のデータへのアクセスには正当な理由がある。たとえば、ネットワークトラフィックのモニタリングや、ファイアウォールを使った特定の情報のフィルタリングは、どちらも正当な理由であり、情報転送の中間点へのネットワークアクセスを必要とする。情報が同じ物理ホスト上の別のVMに移動されている場合や、ソケットで別のプロセスに転送されている場合には、端点や転送メカニズムを使ってアクセスできる。移動中のデータを暗号化する方法や両端での認証にはさまざまなテクニックがある。しかし、証明書とキーの管理が複雑になり、認証/権限付与、暗号化/復号のときにさらにパフォーマンスが低下する。これについては、マイクロサービスアーキテクチャの説明でもう1度取り上げる。

計算リソースも保護しなければならない。これは、CIAのAだ。権限のあるユーザーは必要とするリソースにアクセスできなければならない。ここでも、リソースにはビルドサーバーなどのDevOpsリソースも含まれる。権限のあるユーザーがリソースを使えなくなる理由はいくつもある。たとえば、次のようなものだ。

- もっとも単純なのは、パスワードを忘れたとかキーを間違えたとかだ。私たちはみな、キーが異なり、パスワードの長さ、構成の要件が異なる複数のシステムを使っている。また、パスワードを再利用するな、特定の目的のためには特定のキーを持てと教育されている。そのような状況では、特定のパスワードを忘れたり、キーを間違えたりすることは珍しいことではない。システムは、パスワードやキーを修復したり、無効にしたりするための手段を提供すべきだ。

- パスワード、キー、証明書は、悪意の攻撃者にリセットされたり不正使用されたりすることがある。攻撃者は、証明書を破ることに成功すると、あなたのふりをして悪意の行動を取るだろう。システムは、変更が起きたときにはユーザーに確認、アラートを送り、素早く修正するための手段を提供すべきだ。破られた証明書を管理、監視、交換するのはかなりの時間がかかる複雑なプロセスで、システムダウン中に行われることが多い。
- アクセスしようとしているシステムがDoS攻撃を受けている場合がある。DoS攻撃は、システムに組織的に要求を送りつけ、それらの要求に応答するためにシステムがリソースを消費してしまい、権限を持つユーザーのためにリソースを使えなくしてしまう。IPアドレスに基づくゲートウェイフィルターのインストールは、DoS攻撃を失敗させるための手段の1つとなる。意図的なものであれ、そうでないものであれ、アクセスに制限を加え、サービスの濫用を防ぐためにAPIキーを使うというのもよく使われる方法である。

すべての侵入者がCIAプロパティのどれかを破るわけではない。たとえば、権限のない学生がシステムを使って宿題をしているものとする。この学生がシステムに加える負荷は低く、それによって可用性が損なわれるわけではない。学生は情報にアクセスしたり情報を書き換えたりするわけではないので、CやIが損なわれるわけでもない。しかし、このような使い方は不正なものであり、リソースの保護が不十分だということを示している。

リソース保護に関して最後に考えなければならない問題は、クラウドの特別な性質に起因するもので、特にDevOpsのコンテキストで大きな問題になる。デベロッパは、新しいVMイメージ（たとえば、重く焼いたイメージを使う場合）を作り、そこからインスタンスを生成することが簡単にできる。このようなVMイメージ、インスタンスは、特にプライベートクラウドのように無料で使える場合には、簡単に管理不能になってしまう。VMイメージが増えて管理システムが追いつかなくなった状態をVMイメージスプロールと呼ぶ。イメージはかなりの容量のストレージを消費し、どのインスタンスでどのイメージが使われているかがわからなくなると、新たなセキュリティ問題も生まれる。たとえば、通常のパッチ処理の一環としてパッチされないイメージやインスタンスが出てくると、パッチを受けたシステムよりもその部分が攻撃を受けやすくなる。VMスプロールのために攻撃が成功した最近の例としては、BrowserStackへの攻撃がある。古くて使われていないVMにパッチが当てられておらず、ShellShockによって破られたのだ。使われていないVMに何らかの認証情報が格納されており、それを使ってアクティブなVMが攻撃されたのである。

管理の網から漏れたインスタンスも、余分なコストがかかる。VMイメージとVMインスタンスの両方を追跡するためのメカニズムが必要だ。たとえば、NetflixのSimian Armyツールスイートには、未使用のリソースを見つけて削除するJanitor Monkeyが含まれている。Security/Conformity Monkeyも、セキュリティ違反、脆弱性を見つける。また、一部のオペレーティングシステムベンダーも、この目的のために役立つツールを提供している。たとえば、Red HatのSpacewalkは、（仮想）マシンに最新のパッチが当てられているかどうかをチェックするときに役立つ。すでに述べたように、VMの寿命を強制的に短くして、決められた時間がたったら、たとえ健全なものでもVMを終了して新しいものに交換するのは、VMスプロールを防ぐテクニックとして使える。この方法は、サーバードリフトを防ぎ、フォールトトレランスを高めるだけでなく、攻撃対象を減らし、機密情報の痕跡を見つけて削除しやすくするため、セキュリティの向上にも役立つ。

8.4 セキュリティ関連の職務とアクティビティ

本書では、セキュリティ関連の職務を4種類設定する。これからセキュアな環境を実現するためのさまざまな仕事について論じるときには、これらの職務を参照する。これらの職務を担当する人々は、同じ組織に所属していても、別々の組織に属していてもかまわない。

1. セキュリティアーキテクト

セキュリティアーキテクトは、セキュアなネットワークを実現するためにネットワーク設計に携わる。セキュリティアーキテクトは、ネットワークの実装の指導にも当たる。

2. ソリューションアーキテクト

ソリューションアーキテクトは、組織のビジネス機能をサポートするためにシステム設計に携わる。デベロッパたちは、この設計を実装する。

3. IT スタッフ

IT スタッフは、セキュリティ攻撃の可能性がある事象の監視と追跡を行う。IT スタッフは、セキュリティアーキテクトが設計したアーキテクチャの実装にも当たる。

4. プラットフォームプロバイダ

プラットフォームプロバイダは、組織が使うコンピューティングプラットフォームの境界の防御、プラットフォームの顧客相互の確実な分離、顧客のニーズに合った十分なリソースの確実な提供のための仕事に携わる。プラットフォームプロバイダは、セキュリティアーキテクトが使うサービスの提供も行う。

これらの職務の間には、いくつかの依存関係がある。プラットフォームプロバイダは、多くの組織のさまざまなチーム、ビジネスユニットが使えるようなコンピューティングの基礎を提供し、セキュリティアーキテクトは、プラットフォームが提供するサービスを使って組織全体のためにセキュリティ設計を行う。IT スタッフは、セキュリティアーキテクトから与えられた設計を実装してモニタリングに当たり、ソリューションアーキテクトは、セキュリティアーキテクチャとプラットフォームの枠内でシステムを設計する。

DevOps のコンテキストでは、これらの職務の人々が行うアクティビティはツールに組み込める。いつもと同じように、ツールの実行内容はロギングし、将来監査人が検査できるように残しておく必要がある。また、コードとしてのインフラストラクチャの観点から、IT スタッフの職務の一部をデベロッパが組み込み、ネットワーク、インフラストラクチャ関連のセキュリティを実装することについての論争もある。セキュリティベンダーがAPI を公開し、自動化の範囲を広げられるようにするとともに、SDN（ネットワークの仮想化）が登場すれば、これは現実になっていくだろう。もっとも重要な問いは、セキュリティ設計の特定のレイヤを開発と運用のどちらが実装するかではなく、それらのレイヤが実装、追跡、自動化、監査対応になるかどうかだ。

セキュリティコミュニティは、情報セキュリティとプライバシーのリスクマネジメントのために組織が採用すべきセキュリティコントロールのタイプを明らかにして広く知らせる活動を積極的に進めてきた。NIST（米連邦標準技術局）と ISO（国際標準化機構）が、2 つの異なるリスト（NIST 800-53 と ISO/IEC 27001）を発表しており、広く使われている。これら 2 つの組織は共同作業を行っており、2 つのリストは互いに相手を相互参照しているので、非常によく似たものになっている。本書の議論は、インターネットで自由に入手できる NIST 800-53 を基礎として進めていく。

セキュリティコントロールの整理の方法としては、機能的に関連したカテゴリによって分類するというものがある。NIST 800-53 のカテゴリは、アクセス制御、意識向上およびトレーニング、監査および責任追跡性、承認・運用認可・セキュリティ評価、構成管理、緊急時対応計画、識別および認証、インシデント対応、保守、記録媒体の保護、物理的および環境的な保護、計画、人的セキュリティ、リスクアセスメント、システムおよびサービスの調達、システムおよび通信の保護、システムおよび情報の完全性、プログラムマネジメントである。

ここからもわかるように、これらのカテゴリは、組織内のさまざまな役割の人々による広範なサポートアクティビティにまたがるものになっている。すべてのセキュリティコントロールを列挙すると、200 ページ以上にもなる。コントロールは、組織によって行われるアクティビティ（たとえば、組織は、情報システムのなかで使われている必須の暗号化技術のための暗号化キーを定義、管理する）と情報システムによって行われるアクティビティ（たとえば、情報システムは、連邦法、役員命令、指示、ポリシー、規制、標準に従った利用のために必要なものとして組織によって定められた暗号の利用、暗号化のタイプを実装する）を区別している。

コントロールは、主として方法ではなく、結果によって規定されている。たとえば、あるコントロールは、次のようになっている。「情報システムは、[1つ以上を選択：ローカル／リモート／ネットワーク] 接続を確立する前に、[当てはまるものを入れる：組織が定義した特定の装置／装置のタイプ（どちらか片方、または両方）] を識別し認証する」。システムがどのように識別、認証を行うかについては何も言っておらず、ただ、そういう処理を行うことだけが記述されている。コントロールに準拠するためには、実装、テスト、モニタリングが必要だ。実装については、コントロールを強制する手動か自動の手段があればよい。認証、権限付与、暗号化などのセキュリティ機能の実現には、プラットフォーム、サービス、ライブラリのどれかに含まれている既存のセキュリティメカニズムを使う。これらのメカニズムの一部は、セキュリティ製品のAPIを呼び出せばコードで自動化できる。そのようなコードは、監査では重要な証拠物になる。コントロールのテストについては、セキュリティ関連のテストが継続的デプロイパイプラインに組み込まれているかどうかということだ。それは、コミット前のIDE（統合開発環境）での静的な分析でも、ビルド、テストサーバーのセキュリティ関連のテストケースでもかまわない。セキュリティテストがこのように継続的で統合された形になっていることが、やはり監査のための証拠になる。最後のモニタリングに関しては、セキュリティ上の違反を検知、訂正するために、本番環境のセキュリティモニタリングと準拠チェックを実装すればよい。このように、DevOpsのプロセスとコントロールを実装するツールは、監査の通過を危うくすることなく使える。むしろ、多くの場合は、組織のセキュリティ面での能力を高めるはずだ。

監査人から見たとき、組織のセキュリティコントロールの評価は、採用されているポリシーから始まる。この組織のポリシーは、評価対象のシステム（群）のセキュリティ要件を満たせるだけの内容があるだろうか。監査人は、まずこの問いに答えようとする。NIST 800-53またはこれから派生したリストに書かれている組織コントロールから評価を始める。さまざまな業種(ドメイン)がNIST 800-53を出発点としてドメイン固有の要件を追加している。このようなドメイン固有のリストには、NIST 800-53よりもわかりやすい名前が付けられている。医療情報のHIPAA、クレジットカード情報のPCI、配電網のセキュリティプロファイルなどは、それぞれの業界の人々ならよく知っているものだ。監査人は、次に特定のポリシーを実現するために選ばれたコントロールを見て、ポリシーを実現するためには選択されたコントロールで十分か、正しく実装されているか、意図した通りに機能しているかという問いに答えようとする。コントロールが十分かどうかの判断基準の出発点は、ここでもNIST 800-53かこれから派生したリストのコントロールになる。実装の正しさと意図した通りの機能は、組織が提供する証拠を基礎として判断される。

本書では、技術的なコントロールに焦点を絞ろう。少なくとも部分的にはソフトウェアアーキテクトがインプットを送ったり、関与したりすることができるのはここだからだ。技術コントロールには、3つのカテゴリがある。

- **「チャネル内」コントロール**

  正規ユーザーにネットワークアクセスを認め、ユーザーを認証し、情報やリソースにアクセスする権限をユーザーに与えるコントロール。これらのコントロールは、アプリケーション自体、デプロイパイプライン、その他の操作に関わるアクティビティをサポートし、それらに適用される。たとえば、スクリプトの変更には、認証、権限付与、バージョン管理システム内での追跡が必要である。
- **「チャネル外」コントロール**

  認められていないチャネルからのアクセスを防ぐためのコントロール。たとえば、サイドチャネル攻撃は、タイミング、電力消費、装置から漏れる音や電磁波から攻撃のための情報を手に入れる。情報は休眠中、使用中、移動中のいずれかであり、どの場合でも保護しなければならない。リソースは通常のチャネル外で使えてはならず、サイドチャネルは評価できないようになっていなければならない。

- **監査コントロール**

リソースの使用、データへのアクセス、データの変更などのシステム内のさまざまなアクティビティについては記録を残さなければならない。監査コントロールは、そのような記録が確実に作成、維持されるようにすることを目的としている。DevOps のコンテキストでは、これもさまざまな意味を持っている。

1) 自動化ツールとコードとしてのインフラストラクチャを使ってセキュリティテストの結果を記録に残す。
2) DevOps パイプラインにセキュリティテストを統合する。
3) DevOps パイプラインとその他の運用作業自体を保護する。

これらすべてがセキュリティ監査のためのよい証拠になる。

8.5 ID 管理

アプリケーションがすべてのユーザーに無制限で開放されていない限り、特定の利用が正当なものかどうかを判断するためには、ユーザーの特定が必要になる。ID 管理とは、ユーザー ID の作成、管理、削除のために必要なすべてのタスクのことである。ユーザーアカウントが生きている間、ID 管理には、特定のシステムに対するアクセスの追加、削除、わからなくなったパスワード / キーの再設定、定期的なパスワード / キーの変更の強制などが含まれる。ID 管理タスクのすべてのアクティビティは、人間によるものだけでなく、ツールやスクリプトが実行したものも含めて、すべて監査のために記録すべきだ。

ID 管理は、プラットフォームプロバイダとセキュリティアーキテクトの職務と関係がある。プラットフォームプロバイダは、プラットフォームのすべてのユーザーの ID を管理するための手段を提供し、セキュリティアーキテクトは、組織のシステムのすべてのユーザーについて ID 管理手段を提供する。組織のシステムがプラットフォームプロバイダによって提供されるプラットフォームで実行されている場合には、組織のユーザーは、プラットフォームのユーザーでもある。アプリケーションアクセス、開発アクティビティ、デプロイパイプラインで同じID管理が使える。このテーマについては、8.5.2節「権限付与」で再び取り上げる。

さまざまなID管理ツールが市販されている。ID管理コントロールはNIST 800-53の「識別および認証」カテゴリに分類されている。ID管理ツールと認証ツールはともにセキュリティアーキテクトの支配下にあり、ITスタッフによって運用される。

8.5.1 認証

認証コントロールは、ユーザーが自称する通りのユーザーかどうかを確かめる。つまり、なりすまし攻撃を防御する。ここで言う「ユーザー」には、ほかのサービスを起動するサービスも含まれる。ここでは個人の認証に焦点を絞り、サービス間の認証については後述する。

個人の認証は、次のような理由から複雑である。

- 「ユーザー」は、ユーザー自身ではなく、ユーザーに代わって処理をしているユーザーを意味することがある。
- 「ユーザー」は、システムに一意に識別する存在ではなく、ロール（役割）を指すことがある。
- 認証メカニズム（たとえば、パスワードや証明書）は破られている場合がある。
- 「ユーザー」が従業員やシステムの正規ユーザーではなくなっている場合がある。

セキュリティの世界では、個人としての「ユーザー」を認証する手段は3つある。ユーザーが知っているもの（たとえばパスワード）、ユーザーが持っているもの（たとえばスマートカード）、ユーザーそのもの（たとえば指紋）だ。システムのなかには、これら3つのうちの2つを必要とするものもある。たとえば、ATMカードは磁気ストリップ（持ちもの）とPIN（知っているもの）を必要とする。複数のことを知っていなければならないシステムもある。たとえば、パスワードと秘密の問いに対する答えの両方を知っていなければならないシステムだ。システムは、ユーザーに対して知っていることを尋ねる前に、自分自身の身元保証をすることもできる。たとえば、ユーザーがパスワードを入力する前に正しい場所に来ていることを確かめるために、ユーザーがあらかじめ選択したシステム識別用の画像をシステムが表示するという方法がある。このテクニックは、パスワードが破られるのを防ぐためのものだ。証明書ベースのアプローチはよりセキュアな面を持っているが、インフラストラクチャのセットアップがより複雑になる。

この節のこれ以降の部分では、異なるタイプの認証コントロールを詳しく解説する。

ユーザーの代理としてのシステム運用に関連するコントロール

ハードウェアとソフトウェアとでは違いがあるので、議論を2つに分ける。

■ ハードウェア

正当なデバイスだけがシステムに接続できるようにするための強力な方法は、デバイスをあらかじめ登録してもらうことである。この方法なら、中間者攻撃を防ぐことができる。それよりも弱いが、あなたのシステムが外部システムに状態情報（たとえばクッキー）を残し、そのシステムが以前あなたのシステムにアクセスしたことをその状態情報で確認するという方法もある。外部システムが該当する状態情報を持っていなければ、追加の質問をしてみるという方法もある。

強い方法が重要になるシナリオとしては保守がある。つまり、システムに物理コンポーネント（たとえば、ATMマシン）があり、専用のコンピュータを使って保守を実行する場合である。専用コンピュータを登録しておけば、詐欺目的のメンテナンスコンピュータがシステムを破ることを防げる。

■ ソフトウェア

システムがプラットフォームを介してリソースにアクセスする場合があることについては、以前も触れた。あなたのシステムはユーザーを持ち、あなたのシステムはプラットフォームのユーザーである。しかし、ユーザーにまずあなたのシステムにログオンしてもらい、次にプラットフォームにログオンしてもらう方法は、複数の理由から避けた方がよい。

- ユーザーは、同じシステムなのに何度もログインしなければならないものを拒絶する。実際には複数のシステムがあることはあなたにはわかっているが、ユーザーからは1つのシステムにしか見えない。
- アクセスされるプラットフォームのリソースは複数のユーザーに共有されるかもしれないが、複数のユーザーに同じパスワードを示すのでは、認証コントロールに違反する。しかし、個々のユーザーにプラットフォームとあなたのシステムのアカウントの両方を持ってもらうのでは煩雑になる。たとえば、アカウントを削除するときには、あなたのシステムとプラットフォームの間で調整が必要になるが、それは管理がとても難しい。

システムがユーザーの認証情報を使って別のシステムにアクセスできるようにするための基本テクニックが2種類ある。1つはシングルサインオン、もう1つはシステム管理の別個の認証情報である。

- シングルサインオンは、別個の認証提供サービスを必要とする。この機能を持つサービスは複数開発されているが、もっともよく知られているのはおそらくKerberosだろう。最初のサインオンでチケットを発行するためのチケットが生成される。このチケットを使って、Kerberosチケットを受け付けるほかのシステムにサインオンする。
- システム管理の認証情報は、あなたのシステムがプラットフォームやほかのシステムにアクセスするための認証情報のセットを管理しているという意味である。あなたのシステムは、ユーザーの代理としてこれらの認証情報を使ってプラットフォームを利用するための認証を受ける。ここで考えなければならないのは、どのようにしてこれらの認証情報を無権限アクセスから守るかだ。NIST 800-53では、この部分は「システムおよび通信の保護」と呼ばれる別のコントロールセットになっている。証明書には有効期限があり、有効期限切れの証明書は、外部システムとの通信が失敗する原因としてよく起きるものの1つだ。NetflixのSimian Armyツールスイートには、有効期限切れの証明書をチェックする機能を持つSecurity Monkeyが含まれている。

ロールベースの認証

ロールベースの認証(RBA)は、IDではなくロール(役割)に基づいて識別情報を指定するテクニックである。たとえば、ルートパスワードを使えばスーパーユーザーとしてログインできる。スーパーユーザーはあなたの役割であり、IDではない。ロールがはっきりすれば、そのロールに与えられたアクセス特権を自動的に与えればよいので、いくつかの問題が単純化される。しかし、RBAには、トレーサビリティがないという問題がある。「スーパーユーザー」というところまではわかるが、個人にたどり着かないのである。この問題の解決方法については、8.5.2節「権限付与」で説明する。

パスワード破りを防ぐコントロール

パスワードは、さまざまな方法で破られてしまう。

- **攻撃者がさまざまな形の力ずくの攻撃で個人のパスワードを破る**

コントロールは、パスワードの長さの下限、寿命、再利用の制限などを規定する。

- **ユーザーがソーシャルエンジニアリング(ソーシャルクラッキング)によって自分のパスワードを知られてしまう**

ユーザーに対するセキュリティ教育についてのコントロールもあるが、ソーシャルエンジニアリングを使ったパスワード破りでもっとも有名なのはStuxnetワームだろう。このワームは、攻撃対象のソフトウェアにいくつかのシステムパスワードがハードコードされている事実を利用している。

さらに、これらのパスワードはインターネットで手に入れることができた。この種の攻撃を防ぐためのコントロールの１つは、システムを本番稼働させる前にデフォルトパスワードを必ず変更するというものだ。

- **権限を持つユーザーのロールが変わったり、退社したりする**

  ロール変更は、8.5.2節「権限付与」で取り上げるが、従業員が組織を辞めたときには、短期間のうちに彼らのアカウントの特権を削除することを規定するコントロールがある。

- **システムが破られ、パスワードが流出する**

  複数のコントロールが、パスワードは承認された暗号化ソフトウェアを使って暗号化された形で格納しなければならないと規定している。十分強く暗号化されているデータは容易に復号できない。さらに、暗号化と復号の機能を提供するソフトウェアは、承認されていなければならないとされているが、これは、権限のあるテスト組織がテストしたものだという意味である。

8.5.2　権限付与

ユーザーの身元が確認されると、そのユーザーに認められた特権に基づいてリソースへのアクセスを制御できるようになる。NIST 800-53でもっとも関係の深いコントロールは、AC-3「アクセス制御の実施」だ。

管理策：情報システムは、適用できるアクセス制御方針に基づいて、情報とシステムリソースに対する論理アクセスのための承認済み権限の付与を実施する。

認証と同様に、権限付与はロギングできる。リソースがユーザー自身によってアクセスされるのか、スクリプト、ツールによってアクセスされるのか、誰が権限付与の責任者かも記録できる。

リソースに対するアクセスの制御のためのテクニック

リソースに対するアクセスを制御するために使われている基本テクニックは、ACL（アクセス制御リスト）とケイパビリティの２つである。

- **ACL**

ACLは、ユーザーかロールとファイルシステムやデータベースフィールドなどのリソースに対して認められている操作をまとめたリストである。ユーザーが特定の操作を実行するためにリソースへのアクセスを求めると、このリストを参照し、ユーザーまたはロールがリソースに対してその操作を実行する権利を持っているかどうかを調べる。

- **ケイパビリティ**

ケイパビリティは、リソースに対する特定の権利を認めるトークンである。鍵と錠前というのがよいたとえになる。リソースが固定を行う機構である錠前を管理しており、ケイパビリティはそれを開閉するための鍵だ。アクセスが要求されると、リソースはアクセス要求から提供されたトークンに十分な特権が含まれていて、トークン提供者にアクセスを許可できるかどうかをチェックする。

アクセス制御のために使われているテクニックが何であれ、ユーザーやロールには、要求してきた操作を実行できる特権のなかでもっとも低いものを認めるようにする。

ロールベースのアクセス制御

RBAについてはすでに説明し、ロールに特権を与えれば、大勢のユーザーを管理しやすくなると述べた。ここでは、特権がどのようにアクセス制御に翻訳されるかを説明する。すべてのユーザーが、システムとの関係では一意なIDを持たなければならないが、ユーザーのロールは変わることがあり、そうするとアクセス特権も変わる。たとえば、ルートパスワードについて考えてみよう。オペレータが昇格してルートアクセスを必要としない地位に就いたとする。このときの選択肢は次の通りだ。

- ルートパスワードをそのままにしておいて、権限のない個人がルートパスワードを知っている状態を作る。
- ルートパスワードを変更し、昇格者以外のすべてのオペレータが新しいパスワードを覚えなければならなくする。
- ロールベースのアクセス制御（RBAC）を使う。

RBACは、個人とロールのマッピングを基礎とする。ロールには特定のアクセス特権が認められ、ID管理システムはユーザーとロールのマッピングを管理する。ID管理システムはロールと特権のマッピングも管理する。その後、ユーザーのロールが変わったら、ユーザーとロールのマッピングも変更され、権限付与システムには、新しい役割に合った情報が与えられる。このようにして、昇格したオペレータは、オペレータロールから削除され、新しいロールを与えられる。そして、ID管理システムは、この人物からルートアクセスを取り除き、適切な新しい特権を与える。この変更は、監査のためにロギングされる。

RBACは、全社を通じて統一的なロールの定義を作ることを前提としているため、大規模な組織では複雑になってしまう。多くの大企業は、社内各所に似ているものの少し異なるロールをいくつも持っている。統一的なロールを定義すると、社内のある部分では、あるロールから別のロールに職責を動かさなければならないことがある。たとえば、社内の一部では継続的デプロイの実践を採用し、別の部分ではまだというような場合について考えてみよう。「本番環境にデプロイすることができる権限」はどのロールに割り当てればよいだろうか。

デプロイパイプラインの例を使ってこれを具体的に考えてみよう。人気の継続的インテグレーションツール、Jenkinsには、デプロイパイプラインに権限を与える代替的な方法がある。通常は、パイプラインの異なる部分には異なる権限を与えたい。たとえば、デベロッパには、特定のタイプの品質保証（QA）のジョブを開始する権限や本番環境へのデプロイの権限は与えないようにする場合がある。JenkinsのRole Strategyプラグインを使えば、デプロイパイプラインの異なる部分に権限を持つ別々のロールを定義できる。それからジョブとロールを結びつける。現時点では、ジョブ名を指定する正規表現を使ってこれを行っているが、ジョブが多数あるときには管理が複雑になることがある。そこで、Jenkins Matrix Authorizationプラグインを使う方法もある。このプラグインでは、すべてのジョブを別々のフォルダに組織する。そして、フォルダレベルでユーザー、ロールにマッピングすれば、権限付与を定義できる。

8.6 アクセス制御

ID管理コントロールは、認証、権限付与チャネルを通過したユーザーによるなりすまし、データの改竄、情報漏えい、特権ユーザーへの昇格を防ぐことを目的としている。しかし、データの改竄、情報漏えいは、認証、権限付与チャネルを通過していないユーザーでも脅威になり得る。この節では、それについて説明する。STRIDEのその他の部分(操作の否認とサービス妨害)は、次節で説明する。

まず、データの改竄、漏えいを防ぐためのコントロールから見ていく。この章の冒頭で使ったスパイ小説のたとえ話は、ここに関係している。アクセスを防ぎ、それがうまくいかないときには、侵入者が見つけたものを利用不能にする。

8.6.1 アクセスの防止

外側から内側へということで、システム、あるいは組織のシステム群の境界線をはっきりさせなければならない。つまり、保護されるリソースを明確に区別しなければならない。リソースは、保護のレベルが異なる場合がある。たとえば、認証を受けていないユーザーによる読み出しを認める場合(インターネットに開かれているウェブサイト)と認証を受けていないユーザーによる読み出しを認めない場合(社内ウェブサイト)だ。

境界の定義

組織のネットワークはサブネットに分割できる。個々のサブネットは、それぞれの境界を持つ。各サブネットは、同じレベルの保護を受けるリソースのコレクションを表している。マイクロサービスアーキテクチャを使えば、境界の定義における柔軟性が高くなる。境界が定義されたら、境界の外部から内部への通信、あるいはその逆をコントロールできる。インターネットからのアクセスはモバイルアクセスとは別に扱われ、モバイルアクセスは社内アクセスとは別に扱われる。ファイアウォール、ゲートウェイ、ルーター、ガード、悪意のコードの分析、各サブネットを守る仮想化システムか暗号化されたトンネルなどがなければならない。この全体構造は、セキュリティアーキテクトの管轄である。

サブネットの外のツール（デプロイツールなど）には、サブネット内にデプロイできるようにパーミッションを与えなければならない。パーミッションは、ツールの呼び出し元から継承することもできる。デミリタライズゾーン（非武装地帯）と呼ばれる特殊なサブネットは、インターネットアクセスに対して開かれており、内部ネットワークへのアクセスが制限されている。外部からアクセスできるウェブサイトは、一般にこのサブネットに置かれる。この種の境界防御では、外部からのアクセスは、ファイアウォールまたはゲートウェイを通過しなければならない。これらは、ポートの利用を制限したり、IPアドレスのブラックリストを管理したり、その他のチェックを実行したりする。データやリソースに無権限アクセスしようとする攻撃者は、まず、境界で境界チェックを受けなければならない。

隔離

隔離は、境界チェックに関連するテクニックである。隔離とは、論理的に異なる機能を物理的に、あるいは論理的に引き離すことだ。歴史的には、物理的な分離が使われてきた。保護したいリソースをインターネットに接続せず、これらのリソースへの物理的なアクセスを制限するのである。しかし、現在では、物理的な分離が適しているのは、プロセス制御などごくわずかな場合しかない。システムへのアクセスの主要な手段がインターネットになっているので、物理的な分離には実現可能性がない。

現在のコンテキストでは、隔離は分離と解釈することができる。計算機能は、たとえば機密性の高さによって分離できる。分離したら境界を打ち立て、その境界をまたぎ越すためには証明書を示さなければならないようにする。機密性の高い個人データは、ほかのデータから分離することができる。そして、属性の集合だけにアクセスできる証明書のグループ、個人データだけにアクセスできる別の証明書のグループ、そして両方にアクセスできる第3の証明書のグループを設ける。

2つのVMで1つの物理マシンを共有する場合のように、リソースを共有するときには、物理マシンで実行されるシステムソフトウェアが隔離を強制する。クラウド環境では、メモリ、ディスク、ネットワークはすべて共有できる。メモリの隔離は仮想メモリ技術で、ディスクの隔離はディスクのパーティションで、ネットワーク利用の隔離はネットワークプロトコルによって実現される。

暗号化

攻撃者が休眠中や移動中のデータにアクセスするのを防ぐために、データの保護のために暗号が使われる。NIST 800-53の多くのコントロールが暗号化アルゴリズムとソフトウェアの使い方を規定している。監査を通過するためには、アルゴリズムとソフトウェアがともに攻撃に強く正しいと証明されなければならない。

使用中のデータは、プロセスの隔離を破らなければアクセスできない。使用中データは、一般にパフォーマンスと人間が使うという理由から暗号化されない。パフォーマンス上の理由とは、データの暗号化と復号には時間がかかるということであり、人間的な理由とは、暗号化されたデータは人間には容易に読めないということである。

以上のテクニックがどのように補い合っているのかを見ておこう。隔離は境界を定義し、境界コントロールは無権限アクセスを防ぐ。そして、暗号化は、攻撃者がデータに達しても解釈できないようにする。

考慮すべきその他のポイント

不正アクセスを防ぐという点では、以上のほかに3つのことが大切だ。データのデコミッション(廃棄)、パッチ、変更管理である。

1. もう使わなくなったデータがシステムに残っていることがある。攻撃者はこのデータにアクセスすることがある。このようなデータのデコミッションの方法に関するコントロールがいくつかある。格納されているすべての場所からデータを削除するとともに、監査目的でデータのコピーを残しておくのである。
2. システムには脆弱性がつきものだ。ベンダーは、パッチを使って脆弱性を修復する。このようなパッチは必ず当てなければならない。コントロールは、パッチをただちに当てること、システムは要求されたらパッチレベルを報告できなければならないことを規定している。
3. システムにあるすべてのソフトウェアのバージョンとパッチレベルを管理することは、根本原因の分析で必要というだけではなく、セキュリティ上の観点からも重要だ。システム内のどのような脆弱性がパッチされているかは、把握しておくべきことである。システムが特定のタイプの攻撃に耐えられることを証明するためには、ソフトウェアのバージョンだけでなく、構成とデプロイの仕様のバージョンも管理することが大切になってくる。DevOpsでは、構成管理に関連するコントロールがあることが特に重要だ。通常のプロセスを経ないで直接構成を変更するのは悪しき実践だというだけでなく、セキュリティコントロールに違反し、セキュリティ監査で問題を起こす原因にもなる。

サービス認証の例を使って、以上のことを具体的に見てみよう。サービス間、あるいはサービスとブラウザ間の通信は、盗聴や中間者攻撃を防ぐために、認証だけではなく暗号化が必要とされる場合がある。そのための方法の1つは、HTTPSを使ってトラフィックを暗号化することだ。これを使えば、クライアントサービスにとっても、サーバーサイドサービスが名乗っている通りのものだという強い保証が得られる。ただ、この方法には、SSL証明書の発行、失効のプロセスを管理しなければならないという難点がある。これを自動化するのは簡単なことではない。マイクロサービスとサーバーが多数ある場合には、これはチームとデプロイパイプラインにとってかなりのオーバーヘッドになる。また、マイクロサービス間で多くの認証を行い、暗号化により逆プロキシ（たとえばSquid）が使えなくなるので、パフォーマンスが損なわれる。境界のセキュリティを強化して、セキュアなネットワークのなかでは暗号化を使わず、暗号化は境界を越えて通信をするときだけ使うようにするとよい。

8.6.2　不正アクセス防止コントロールの責任者は誰か

今までの説明で、不正アクセス防止に関わりのある職務は3つだということがわかった。セキュリティアーキテクト、ソリューションアーキテクト、プラットフォームプロバイダだ。境界の防御は、境界のすぐ内側のシステムのオーナーが責任者になる。つまり、プラットフォームプロバイダはプラットフォームのリソースへのアクセスを防御し、セキュリティアーキテクトは組織のリソースに対するアクセスを防御し、ソリューションアーキテクトは特定のシステムへのアクセスを防御する。セキュアな開発の原則を特徴づけるのは、防御的なプログラミングと入ってくるメッセージを怪しむことの2つの設計実践だ。

ほかのタイプの防止コントロールの責任者も、オーナーという同じ概念によって決まる。システムのあなたの管理下にある部分に関するものなら、データを保護し、監査に対応できる状態にして、パッチを最新状態に保つのは、あなたの仕事だ。

8.7　検知、監査、サービス妨害

本書では攻撃を防ぐ計測について述べてきたが、攻撃の最中にその攻撃を検知するためのコントロールがいくつかある。これらのコントロールは、すべてモニタリングを含むものだ。リソースをモニタリングすれば、異常な利用パターンがわかる。メッセージをモニタリングすれば、オープンポートを探すポートスキャンからログイン試行の繰り返し、ページフェッチ要求のスピードまで、さまざまなことがわかる。これらのコントロールは、利用できるツールによって提供されており、プラットフォームプロバイダ、IT スタッフ、セキュリティアーキテクトが責任を持つ。ソリューションアーキテクトがこれらのコントロールに直接関わることは普通ない。

STRIDE の R は、操作の否認を表す。業務上の理由(たとえば、「私はそんなことは指示していない」)からも訴訟上の理由(たとえば、「攻撃者はどのような打撃を与えたか」)からも、アクティビティの監査記録は重要だ。記録しておくべき項目としては、アカウントの作成と変更、アクセス制御メカニズムのオーバーライド、特権的機能の使用、セキュリティ属性の作成と削除、内外のソースからの接続、ソフトウェアや構成に対する変更などが含まれる。

監査証跡を作ったら、それを保護しなければならない。攻撃者が情報を書き換えて痕跡を消せるのなら、情報を記録しても無意味だ。監査証跡は暗号化して監査対象のシステムとは別の場所に格納し、それに対するアクセスは保護されていなければならない。

監査証跡とログを混同してはならない。監査証跡は、数か月とか数年残り、法的な証拠となり、セキュリティ目的で作られる。ログは、残される期間が日数単位(あるいはもっと短い)で、運用と開発のニーズをサポートするために設計される。

監査記録は、今まで触れてきたすべてのステークホルダーたちが責任を負う。ステークホルダーたちは、それぞれの管轄下で発生し得る重要なイベントを明らかにし、それらのイベントが保護された形で監査証跡に追加されるように決定しなければならない。

STRIDE のなかでまだ取り上げていないのは、サービス妨害の D である。サービス妨害に対する防御は、プラットフォームプロバイダとセキュリティアーキテクトの仕事だ。DoS 攻撃の影響を最小限に留めるためのテクニックやツールは多数ある。たとえば、境界管理デバイスは、境界内のシステムを守るために、特定のタイプのパケットをフィルタリングし、アクセスできるポートを制限することができる。速度制限やトラフィックシェーピングのスイッチも、DoS 攻撃に対する防御のために使える。

8.8 開発

NIST 800-53には、開発プロセスのさまざまな側面について規定するコントロールがある。コードとしてのインフラストラクチャについてまた言うことになるが、スクリプト、その他の DevOps ツールへの入力は、アプリケーションコードの開発と同じように開発し、同じように厳密に検査しなければならない。その一方で、セキュリティテストは、デプロイパイプラインに統合しなければならない。デベロッパは、セキュリティ要件に明示的に取り組み、脅威モデリングや品質測定などのプロセスを実施したことを示さなければならない。

セキュリティのための5つの設計原則は、次の通りだ。

1. クライアントには、タスクを実行するために必要な特権のなかで最小のものを提供する。一時的なアクセスが必要な場合は、使用後ただちにアクセス権を無効にする。
2. メカニズムはできる限り小さくてシンプルなものにする。第5章で説明したように、インタフェースの狭い小さなモジュールの方が、早くテストできる。モジュール自体が小さく、モジュールのインタフェースが狭くてテストしなければならないパラメータの数が少ないので、モジュールは個々のテストをより早く実行できる。
3. すべてのオブジェクトに対するすべてのアクセスを必ずチェックする。通常の使用のときだけでなく、初期化、シャットダウン、リスタートのときもチェックしなければならない。
4. 複数のユーザーに共通なメカニズムやすべてのユーザーが使うメカニズムを最小限に抑える。共有されているメカニズムは、どれも情報の通路になり得る。
5. フェールセーフなデフォルトを使う。特定のプロセスやクライアントがアクセスすべきでない理由ではなく、アクセスが必要な理由を議論する。

以上の設計原則は、アプリケーション設計だけでなく、デプロイパイプライン自体の設計にも当てはまる。セキュリティは、優れた設計の問題ではとどまらない。優れたコーディング実践の問題でもある。セキュアなコーディング実践のリストは複数作られており、これらのリストは静的分析ツールに組み込まれている。デプロイパイプライン内のシステムが合格しなければならないセキュリティ関門の1つは、コード実践のテストである。その他の関門としては、クロスサイトスクリプティングなどのさまざまな実行時攻撃に対するテストもある。

8.9 監査人

以上の知識を基礎として監査人が何に目をつけるのかを考えよう。答えは、「以上のすべて」だ。監査人は、コードとスクリプトの開発実践から、どの種類の攻撃に対する防御のためにどのコントロールを使っているかまで、ありとあらゆることを検討しようとする。

具体例として、監査人がID管理について何を尋ねてくるかについて考えてみよう。ただし、彼らは今までに取り上げたセキュリティのすべての要素に対して同じような手順を踏んでくることを忘れてはならない。まず、彼らはアカウントのプロビジョニングとデプロビジョニングについての組織のポリシー、方針を知ろうとする。組織内のロールは明確に定義されているか。通常のアカウト、特別なロールに割り当てられている特権は何か。組織とそのプラットフォームプロバイダはどのようにやり取りしているか。ID管理システムの責任者は誰か。

これらの問いには、セキュリティアーキテクトとプラットフォームプロバイダが関わっている。ポイントはポリシーであり、目標は、組織レベルで適切なポリシーを確立することと組織とプラットフォームプロバイダの間のインタフェースを明確に定義しておくことだ。

プラットフォームプロバイダは、ドメイン固有の1つ以上の標準に準拠しているという独立した認定を獲得することができる。その場合、彼らは監査プロセスに参加する必要はない。

次に、監査人はソリューションアーキテクトと接触し、特定のシステムに関して同じ質問をする。ここでも、目標は、ポリシーの視点から組織内のシステムを検討することである。監査人は、開発プロセスについての質問もする。デベロッパたちにセキュリティに対する意識はあるか。デプロイパイプラインにセキュリティテストは含まれているか。レビューは実施されているか。先ほどリストアップした設計上の注意点は活用され、確認されているか。スクリプトの開発と DevOps ツールの使用でも同じ実践が行われているか。

次に、監査人は、方針がどのように形になっているのかを見たいと考える。ID 管理はどのように実装されているか。パスワードはどのように保存されているか。セキュリティに関して、システムはどのようにテストされているかなどだ。セキュリティテストケースをコードの形で持っていて、デプロイパイプラインにそれを組み込んでいるか、十分にテストされたスクリプトでセキュリティポリシーの実装を自動化してあれば、監査人から見てよい証拠になる。

最後に、監査人は証拠のサンプルを求める。「私のために新しいアカウントを作ってください。私がもらえる特権を見せてください。社員が会社を辞めたときにアカウントを非アクティブ化するためにどれくらい時間がかかるのかを示す記録を見せてください。貴社の変更管理システムにこれが組み込まれる様子を見せてください」。

多くの場合、同じ問題を解くために複数のコントロールがある。監査を受けている組織は、自分たちが採用している組織コントロールと技術コントロールの組み合わせが要件を満たしていることを実演しなければならない。「フリーサイズ」的な返答はない。あるコントロールの実装に問題がある場合や証拠がない場合には、チェックされている要件を満足させるほかのコントロールがある場合がある。

8.10 アプリケーション設計で考えるべきこと

クラウドとマイクロサービスアーキテクチャを使うことにより、セキュリティに関して設計上特別に考慮すべきことがいくつか出てくる。

- アプリケーションホスト、つまりクラウド内のVMについて、セキュリティ上考慮しなければならないことが新たにいくつか増える。例としてAWS Cloudを使う。

  - クラウド全体を対象とするAWS管理アカウント(ルートアカウントのようなもの)は、初期登録、セットアップのあとは使ってはならない。ほかの目的のためには、AWS Identity and Access Management (IAM)を使ってリソースに対する特権がもっとも小さい別のID(ユーザーまたはロール)をセットアップする。
  - EC2キーペアを異なるユーザーの間で共有してはならない。
  - AWS S3などのストレージに格納するアイテムの保護には、サーバーサイド暗号化を使う。
  - 必要なポートだけを持つゲートウェイを介す以外では、VMからインターネットにアクセスできるようにしてはならない。適切なサブネットを持つVPN(バーチャルプライベートネットワーク)を使うようにする。
  - アクセス履歴をモニタリング、監査するためにAWS CloudTrailログを使うようにする。
  - EC2インスタンスのログは、外部の処理、ストレージに送るようにする。

- コンポーネントは、隔離でき、他のコンポーネントに影響を与えることなく独立にデプロイできなければならない。これはセキュリティのためであり、本書の前の部分で述べた理由のためでもある。
- コンポーネントは、防御的に、呼び出し元を信頼しないようにコーディングする。これは、セキュリティ上の理由だけでなく、信頼性を確保するという理由からもそうすべきだ。
- コンポーネントには、実行される環境に適した構成情報が与えられる(外部サービスに動的にクエリーを送って知る場合もある)。コンポーネントは、初期化時にすべての構成をテストし、他のコンポーネントやリソースを呼び出すときには、その構成を使うようにする。

- 構成情報は、次の目的のためにバージョン管理システムの永続ストレージに保存する。

  - 構成の設定、使用を監査目的で追跡できるようにするため。
  - コンポーネントが障害を起こしたときに構成の具体的な値がわかるようにするため。

- サービス間の呼び出しでは、認証によりパフォーマンスが損なわれることを考慮に入れつつ、必ず認証を行うようにする。
- 外部の世界との通信は必ず暗号化し、内部サービス間の通信でも暗号化を検討すべきだ。暗号化の検討では、データの機密性、境界セキュリティ、パフォーマンスオーバーヘッドなどの要素を考慮に入れる。
- 個々のマイクロサービスのためのカスタマイズされたVMイメージを作るときには、攻撃プロファイルを減らせるように、十分にパッチを当てたベースイメージを使う。セキュアなベースイメージを作るチームを分離し、個々の開発チームにはそれぞれのサービスのためにごく限られたカスタマイズだけを許すようにする。

8.11 デプロイパイプラインの設計で考えるべきこと

デプロイパイプライン自体もクラウドでホスティングすることができる。特に、クラウドの弾力性、反復的なクリーンセットアップ、異なる環境の間での一貫性の相対的な高さなどが意味を持つテスト環境はクラウドに適している。クラウドでホスティングするときのセキュリティの注意点は前節で説明したことと同じだが、さらに、次のことも考慮すべきだ。

- ほとんどのときはパイプライン環境をロックダウンして、パイプラインに対するすべての変更を記録する。

- パイプライン全体を通じて継続的セキュリティテストを統合する。ここには、IDE/コミット前分析、ビルドとインテグレーション、エンドツーエンドテスト環境が含まれる。
- 本番環境にセキュリティモニタリングを統合する。すでに触れた例としては、NetflixのSecurity/Conformity Monkeyがある。
- テスト環境は、それぞれのテストが終わるたびに解体する。それができない場合、少なくとも定期的に解体する。こうすると、長く実行されるインスタンスでのセキュリティリスクが軽減されるだけでなく、再起動の前にセキュリティパッチ更新の機会を作れる。
- 「コードとしてのインフラストラクチャ」により、パイプラインをできる限り自動化する。また、さまざまなテスト、本番環境の間で環境の一貫性を向上させるために、コードの再利用を推進する。これには、セキュリティベンダーのAPIを通じたセキュリティ処理の自動化も含まれる。
- 休眠中や移動中の機密性の高いログやテストデータの暗号化を検討する。
- パイプライン（およびその変更の記録）を経由しない環境の直接的変更を認めない。診断では、本番環境に直接アクセス、変更を加えず、できる限りモニタリングデータ、ログ、複製された環境を使うようにする。
- インフラストラクチャコード（アプリケーションコードだけでなく）にセキュリティ上の脆弱性がないかどうかテストする。
- 自動で通常の準拠、監査出力を生成できるようにする。

8.12 まとめ

機密データを適切に処理していると認定してもらいたい組織にとって、システムがセキュアだということを証明するのは大切なことだ。この証明は、完全な監査を実行するという信頼のある監査機関に提示される。

特定のドメインのセキュリティ要件は、システムが実装すべきセキュリティコントロールのリストとして規定されている。これらのコントロールは、さまざまな脅威からシステムを守ることを目的としたものである。STRIDE（なりすまし、データの改竄、操作の否認、情報漏洩、サービス妨害、特権ユーザーへの昇格）は、脅威のモデルの１つだ。共通に使われるコントロールのリストはNIST（米連邦標準技術局）から公開されている。このリストは、組織コントロールと技術的コントロールの両方を含んでいる。技術的コントロールは、ID管理を扱うもの、アクセス制御を扱うもの、攻撃検知を扱うもの、監査証跡の保守を扱うもの、開発プロセスを扱うもの、サービス妨害を扱うものに分類できる。

それぞれのカテゴリはさまざまなセキュリティ要件を生み出し、組織が監査を受けるときには、それらすべてが監査対象になる。組織は、それぞれのセキュリティ要件が何かを把握し、それらの要件を満たすようにコントロールが実施されている証拠を提供し、実施内容が正しい証拠を提供しなければならない。

従来からの開発、運用部門は、それぞれのセキュリティ課題を持っている。デベロッパたちは、アプリケーションのセキュリティ設計、オペレータたちはインフラストラクチャと操作環境のセキュリティを担当する。アプリケーションのセキュリティは、運用のセキュリティにも依存している。DevOpsは、コードとしてのインフラストラクチャ、デベロッパが主導する自動化、DevOpsツールを通じて、運用の職務となっているセキュリティ関連の仕事をデベロッパとツールに移管しつつある。

共通課題として、セキュリティのチェック、確認は、DevOpsパイプラインの最初から考慮し、さまざまなステージ全体で自動的に実行されなければならない。ユニット、インテグレーション、システムのすべてのレベルで半自動化された適切なセキュリティ分析、テストを行うのは簡単なことではない。セキュリティ分析は、エキスパートが主導し、かなりの労力を必要とするアクティビティになることが多い。しかし、DevOpsのもとでは、デプロイ時にもセキュリティ分析を拡張するとともに、継続的デリバリーとデプロイパイプラインのなかで完全に自動化する必要がある。

DevOpsにおけるセキュリティは、アプリケーションと運用のセキュリティだけではなく、ビルド／テストサーバーのセキュリティ、マイクロサービスコンポーネントのセキュリティ、環境のセキュリティ、ダイナミックなプロビジョニングにおけるセキュリティなど、パイプライン自体のセキュリティも考えなければならない。「コードとしてのインフラストラクチャ」は、DevOpsのプロセスをセキュアに保とうというマインドセットを生む。

8.13 参考文献

アーキテクチャレベルで一般的にセキュリティ問題を扱ったものとしては、[Bass 13]の第9章を参照するとよい。

クラウド固有のセキュリティ問題については、http://www.opensecurityarchitecture.org/cms/library/patternlandscape/251-pattern-cloud-computingにパターンの細かいカタログがある。

STRIDE脅威モデルについては、http://msdn.microsoft.com/en/library/ee823878(v=cs.20).aspxで詳しく説明している。

内部からの攻撃を緩和するための方法については、Software Engineering Instituteが技術レポート[SEI 12]を作っている。

NIST 800-53は、米国の情報システムのセキュリティコントロールのカタログである。[NIST 13]で、これの実際のドキュメントと関連出版物を見ることができる。

最近のセキュリティ攻撃の優れた分析としては、Wikipediaのhttps://ja.wikipedia.org/wiki/スタックスネット、http://en.wikipedia.org/wiki/Stuxnet、Verizonのhttp://www.verizonenterprise.com/DBIR/2013/download.xmlを参照していただきたい。

マイクロサービス固有のセキュリティ問題については、[Newman 15]のセキュリティの章を参照していただきたい。

"Security and DevOps"でサーチをすれば、DevOpsとセキュリティの関係について論じているかなり多数のブログエントリが見つかる。

Wikipediaは、http://en.wikipedia.org/wiki/Security_controlsでセキュリティコントロールとそのタイプについて詳しく論じている。

BrowserStack攻撃については、[ITSecurity 14]で論じられている。

Security Monkeyについては、http://techblog.netflix.com/2014/06/announcing-security-monkey-aws-security.htmlで説明されている。

第9章 その他の○○性

子どもの頃、我が家のメニューの選択肢は食べるか残すかの2つだった。

―― Buddy Hackett

9.1 イントロダクション

本書第2部では、ビルド、テスト、デプロイなど、継続的デプロイパイプラインのなかの大きな機能的側面について論じた。DevOpsの仕事には、エラー検知、診断、修復などのようにプロセス風のパイプラインとよく似たものがほかにもある。この章では、DevOpsパイプラインという言葉を使ってDevOpsのすべての側面を表現する。

ソフトウェアアーキテクトの読者なら、基本機能とその正しさばかりに偏らずに考慮すべき性質を表す言葉として「ility」（○○性）という言葉のことをおそらくご存知だろう。DevOpsでは、○○性は次のような問いに対応している。パイプラインでこれらの機能がどのくらいうまく動いているか。必要になったときにDevOpsの操作を正確に反復できるか。ビジネスコンセプトが生まれてから最終的なリリースまでにどれだけの時間が過ぎたか。パイプラインに含まれる異なるツールがどのように相互作用しているか。第3部の始めの部分では、モニタリングとセキュリティというこれらのなかでももっとも大きな問題から取り掛かった。この章では、その他の問題を取り上げる。表9.1は、さまざまな○○性とそれがどのような品質かという意味をまとめたものである。

表 9.1　DevOps パイプラインの○○性とその意味

○○性	意味
反復可能性	同じ操作の繰り返しがどの程度可能か
処理性能（パフォーマンス）	DevOps の操作を実行するために必要な時間とリソース
信頼性	DevOps パイプラインとそのなかに含まれる個々のソフトウェアが決められた期間にわたってどの程度サービスを維持できるか。
回復可能性	失敗した DevOps 操作を、操作対象のアプリケーションに与える影響が最小限に抑えられた望ましい状態にどの程度回復できるか。
相互運用性	異なる DevOps ツールが特定のコンテキストでインタフェースを介してどの程度有益に情報を交換できるか。
テスト可能性	DevOps ソフトウェアがテストを通じてどの程度簡単に自らの誤りを示すことができるか。
変更可能性	DevOps ソフトウェア、プロセス、アプリケーションの操作環境を書き換えるためにどの程度の労力が必要か。

ここでは、パイプラインが作り、操作するアプリケーションではなく、DevOps パイプライン自体の○○性に重点を置く。パイプラインとアプリケーションの間に強い関係があることは間違いない。たとえば、アップグレード操作のパフォーマンスと回復可能性は、アップグレード対象のアプリケーションのパフォーマンスと回復可能性に強い影響を及ぼす。DevOps パイプラインの○○性の問題を、製品とプロセスの 2 つの異なる視点から考えてみよう。

まず、DevOps パイプライン自体はソフトウェア製品であり、そのエンドユーザーはデベロッパとオペレータである。ソフトウェアの常として、ステークホルダーにとって重要なさまざまな品質に早い段階で明示的に重点を置けば、優れたソフトウェアアーキテクチャ実践によって設計をコントロールできる。すでにたびたび言っているように、私たちは、DevOps パイプラインの機能と○○性の要件をきちんと洗い出すためには、オペレータを正規のステークホルダーとして扱うことが重要だと考えている。

第 2 に、DevOps パイプラインには、プロセスとしての特徴がある。ここで取り上げる○○性のなかには、製品の品質、パフォーマンスというよりもプロセスの品質、パフォーマンスとの関係が強いものが含まれている。このようにプロセス指向のシステムの改良には、2つのレベルでアプローチすることができる。1つのレベルでは、DevOps プロセスは、ソフトウェア開発プロセスなどの人間の力を集中的に必要とするプロセスと似た存在になる。そこで、ソフトウェア開発プロセスを改良する過程で学んだ教訓の一部は、DevOps プロセスにも応用できる。アジリティ（機敏さ）、ライフサイクルモデル、品質管理、成熟度モデルといったものだ。実際、DevOps 運動は、開発のツール、実践を運用の領域に応用するアジャイルの試みとしてスタートしている。もう1つのレベルでは、DevOps プロセスは、ワークフロー、ビジネスプロセスの管理システムと適合する。ワークフローエンジンのなかで定義済みの DevOps ワークフローが実行されるという形だ。ワークフローの品質は、異なるタスクの前 / 後条件のアサーション、よりよいリソース配分、例外処理、長時間実行されるトランザクションの管理などによって上げることができる。第 14 章では、運用をプロセスとして扱うということをもう少し詳しく論じる。

以下の節では、表 9.1 の○○性を1つずつ取り上げる。ほかのソフトウェアと同様に、DevOps プロセスの設計には、関連する品質の間のトレードオフが絡まっている。

9.2 反復可能性

反復可能性とは、1つのプロセスが異なるアプリケーションやブランチでどの程度繰り返せるかということだ。反復可能性は、プロセスの成功、失敗の回数を数えれば計測できる。かつて成功していたプロセスが失敗するようになったら、その失敗は、プロセスがある種のコンテキストでは反復可能でなくなることを示している。

マイクロサービスの本番環境へのデプロイのようなプロセスは、個々のチームによって定義されるが、マイクロサービス全体のなかでの機能の割り当てのようなプロセスは、チーム横断的に定義される。さらに、特定のツールの使用のようなプロセスは、企業 / 組織全体で決められたものに従うことになる。DevOps プロセスのロールアウトでは、そのプロセスがチーム内、チーム間、組織全体のどれなのかをはっきりさせることが必要だ。このテーマについては第 10 章で詳しく説明する。反復可能性の実現では 2 つのアクティビティが鍵を握っている。プロセスの定義、実施とすべての成果物のバージョン管理だ。以下の節では、これらについて述べていく。

反復可能性の計測は、2 つの操作の実行を同じプロセスの実行と判断できるかどうかにかかっている。たとえば、プロセスのトレースを検証してそれらが同じステップを同じ順序で実行したことを確認するという方法がある。つまり、反復可能性とトレーサビリティを同一視しているのだ。プロセスのステップを識別できなければ、ステップの結果がそのステップの前の実行の繰り返しになっているかどうかを判断することはできない。

9.2.1 適切なレベルでのプロセスの定義と実施

ソフトウェア開発と IT 運用は、クリエーティブな問題解決のアクティビティを含み、中心にはずっと人間がいる。DevOps の世界には完全自動化に向かう流れがあるが、リリースプランニングとリリース管理、複雑なモニタリングルールの導出、障害の診断など、人間の力を必要とするアクティビティはまだある。これは、品質向上のために反復可能な行動を定義して実施することとクリエーティブなアクティビティを生み出す余地を作ることとの間に重要なトレードオフがあるということだ。

プロセスはガイダンスを提供する。そして、さまざまなトレードオフを考慮した末の合理的な過程が生み出した結果が今ある発達したプロセスのはずである。しかし、プロセスを厳格に実施すると、開発と運用の両方の柔軟性が損なわれる。プロセスの実施は、自動化の問題であるとともに、ソーシャルな手順の問題でもある。プロセスを自動化すると、特定の行動、特定の通路が強制される。「私がビルドを壊しました」と書かれた帽子をかぶるなどのソーシャルな手順には、特定のプロセスに準拠するようチームメンバーを教育し、奨励する効果がある。

デベロッパとオペレータを別々に見ていこう。

現代のデベロッパは、コードエディタ、コンパイラ、デバッグツール、静的分析ツール、テストツール、ソースコード管理システムなど、機能が豊富な各種のツールを使いこなして仕事を進めていく。IDE(統合開発環境)がこれらのツールの一部を統合している場合もある。これらのツールには、それぞれ、プロセスを定義して実施するか自由を認めるかのトレードオフに関してそれぞれの考え方が盛り込まれている。しかし、ツールを使い分けているデベロッパのアクティビティ相互の間のプロセスフローには、それほど規制がない。たとえば、デベロッパは、大規模なコードをリポジトリにコミットする前にごくわずかしかテストを行わない道を選ぶかもしれない。その場合、大きなコードがビルド中に壊れたり、インテグレーションテストで失敗を起こしたりするだけでなく、デバッグとマージの作業が不釣合いに大変になる。

反復可能性を実現するためには、プロセスで厳選した実践を強制しなければならない。強制される実践としてどれを選ぶかは、DevOps プロセスの設計に含まれるトレードオフの一部になる。たとえば、あるチームが、重要なブランチに統合される前にコードをチェックするために、プレコミット／プッシュのフック(テスト)を必須と定義したとする。プレコミットテストは、コーディングスタイルのチェックから、一連のテストケースの実行までのさまざまな手順を含むことができる。しかし、これらのチェックが長過ぎ、デベロッパが待たなければならなくなるようなら、デベロッパの生産性は下がってしまう。この場合、適切なレベルの強制テスト(徹底したローカルテストによる信頼性の向上)とビルドエラー、パイプラインへの影響の間のトレードオフになる。

目標は、開発のワークフローに、はっきりと定義されていて繰り返すことができるベストプラクティスを適切なレベルで絡ませることだ。このベストプラクティスは、個人のアクティビティだけではなく、チーム内の個人のアクティビティとアクティビティの間の流れの量と品質を考えたものになる。以前ならこういったことは、主としてライフサイクルモデル、アジャイルメソッド、能力成熟度モデル(CMM)といった教育、管理実践を通じて推進されていた。しかし、DevOps では、これらのベストプラクティスは、強制と自由度のトレードオフこそあるものの、反復可能なオートメーションを通じて強制されるようになりつつある。

オペレータの世界では、自分の仕事の自動化は、以前からコミュニティ全体のスローガンになっている。ITのオペレータは、自分の仕事のあらゆる側面を反復する力を秘めた高度な自動化ツールを持っている。以前は、CFEngineのような構成管理ツールがサーバーの大規模なクラスタの構成のアップデートを管理するために使われていた。仮想化時代以前でさえ、LoudCloudやOpswareなどの開拓者たちがサーバーとネットワークの自動プロビジョニングに関連したソリューションを提供していた。しかし、仮想化テクノロジーによって、反復可能な操作がはるかに簡単なものになった。VMwareやAmazonクラウドなどのベンダーは、反復可能性の実現に役立つAPI（アプリケーションプログラミングインタフェース）やツールを提供してきた。オペレータは、特別な問題を解決し、さまざまなツールやプラットフォームをパイプラインにまとめるためのお気に入りのスクリプトやCronジョブを持っていることが多い。

これらのアプローチは役に立ってきたが、必ずしも適切なレベルで反復可能な実践を強制するものにはなっていない。まず、異なる自動化タスクの間のフローは規制が甘く反復可能になりきっていないことがある。オペレータは、個々のタスクはスクリプトにまとめられていて反復可能なのに、それらのタスクを適当に並べて実行してしまうことがある。この問題は、パイプライン全体とその反復可能性を考えるときに特に重要だ。第2に、オペレータは、ダウンタイムを少しでも短くするためにリアルタイムで障害やアウテージと戦うという仕事もしなければならない。自分がしようとしていることを反復可能なスクリプトという形で定義し、それをテストして、バージョン管理した上で実行するよりも、早く仕事を片づけろというプレッシャーが重くのしかかる。反復可能性とリアルタイムの問題解決のバランスを取るためには、思いつきの反復不能な操作が認められるときはいつかと、障害が起きたあとで状況を収拾するためにどうすべきかを明確に定義することが必要だ。最後に、スクリプトと自動化ツールで操作を定義したからといって必ず反復可能性が実現されるわけではない。なぜなら、スクリプトは変わっていくものであり、異なるバージョンのスクリプトが異なるコンテキストのもとで異なるタイミングで実行される場合があるからだ。必要なときに本当に操作を反復可能にすることは簡単なことではない。そこで、次節ではバージョン管理について考えよう。

9.2.2 すべてのものをバージョン管理する

今まで説明してきたように、DevOpsのプロセスには少なくとも2つのレベルがある。1つのツールで実行するステップもあるが、複数のツールを使って実行するステップもある。反復可能性を保証するためには、どちらもバージョン管理システムの管理下に置かなければならない。まず、1つのツール（スクリプト）の管理下にあるステップをバージョン管理システムで管理しなければならない理由から考える。これらのステップは、オペレータが使うスクリプトにまとめられる。

1. スクリプトは時間とともに書き換えられていく。変更は、改良によるものであったり、少し異なる仕事をするための新しいコードの追加によるものであったりする。どのスクリプトのどのバージョンをどのシステムでいつ実行したかは簡単にわからなくなってしまう。インフラストラクチャや環境を変更するスクリプトやコードは、アプリケーションと同じようにバージョン管理システムで管理すべきだ。これは、コードとしてのインフラストラクチャの例である。こうすれば、スクリプト／コードの過去のすべてのバージョンを残せるだけでなく、変更理由、変更を加えた担当者、変更のタイミングなど、変更についての情報も残る。
2. スクリプトは、実行するためにパラメータを取ることがよくある。そして、それらのパラメータは特定の環境に働きかけその環境に変更を加える。実行をトレース、反復したり理解したりするためには、使われたスクリプトの正確なバージョンだけではなく、指定されたパラメータの値や実行のトレースも残す必要がある。

実行のトレースや反復は、さまざまな方法で実現できる。第1のアプローチは、特定の実行のすべてのステップ（どのステップがどの状態に何をするのかについての情報も含む）をログに記録するというものだ。このアプローチの成否は、あなたのスクリプトとほかの人々のスクリプトとツール（あなたからは手が出せないもの）が生成するログの品質と粒度に大きく依存している。過去の実行を再現するためにログのなかの不完全な情報を適切に処理しなければならなくなることもある。第2の方法は、特定のステップのログがどのように書かれているか、あるいはそもそもログが書かれているかどうかにかかわらず、特定の実行の状態変更をキャプチャするというものである。一部の状態（ファイルベースの構成パラメータや出力）は単純にバージョン管理システムにファイルを投入するだけでファイルに対する変更（スクリプトによるものも人間によるものも）を追跡できるのでバージョン管理しやすい。しかし、ファイルベースではない状態は、定期的な状態キャプチャリングのために追加の作業が必要になる。たとえば、クラウドで実行される仮想インスタンスの状態とそれらの関係は、特にDevOpsのオペレーションによって変更されている場合には、定期的にキャプチャして将来見られるように格納しておくべきだ。すでに、Netflix Eddaのようなツールが作られている。Eddaは、最近のオペレーションとの相関関係を含め、Amazonクラウドリソースに加えられた状態変更をキャプチャし、クエリーで問い合わせられる。

これらのトレーシングテクニックは、チェックポイントとロギングによる標準のテクニックに還元することができる。チェックポイントで環境の状態を記録し、チェックポイント作成後に発生した変更要求をロギングするのである。ログが大きくなり過ぎる場合には、新しいチェックポイントを作って改めてログを開始すればよい。環境の状態と使われたパラメータは、ログとチェックポイントを解析すればわかる。

チェックポイントと変更のログを作るというこの最終地点まで進むと、すべてのステップをつなぎ合わせて反復可能な高水準プロセスを作れる。可能性はさまざまである。

- **デプロイツール**

デプロイツールは、インスタンスを本番稼働させるための最後のステージなので、高水準プロセスのトレーサビリティを維持できる。

- **構成管理データベース(CMDB)**

第2章で説明し、第12章のケーススタディで実際に見るように、構成パラメータはデータベースに格納される。このデータベースはアクセスも記録できるので、構成情報にアクセスしたツールとスクリプトはあとで知ることができる。

- **データアイテムのタグづけ**

個々のスクリプトは何らかのエンティティを操作する。エンティティを操作する個々のスクリプトの識別情報をエンティティにタグづければ、最終的にデプロイされたバージョンはトレーサビリティ情報を持つことになる。

どの場合でも、オペレーションを完全に反復可能であとで理解できるものにするためには、ログの部分部分と状態スナップショットをバージョンが明確なスクリプトの特定の実行に結びつけられることが大切だ。

9.3 パフォーマンス

DevOpsパイプラインは、ソフトウェアと同じようなもので、そのパフォーマンスは、達成する有用な仕事の量とその仕事を達成するために使った時間とリソースによって表現される。通常のソフトウェアのパフォーマンスと同様に、DevOpsパイプラインのパフォーマンスは、ビルドやデプロイなどのタスクを実行したときの応答までの時間、パイプラインの異なるステージでのこれらのタスクのスループット、コンピュータ資源と人材の両方の資源の使用量から計測できる。

9.3.1 重要項目の計測

パイプラインのパフォーマンスを向上させるためには、まずパフォーマンスを計測する必要がある。第10章では、DevOpsパイプラインの高水準のビジネスパフォーマンス指標について論じるが、パイプラインのパフォーマンスを向上させるためには、より詳細な計測が必要だ。

高い水準で注目されるパフォーマンスは、ビジネスコンセプトが生まれてからデプロイに成功するまでの時間だ。ビジネスコンセプトは、実現され、デプロイされる過程で、パイプラインのサブプロセスを通過する(ときには反復的に)。そこで、個々のサブプロセスでかかった時間を計測することが大切だ。この時間には、タスクがキューで待たされた時間と実際のタスクの実行にかかった時間の両方が含まれる。たとえば、インテグレーションテストのリソースは、別ブランチのコミットによってブロックされるかもしれない。そして、コミットは、リソースが再びフリーになるまでしばらくの間キューで待たされるかもしれない。

また、発生する異なるタイプのエラーとその背後の理由を計測しよう。たとえば、ビルドエラーは、デリバリーパイプラインを遅らせる大きな要因だ。Googleが最近行った研究によると、ビルドエラーのもっとも大きな理由は、依存コードの問題で、全ビルドエラーの52.68%(C++)、あるいは64.71%(Java)を占めている。これらのエラーを理解できると、改善への道が見えてくる。

第3のタイプの計測は、コンプライアンスに重点を置いたものである。すでに述べたように、さまざまな理由から、ベストプラクティスを積極的、機械的に押しつけるのは必ずしもベストにはならない。それよりも、コンプライアンスをモニタリングすると、問題の兆候が見えてくる。すべての逸脱が問題だというわけではなく、正当化できる逸脱もある。しかし、コンプライアンス違反が複数現れてくるなら、プロセスの改良が必要だということかもしれない。ベストプラクティスの場合、この改良はオプションだが、決められたルールの場合は、必ず改良しなければならないかもしれない。たとえば、金融業界では、リリースを本番稼働させる前に、機能やパッチの実際の開発に携わったわけではないデベロッパがコードレビューをしなければならないというルールになっていることが多い。このルールは、使っているツールによって強制されるはずだが、リリース時にコンプライアンスをモニタリングして、何らかの形で強制メカニズムがバイパスされていないことを確かめるとよい。

問題が発生したとき、問題が検知されたとき、その後修復されたときにそれぞれ経過した時間に注目したパフォーマンス計測もあり得る。検知、修復に遅れが見られるなら、改良のチャンスかもしれない。

一般に、パイプラインの速度を低下させそうなもののパフォーマンスを計測し、相対的なコストと改良によって得られる効果に基づいて、優先的に修正すべき箇所を決めることをお勧めしたい。

9.3.2　リソース利用度の改善

開発チームのために計算リソースをプロビジョニングするのは、高くつき、煩わしく感じられるときがある。デベロッパは、パフォーマンスの高い開発環境にアクセスできていなければならない。社内の物理開発環境のプロビジョニングには、かなりの時間とコストがかかる可能性がある。また、テスト、ステージング環境は、できる限り本番環境に似せなければならないし、コストの高い複製が必要になることがある。そして、このシナリオには無駄が生じ得る。というのも、デベロッパマシン、ビルド / テストサーバー、テスト / ステージング環境はピーク時に合わせてプロビジョニングされることが多く、ピーク時でなければ十分に活用できていないからだ。

無駄は、いくつかの異なる戦略を使って削減できる。

- **上記のすべての環境をクラウドに移し、利用度が低いマシンのスイッチを落として、使っている分だけ支払うようにする。**

こうすると、リソース利用度が改善されるだけでなく、反復可能性の実現にも役立つ。使われていない環境を解体し、必要になったときに自動的に起動するようにすると、否応なく反復可能なプロセスを定義しなければならなくなるのである。すると、一貫性が取れていてクリーンな環境と十分にテストされたスクリプトが手に入る。さらに、環境の違いに起因する問題(「私のマシンでは動くんだが」問題)も緩和される。クラウドの柔軟なスケーリングとパイプラインの設定次第では、並行処理によってより多くのリソースを確保し、利用することができる。これらの追加リソースは、ボトルネックを取り除いたり、さまざまなパイプラインタスクのスピードを一般的に上げたりするために使われる。

- **仮想マシン（VM）ではなくコンテナを使う。**

　コンテナはVMよりも素早くデプロイできる。デプロイパイプラインのサポートのためにコンテナを使う方法はまだ生まれたばかりだが、このタイプのアプリケーションは間違いなく成長する。

　パイプラインを完全にクラウドに移してしまうと、環境がサードパーティークラウド上にホスティングされている場合、環境を完全に管理し、見ることができなくなるという欠点がある。また、開発、テスト環境全体がアウテージに陥るという確率的には低いが重大な影響のあるリスクもある。

9.4　信頼性

　ソフトウェアは実行に失敗するものである。信頼性とは、DevOpsパイプラインとその個々の部品がサービスをし続けられる能力のことだ。DevOpsパイプラインは、さまざまなタイプのツールを大量に処理しなければならない。ツールのなかには、コードエディタやIDEのように開発環境ローカルなものがある。一部のサービスは、継続的ビルド/インテグレーションのような専用サーバーが提供している。デプロイプロセスは、OS/ミドルウェアの特定のメカニズムかクラウド環境ならインフラストラクチャAPIとVMを介して、インフラストラクチャサービスを相手にしなければならない。これらのサービスの一部は、ネットワーク越しにリモートアクセスする必要がある。DevOpsパイプラインは、さまざまな分散サービスを扱うシステム群をまとめた分散システムと見ることができる。そして、これらのサービスとその信頼性は、あなたが直接手を出せないところにあることが多い。パイプラインの信頼性を向上させるために使えるソリューションがいくつかある。

9.4.1　さまざまなサービスの信頼性特性を理解する

パイプラインに含まれているさまざまなサービスやソフトウェアの信頼性を経験的に理解することは、パイプライン全体の信頼性を向上させるための重要な第1歩だ。ソフトウェアのリリース、デプロイの頻度が上がると、それらのサービス、ソフトウェアの多くは、1日に数千回もアクセスされるようになる。これらのサービスに対してはストレステストを実施し、信頼性と実行時間のプロファイルを確立しておくべきだ。大切なのは、サービスの管理権、所有権と純粋な複雑さのために、これらのサービスの信頼性は必ずしも向上させられないということを忘れないことである。

個々のサービスの信頼性が理解できたら、もとのサービスに手を加えたりコントロールしたりせずに信頼性を向上させるテクニックを使える。

- もとのサービスをラッパーで包んで信頼性を高める。ラッパーには、標準的なフォールトトレラントメカニズムを組み込めばよい。たとえば、応答時間が95パーセンタイルよりも遅くなったら待たずに失敗させるフェイルファーストメカニズムを実装する。あるいは、一部失敗したり遅くなったりする要求が出ることを予想して、必要な数よりも少し多い要求を発行してもよい。こうすると、コストが余分にかかるが、非常に重要な場面でパイプラインの信頼性が飛躍的に向上する。ラッパーを使えば、一部の要求を横取りし、チェックポイントを設けて重要な状態を記録するように要求の処理を変形して、エラーが起きたときに効率よく状態変更の取り消しをすることもできる。
- リモートサービスのローカルミラーを使う。これは、リモートコード/ソフトウェアリポジトリや依存コードの解決を処理するためによく行われている。DevOpsパイプラインは、新インスタンスのプロビジョニングのためにサードパーティライブラリやソフトウェアパッケージにアクセスしなければならないことが多い。インターネット経由ですべてのパッケージをダウンロードするのでは、信頼性が低くなる場合や、間違って新バージョンをダウンロード、利用してしまって矛盾が生じる場合がある。ローカルミラーを使えば、リポジトリサービスの信頼性が向上し、特定のバージョンを強制的に使わせることができる。

9.4.2 エラーの早い段階での検知、修正

通常のソフトウェア開発、デバッグと同様に、DevOpsパイプラインのために長い時間を費やすのは、ビルド、テスト、デプロイが成功したときではない。作業がうまくいかなかったときに、問題点を分析、修正するために長時間を費やすのである。たとえば、ビルドエラー、デプロイエラーを判断するための時間、ロールバックに費やす時間は、パイプラインのパフォーマンスを大きく引き下げる要因になり得る。

この問題の解決方法の1つは、パイプラインの初期の段階でより多くのテストを実行するようにすることだ。しかし、テストはかなりの時間を必要とする。特に、ターゲットプラットフォームが複数あり、大規模なインテグレーション/システムテストスイートが含まれているときは時間がかかる。そして、エラーのなかには、かなり時間が経って本番環境で大規模に実行されてから見つかるものもある。

ツールを強化してより早く頻度の高いエラーを検知するという方法もある。たとえば、先ほど触れたGoogleの経験的研究の結果、より高度な依存関係解決サーバーを導入し、前後の両方向で依存関係を解決し、依存関係に関連した問題点を従来よりも早く(つまり、ビルドエラーが起きる前に)検知しようという研究が進められている。

初期段階のエラーの多くは目立たないが、ログやモニタリングなどのさまざまな場所に痕跡を残している。ログを解析して、エラーに反応するよりも先に想定通りの状態になっているかどうかを確認するメカニズムを作るとよい。その他のエラーのなかには、履歴データのなかの傾向や過去の成功した実行を比較しなければ検知できないものもある。第14章では、ログとアサーションを使ってほかの方法よりも早い段階でエラーを検知する最近の研究結果を紹介する。これらのエラーを早い段階で検知すれば、そこで修復作業をすることによって信頼性が上がる。次の節では、修復作業と関連の深い回復可能性を取り上げることにしよう。

9.5 回復可能性

ほかの多くの品質属性と同様に、DevOpsオペレーションの回復可能性は、あとから付け足しで考えるのではなく、最初から組み込まれた品質でなければならない。回復可能性の目標は、エラーが起きたあと、原因が内部システム、外部システム、人間のオペレータのいずれであっても、簡単に回復できるようにすることだ。これを実現するための方法はいくつもある。

1. オペレーションのロジックに徹底して例外処理を組み込むこと。特定のステップの前後のさまざまな条件をチェックする防御的なプログラミングテクニック、例外処理を使った修復、または穏便な終了による望ましい状態(たとえばステップ実行前の一貫性がとれた状態)への移行などだ。
2. 外部のモニタリング、修復システムへのサポートを組み込む。多くのオペレーションは実行に時間がかかるので、オペレーションのステップの結果を同期的にチェックし、最初の成功のあとも望ましい状態が保たれていることを確認するのは必ずしも容易ではない。タスクがアプリケーションインスタンスを起動するところを想像してみよう。一般に、起動に成功するまでには、VM、ミドルウェア、アプリケーション、アプリケーションの構成のプロビジョニングの成功という中間的な状態をいくつも通過するので、数分かかる。中間的な結果は、定期的なチェックを通じて数分後にわかるだけだ。それに対し、外部モニタリング、健全性チェックサービスなら、これらの一部を解析し、必要に応じてVMの障害などのエラーからは回復することができる。外部モニタリング、修復サービスは、オペレーションのプロセスを規定するスクリプトとの協力のもとに動作する。
3. オペレータを正規のステークホルダーとして参加してもらった上でソフトウェアを設計すること。修復のための複雑なタスクの多くは、原因を診断したあとで人間のオペレータがしなければならない。オペレータが情報を知った上で修復のための判断を下せるようにするために、オペレーションソフトウェアがログか状態キャプチャ機能を使って意味のある情報を残すことが大切だ。

4. 長時間実行されるオペレーションの個々のステップが自分で自分を修復できるようにする。そうすれば、オペレーション全体をロールバックしなければならないケースをごくわずかに減らせる。

9.6　相互運用性

相互運用性は、特定のコンテキストのもとで異なるツールがインタフェースを介して有益な情報交換をどの程度できるかということである。DevOpsパイプラインは、さまざまなベンダーの市販ツールやオープンソースプロジェクトのツールを組み合わせて作られる。この種のパイプラインでは、これが想定される標準的な形であり、個別のタスクは高度に専門化されたソフトウェアで行われ、異なるツールによる相互運用は、トップダウンの計画によってではなくベストエフォートで行われる。このようなばらばらなソフトウェアの間での相互運用性を改善するための方法はいくつもある。

9.6.1　インタフェースの相互運用性に注意を払う

チームは、ツールの社内バージョンを作ったり、既存ツールを自分たちのタスクに合わせてカスタマイズしたりすることもできるが、ほとんどの場合は、自分たちではほとんど手を出せない既存ツールの間の相互運用を実現しなければならない。そこで、安定したAPI、柔軟なスクリプティング機能、活発なプラグインエコシステム（ほかのツールとの相互運用のためのプラグインを多数含むもの）を持つツールを選択することが大切だ。

たとえば、人気のあるバージョン管理システムのGitは、イベントベースのフックを通じて、静的分析、テスト、ビルド、通知／メッセージングシステムとの相互運用をサポートできる。コミットやプッシュといったGitイベントの前後に、適切なGitからの出力を渡してほかのシステムを呼び出すことができる。

9.6.2 既存のデータモデルを理解する

相互運用性は、パイプラインに含まれる個々のツールが想定しているデータモデルによって大きく左右される。相互運用されるツールの間で交換しなければならない主要なデータモデルのシンタックス（構文）、セマンティックス（意味）を知ることが大切だ。これはいつも簡単にわかるわけではない。

たとえば、継続的インテグレーション（CI）は比較的成熟しており、CIをサポートするツールは多数ある。これらのツールのデータモデルは、ビルドについて明確なコンセプトを持っている。しかし、パイプラインを継続的デプロイ（CD）にまで拡張すると、いつどこでどのビルドがデプロイされたかを追跡しなければならなくなる。また、すべてのビルドがデプロイされるわけではなく、特定のデプロイが複数のビルドからの情報をリンクバックしなければならない場合がある。CDで想定されるデータモデルは、成果物とインフラ、環境へのマッピングについての情報が多くなる。2つのデータモデルにはずれがあるため、CDの目的でCIツールを使おうとすると問題が起きる。この問題は、デバッグやモニタリングの目的でデプロイからビルドにフィードバックが必要なときには特に重要だ。相互運用がCIからCDツールを起動するだけのことであれば、きわめて重要な情報が失われてしまう。継続デリバリーソフトウェアのGoなどは、CIとCDの相互運用のニーズに対応できる豊かなデータモデルを用意してこの問題に対処している。既存ツールを使っている場合、マッピングの追跡のためにコーディネーションスクリプトに追加のデータモデルが必要になるかもしれない。

9.7 テスト可能性

テスト可能性は、ソフトウェアがテストを通じて誤りをあぶり出すためにどれくらいの労力が必要かである。アプリケーションソフトウェアなら、デベロッパはユニットテスト、インテグレーションテストなどを行う。しかし、DevOpsパイプラインにはアプリケーションにはない難問がある。その難問とは、インフラストラクチャコードの結果のテストの難しさのことだ。

コードとしてのインフラストラクチャとは、（仮想）マシンとネットワークのセットアップ、パッケージのインストール、アプリケーションのための環境の構成といったことをコードで（人間が入力するコマンドではなく）行うということであるのを思い出そう。しかし、そのようなコードの実行には、VMのスピンアップ、ソフトウェアのダウンロードとインストール、大量のノードでのすべてのタスクの確実な実行など、時間のかかるタスクが含まれるので、インフラストラクチャ関連コードでテスト可能性を高めるのは難しくなってしまう。コマンドが受け取られて起動したことを確かめるだけでは足りない。数分後、あるいは数時間後に想定通りの結果が得られたかどうかも知る必要がある。

例としてChefについて考えてみよう。Chefはインフラストラクチャのプロビジョニング、アプリケーションのデプロイの両方の目的のために、大量のシステムを構成する人気の高いツールだ。ノード（物理マシン、VM、LXCコンテナなど）に対してChefに何をさせるか（パッケージのインストール／アップデート、構成変更など）はChefクックブックを書いて指定する。Chefシステムは、すべてのノードに対してクックブックを適用しようとする。Chefクックブックコードがあなたの想定通りのことをするかどうか、そしてコードの品質はよいかどうかをテストするにはどうすればよいのだろうか。

ほかのコードと同様に、クックブックにはユニットテストをすることができる。Chefクックブックのユニットテストは、ChefSpecツールで実行する。インフラストラクチャコード（Chefクックブックなどの）のユニットテストは、通常のユニットテストとはわずかに意味が異なる。コードは、収束（Convergence）を通じてパッケージのインストール／アップデートやノードの構成変更を行うものだ。しかし、実際に大量のテストインスタンスを起動し、それら全体でインストール／アップデートが終わるのを待っていたら、遅くてコストがかかるだろう。これではユニットテストの主目的であるデベロッパへのすばやいフィードバックのための高速、ローカル実行に沿わなくなってしまう。そこで、ChefSpecは、特にロジックが複雑なときには、Chefに対する入力が本当に想定通りのものかどうかをテストする。ChefSpecは開発マシンのメモリで実行され、実際に収束まで処理を実行したりはしない。このようなユニットテストでも、いくつかの問題を早い段階で暴き出す。

すべてのユニットテストを通過したら、インテグレーションテストを行うが、これは実際にはテスト環境でChefを実行した結果をテストするということだ。この目的で使われるツールは、Test KitchenとServerspecである。Test Kitchenは、実際にテストマシン（たとえば、EC2インスタンスやLXCコンテナ）を起動したり、それらのマシンでChefの実行を収束したりして、インテグレーションテストを管理する。次に、Test Kitchenは実際のテストを実行して、マシンが予想された状態になっていることを確かめる。テスト自体は、ServerspecでRSpec言語を使って書く。RSpecはビジネスシナリオにリンクバックする人間が読めるフォームを使っているので、インテグレーションテストケースが指定しやすい。

テスト駆動開発の実践に従ってまずテストスイートを書けば、テスト可能性の高いコードを作っているだろう。

ユニットテストとインテグレーションテストによってコードの品質と動作の正しさに自信が得られる。しかし、実際の本番環境を真似た大規模なシステムテストを実行するのはまだ難しい。

インテグレーションテストとシステムテストに移ると、自分が書くテストケースがセットアップするモニタリングルールに似ていることに気づくだろう。モニタリングは実行時アサーションであり、プロビジョニングの成功を監視するためのものなので、これは意外なことではない。再利用と「1度だけ」という原則の精神から、テストケースをモニタリングセットアップで再利用したり、モニタリングルールとしてテストケースを表現することを検討しよう。デプロイの結果として想定しているものと関係のあるモニタリングルールがある場合には、それらのモニタリングルールをテストケースとして使うとよい。

以前の章で触れたように、本番環境でのテストは、複雑な環境で運用される大規模で複雑なアプリケーションのテストでよく使われる。本番環境でなければ見つからない問題があるような場合だ。カナリアテスト（本番環境の少数のサーバーで新バージョンまたは新構成のシステムを実行する）は、そのようなテストのリスクを最小限に抑えられる。本番環境の一部のサーバーでインフラストラクチャに影響を及ぼすコードを実行し、アプリケーション全体のごく一部だけしか影響を受けないようにして動作を細かくモニタリングするコードとしてのインフラストラクチャテストも、同じ考え方によるものだ。

9.8 変更可能性

変更可能性は、既存のソフトウェアにどれくらいの変更を加えられるかだ。デプロイパイプラインの場合で言うと、パイプラインのステージの１つとのやり取りや、あるステージから次のステージに移るための条件を変更できるかどうかということである。変更可能性を保証する設計とは、ある意味では必要になりそうな変更のタイプを予想することだと言えるだろう。ここでは、パイプライン内の１つのツールを対象とする変更とパイプライン内のツールの間の相互作用を対象とする変更を分けて論じていく。

9.8.1 1つのツールのなかの変更

ソフトウェア内で変更可能性を実現するための基本テクニックの１つは、関連するアクティビティをモジュールにカプセル化し、個別のモジュールのをできる限り疎結合にするというものだ。１つのモジュールに関連するアクティビティをまとめるのは、モジュール内のあるアクティビティに変更を加えれば、同じモジュールの別のアクティビティも変更が必要になるが、その変更はモジュールの垣根の外には広がらないはずだという考えからだ。

この一般的なアドバイスは、パイプライン内のツールを操作するスクリプトにも当てはまる。しかし、カプセル化とはどういう意味かということと、２つのモジュールが疎結合であるとはどういう意味かということは別々のことだ。Chef、Puppetなどのツールは、手続き的というより宣言的である。基本的に、クックブックは、クックブックを実行した結果であるエンティティのコレクションの望ましい配置を記述するもので、その配置をどのようにして実現するかを説明するものではない。

クックブックにカプセル化を適用するときにアドバイスしたいことは、クックブックを小さく保ち、1つのタスクに専念するように作れということだ。そうすれば、そのタスクは、1つのクックブックを変更するだけで変更できる。このようなクックブックのなかであれば、文の間の相互作用は明確である。大きなクックブックでは、予想外の相互作用が発生している場合がある。

それでもクックブック間のやり取りがあり、それらのコントロールは難しいかもしれない。その場合は、Chef や Puppet のシーケンス化のメカニズムを使って、クックブックの実行順序を制御するという方法がある。シーケンス化を使えば、Chef や Puppet に実行順序を自由に決めさせるよりも、クックブック間の相互作用がよくわかり、コントロールしやすくなる。

ソフトウェア内の変更可能性を確保するための第2の基本テクニックは、コード内で変数を作らず、変数をパラメータ化するというものだ。これは、パイプラインツールに対する構成パラメータを作っているということである。構成パラメータの管理については、第5章で述べた。構成パラメータによって、ユーザーやコンテキストによって変わるかもしれない値をアクティビティのために指定できるようになるが、構成パラメータにも管理は必要だ。構成パラメータを構成管理データベース（CMDB）に書き込めば、構成パラメータを制御、変更、アクセスするための一元的な位置を作ることができる。

9.8.2 ツール間の相互作用に対する変更

第12章のケーススタディでは、開発チームによってデプロイパイプラインが変わるという事例を紹介する。パイプラインの内容は、時間の経過によっても変わる。個々のツールではなく、パイプラインに起きる変更には、次のタイプのものがある。

- **ツールのバージョン変更**

アプリケーションのなかにも特定のバージョンのコードに依存するものがあるのと同じように、ツール間にもバージョン依存があり得る。新しいバージョンで何が変わるのかを予測するのは難しい。システムのある部分の変更によって別の部分が影響を受けないようにする方法については、第6章で説明した。

- **別のツールへの変更**

一般に、ツールを交換すると、ツールをつないでいるスクリプトの書き換えが必要になる。別のツールへの移行を自動的に進めるのはきわめて難しい。ツールベンダーがツール変更を助けるためのマイグレーションツールを提供することもあるが、DevOpsの世界では非常にまれだ。

- **あるツールから別のツールに送るパラメータの変更**

CMDBを使えば、この問題の範囲は狭まる。片方のツールがCMDBに書き込み、もう片方のツールがそれを読み出せばよい。

9.9 まとめ

どのアプリケーションにも品質という問題があるように、DevOpsパイプラインにも同様の品質の問題がある。DevOpsパイプラインは、デスクトップIDE、コードリポジトリ、ビルド/テストサーバー、クラウドインフラストラクチャAPI、さらにはテスト/ステージング/本番の複雑な環境といったさまざまなタイプのソフトウェアを扱わなければならない。DevOpsでソフトウェアのデリバリーとデプロイの頻度を上げようとしているので、この章で論じた○○性(ility)を高めるためには新たな課題が待ち受けている。とにかく覚えておいていただきたいのは、○○性や品質の問題は、あとから付け足しで考えるのではなく、早い段階で考慮し、組み込んでおくようにすべきだということだ。これは、システムを組み合わせたシステムのなかで既存ツールを扱うときには簡単には済まない。

表9.2は、この章で説明した特定の品質を達成するためのテクニックをまとめたものだが、ただで手に入るものはない。○○性のなかのどれかについ

て望ましい結果を得るためのテクニックはどれも、ほかの○○性との間でトレードオフを抱えている。ニーズを満足させるパイプラインを作り上げるために大切なのは、このようなトレードオフについての理解だ。

表 9.2　特定の品質を上げるためのテクニックのまとめ

○○性	品質を高めるためのテクニック
反復可能性	アクティビティのトレースを残す。すべてのもののバージョンを管理する。CMDB を使ってパラメータを管理する。必要に応じて強制する。
処理性能（パフォーマンス）	プロセスのボトルネックを明らかにするために計測を行う。使っていない環境を解体する。使っていないリソースを開放できるクラウドでできる限り多くのオペレーションを行う。
信頼性	さまざまなサービスのエラー率を明らかにする。エラー率の高いサービスをミラーリングする。コンポーネントの実行時間が基準よりも遅くなっているかどうかをモニタリングするツールを使ってできる限り早い段階でエラーを検知する。
回復可能性	スクリプトに例外処理を組み込む。モニタリングサービスに情報を提供する。適切な診断を生成してデバッグ作業が早く終わるようにする。
相互運用性	安定したインタフェースと柔軟なスクリプト機能を持つツールを選ぶ。パイプラインのさまざまなフェーズのデータモデルの一貫性を保つ。
テスト可能性	専用ツールのために単体、インテグレーションテストを行う。テストケースとモニタリング規則を調和させる。
変更可能性	ツールの予想される変更に基づいてスクリプトをモジュール化する。アクティビティを小さなモジュールにカプセル化し、モジュール同士の結合は疎になるようにする。

9.10　参考文献

ソフトウェアアーキテクチャにおける○○性については、[Bass 13] では多くのものについてそれぞれ専用の章が設けられている。

よくあるビルドエラーについては、[Seo 14] で公開された Google の研究を読むとよい。

インフラストラクチャコードのテスト可能性とテスト駆動開発について

は、[Nelson-Smith 13] によい説明が含まれている。

第10章 ビジネスとの関係

神を腹の底から笑わせたいなら、あなたのビジネスプランを見せればよい。

── Barry Gibbons

10.1 イントロダクション

この章では、経営管理の立場からDevOpsを論じる。DevOpsは、プロセスを定義しているような企業、組織に特に向いている。新興企業では、まだ経営管理はすかすかで官僚主義はあまり幅を利かせていないだろう。しかし、企業、組織が成長していくと、ごくまれな場合を除き、その構造は変わっていく。

大企業にまとまった新技術を導入するときには、ボトムアップとトップダウンの両方の形で進めていく。経営管理の支援なしに導入できるのは、1つのチームにしか影響の及ばないごく単純な技術転換だけであり、技術者たち（この場合は開発と運用）の支持なしに導入できる技術転換はまったくない。DevOpsの支持者たちは、組織構造と組織と外部のステークホルダーとのやり取りのしかたの大きな転換を求めている。だとすると、経営管理層に支援してもらうためには、コストよりも利益の方が大きいと確信させなければならない。そこで、この章ではまず、DevOpsのビジネスケースを明らかにしてから、DevOps実践の計測とコンプライアンスについて論じる。最後に、開発と運用がやり取りする社内の他部門に簡単に触れる。

10.2 ビジネスケース

ビジネスケースは、本気で取り組まなければならない問題点があり、アプローチに合理性があり、利益がコストを上回り、ステークホルダーたちを過度に刺激しないという確信を経営管理層に与えなければならない。彼らは、リスクとその緩和策のリストや最初のロールアウトのプラン、プロジェクトの成功の基準なども欲しがるだろう。表10.1は、DevOpsを導入するための典型的なビジネスケースの目次を示している。この節は、ここに挙げたポイントを論じていく。

表10.1 DevOps導入のためのビジネスケースの目次に含まれる項目

見出し	内容
問題	DevOpsの実践を導入することが企業、組織にとってよい結果を生むのはなぜか。
コスト	導入に際して見込まれるコストはどれくらいか。
ステークホルダーに与える影響	社内外のステークホルダーにはどのような影響があるか。
リスクと緩和策	DevOpsの実践を導入することにともなう組織的、技術的リスクは何か。それらのリスクはどのようにすれば緩和されるか。
ロールアウトプラン	DevOpsの実践をロールアウトするためのプランはどうなっているか。
成功基準	DevOpsの実践を導入して成功したかどうかはどうすればわかるか。

10.2.1 問題と問題解決による利益

アジャイルを使う論拠は、要するにビジネスコンセプトが生まれてからユーザーにデプロイするまでの時間を短縮するということだ。DevOps（おそらくアジャイルからヒントを受けている）のためにこれをもっと具体的な話にすると、第1章のような話になる。DevOpsは、システムに変更をコミットしてから、高品質を保ちつつ通常の本番環境に変更を送り込むまでの時間を短縮することだ。「高品質を保ちつつ」と言っているのは、高品質のシステムを通常の本番稼働に送り込むまでは、問題の検知と修復のイテレーションを複数回繰り返すことになるはずだという意味を含んでいる。そこで、問題の検知から修復までの時間を短縮することも大切になる。

そのため、効果の計測手段として大切なのは、コミットから本番稼働までの時間と問題の検知から修復までの時間の2つになる。企業、組織のこれらについての現状をベンチマークしておかなければならない。ビジネスコンセプトからコードコミットを経て、デプロイまでの現在の時間(の分布/中央値/平均)はどれだけか。そして、問題の検知から修復までの現在の時間はどれだけか。ビジネスケースは、DevOps実践を導入することによって実現されるこれらの値の目標も設定しなければならない。

目標の設定は難しい課題だ。まず、DevOps実践の効果の量的な報告はまだ少ない。第2に、第1章で述べたように、DevOps実践には5種類のものがあり、それらはどれも目標値達成のために少しずつ貢献する(DevOps実践の種類の問題には、ロールアウトプランの節でもまた考える)。最後に、企業、組織はどれも異なる。そのため、業界ベンチマークを知っていれば役に立つが、自社の状況を測るためにはその種のベンチマークには修正が必要だ。

現在値と目標値の差がDevOpsのメリットになる。値は必ずしも金銭的なものでなくてもかまわない。ビジネスコンセプトからデプロイ前の時間の短縮のメリットは、たとえば時間によって表現できる。時間の短縮から得られる金銭的な価値は、時間の短縮の見積もりよりもさらに不確実になってしまう。作りたいのは、多くのステークホルダーたちがこの時間短縮によってメリットを享受するという論拠だ。

組織的な変更には、支援者が必要である。理想を言えば、技術的なレベルと経営的なレベルの両方について支援者がほしい。そして、支援者は、もっとも大きな影響を受ける2つの部門、すなわち開発と運用の両方の代表者を含むようにしたい。これらの支援者は、ビジネスケースを準備する責任者でなければならない。

10.2.2 コスト

DevOpsにともなうコストのなかには、継続していくものと、導入時の一時的なものとがある。継続していくコストは、ツールと人だ。DevOpsを導入するためには、ツールコレクションが必要になる。これらのツールは、手に入れたあと、オープンソースであれ市販のものであれ、管理が必要になる。チームレベルであれ全社レベルであれ、新リリースを入手、ビルドして使える状態にするための責任者を設けなければならない。これについては、第12章の議論も参照していただきたい。この職務は既存のチームに割り当ててもかまわないが、それではコストがはっきりとわからない。こういったコストは明確にしなければならない。そして、ツールとその癖の使い方を学ぶための訓練が必要である。新入社員は、ツールの使い方とツールに関連するプロセスを学ばなければならない。既存のツールの代わりに新ツールを使う部分については、ライセンス料とメンテナンス作業の変化も計算に入れなければならない。一般に、継続的なコストは、対応する既存のコストと比較すれば、コストの増減を計算できる。

一時的なコストは、DevOps実践を導入することにかかるコストである。DevOps実践を初めて実施するときには、どうしてもその後と比べて効率が悪い。ツールを導入しなければならないし、人々を訓練しなければならない。これらのタスクは、社内外のいずれでもできる。会社、組織に外部のコンサルタントを雇ってもらってDevOps実践の導入について指導を受けるか、会社、組織内の人間だけでDevOpsを導入するかである。第12章のケーススタディは、コンサルタントを雇って導入を指導してもらう例、第13章の別のケーススタディは、社内の人間だけで導入する例になっている。ビジネスケースでは、推奨する方法を示し、いずれにしても選択の理由を明らかにする必要がある。

一時的コストとしては、DevOps実践をサポートするために既存のシステムに加える変更のコストがある。既存システムには、ソフトウェアツール、既存のプロセス、既存の製品が含まれる。ビジネスプランは、これらの既存システムに対して加えなければならない変更はどれくらいの規模のものか、既存システムの変更のためにリソースを割くことが将来の開発プランに与える影響はどうかという2点を掘り下げて記述しなければならない。

10.2.3 ステークホルダーへの影響

DevOpsへの転換によってステークホルダーにも影響が及ぶ。及ばないのであれば、いったいなぜDevOpsをやるというのだろうか。ステークホルダーは、内部と外部に分けられる。

内部のステークホルダー

DevOpsの導入によって影響を受ける内部のステークホルダーは、当然ながら開発と運用の2つの部門である。さらに、DevOpsの職務を遂行する人々という新しいタイプのステークホルダーが生まれる。一般に、開発部門は新たな職責と権限が与えられるのに対し、運用部門は職責と権限を失う。そしてDevOpsの職責はまったく新しいものである。いくつの職責とどれくらいの権限が移管されるかは、どのDevOpsプロセスを採用するかによって変わる。第1章で説明したDevOpsの5種類の実践に基づき、追加、移管される職責について説明しよう。

1. 運用を正規のステークホルダーとして扱う。この場合。開発は運用から要件を引き出すという新たな職責を与えられ、運用は要件を指定するという新たな職責を与えられる。さらに、開発、運用とも、そのようにして追加された要件が満足されるようにするという新しい職責を与えられる。
2. インシデントの処理で開発が従来よりも直接的に参加する。この場合、開発は単一のシステムでのインシデントの処理に従来よりも深く関わるという職責を与えられる。また、運用と開発は、どのようなインシデントを最初に開発に回し、どのようなインシデントを最初に運用に回すかを決めるプロセスを定義するという職責を与えられる。
3. 変更されたソフトウェアの本番環境へのデプロイでは、共通プロセスを使う。この場合、開発と運用はともにプロセスの定義に参加する。そして、このプロセスの確実な実施は、基本的にDevOpsの職責になるだろう。
4. インフラストラクチャコードも、アプリケーションコードと同じ実践ルールで開発する。インフラストラクチャコードは、主として運用または DevOps 部門によって開発されるので、実践ルールを定義して実施を強制するのは両部門の職責になる。

5. 継続的デプロイパイプラインを使う。リソースの確保、リリースプランニング、デプロイの意思決定は、これらが開発部門によって開発されるシステムに影響を及ぼす範囲で開発部門の職責となる。これらが単一のシステム、デプロイに関するものである限り、運用部門はこれらの職責を失う。DevOps ツールについては、DevOps 部門が全体的な責任を負う。その職責のなかには、適切なバージョンのツールのインストール、メンテナンスだけでなく、ツールを使うほかのチームの教育訓練も含まれる。

災害復旧は、3 部門で共有する職責になる。開発部門は、システムのアーキテクチャに複製(レプリケーション)をどの程度組み込むかを決める。DevOps 部門は、第 11 章のケーススタディでも示すように、災害復旧のうち、デプロイの決定を通じて管理される部分の責任を負う。全体的な可用性の計測値の収集、報告は、DevOps 部門と運用部門で共有される職責となる。運用部門は、障害が発生したときのバックアップサイトへの切り替えを開始する。

開発チームは、DevOps ツールの変化についていくのにうんざりしてしまう場合がある。DevOps 部門がツールを使うときのプロセスを継続的に改良していったために、開発チームが圧倒されてしまうのだ。プロセスの改良は DevOps 部門の職責の一部だが、DevOps 部門は、ほかのチームがそのような継続的な変更をどの程度消化できるかを感じ取る必要がある。

外部のステークホルダー

第 1 章で説明したような公式的なリリースプロセスを使えば、事業部門と経営管理のステークホルダーたちには、特定の機能のリリースに向けた進行状況が非常によく見えるようになる。それに対し、複数の開発チームがそれぞれの担当部分をすべてリリースしなければ機能が完成しないときに、個別のチームが自分の担当部分のリリースタイミングを決めていると、その機能のリリースがどこまで進んでいるのかはわかりにくくなる。

しかし、DevOps実践の目標は、システムに対する変更のコミットから変更が通常の本番実行に移行するまでの時間を短縮することである（高品質を保ちつつ）。事業、経営管理のステークホルダーたちは、DevOpsのデプロイ実践を採用するときには二者択一の選択をしているということを理解する必要がある。つまり、サイクルの時間的短縮のために、公式的なリリースプロセスの可視性を諦めているのだ。個々のチームのコードの品質が高く、仕事が早くても、それはリリースに関する調整の省略というコストを支払ってチームの独立を保っているからである。

10.2.4 リスクとその軽減

DevOps実践の導入にともなうリスクには、組織的なものと技術的なものがある。

組織的なリスク

ブログポストなどのフォーラムでのDevOpsの議論では、開発と運用の間の障壁を破ることが主に話題になっている。障壁があるのは、これら2つの部門の任務、文化、やる気のもとが異なるからだ。この異質な部門を連携させるためには、もう片方の部門の任務、文化、やる気のもとが何なのか、両部門が大雑把にでも理解する必要がある。そのほかに、命令系統の違いが新たな障壁を作り、物理的な距離がさらにもう1つの障壁を作る。社会科学分野の研究によれば、30m以上の物理的距離を置くと、人々の間に障壁ができてしまうことが明らかになっている。

DevOpsエンジニアという新しい職務を作ると、それがまた組織内のストレスの原因になる。その職務にはスタッフが必要であり、指揮命令系統が必要だ。新しい職務のスタッフと指揮命令系統が生まれることにより、新しい職務に関わっていない人々との間に緊張関係が生まれることがある。

さらに、スクリプトと構成パラメータをバージョン管理システムの管理下に置き、システムの新バージョンをどのようにデプロイするかをコントロールするようになると、現在の実践を変えることになる。すると、影響を受ける人々は、変化を拒否することがある。

これらのリスクを緩和するには、今触れた任務、文化、やる気のもと、指揮命令系統、影響を受ける人々の間の物理的な距離、既存の実践からの変化などのさまざまな問題に対処しなければならない。

このような変化のマネジメントは、学術的調査のテーマであり、コンサルタントたちの専門技能でもある。DevOpsのビジネスプランでは、社内のDevOps導入とよく似た改革を見つけ出し、それがどのようにマネジメントされたか、どの程度成功したかを書くようにしたい。このようなリスクを緩和するための方法としては、たとえば、デプロイにおける個別の成功ではなく、全体の成功を反映するように、各部門の重要業績評価指標(KPI)を調整するというものが考えられている。つまり、開発部門のKPIは新機能のコーディングを、運用部門のKPIはシステムの安定性を強調しているなら、両部門ともシステムの安定性を損ねず、新機能の本番稼働を成功させたことを評価するように変更を加えるのである。

技術的なリスク

経営の立場からすると、ビジネスプランに答えてもらいたい技術面での基本問題は2つある。アプリケーションを実行する既存の本番アーキテクチャにどのような変更が必要なのかと、本番データベースの完全性はどのようにして維持されるのかだ。継続的デプロイをサポートするために本番アーキテクチャが変わるなら、影響が及ぶアーキテクチャはリスクと認定される。また、企業、組織の本番データベースは、もっとも価値の高い資産の1つである。本番データベースの完全性が脅威に晒されるなら、やはりそれもリスクである。

■ 既存の本番アプリケーションアーキテクチャに必要な変更

継続的デプロイをサポートするためには、既存の本番アプリケーションアーキテクチャに次の2つの変更が必要になることがある。詳細は第2部を参照していただきたい。

- **状態管理**

コンポーネントは、可能であればステートレスにすべきだ。ステートレスなコンポーネントは、エラーが起きてもエラーを起こしたコンポーネントの交換が簡単なので回復力が強い。継続的デプロイも、頻繁に行われるコンポーネントやサービスの交換を基礎として築き上げられている。状態を含むコンポーネントを明らかにし、それらのコンポーネントは状態管理を省略できるように書き換えよう。コンポーネントから状態を取り除くには、その状態をデータベースに格納するか、クライアントに状態の管理を委ねるか、ZooKeeperなどの状態管理サービスを使えばよい。

- **フィーチャートグル**

青/緑デプロイモデルを使うならフィーチャートグルは不要だが、ローリングアップグレードデプロイモデルを使う場合には新機能の制御のためにフィーチャートグルを使うべきである。そして、フィーチャートグルの管理のためにフィーチャートグルマネージャーを導入すべきだ。

■ 本番データベースの完全性の維持

本番データベースの完全性は、次の2つの形で損なわれる危険性がある。

- 本番データベースに誤ってテストデータが紛れ込むことがある。ステージング環境は本番環境とは別に管理するようにしよう。そうすれば、本番データベースの完全性は、自動スクリプト、認証情報、ファイアウォール規則によって保たれる。
- 本番環境へのデプロイによってデータベースの完全性が損なわれる場合がある。データベースに含まれている誤ったデータの回復は、DevOps実践を使わないときと同じだ。ビジネスプランには、誤ったデータを訂正するための現行のロールバック/ロールフォワードプランについての説明を入れておくようにする。

10.2.5 ロールアウトプラン

ロールアウトプランは、組織が現在どこにいて、最終目標が何なのかによって決まる。DevOps ツールと同様に、すべてを 1 度に行う「ビッグバン」デリバリーという方法もあるし、実践の一部を導入してバグを出し、関係者が新しい実践を理解して慣れるまで待つ漸進的なデリバリーという方法もある。ビッグバンデリバリーの方が導入は早く終わるが、抵抗が大きくなり、起きるエラーが増えるだろう。既存のソフトウェア製品に対する変更がある場合(たとえば、DevOps 実践を進めやすくするために、マイクロサービスアーキテクチャを採用するときなど)には、通常は漸進的なデリバリーの方が望ましい。第 13 章のケーススタディでは、そのような漸進的デリバリーの進め方を説明する。また、第 12 章のケーススタディでは、ほかの開発チームがアプリケーションを新しい DevOps ツールセットに移行させる作業を手伝うことだけを目的とした導入チームを用意する方法を提案する。この場合、同時に導入チームが処理できるプロジェクトの数は限られているので、必然的に漸進的デリバリーを行うことになる。

組織がどの程度の規模か、その規模で「成熟度」を上げるために何を達成すべきかを判断する手段としての成熟度モデルが非常に人気を集めるようになってきている。10.6 節で取り上げる DevOps の成熟度モデルは、継続的デリバリーを実施するときに考慮すべきことを表す 5 種類のカテゴリを定義している。それら 5 種類とは、文化と組織、設計とアーキテクチャ、ビルドとデプロイ、テストとチェック、情報と報告である。

ビジネスプランのロールアウトプランの節では、これらのカテゴリのそれぞれについて、たとえば 2 週間後、1 か月後、2 か月後、6 か月後に組織がどのようになっていてほしいと考えるかを明記する。個々のアクティビティを開始するために必要なステップと、選択した期間が経過したあとの目標をはっきりさせるのである。

たとえば、設計とアーキテクチャのカテゴリでは、個々の期間のうちに、どのアプリケーションの何パーセントくらいのコンポーネントをステートレスにできるかを書く。ビルドとデプロイのカテゴリでは、デプロイパイプラインのどのステージでどのツールを使うか、最初の時期と個々の期間が経過したときに誰がそのツールを使うかを明らかにする。

第 1 章では、DevOps には 5 つの異なる側面が含まれることを示した。

これらは、一連のDevOps実践をロールアウトするときのガイドとして使うことができる。

- 開発は、システムの要件を明らかにするときに、運用を正規のステークホルダーとして扱うようにする。一方では、これはもっとも実施しやすい実践である。要件がユーザーストーリーという形で規定されるか、もっと堅苦しい形式で規定されるかは別として、どの企業、組織にもシステムの要件を規定するためのプロセスが用意されている。ステークホルダーは、要件を明らかにするときに、何らかの形で関与するので、これを実施するということは、他のステークホルダーと同じように運用に関与させるというだけの問題である。もう一方では、運用を正規のステークホルダーとして認めるということは、企業、組織によっては文化の大きな転換になる。文化の転換は、企業、組織にとってもっとも困難な変更だ。成功させるためのテクニックとしては、たとえば開発コミュニティでもっとも影響力の強いメンバーにリーダーシップを取らせるということが考えられる。企業、組織には、経営管理の階層構造とは別に影響力の階層構造がある。開発コミュニティのなかで影響力の高いメンバーにロールアウトに関与させ、運用から要件を集めてくれれば、開発コミュニティのほかの人々にも波及効果が及ぶだろう。
- 開発により直接的にインシデント処理に関わらせる。これは、運用を正規のステークホルダーとして扱うことよりも難しい。文化の転換だけではなく、職責とプロセスの転換も必要となる。パイロットとして試験的に使われるアプリケーションでまず行うべきことは、開発グループが処理するインシデントを定義することだ。それらのインシデントは、パイロットアプリケーションに固有なものでなければならない。インシデントの特徴を示してほかのアプリケーションに一般化するのは、インシデントの特徴づけについてある程度経験を積んでからでよい。一連のインシデントを定義したら、それらのインシデントを見つけ出して開発に送り込むための手順を定義しなければならない。この手順は、インシデントのタイプ、企業、組織がインシデントについての知識を得るまでの仕組みによって左右される。

外部からのバグレポートなら、運用と開発の両方に送り、開発との窓口が次のステップを決めればよい。モニタリングツールによるアラートなど、内部からの報告なら、ルールに基いて窓口を決めればよい。第11章の例を見ていただきたい。インシデントの報告者は、開発と運用のどちらにインシデントを知らせるか、自分の方法というものを持っている必要がある。最後に、開発部門のなかの運用への窓口を見つけておかなければならない。この場合は、影響力よりも人間性の方が重要だ。運用への窓口となる人物は、問題解決の早い人でなければならない。彼らの最初の仕事は、インシデント報告の原因になった部分を直すことだ。そして、彼らが次に行う仕事の一部は、そのようなタイプのインシデントの再発を防ぐために開発プロセスの変更を提案することなので、他人を逆なでしないまでも、実行力のある人でなければならない。

- 書き換えられたソフトウェアを本番環境に置くための統一的なプロセスを強制する。この場合、最後から始める。つまり、本番環境にシステムをデプロイするときに通過しなければならない統一的な関門を定義するのである。これらの関門には、新バージョンのデプロイによって現在運用しているバージョンの運用が邪魔されないようなアーキテクチャになっていることのチェックが含まれる。次に、デプロイで使われるシステムを変更するときの関門を定義する。この種の関門は、既存の仮想マシン（VM）のパッチ当て（そういうことを認める場合）であれ、新しいイメージの作成であれ、システムに変更を加えるときに適用される。そして、開発と運用の両方に適用される。ソフトウェアを本番環境にデプロイするときには、ロールバックのことを考えることは重要なので、統一プロセスにはロールバックプロセスを入れておかなければならない。これらの関門が定義され、うまく機能するようになったら、システムに変更を加えるまでのステップやその他のオートメーションについて考えてよい。しかし、最初のステップは、関門の定義から始めるということだ。
- アプリケーションコードと同じ実践のもとでインフラストラクチャコードを開発する。この場合、変更を本番環境に移すときの方法として勧めた最後のステップからではなく、ソフトウェア開発サイクルの早い段階から始めることをお勧めする。アプリケーションコードの開発では、構成管理とバージョン管理は十分に確立された実践になっている。インフラストラクチャコードの開発でも、必ずこれらの実践に従うようにしよう。独立した環境を使い、コードタイプごとに専用テストフレームワークを使えば、インフラストラクチャコードの自動テストは実現できる。

- 継続的デリバリーパイプラインを使う。第12章のケーススタディでは、Sourced Groupで使われている継続的デリバリーパイプラインを説明する。継続的デリバリーパイプラインを動かすときに決めておかなければならない基本項目の1つは、さまざまな開発チームがリリースを生成するためにどの程度まで調整をする必要があるかどうかだ。調整が密になれば、各チームの独立性は下がる。これについては、第4章と第6章で説明した。

10.2.6 成功の基準

成功の基準は、ロールアウトプランとDevOps推進の理由を基礎としたものになる。ロールアウトプランは、期間ごとに5つのカテゴリが満足させなければならない指標を提供する。これらの指標を満たしたとしても、高品質を保ちつつ、書き換えたコードのコミットから変更の本番環境への導入までにかかる時間を短縮するというDevOps導入の全体としての目標の達成に向けて進歩がなければならない。これは、ビジネスコンセプトをエンドユーザーに届けるという高い水準の目標に影響を与える。そして、エラーの検知から修正までの時間を短縮するための具体的な方法によって左右される。

ビジネスケースという視点から重要なのは、計測可能な成功基準を設定することだ。DevOpsの導入前と導入後の両方のタイミングで集められる指標を見つけることに力を集中させよう。論拠を支えてくれる十分なデータを持たずにプロジェクトが成功したと主張するような立場には陥りたくないはずだ。

10.3　DevOps 実践と原則への準拠の度合いの計測

第 7 章で、具体的な目標のもとで何をどのように計測するかを決めなければならないということを説明した。この節では、DevOps とその採用に関連してビジネスが関心を持つ計測指標について考える。計測すべきカテゴリは 3 つある。DevOps の実践がどの程度成功しつつあるか、DevOps の実践に従っていないのはどのような場合か、DevOps の実践に対するステークホルダーの満足度はどのくらいかだ。

10.3.1　DevOps 実践の成功度の計測

DevOps 実践の目標とパイプラインのステージを考えれば、どのようなタイプの計測をすべきかがわかる。DevOps の成否を計測するための 2 大指標は、コミットから本番環境デプロイまでの期間とエラー検知から修正までの期間だ。

コミットからデプロイまでの時間の短縮

図 10.1 は、第 5 章のデプロイパイプラインの図（図 5.1）を再録したものだ。コミットからデプロイ成功までの時間は、デプロイパイプラインの各ステージのキューにおける待ち時間とパイプラインに含まれる各サーバーでの処理に費やした時間の合計である。継続的インテグレーションサーバーでは、長期にわたって生きているブランチの数、ブランチを作成してからトランクにマージされるまでの時間、テストを実行するためにかかる時間を計測すべきだ。ベストプラクティスによれば、ブランチは使うべきでなく、少なくともできる限り早くトランクにマージすべきこととされている。そのため、ブランチの数とその寿命を計測すると、ベストプラクティスにどれくらい従っているかを評価することができる。テスト時間もまた作業の遅れの原因だが、短くすれば、テストスイートから抜け落ちるエラーの数が増えてしまうというトレードオフがある。

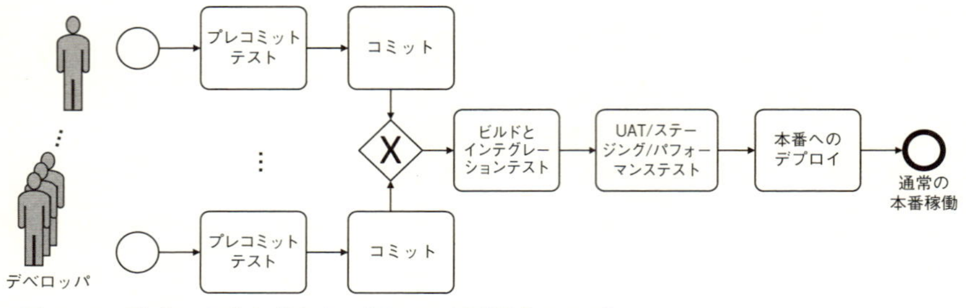

図 10.1　デプロイパイプライン（図 5.1 の再録）［BPMN］

ステージング環境で行われた計測は、この段階で使われた時間を表している。テストの実行にどれだけの時間がかかっているだろうか。ステージングサーバー上のイメージの滞留時間はどれだけか。人間のゲートキーパーが関与している場合、変更のデプロイの承認を受けるまでどれくらいの時間がかかるか。

すべてのコミットがデプロイ成功までこぎつけられるわけではない。一部のコミットはテストに失敗し、作業のやり直しを引き起こして、パイプラインに改めて入ってくる。Damon Edwards は、作業のやり直しを別個に計測することを提唱している。ビルドが成功しなければ、チームメンバー全員がコードをパイプラインの先の方に進めていけなくなるわけで、ビルドエラーとその修復のモニタリングも重要である。この種の修復には最高の優先順位を与えなければならない。そして、このガイドラインが守られているかどうかは、計測によって知ることができる。

最後に、イメージをステージング環境から本番環境に移すときには、エラーの数とタイプ、修復にかかった実時間を明らかにすることができなければならない。つまり、デプロイプロセスそのもので発生したエラーを計測するのである。この種のエラーは、デプロイされるシステムのエラー（これはすぐあとで論じる）とはまた別だ。これらの計測は、デプロイツールと本番環境で行うことができるはずである。

これらの計測値を集計すると、デプロイパイプラインのパフォーマンスがよく見えるようになる。パイプラインのなかでもっとも長く遅れているのはどこかを理解し、それらの遅れを短縮するために力を注ぐべきである。

エラーの検知から修復までの時間の短縮

ここで言うエラーとは、サービスの本番バージョンのエラーのことである。この目標には、実際には2つの異なる意味がある。第1の意味は、パイプラインのさまざまなステージの自動化によって、本番システムに紛れ込むエラーの数、重大度は増減しているかであり、第2の意味は、問題の検知から修復までの時間は、DevOps実践の導入によって変化しているかだ。チケットシステムは本番環境のエラーとそれが引き起こしたことを記録している。それらの記録を見れば、これら2つの問いに対する答えはわかる。

10.3.2 DevOps実践を守っているかどうかの計測

人々が処方された実践に必ず従うと思っているなら考えが甘い。単に知らないから、あるいは頑固で保守的だから、DevOps実践によってオーバーヘッドが生まれるから、変化を望まないからといった理由で、DevOps実践に従わない人々が出てくる可能性はある。実践に従っているかどうかが問題になる場面は2つある。

1. VMの起動

全員がデプロイの実践に従っていれば、使っているツールは履歴を残すことができ、インスタンスがどのような系譜で作られているかがわかるはずだ。しかし、オペレータが何かの間違いでコンソールからVMを起動すると、この実践から逸脱してしまう。変更を本番環境に導入するためのドキュメントされたプロセスを経ていないVMを見つけるためには、実行中のVMをスキャンしなければならない。実行中のVMは、すべての関門を通過した完全テスト済みのイメージから作られたものでなければならない。

2. フィーチャートグルコードの削除

フィーチャートグルコードは、その機能が本番環境にデプロイされ、安定して動作することが確認されてからソースコードから取り除くようにすべきである。その機能が本番稼働に移ったのがいつかは、フィーチャートグルマネージャーが知っている。安定していると推定されるのは、ある程度の時間が経過してからだ。動作の安定が推定されると、実行すべきアクティビティとして、フィーチャートグルコードの削除を指示するエントリを課題管理データベースに作ることができる。フィーチャートグルコードの削除は、追跡することができ、課題管理データベースのほかのどのエントリよりも優先的に実行することができる。

10.3.3 ステークホルダーの満足度の計測

ステークホルダーの満足度は、たとえば、ステークホルダーたちに短いアンケートに答えてもらえば計測できる。混乱が発生すると不満が溜まっていくだろうという想定のもとに混乱を記録していくという方法でも計測できる。

- **簡単なアンケート**

内部ステークホルダーには、たとえば1～5のような数値で満足度を評価してくれと頼むことができるだろう。ステークホルダーのタイプによって関心事が異なるので、アンケートの質問項目をステークホルダーのタイプごとに変えてもよい。ステークホルダーには、自分の視点から評価するように話しておく。たとえば、開発と運用の担当者は、モニタリング情報の有用性についてコメントできるだろう。運用の担当者は、スクリプトの変更に対する構成管理ポリシーについてコメントできる。ビジネスステークホルダーは、アイデアから本番稼働までの全体的なサイクルの時間についてコメントできる。

- **危機の発生**

実際にプロセスを実施する人々の側で英雄的な活躍をしなくても済むようにすることは、プロセス改善の目標の1つだ。DevOpsで英雄的な活躍が必要とされる場面は、アウテージが発生したときと、特別な行事のための準備期間が不十分なときだ。

- **アウテージ**

アウテージが発生したときには、一般に原因を深く分析するための時間はない。最初に重点を置くべきことは、アウテージの影響を緩和することだ。しかし、システムが本番稼働まで回復したら、ポストモーテムが必要になる。

アウテージの原因として、開発と運用の間のコミュニケーション不足、不十分なDevOps実践、DevOps実践からの逸脱などが挙げられるときには、アウテージがDevOpsのロールアウトに対するユーザーの満足度の計測手段になる。DevOps実践がしっかりと使われるようになるにつれて、このようなアウテージは減っていくはずだ。

- **特別なイベントのための準備期間の不足**

　セキュリティ監査、既存システムに対する変更のロールアウト、パッチのインストールなどの特別なイベントは、混乱を引き起こす危険もはらんでいる。これらのイベントによる混乱は、アウテージと同様に、DevOps実践に対するユーザーの満足度を測る手段になる。

10.4 開発と運用の間でコミュニケーションが必要とされる場面

　開発と運用の間でコミュニケーションが必要とされる場面のなかで、まだ詳しく論じていないものがいくつかある。この節では、そのようなものとしてライセンスとインシデント処理について説明する。

10.4.1 ライセンス

　ソフトウェアライセンスは、ソフトウェアの利用、再配布を規定する法的契約である。ここで取り上げなければならないのは、所属企業、組織が使用料を支払っているか、支払ったはずのライセンスと、それらのライセンスがDevOpsの実践に対して持つ意味である。まず、ライセンスがどのように機能するかを説明する。

　ライセンスは、対象のソフトウェアパッケージに対するアクセスを提供するトークンと考えることができる。ライセンスは、全社を対象とする場合も、特定の数のアプリケーションまたはユーザーを対象とする場合もある。ライセンスは、特定のソフトウェアパッケージの特定のバージョンに対して発行される。ライセンスには、期限切れになる日が指定されている場合も、そうでない場合もある。

ライセンスの有無は、対象ソフトウェアパッケージによってダイナミックにチェックされる。ライセンスの対象ソフトウェアパッケージは、初期化時のどこかの時点で、自分に有効なライセンスが与えられているかどうかをチェックする。ライセンスは、アプリケーションが指定する特定の位置にある場合もあるが、ほとんどどの場合はライセンスサーバーから提供される。ライセンスサーバーとは、ライセンスが格納されていてアクセスできるようになっているネットワーク上の位置のことだ。

開発と運用がともにライセンスに関連する問題に直面する状況としては次の３つが考えられる。

1. 期限切れ

アプリケーションのライセンスが期限切れになると、アプリケーションは動作しなくなる。一般に、ライセンス更新の職責は運用に与えられている。そして、近く期限切れになるライセンスがあることを検知し、ライセンスを更新しなければならないソフトウェアがどれかを判断するための手順も定めてあることが多い。しかし、この手順に欠陥があると、アプリケーションにエラーが起き、開発に報告が回る。エラーの原因を判定するために余分な時間を費やさないように、アプリケーションは、どのソフトウェアシステムのどのバージョンがライセンス切れになったのかを示す専用のエラーメッセージを持っていなければならない。

2. ライセンス利用不能

ライセンスのなかには「フローティングライセンス」と呼ばれるものがある。これは、ライセンスの対象ソフトウェアパッケージを同時に使えるアプリケーションインスタンスの数に上限が設けられているライセンスのことだ。上限を越えてそのようなパッケージを使うVMを作成しても、そのVMはエラーを起こす。ここでも、エラーが起きたときには明確なエラーメッセージを出力しなければならない。エラーが起きた時点で、これは運用の問題となる。運用は、実行中のどのVMがどのライセンスを使っているかを調べ、それらのVMがまだ必要かどうかを判断できなければならない。

3. ソフトウェア監査

ごくまれに、ソフトウェアベンダーは、企業、組織の監査で、自社製品のすべてのコピーが適切にライセンスを取得したものになっていることを確認するよう求めてくることがある。また、一部の企業、組織は、ライセンスの要件をすべて満たしていることを確認するために、社内ソフトウェア監査を実施している。この監査は運用が実施してもよいが、運用は特定の時点で実行されているすべてのVMをリストアップし、それらのVMにライセンスが必要などのパッケージが使われているかを把握し、その時点でそれらのパッケージが適切にライセンスを受けているかを判断できなければならない。開発が実行中のソフトウェアに対してトレーサビリティを維持していて、実行中のVMに含まれているコンポーネントとその履歴がわかるなら、これらの要件はすべて満たされている。一般に、ランセンスサーバーは、ライセンスを使っているVMの開始、終了の履歴を管理している。履歴はエラーによって不正確になることがあるので、エラーを起こしたVMを検知したときには、ほかの作業とともにランセンスの履歴情報を更新しなければならない。

10.4.2　インシデント処理

開発が運用に「壁越しにリリースをぶん投げる」方式でアプリケーションを本番稼働に移行しているときのメリットの1つは、インシデント処理の職責がはっきりしていることだ。そのアプリケーションに関係して発生したインシデントは、すべて運用が処理することになる。運用では手に負えないような問題が起きた場合は、エスカレーションの手順を踏んで開発が関与する。しかし、開発がデプロイプロセスの管理に参加すると、状況ははるかに複雑になる。

インシデントには、次の3通りの条件がある。

1. インシデントが明らかにアプリケーションに関連している。この場合は、開発部門がインシデント管理の最初の窓口になる。信頼性エンジニアの職務については、第1章で説明した。この職種の人々は、インシデントによって生まれたあらゆるアクティビティを担当する。

2. インシデントがハードウェアやインフラストラクチャのエラーに関連している。この場合は、運用がエラーの診断、修復を担当する。開発がインシデントを宣言して運用に回すことも考えられるが、そうするかどうかは企業/組織の判断に委ねられる。
3. インシデントの原因が明らかでない。たとえば、ネットワークが目に見えて遅くなっているとする。これは、ハードウェア/インフラストラクチャが原因かもしれないし、アプリケーションが誤ってネットワークを溢れさせているために起きていることかもしれない。第2章で取り上げた「ロングテール」効果が関わっている場合のように、もっとわかりにくい例もある。最初の課題は、問題の原因を診断することだ。診断が下されたら、誰が問題解決するかは、上の2つの基準によって決まる。基本的に、企業、組織は、以下の問いに答えられるようなエスカレーションのポリシーを明確にしておく必要がある。問いとは、誰が問題を最初に検討するか、問題をエスカレーションさせるまでどれだけ待つか、誰に問題をエスカレーションさせるかだ。

10.5 まとめ

DevOps実践を導入するためには、経営管理層の支援が必要であり、そのためには、経営管理層にDevOps実践にはメリットがあると説得できる支援者が必要だ。経営管理層に新しい技術実践を採用するよう説得するための通常の方法は、ビジネスケースを作ることである。DevOpsのためのビジネスケースは、コスト、メリット、リスクとその緩和策、ロールアウトスケジュール、成功の基準を網羅したものになる。

DevOpsの採用プロセスが軌道に乗ったら、新実践の採用がどれくらい成功したか、導入された実践にどれだけ従っているか、ステークホルダーが環境の変化にどれくらい好印象を持っているかを計測することが大切になる。また、社内の開発と運用は、ライセンスとインシデント対応に関連してコミュニケーションを取らなければならない。

10.6　参考文献

ビジネスについて考慮すべきことを詳しく知りたい場合は、次のものが役立つ。

- http://techopsexec.com/2013/09/10/devops-considerations/ のブログ"DevOps Considerations"
- 『Communications Networks in R&D Laboratories』[Allen 70]
- Wikipedia の変更管理のエントリ、https://ja.wikipedia.org/wiki/変革管理、http://en.wikipedia.org/wiki/Change_management#Managing_the_change_process

ソフトウェア開発の成熟度モデルと同じように、[InfoQ-M 13] と [InfoQ-R 13] では DevOps の成熟度モデルについて詳しく知ることができる。

計測のやり直しについてもっと知りたい場合は、Damon Edwards の論文が役に立つ [InfoQ 14]。

第 4 部

ケーススタディ

第 4 部では、今までの章で説明してきた知識を定着するために 3 つのケーススタディを示す。これらはどれも DevOps 実践の実現に積極的に取り組んでいる企業、組織のものであり、DevOps の特定の側面を例示するものを選んでいる。

事業継続性を獲得するために多くの企業、組織が採用している選択肢の 1 つに、複数のデータセンターを保守するというものがある。この選択肢では、管理しているデータだけでなく、個々のデータセンターにインストールされているソフトウェアとハードウェアの同期が必要になる。第 11 章では、Rafter の Chris Williams が 2 つのデータセンターの同期を取る方法を説明してくれる。

DevOps 実践を採用したいと思ってはいるものの、直接導入をするだけの専門的な能力がないという企業は多い。第 12 章では、コンサルティング会社、Sourced Group が、大企業に対して DevOps の導入をどのように指導しているかを John Painter と Daniel Hand が説明してくれる。

第 4 章では、デプロイのスピードを上げるための手段としてマイクロサービスの導入を勧めた。しかし、ほとんどの企業は、マイクロサービスアーキテクチャに移行するためにはアーキテクチャを作り直さなければならない古いシステムを抱えている。第 13 章では、Atlassian の Sidney Shek がそのような状況でマイクロサービスを 1 つ実装する方法を説明してくれる。

第11章 複数のデータセンターのサポート

協力：Chris Williams

Rafter は、学生たちが講義の教材（そして高等教育全体）を
もっと手頃なコストで享受できるようにしています。

—— http://www.rafter.com/about-rafter/

11.1 イントロダクション

学生たちは、長年にわたって新しい教科書の値段の高さと中古になった教科書の売値の安さに不満を感じてきた。Rafter（もともとは、BookRenter.com）は、これをビジネスチャンスと考え、2008年に学生に教科書をレンタルするビジネスを立ち上げた。話はごく単純で、学生は学期始めに必要な教科書を調べると、BookRenter ウェブサイトでそれを注文する。Rafter が選ばれた教科書を学生に送る。学期末になると、学生は本を返却し、次の学期には別の学生がその教科書を使える。

お気づきのように、このビジネスは季節営業である。BookRenter.com が学期始めにダウンすると、顧客を失うことになる。書き入れ時の事業継続性はきわめて重要なので、Rafter はそのためにさまざまな手を打っているが、そのなかでもっとも重要なのが2つのデータセンターを並行して実行し、冗長性を確保することだ。

Rafter は、2つのデータセンターを抱えることにより、メインのデータ

センターがアウテージを起こしたときに、サービスをもう片方のデータセンターに移すだけでなく、本番環境をコピーしたテスト用サイトも動かしている。2つのデータセンターの同期を取ろうとすると、データの同期を取るだけでなく、環境もそっくり同じにして、アプリケーションもそれに合ったアーキテクチャのもとで開発しなければならない。この章では、Rafterがこれらの形の異なる同期をどのように実現しているかを詳しく見ていく。

あるデータセンターから別のデータセンターにサービスを切り替える処理の基本ユースケースには、管理下と管理外の2つがある。管理下での切り替えとは、主データセンターがまだ使える状態で、副データセンターへの切り替えまでにさまざまな準備をする時間がある場合のことだ。このタイプの切り替えは、データセンターの移管に必要な手段のテストや主データセンターのメンテナンスのために使われる。それに対し、管理外の切り替えは、天災、人災を問わず、大きな災害が起きたときに発生する。これらのユースケースについては、Rafterが作り上げたソリューションを説明したあとで改めて取り上げる。

11.2 現状

Rafterは、現在、まったく同じハードウェアを使って2つのデータセンターを運用している。Rafterは、自前のデータセンターを運用しているが、それは、データセンターを複数にすることを決定したときに、パブリッククラウドからは必要なだけの入出力パフォーマンスが得られなかったからだ。この決定は、現在再評価中である。Rafterには、パブリッククラウドへの移行という選択肢があるが、規制上の理由から自前のデータセンターを運用しなければならない企業は多い。これら2つのデータセンターは北米大陸の反対の位置にあるが、ユーザーは応答時間の違いを感じない。個々のデータセンターは、VMwareを使って300台の仮想マシン(VM)を実行している。典型的なVMは、16GBのRAMを搭載し、4個の仮想CPUコアを持つ。フロントエンドティアのスループットは、平均で、1秒当たり3万～5万だ。ワークロードは読み出しと書き込みがほぼ半々に分かれており、要求の80%はAPI（アプリケーションプログラミングインタフェース）から、残りはウェブブラウザから送られてくる。ほかに約150台のVMがアナリティクスとステージング/テストの目的で使われている。これらはオンサイトのプライベートクラウド（Eucalyptus）とパブリッククラウド（AWS）で実行される。これらのサーバーのSLA（サービス品質保証契約）は、Rafterのデータセンターのサーバーよりも緩やかになっているので、これらに対してリアルタイムで災害復旧の措置を取る必要はない。

Rafterは、約35個のRuby on Railsアプリケーション、約50個のRubyで書かれたバックエンドアプリケーション、ごく少数の他の言語（Clojure、R）で書かれたアプリケーションを持っている。Rafterは、ウェブティア、ビジネスロジックティア、データベースティアから構成される標準的な3ティアアーキテクチャを使っている。まず、ビジネスロジックティアについて説明してから、データベースティアのサポートに進むことにしよう。

11.3 ビジネスロジックとウェブティア

ビジネスロジックとウェブティアについては2つのことを取り上げたい。1つは、アプリケーションのロジックのことであり、もう1つはRafterがアプリケーションをサポートするために使っているインフラストラクチャのことである。

11.3.1 アプリケーションのロジック

アプリケーションが複数の要求にまたがって残すべき状態を格納しなければならないときには、切り替えができるデータストア（たとえば、RafterのSQLデータベース）または両データセンターがアクセスできる外部リソース（たとえば、AWS S3）を使わなければならない。第4章で述べたように、アプリケーションの状態をローカルサーバーに格納するのはよいやり方ではない。このデータを必要とするその後の要求は、データを格納していないほかのサーバーに送られてしまう可能性がある。Rafterは、外部のものであれ、複製(レプリケーション)されるものであれ、データベースティアでアプリケーションの状態を管理するという実践に従っている。

また、外部リソースへのアクセスには、データセンターの切り替えでは変わらないDNSホスト名を使っているので、データセンターの切り替えをサポートするために構成を変更する必要もない。

Rafterが新しいバージョンのアプリケーションを本番環境にデプロイするときには、いつも必ず両データセンターに同時にデプロイされる。そのため、2つのデータセンターは必ず同じバージョンのアプリケーションを実行することが保証される。デプロイシステムは、アプリケーションがどちらのサーバーにデプロイされようとしているのかを知るためにインフラストラクチャライブラリを使っているので、デプロイシステムで別々のサーバーリストを管理する必要はない。第5章でトレーサビリティについて論じたが、Rafterはこのようにしてトレーサビリティを実現している。

副データセンターに新バージョンをデプロイするときには、物理サーバーと(その結果当然ながら)アプリケーションVMがオフラインになっていてデプロイできない場合があるという問題がある。この問題は、Chefサーバーにすべてのアプリケーションの最新バージョンについての情報を格納して解決している。運用チームがメンテナンス作業を終了してVMを再び起動したとき、Chefはサーバー上のアプリケーションが古いバージョンだということを自動的に検知し、最新バージョンのアプリケーションをデプロイする。これにより、デプロイ時にVMが必ずしも利用可能状態になっていなくても、すべてのVMでアプリケーションコードの同期を保つことができる。

11.3.2 インフラストラクチャ

インフラストラクチャサポートは、ライブラリという形になっている。そのライブラリはRubyGemsのgemという形でパッケージングされている。なお、RubyGemsはRuby言語のパッケージマネージャーで、Rubyプログラムとライブラリをディストリビュートするための標準形式を提供する。ライブラリは、多くのインフラストラクチャ関連のアプリケーションのなかで使われ、新アプリケーションの追加とインフラストラクチャ情報の取得のためのフレームワークとなっている。これらの側面と同期の維持については、以下で説明する。

11.3.3 アプリケーションの追加

Rafter プラットフォームのすべてのアプリケーションは、そのアプリケーションをインフラストラクチャ上に正しくインストールするための方法を示す青写真として機能する小さなJSON ファイルを持っている。これらのJSON ファイルの属性の例を挙げておこう。

- アプリケーション名
- タイプ
- Git リポジトリ
- ホスト名
- cronjob
- デーモン
- ログのローテーション
- ファイアウォールのルール
- データベースのアクセス許可
- SSL 証明書
- ロードバランサー仮想 IP

Chef のなかで実行できるインフラストラクチャライブラリは、これらのJSON ファイルを読み出し、アプリケーションのセットアップの方法を判断する。ライブラリには、プラットフォームの多くのデフォルトを含んでいる(必要ならオーバーライドできる)ので、JSON ファイルはそれほど大きくならない。

たとえば、GitHub のリポジトリにある cat という名前の単純な Ruby on Rails アプリケーションについて考えてみよう。このアプリケーションのJSON は、次のようになっている。

```
{
  "id" : "cat",
  "repo_url" : "git@github.com:org/cat.git",
  "type" : "rails"
}
```

Chefサーバーでは、catアプリケーションはロールかノード属性によってVM（または一連のVM）に割り当てられる。ChefはこのVMの上で実行され、ライブラリを使ってcatアプリケーションの最新のJSONを問い合わせ、次のような適切なセットアップステップを実行する。

1. GitHubからcatアプリケーションをチェックアウトする。
2. ローカルVMにcatアプリケーションをデプロイする。
3. cat.rafter.comでアプリケーションにとって適切な仮想ホストとともにnginxとunicorn（Ruby on Railsアプリケーションサーバー）をセットアップし、適切なSSL証明書をセットアップする。
4. アプリケーションのデフォルトログローテーションをセットアップする。

これは単純な例だが、ライブラリは、cronjobやデーモンのインストール、データベースアカウントの作成、データベースのアクセス許可の管理、VM上のアプリケーションにアクセスできるデベロッパの制御、開発／ステージング環境の処理など、もっと複雑なセットアップも処理できる。異なるVMのグループで実行されているアプリケーションのために別々のティアを作ることもできる。たとえば、アプリケーションがある一群のフロントエンドVMだけでウェブトラフィックを処理し、ほかのVM群だけでcronjobやバックエンドデーモンを実行するようにセットアップすることができる。こうすれば、アプリケーションの2つのインスタンスがリソースを競い合うようなことはなくなる。

11.3.4　インフラストラクチャ情報の取得

Chef は、Chef サーバーにインフラストラクチャ全体についての情報を格納する。Chef サーバーは、このデータを読み出したり、インフラストラクチャについての新たなデータを格納したりするための API を提供している（data bag と呼ばれる JSON ベースのドキュメントを介して）。Rafter ライブラリは、Chef サーバーをインフラストラクチャ情報のデータベースとして使っている。

インフラストラクチャライブラリの使い方の例をいくつか示しておこう。変数定義のあとのサンプルでは、一部の変数を再利用しているので注意していただきたい。

- インフラストラクチャ全体で実行されているすべてのアプリケーションのリストを取得する。

```
DevOps::Application.all
```

- 特定のアプリケーションについての詳細情報（GitHub リポジトリがどこにあるかから使っているデータベースまでのあらゆる情報）を取得する。

```
myapp = DevOps::Application.load("myapp")
myapp.repo_url
      >git@github.com:org/repo.git
myapp.application_database
      >myapp_production
```

- アプリケーションが最初にデプロイされる VM を見つける。

```
node = myapp.nodes.first
node.name
```

```
>web01
```

- VMをホスティングしているデータセンターなど、VMの詳細情報を取得する。

```
node.datacenter.name
>dc1
```

- データセンターの状態を取得する。

```
node.datacenter.active?
>true
```

ほかのアプリケーションは、他の仕事のためにこのライブラリを使っている。

- Chefが構成のためにVMで実行されているときには、このライブラリが盛んに使われる。アプリケーションのためにどのcronjobをセットアップするかから、どのファイアウォールルールを追加するかまで、ありとあらゆることがライブラリによって決められる。たとえば、次に示すのは、VMが実行されているデータセンターの状態に基づいてVMにファイアウォールルールを追加するChefクックブックの一部だ。

```
if node.datacenter.active?
     iptables_rule "block_api" do
               enable false
     end

else
     iptables_rule "block_api"
end
```

- デプロイシステムは、このライブラリを使って特定のアプリケーションをどのVMにデプロイすべきかを調べる。VMが特定のデータセンターに含まれている場合には、特別な配慮が必要になる場合がある。たとえば、そのようなデプロイ制限を2つ挙げてみよう。

  - デプロイ時にアクティブではないデータセンターからのデータベースマイグレーションは、遅すぎるので実行しない。
  - オフラインデータセンターのVMへのデプロイは省略する。

- テスト/ステージングシステムは、テスト/ステージングVMにデプロイできるすべてのアプリケーションについての情報を取得し、アプリケーション間の依存関係を明らかにするために、インフラストラクチャライブラリを使う。

インフラストラクチャの同期の維持

副データセンターは、主データセンターとまったく同じようにセットアップされる。含まれているVMの数も主データセンターと同じであり、すべてのアプリケーションVMは同じように構成される。主データセンターで新しいVMが作られたときには、同時に副データセンターにも同じ構成のVMが作られる。Chefは、両データセンターですべてのVMを同じように構成する。もちろん、両データセンターの間には、名前(IP空間とドメインの違い)によるわずかな構成情報の違いはあるが、それ以外は同じになる。Chefに構成の変更がプッシュされたときには、両データセンターのVMに適用される。

11.4 データベースティア

上位ティアでのステートレスVMの複製は比較的簡単だが(完全なコピーが目標になる)、データベースティアでは同じことが少し複雑になる。このティアでは、3つの異なるデータベースが使われており、それぞれが特別な目的を持っている。

11.4.1 トランザクションデータ

Rafter データの大多数は、Clustrix と呼ばれるトランザクション対応でACID をサポートする SQL データベースに格納される。Clustrix はクラスタ化されたデータベースアプライアンスで、MySQL の代わりとして簡単に導入できる。個々のデータセンターには 3 つの Clustrix ノードがあるが、これらは 1 つのデータベースとして動作する。このデータベースには約 0.5TB のデータが格納され、通常は 1 日に数 GB ずつ書き換えられる。

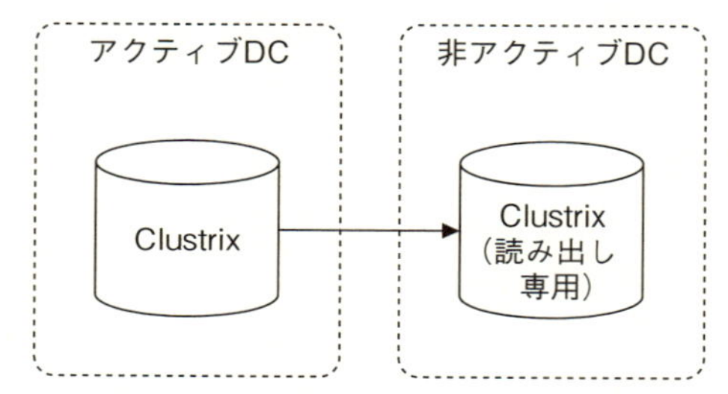

図 11.1 マスター - マスターレプリケーションモードの Clustrix DBMS

各データセンターの Clustrix データベースは、マスター - マスターレプリケーション方式で構成されている。しかし、副データセンターのデータベースには READONLY フラグがセットされており、アプリケーションが誤ってこのデータベースにデータを書き込むことはない(図 11.1 参照)。Rafter の目標は、2 つのデータセンターの間でのレプリケーションディレイをできる限り短くすることだ。ほとんどの場合、ディレイは 1 秒未満だが、アプリケーションの変更によってディレイが長くなるような新しいクエリーやデータ制約が導入されることがあるので、この指標はモニタリングを怠ってはならない。

この形のレプリケーションには、標準の MySQL のレプリケーションと同じ弱点がある。このレプリケーションはシングルスレッドで非同期的に行われるので、複雑さと書き込み要求のペースによっては、副データベースがアクティブデータベースよりも遅れてしまう可能性がある。しかし、どちらの問題も対処するためのツールがたくさんある上、データベースベンダーは、毎年新しいソリューションを出してくれる(たとえば、ハイブリッドレプリケーション、マルチスレッドスレーブ、スレーブプリフェッチなど)。Rafterが複雑なクエリーに対処するためにしているのは、たとえば、クエリーを書き換えて高速に実行されるようにするか、小さなチャンクに分割されるようにする(たとえば、LIMIT 10000)という方法だ。RBR(行ベースレプリケーション)に切り替え、スレーブが複雑なクエリーを実行しなくても、単純に書き換えられた行だけを更新すればよいようにするという方法も使っている。しかし、大量の書き込みへの対処はもっと難しい。かつて、ある1つのアプリケーションが書き込み量全体の半分を占めていたことがあった。このデータはリアルタイムアプリケーションデータとしては不要だったので、Rafterは、Clustrixではなく、フラットファイルに書き込むように変更した。これらのファイルは、1時間に1度実行される専用アプリケーションにピックアップされ、データウェアハウスにインポートされる。データウェアハウスには、本番インフラストラクチャのように厳しいSLAはない。現在は使っていないが、Clustrixには異なるデータベースのために複数のレプリケーションストリームをセットアップする機能があるので、これも大量の書き込みに対処するためのツールとして使える。

11.4.2 インフラストラクチャのサポート

Redisは、キーバリューキャッシュ/ストアである。Rafterは、インフラストラクチャのなかで、ジョブキューイングシステム(ResqueとSidekiq)、キャッシュ、高速なキーバリューストアデータベースとして、Redisを使っている。個々のデータセンターには、2つの別々のRedisクラスタがあり、図11.2のようにセットアップされている。これらのうちの1つのRedisノードが「マスター」で、すべてのアプリケーションはここに読み書き要求を送ってくる。マスターは、障害が起きたときには任意のスレーブにフェイルオーバーできる。Redisの利用が増えてくると、Redisスレーブは書き込み要求が送られてくる速度の関係から、マスターについていけなくなる。Rafterは、マスターサーバーのメモリの使用量がゆっくり増えていくのに、Redisに格納されるデータが増えないことから、ディレイに気づいた。これは、Redisがスレーブ宛てのすべての保留中コマンドをメモリにバッファリングしているにもかかわらず、スレーブに対するレプリケーションがついていけないため、メモリ使用量が増え続けているのだとRafterは診断した。この問題については、他社もすでに同じように診断していた。問題は、帯域幅が許す以上に、Rafterがデータセンター間のRedisトラフィックを生成していることだった。実際に使った解決方法は、圧縮を有効にしたSSH (Secure Shell) トンネルのなかでRedisレプリケーションを実行することだった。トンネル内で圧縮すると、CPU使用率は20%ほど上がるが、WANを介してデータを転送するために必要な帯域幅はかなり小さくなる。この変更により、スレーブへのレプリケーションはマスターについていけるようになった。

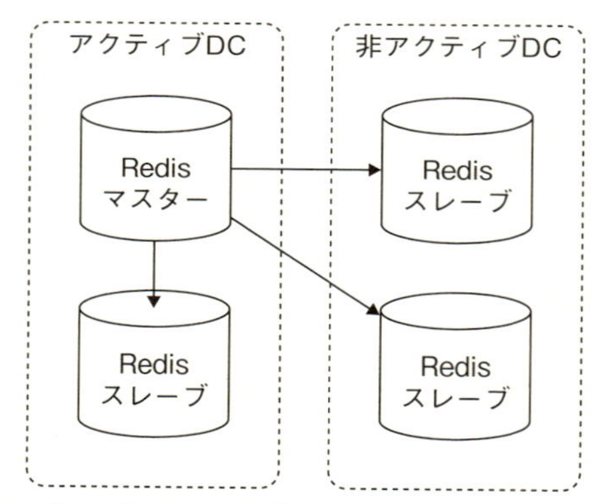

図11.2　Redis DBMS［アーキテクチャ図］

11.4.3　セッションデータ

Rafterは、セッションデータの格納と、プラットフォーム全体のキャッシングのためにCouchbase (Memcachedの改良版) を使っている。これは、データセンター間でデータが同期されないデータベースの例だ。データセンター内のCouchbaseは、図11.3に示す通りだ。2つのCouchbaseクラスタはまったく別のものなので、副データセンターがアクティブになったとき、キャッシュは古くなっている。しかし、それは一時的なもの(セッションデータ)か、キャッシュミスのときにアプリケーションが他のデータソースから自動的に書き込み直すキャッシュされたデータなので、これが問題を起こすことはない。

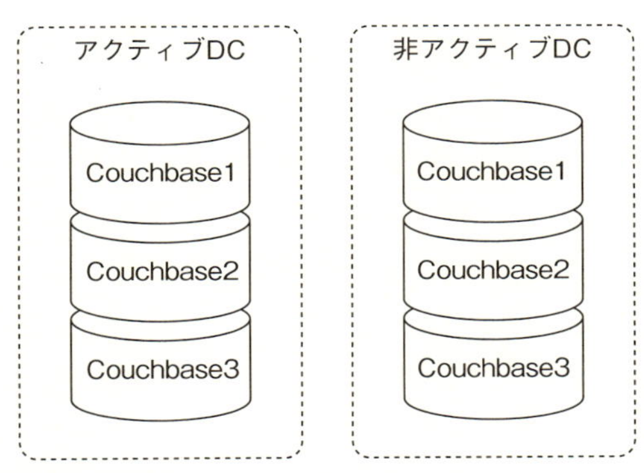

図 11.3　Couchbase (Memcached)［アーキテクチャ図］

11.5　ほかのインフラストラクチャツール

Rafter のインフラストラクチャでは、ほかにもいくつかのツールが使われている。gem リポジトリサーバーや Elasticsearch などだ。DNS の管理も、障害を起こしたデータセンターから動いているデータセンターへのフェイルオーバーの重要な要素である。DNS 管理と TTL については第 2 章を参照していただきたい。この節で述べるのは、Rafter が DNS サーバーをどのように使っているかだ。

11.5.1　gem リポジトリサーバー

Ruby アプリケーションは、外部ライブラリのパッケージングの方法として gem を使っている。一般に、Rafter は、複数のアプリケーションで共有するコードをそのような gem にパッケージングしている。アプリケーションは、特定の gem の特定のバージョンに依存していることをコード内で指定している。Rafter は、社内 gem の参照先として両データセンターに gem リポジトリクラスタを作った。図 11.4 は、gem リポジトリサーバーを表したものである。Rafter が最初に作ったのは、Geminabox というオープンソース gem サーバーだった。Geminabox は単純なユーザーインタフェースで、デベロッパがサーバーに gem の新バージョンをアップロードできるようにしていた。しかし、Geminabox には高可用性を実現するためのサポートが含まれておらず、gem を格納するリポジトリは単純にローカルファイルシステムだった。Rafter は、高可用性を確保するために、まず個々のデータセンターに複数の gem サーバーを作り、その背後にロードバランサを配置した。しかし、このシステムは、すべての gem サーバーの間で自動的にデータを同期していたわけではなかった。そこで、Rafter は個々の gem サーバーで実行されるスクリプトを作った。このスクリプトは、隣にある 2 台のサーバー（ローカルデータセンターの 1 台と別のデータセンターの 1 台）との間で gem リポジトリを同期する。水面下では、rsync に似たオープンソースの双方向ファイル同期ツール、Unison を使っている。Unison は、1 分ごとに gem リポジトリを同期する。Rafter は、個々の gem サーバーに問い合わせをして、不一致をアラートするモニタリングスクリプトも作った。

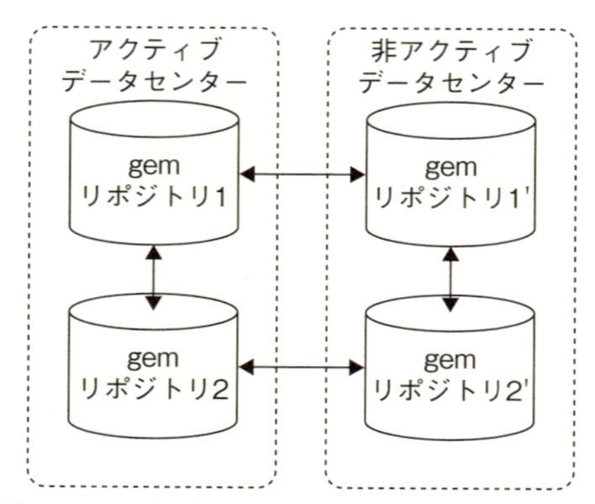

図 11.4　gem リポジトリサーバー[アーキテクチャ図]

11.5.2 Elasticsearch

Rafterは、両データセンターにまたがって6ノードのElasticsearch（サーチ、アナリティクスエンジン）クラスタを1つ持っている。Elasticsearchにはシャード（データを水平的に分割したパーティション）割当機能があり、すべてのシャードが副データセンターに完全にレプリケートされるようになっている。Elasticsearchは、データセンターを意識した操作をすることもできるので、クエリーでは同じデータセンターのノードを使うようにする。Rafterが初めてElasticsearchをデプロイした当時、Elasticsearchのクラスタ機能は、すべてのクラスタノードが安定した低レイテンシーリンクでリンクされていることを前提として作られていたため、データセンター間の接続に問題があった。Rafterは、いくつかのTCPカーネルパラメータとElasticsearch自体のタイムアウト設定をチューニングし、反対側のデータセンターのノードがタイムアウトによってクラスタから離れたり戻ってきたりを繰り返すのを防いでこの問題を解決した。まだ、WANリンク越しにElasticsearchクラスタを作っているユーザーはそれほど多くないので、これは新しい問題ではある。しかし、今までのところ、Rafterは、簡単に解決できる上の問題以外では大きな問題にぶつかってはいない。

11.5.3 DNS

Rafterは、各データセンターでローカルDNSサービスを提供する2台のDNSサーバーをメンテナンスしている。1台はほかの3台のマスターとしてふるまう。すべてのDNSサーバーはWebmin管理インタフェースを実行する標準のBIND DNSサーバーである。Webminは、DNSレコードの更新、削除、より高度な設定（DNSスレーブのマスターへの昇格、スレーブが指定するマスターの切り替えなど）のために単純なウェブベースのUIを提供する。Rafterは、このUIとやり取りしてDNSの変更を自動化するRubyライブラリを作った。Rafterは、ほとんどのDNSレコードに60秒のTTLを設定し、データベース仮想IPを指すDNSレコードには1秒のTTLを設定している。TTLの時間の選択は、変更の反映の速さと短い間隔でDNSを問い合わせることによるインターネットトラフィックのトレードオフである。

11.6 データセンターの切り替え

データセンターは、アクティブ、非アクティブ、オフラインの3種類の状態のどれかになる。アクティブとは、このデータセンターにあるサーバーに制限が加えられていない状態のことである。非アクティブは、cronjob、デーモン、バックエンドアプリケーションが停止され、無効になっている状態、オフラインは、データセンターが使えず、新しいコードデプロイを受け付けない状態である。オフラインモードは、一般にメンテナンスのために使われる。Rafterは、データセンターの切り替えを実行するときに、最初の2つの状態を使う。コントロールドスイッチは、メンテナンスやテストなどを目的として行われる。コントロールドスイッチでは、主データセンターはアクティブなままである。それに対し、アンコントロールドスイッチの実行中には、主データセンターは非アクティブだ。それでは、両方についてRafterが使っている手順を説明していこう。

Rafterは、初めてデータセンター切り替えを実行したときには、一部のステップを手作業で行っており、ステップをまとめるプロセスはなかった。単純にWordドキュメントにすべてのステップを書き出し、それを1つずつ実行していたのである。そのプロセスに自信を持てるようになると、プロセスの自動化に取り掛かった。Rafterは、DSL(ドメイン固有言語)を使うRubyライブラリを組み立て、切り替えプロセスのステップを定義した。それでは、コントロールドスイッチとアンコントロールドスイッチの手順を説明してから、その自動化に進むことにしよう。

11.6.1 コントロールドスイッチのステップ

コントロールドスイッチは、最初のチェックであるモニタリングアラートの無効化から別のデータセンターへの全ティアの切り替えまで、18ステップから成っている。この説明では、次の表記を使う。

- DC1：切り替え元のデータセンター
- DC2：切り替え先のデータセンター

1. Clustrixデータベースのレプリケーションディレイが低いことを確認する。まず、レプリケーションディレイが60秒未満であることをチェックする。このチェックをするようになったのは、データセンターの切り替えのためにすべてのサイトを落とさなければならなくなった際に、大きなクエリーのためにデータベースレプリケーションが30分遅れになってしまったことがあるからだ。このときは、切り替えを続行するためにデータベースが作業に追いつくのを待たなければならなかったが、そのためにさらにダウンタイムが長くなってしまった。
2. モニタリングシステム（Scout）のアラートを無効にする。Scoutは、Rafterがサーバーをモニタリングする（CPU、ディスク、ネットワーク、URL健全性チェックなど）ために使っているNagiosとよく似たシステムである。Rafterが一時的にアラートを無効にするのは、切り替え中にページや電子メールが届くのを防ぐためだ。
3. "Website going down soon"（まもなくウェブサイトはダウンします）バナーを表示する。Rafterは、10分後にメンテナンスのためにサイトが落ちるので、それまでに購入を終えるよう顧客に知らせる小さなバナーをウェブサイトに表示する。デプロイシステムは、個々のアプリケーションサーバーのディレクトリに特殊ファイルを置くという方法でこれを自動化している。
4. Chefサーバー内でDC1に"非アクティブ"のマークを付ける。Chefサーバーはデプロイデータベースとして使われているので、DC1データセンターに"非アクティブ"のマークを付ける新しいJSONドキュメントをChefサーバーに追加する。インフラストラクチャライブラリを使っているクライアントは、この変更を見ることができる。この時点で、DC1とDC2はともに非アクティブ状態になっている。
5. DC1のすべてのVMでChefクライアントを起動する。Chefは、特定のサーチ基準に合致する一連のVM全体で並行してコマンドを実行する

“knife ssh” というコマンドを持っている。knife ssh "roles:dc1" "sudo chef-client" コマンドを実行すると、DC1 のすべての VM で Chef クライアントが起動される。

Chef は、インフラストラクチャライブラリを使うので、実行しようとしている VM が非アクティブになったデータセンターにあることを検知する。すると、Chef クライアントは、適切な手順を踏んで VM を再構成する。これには、アプリケーション固有の cronjob を取り除き、バックエンドデーモンを停止 / 無効化する効果がある。

6. DC1 の実行中の cronjob やバックエンドスクリプトに“TERM” シグナルを送る。かなりの数のアプリケーションが cron によってバックエンドで実行されるが、これらは TERM シグナルを送ると停止する。このステップは、次のような感じのコマンドで実行される。

```
knife ssh "roles:dc1" "ps hww -C ruby -o pid,user,cmd
| grep app_user | awk '{print \\$1}' | xargs -i kill
-TERM {}"
```

7. DC1 のどうしても停止しないスクリプトに“-9” シグナルを送る。スクリプトを止めるために TERM シグナルだけでは不十分な場合がある。たとえば、アプリケーションが誤ってすべての例外（TERM シグナルを含む）をキャッチしてしまう場合がある。Rafter のアプリケーションに含まれるこの種の問題を抱えたスクリプトの大半は、今までにフィックスされているが、このステップは、あまり行儀のよくない新アプリケーションが追加されたときのために残されている。
8. 外部カスタマーを抱えるいくつかのウェブプロパティにメンテナンスページを表示する。メンテナンスページには“We're currently performing scheduled maintenance, we'll be back in 15 minutes.”（ただいま、予定されたメンテナンスを実行しております。システムは 15 分以内に復旧します）といった感じのメッセージが表示される。デプロイシステムは、個々のアプリケーションサーバーのディレクトリに特殊ファイルを追加してこれを自動的に行う。これは両データセンターで行われる。

9. DC2 の Redis サーバーをマスターサーバーに昇格させる。デフォルトでは、Redis には自動切り替えがないので、Rafter はそのための独自システムを作らなければならなかった。このシステムは、次のように動作する(図 11.5 参照)。

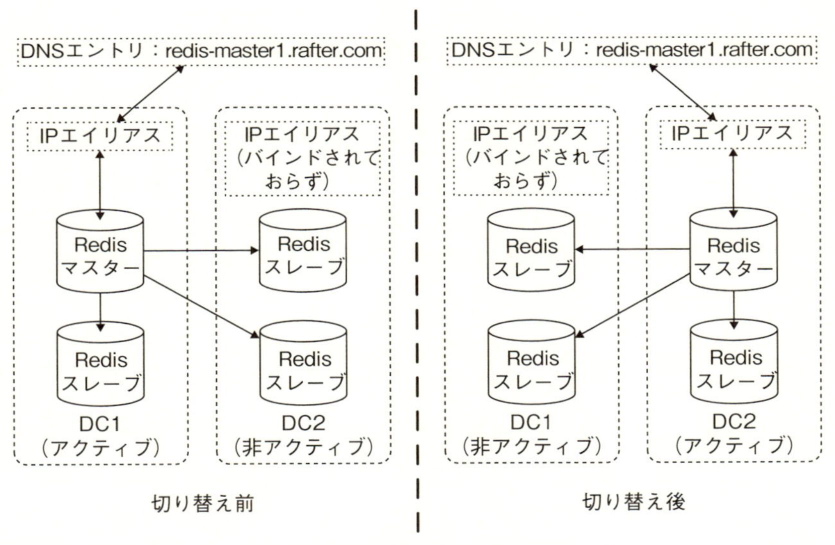

図 11.5　Redis スレーブのマスターへの昇格［アーキテクチャ図］

a. すべてのアプリケーションが“redis-master01” というホスト名に接続するように構成する。redis-master01 は、データセンター内のローカル IP エイリアスに解決される。

b. 現在の Redis マスターから IP エイリアスを解放する。こうすると、開設されている Redis 接続がすべて切断される。次に、マスター Redis サーバーにハートビートキーという形で現在の時刻を書き込み、このキーが昇格される DC2 のスレーブと同じ値になっているかどうかをチェックする。これでスレーブのレプリケーションが確実にマスターに追いつくようになる。

c. 選択したRedisスレーブをマスターに昇格させ、それまでのマスターをスレーブに降格させる。そして、新しいマスターサーバーを使うようにすべてのスレーブを構成する。

d. IPエイリアスを新しいRedisマスターサーバーにバインドする。Gratituous ARPメッセージを送り、すべてのARPキャッシュを確実にフラッシュする。

e. 新しいIPエイリアスに解決されるようにredis-master01 DNSレコードを更新する。クライアントはDNSをキャッシングできるので、このソリューションではDNS頼みになるのがネックではある。しかし、Rafterにはこの問題はない。おそらく、IPエイリアスが解放されるときにクライアントの古いマスターに対する接続が中断され、Redisクライアントライブラリは、新しいマスターに接続したときに限り再接続しているのだと思われる。なお、DNSレコードには1秒のTTLを設定している。

10. DC2のClustrixスレーブをマスターに昇格させる。各データセンターのClustrixデータベースはマスター - マスター方式で構成されているので、切り替えに際してレプリケーションを再構成する必要はない。Redisと同様に、DNSを介して現在アクティブなClustrixデータベースが指されるようにしている。詳細な手順は次の通りだ。

a. DC1のClustrixデータベースにREADONLYフラグを追加する。

b. 各データベースのバイナリログの位置をチェックして両データベースの同期が完全に取れていることを確認する。DC2がすべてのDC1のバイナリログを受け取っていることとその逆をチェックする。

c. DC2のClustrixデータベースからREADONLYフラグを取り除く。

d. DC2のClustrixの仮想IPアドレスを指すようにClustrixマスターDNSレコードを更新する。アプリケーションからの接続はDC1データベースに開設されたままになるので、単純にDNSレコードを更新したただけでは不十分だ。元の接続を切断するために、“show processlist”を使ってDC1のClustrixに対するすべての接続をループで処理し、“kill”コマンドを使ってすべてのオープンセッションを切断する。こうすると、アプリケーションはデータベースに対して新しい接続を開設することを強制され、今度はDC2のデータベースに接続することになる。

11. Chefサーバーで DC2に“アクティブ“のマークを付ける。ステップ4と同じプロセスで進めればよい。この時点でDC1は非アクティブであり、DC2がアクティブになる。
12. DC2のすべてのVMでChefクライアントを起動する。ステップ5と同様に、“knife ssh”コマンドを使ってDC2のすべてのサーバーでChefクライアントを起動する。DC2はアクティブ状態になっているので、ChefはVMをアクティブ状態に変換するために必要なすべての構成変更を行う。これは、基本的にすべてのバックエンドアプリケーションのためにcronjobをインストールし、アプリケーションデーモンをインストール、起動し、アプリケーション固有のファイアウォールのルールを再構成するということだ。
13. 顧客とのやり取りのあるすべてのウェブアプリケーションでメンテナンスページとバナーを取り除く。これは、デプロイシステムを使って行う。
14. Akamai CDN（コンテンツデリバリーネットワーク）を更新する。Akamaiは、CDNサービスを提供するプロキシとしてRafterのメインショッピングカートアプリケーションの前に位置する。Akamaiは、与えられたSOAP APIを使ってトラフィックをDC2に送るように更新される。5分ほどで、Akamaiは新しいデータセンターにトラフィックを送り始める。
15. すべてのアプリケーションのために公開DNSを更新する。Akamaiを使わないアプリケーションについては、公開DNSレコードは、AWS Route 53を使ってDC2のIPアドレスを指すように更新される。公開DNSのTTLは1分なので、数分でこれらの変更を行ううちに、ほとんどの顧客はDC2のアプリケーションに接続するようになる。RubyGemインフラストラクチャライブラリがこのタスクを助けている。この処理を擬似コードで書くと、次のような感じになる。

```
DevOps::Applications.all do |app|
  update_public_dns(app.fqdn, app.external_ip)
end
```

16. すべてのアプリケーションのためにローカルDNSを更新する。ローカルDNSサーバーは、内部サービスのURLがDC2のIPアドレスを指すように更新される。ここでも、RubyGemインフラストラクチャライブラリの支援がある。

```
DevOps::Applications.all do |app|
  update_local_dns(app.fqdn, app.internal_ip)
end
```

17. Rafterのモニタリングシステム(Scout)のエスカレーション優先順位を更新する。Scoutでは、DC1のサーバーから生成されるアラートの優先順位が"normal"に変更される。オペレータはDC1のサーバーからメールによるアラートを受け続けるが、ページでは受けなくなる。そして、DC2のサーバーのエスカレーション優先順位は"urgent"に更新される。そのため、DC2のサーバーのきわめて重要なアラートは、Pagedutyのアラートを開くことができ、それによってページが送られる。Rafterは、非アクティブデータセンターでもサーバーのモニタリングが重要だということを認識している。切り替えの日になってサーバーに問題があるかもしれないことがわかるのでは困るのだ。しかし、ページでアラートされなくてもメールによるアラートで十分だ。このステップは、"Ruby mechanize"ライブラリでScoutのウェブサイトとやり取りをするRubyコードを使って実現している。

18. モニタリングシステム(Scout)のアラートを再び有効にする。優先順位を更新したあとでも、アラートを再び有効にすることが必要だ。

11.6.2 アンコントロールドスイッチのステップ

現在アクティブなデータセンターが完全に利用不能になったとき(たとえば、データセンターの停電で)には、アンコントロールドスイッチが必要になる。アクティブデータセンターのクリーンなシャットダウンが不可能なので、このタイプの切り替えの方がステップの数が少ない。この場合、データの不一致が起きている可能性は十分にある。アクティブだったデータセンターがオンラインに復帰したあと、何らかのデータクリーンアップが必要になるだろう。データベースレプリケーションディレイがわずか1秒でも、非アクティブデータセンターは、停電発生時のデータを取りこぼしている可能性がある。

前節と同様に、次の表記を使う。

- DC1：切り替え元のデータセンター
- DC2：切り替え先のデータセンター

アンコントロールドスイッチのための9ステップは、次の通りだ。

1. Chefサーバーで DC2を"アクティブ"と、DC1を"非アクティブ"とマークする。Chefサーバーに新しいJSONドキュメントを与える。インフラストラクチャライブラリを使うすべてのアプリケーションは、これでデータセンターの正しい状態を知ることができるようになる。
2. DC2のローカルDNSサーバーをマスターに昇格させ、必要ならスレーブを再構成する。DC1に現在のマスターが含まれている場合、ローカルDNSの更新は処理できない。そこで、DC2のどちらかのDNSスレーブをマスターに昇格させ、もう1つのサーバーは新マスターのスレーブにする。これは、Webminウェブベース UIを使ってRubyの"mechanize"スクリプトを実行すればできる。

3. DC2のスレーブを新しいClustrixマスターに昇格させる。ここでコントロールドスイッチで実行していた手順のサブセットを行う必要がある。つまり、次の通りだ。

   a. DC2のデータベースのREADONLYフラグを取り除く。
   b. ClustrixマスターDNSレコードがDC2を指すように更新する。

4. DC2でRedisスレーブを新しいRedisマスターに昇格させる。コントロールドスイッチで実行されるステップの一部をここでしなければならない。

   a. DC2のRedisスレーブをマスターに昇格させ、DC2のもう1台のRedisスレーブが新しいマスターのスレーブになるように再構成する。
   b. IPエイリアスを新マスターにバインドする。
   c. redis-master01 DNSレコードを更新する。

5. すべてのアプリケーションのためにローカルDNSを更新する。これは、コントロールドスイッチと同様のステップである。
6. すべてのアプリケーションのために公開DNSを更新する。これは、コントロールドスイッチと同様のステップである。
7. Akamai CDNを更新する。これは、コントロールドスイッチと同様のステップである。
8. DC2のすべてのサーバーでChefクライアントを起動する。これは、コントロールドスイッチと同様のステップである。
9. Rafterのモニタリングシステムでエスカレーション優先順位を更新する。これは、コントロールドスイッチと同様のステップである。

11.6.3 切り替えステップの定義と自動化

切り替えのステップは、2つのユースケースに分類される。外部シェルコマンド(たとえば、"knife ssh"コマンド)を実行するか、Rubyコード(データベースのディレイのチェックなど)を実行するかだ。次に示すのは、コントロールドスイッチのステップ１の例である。

```
step "Check: Ensure replication delay is low on
Clustrix" do
  prereqs :clustrix_databases, :datacenters
  ruby_block do
    result = nil
    puts "Checking Slave Delay in each datacenter"
    @datacenters.each do |datacenter|
      client = Mysql2::Client.new(:host =>
@clustrix_databases[:vips][datacenter], :username =>
"root", :password => @clustrix_databases[:password])
      row = client.query("show slave status").first
        puts "Slave delay in #{datacenter}: #{row
["Seconds_Behind_Master"]}"
      if row["Seconds_Behind_Master"] > 60
        result = failed("Slave delay must be less than
60.")
      end
      client.close
    end
    result ? result : success
  end
end
```

このステップでは、インフラストラクチャライブラリは、データセンターの切り替え中に、ruby_block（3行目以降）のRubyコードを自動的に実行する。ブロックは、success/failedヘルパーメソッドを使って失敗か成功かを返す。データセンタープロセスのすべてのステップは、DSLで定義された対応するステップを持っている。

DSL は、“prereq”(必須データ)の概念も含んでいるが、これはほとんどのステップが共通入力データセット(たとえば、交換されるデータセンター、データベース情報、集めた認証情報)を必要とするからだ。同じデータを繰り返し集めるのではなく、各ステップが必須データのなかのどれを必要とするかを定義するのである。必須データはほかの DSL で定義される。データセンター切り替えスクリプトの冒頭では、ステップを実行する前に、必須データを揃えるために必要な情報を問い合わせるコードが挿入される。たとえば、次に示すのは、clustrix_databases prereq の内容だ。

```
prereq "clustrix_databases" do
  if ENV['CLX_PASS']
    db_info = {:password => ENV['CLX_PASS']}
  else
     puts "Please enter the root password for the
database:"
     db_info = {:password => STDIN.noecho(&:gets).
chomp!}
  end
   db_info[:vips] = DevOps::Clusters.load("clustrix")
[:vips]
  db_info
end
```

次に、DSL は、2 種類のデータセンターの切り替えに対応するリストにステップを論理的にまとめられるように拡張された。たとえば、次に示すのは、コントロールドスイッチのステップのリストである。

```
list "Controlled Switch" do
  step "Check: Ensure replication delay is low"
  step "Disable Scout Notifications"
```

```
  step "Put up 'Site Going Down Soon' message"
  step "Set current datacenter to inactive"
  step "Run chef in DC to swap from"
  step "Run killer with -TERM"
  step "Run killer with -9"
  step "Put up 'Maintenance' pages"
  step "Swap redis"
  step "Swap DB"
  step "Set new DC to active"
  step "Run chef in DC to swap to"
  step "Remove 'Maintenance' pages"
  step "Swap Akamai"
  step "Swap Route 53 DNS"
  step "Swap Datacenter DNS"
  step "Update Scout Notification Groups"
  step "Enable Scout Notifications"
end
```

リストに含まれている個々のステップについて、インフラストラクチャライブラリは、名前に対応するステップ実装を見つけていく。

ステップを定義し、それらのステップを順序の決められたリストにまとめるというこのフレームワークを基礎として、Rafterはリストを対話的に実行するコンソールアプリケーションを作った。このアプリケーションは、定義されたすべてのリストの名前を表示する。たとえば、次の通りだ。

```
Pick a set of Steps to perform: <enter defaults to #1>
1. Controlled Switch
2. Uncontrolled Switch
Choose: 1
```

コンソールでオペレータが実行するリストを選択すると、UIはリスト内のすべてのステップを表示して確認を求めてくる。UIは、一部のステップを省略したり、異なるステップから開始したりすることもできるようになっている。

```
The following steps will be run:
1. Check: Ensure replication delay is low
2. Disable Scout Notifications
 [...]
Press Enter if satisfied with order, or type in alternative order of steps, comma delimited, ranges allowed:<enter>
（この順序でよければEnterキーを押してください。そうでなければ、カンマ区切りで数字を並べて実行順序を指定してください。範囲指定もできます：<enter>）
```

次に、コンソールアプリケーションは選択されたステップのためのprereqコードを実行し、各ステップの実行を開始する。そして、コンソールに各ステップの出力を表示する。"auto pilot"をどのくらい使うかは、オペレータ次第である。次のステップに進むためにいちいちステップごとにEnterを押さなければならないようにするか、前のステップが終了したらただちに次のステップに進んでリストを自動実行するかを選べる。ステップがエラーを起こしたときに次のステップに進むか、失敗したステップを再試行するかは、オペレータが選べる。

コンソールアプリケーションは、デベロッパのマシンから実行することも、両データセンターのサーバーにネットワーク経由でアクセスでき、Chefサーバーへのアクセスのためのインターネットアクセスも持つユーティリティサーバーから実行することもできる。すべてのコマンドはオペレータ自身の認証情報（sudoパスワード、SSHキー、Chefキーなど）を使って実行されるので、権限を持たないユーザーがコンソールアプリケーションへのアクセスを獲得したとしても、ステップを実行するために必要なアクセスレベルがなくてステップを実行できない。

11.7 テスト

ほかのすべてのプロセス、ソフトウェアと同様に、インフラストラクチャと切り替え制御はテストしなければならない。

11.7.1 データセンター切り替えアプリケーション

前節の各ステップ、DSL ライブラリ、コンソールアプリケーションのためにRSpec でユニットテストが書かれている。ユニットテストは、コードやロジックの自明なバグを洗い出すためには役に立つ。しかし、データベースなどのリソースへの接続や外部コマンドはテストでは省略されているので、すべてのものを完全にテストできているわけではない。ユニットテストがキャッチできていないかもしれないバグを見つけやすくするために、コンソールアプリケーション全体をデフォルトでドライラン / デバッグモードで実行できるようにしてある。これは、プロセスのすべてのステップを実行するものの、状態変更のような安全とは言い切れないタスクを実行する部分を省略するものである。ステップがデバッグモードで実行されているかどうかをチェックするために、ステップ内では“debug?” ヘルパーメソッドを使っている。そのため、事前にドライランモードでデータセンターの切り替え処理全体の安全なリハーサルをすることができる。

11.7.2 インフラストラクチャのテスト

データセンターの切り替え中に行われる「重労働」の数々は、実際にはデータセンター切り替えアプリケーションの外で、つまりサーバー再構成時にインフラストラクチャライブラリと Chef によって実行される。インフラストラクチャライブラリと Chef クックブックは絶えず変化しているので、こちらこそより厳格なテストが必要とされる。変更によって既存の機能が壊れていないことを確かめるために、RSpec を使ったユニットテストを実行している。さらにユニットテストに加えて、Rafterはインテグレーションテストスイートも作った。インテグレーションテストは、ステージングサーバープラットフォームでまったく新しいサーバーを起動し、Serverspecを使ってChefとインフラストラクチャライブラリがサーバーを正しく構成していることを確認する。

11.7.3 継続的デプロイパイプライン

Rafterのインフラストラクチャとデータセンター切り替えアプリケーションに加えられたすべての変更は、TeamCityを使って継続的デプロイパイプラインを通過する。新しい変更は、"test"という名前のブランチにコミットされる。TeamCityは、構文チェック、lint(コーディングスタイルチェッカー)、testブランチのユニットテストを実行する。すべてのテストを通過すると、TeamCityはVMを起動し、それに対してインテグレーションテストスイートを実行する。以上のテストがすべて失敗しなければ、最後にTeamCityは変更を"staging"ブランチにマージし、自動的にすべてのインフラストラクチャ変更をステージング環境にコピーする。ステージング環境ですべてが正しく動作したら、変更は手作業でproduction(本番)ブランチにマージされる。そして、productionブランチを対象として再びテストを実行し、成功したら、新バージョンは自動的に本番環境にコピーされる。

11.8 まとめ

2つのデータセンターを用意して一方からもう一方にスムーズにフェイルオーバーできるようにするためには、アプリケーション、データベースシステム、インフラストラクチャ管理システムが関わってくる。この章では、Rafterがどのようにしてこの機能を実現したかを説明した。

アプリケーションレベルでは、次の原則に従ってアプリケーションを設計しなければならない。

1. アプリケーションは、承認されたデータストアだけに状態を格納しなければならない。
2. アプリケーションのデータストレージに対するニーズは、設計段階で考慮しなければならない。アプリケーションの変更や新機能の追加によってレプリケーションが大きく遅れることがある。それでは素早いフェイルオーバーを損なわれてしまう。通常は何らかの妥協ができるはずだ。たとえば、データがビジネスにとってきわめて重要というわけでなければ、両データセンターにレプリケートする必要はないかもしれない。データの格納方法を変えてデータの量を減らすという方法もある(たとえば、すべてのレコードではなく、集計データを格納するなど)。
3. バックエンドアプリケーションは、穏やかに停止するように設計しなければならない。Rafterのほとんどのバックエンドアプリケーションは、どこで強制終了されても安全になっているが、一部のアプリケーションは、タイミングが悪いとデータの完全性を損ねる場合がある。たとえば、顧客に課金してからデータベースに入金額を記録するアプリケーションについて考えてみよう。顧客に課金してから入金記録をデータベースに記録するまでの間にアプリケーションが強制終了されると、この顧客はあとで再び課金されてしまう。このようなことを防ぐために、強制終了に注意が必要なアプリケーションは、TERMシグナルを横取りし(Rubyのtrapコールバックを使って)、現在のイテレーションを終了してから穏やかに終了するように作られている。

インフラストラクチャレベルでは、Ruby on RailsとChefは重要なツールだが、インフラストラクチャライブラリを作って、これらをデータセンター対応にしなければならなかった。このライブラリは、インフラストラクチャとさまざまなアプリケーションの適切なデータセンターへのデプロイの両方を管理する。

データベースレベルでは、鍵を握る重要なものは分散環境を理解し、分散データをサポートするように構成できるデータベースシステムだ。Rafterは、システムを正しく動作させるために特殊なプロビジョニングをしなければばならなかった。

個々のレベルのアーキテクチャが適切でも、一方のデータセンターからもう一方のデータセンターへの切り替えを管理するためには、一連のステップを順に実行していかなければならない。これは自動化できるが、特定の順序で実行しなければうまくいかない。

11.9 参考文献

この章では、さまざまなテクノロジーに言及した。それらの詳細は、以下のリンクで知ることができる。

- Chef：http://docs.opscode.com/chef_overview.html
- Ruby on Rails：http://rubyonrails.org/
- Ruby Gems：https://rubygems.org/
- GitHub：https://github.com/Bass_CH11.indd
- Clustrix：http://www.clustrix.com/
- Redis：http://redis.io/
- Couchbase：http://www.couchbase.com/
- Memcached：http://memcached.org/
- Elasticsearch：http://www.elasticsearch.org/
- Unison：http://www.cis.upenn.edu/~bcpierce/unison/
- Scout：https://scoutapp.com/
- RSpec：http://rspec.info/
- Serverspec：http://serverspec.org/
- TeamCity：http://www.jetbrains.com/teamcity/
- Resque：https://github.com/resque/resque
- Sidekiq：http://sidekiq.org/
- Akami：http://www.akamai.com/

仮想IPアドレス（VIP）については、Wikipediaのhttp://en.wikipedia.

org/wiki/Virtual_IP_address で詳しく説明されている。

Redis のレプリケーションの問題は、[3Scale 12] で論じられている。

第12章 企業のための継続的デプロイパイプラインの実装

協力：John Painter、Daniel Hand

Sourced Groupは、企業向けのコンサルティング会社で、
クラウドベースソリューションのアーキテクチャと
自動化のメリットを企業に提供しています。

—— http://www.sourcedgroup.com.au/

12.1 イントロダクション

ここ数年、企業はAWS（Amazon Web Services）などのプロバイダのクラウドコンピューティングサービスを使うようになりつつある。企業は、クラウドコンピューティングへの移行とともに、一般に2つの成果を得ようと考えている。コストを削減することと製品、事業の成果を素早く機敏に手にすることだ。クラウドコンピューティングプラットフォームの主要な特徴の1つは、プログラムが使えるインタフェースと自動化フレームワークが広範に用意されていることである。これらのインタフェースは、最初のうちは基本インフラストラクチャ（サーバーやストレージ）の管理に使われていたが、すぐにアプリケーション自体のデプロイと管理を含むように進化し、今では継続的デプロイパイプライン（CDP：Continuous Deployment Pipeline）などの包括的な継続的デプロイシステムで使われるようになっている。

第2部で説明したように、CDPはアプリケーションのソースコード管理の状態を監視している。ソースコードに対する変更がコミットされると、CDPはそれを受け付け、アプリケーションをビルド、パッケージングし、さまざまな環境でさまざまな目的のテストを実行する。アプリケーションが「本番環境水準」になったら、CDPは更新されたアプリケーションのコピーをデプロイするためのインタフェースを呼び出す。インフラストラクチャとアプリケーションのデプロイを自動制御できれば、チームはアプリケーションのデプロイではなく、アプリケーションのコードに精力を注ぐことができ、企業の開発プロジェクトの機敏性、スピードという目標の達成に近づく。

このケーススタディは、オーストラリアの金融、メディア、遠隔通信、航空業界のトップ企業のコンサルティングを行っているSourced Groupが開発し、改良を加えてきたCDPの参照アーキテクチャを紹介する。Sourced Groupは、金融サービスの経験を持つ人々によって2010年に設立された企業向けコンサルティング会社である。現在のところ、Sourced Groupのチームは、データ管理(データベースとデータウェアハウス)またはソリューションアーキテクチャ+自動化の専門能力のどちらかを持つ技術者から構成されている。

この章では、企業でCDPを実装するときのさまざまな側面を取り上げる。企業としてのコンテキスト、CDP自体、セキュリティの管理方法などである。次に、高度な概念とAWSの新しいサービスを紹介してから、章を締めくくる。

12.2 企業としてのコンテキスト

Sourced Groupは、CDPフレームワークを設計し、組織に定着させるために中期的な戦略のコンサルティングを通じて企業のCDPプロジェクトに関与している。そのようなCDPの導入は、顧客の組織形態や文化にフィットしたものでなければならない。Sourced Groupが関わるのは限られた期間だけになるので、Sourced Groupが抜けたあと、CDPの責任者になるべき人々を見つけて教育訓練を施すことも仕事の1つとなる。図12.1は、Sourced Groupが一般に目指している組織構造を示している。「CD（継続的デプロイ）導入グループ」と「CD（継続的デプロイ）技術グループ」の2つのグループを作らなければならない。CD導入グループは、デベロッパがそれぞれのアプリケーションをCDPに乗せるときの仲介役となり、CD技術チームは、パイプラインとそのコンポーネントを設計、管理する。CD技術チームとチームが管理するツールがCOE（開発本部）を形成する。組織が小さければ、CD導入とCD技術は1つのチームでもよい。デベロッパ自身がCD導入チームの一員になることもよくあることだ。これらのグループは、Sourced Groupの関与が終わったあともCDPを担当し続ける。

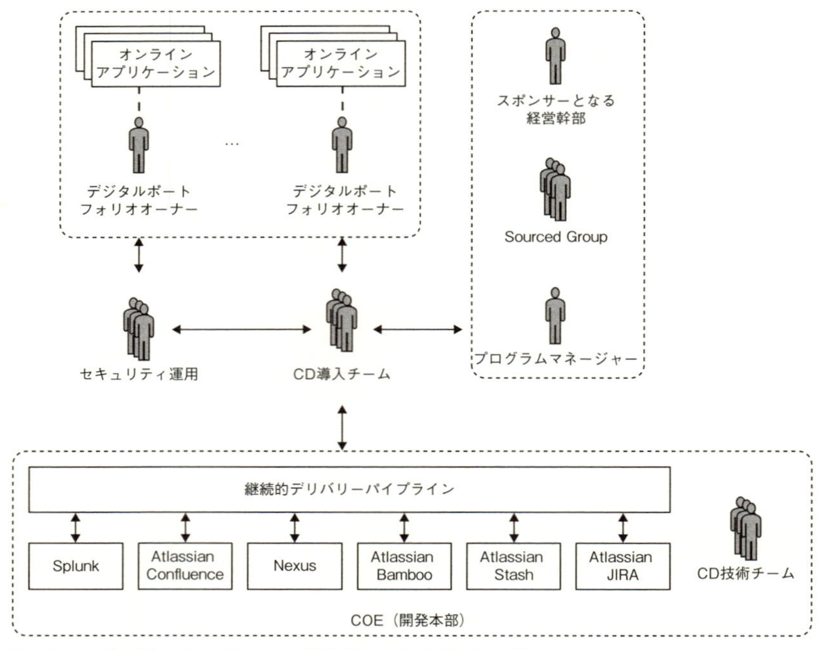

図12.1　プロジェクトチームの構造［アーキテクチャ図］

どんな新技術の採用でも、成否の鍵を握っているのは教育と知識移転である。そこで、Sourced Groupは、関与の初期の時点では、CD技術チームの事実上のメンバー、すなわちCD技術チームを一時的に離れたメンバーでCD導入チームを組織する。導入チームは、DevOpsチームが既存のアプリケーションをCDPに移行したり、CDPを開発したりするのを助ける。導入チームは、デプロイプロセスの移行を円滑化するだけでなく、デジタルポートフォリオマネージャーとそのアプリケーションチームからCD技術チームにリアルタイムのフィードバックを提供する。フィードバックは、一般にプラットフォームの要件とコンシューマーからのフィードバックを混ぜたものになる。

Sourced Groupの典型的な顧客は、複数の開発チームを抱えており、それぞれのチームは自分たちのプロジェクト、スキルセットを持ち、それぞれのアプリケーションのためにクラウド(契約していれば)を利用している。このように組織がバラバラになっていることにより、CDP導入の仕事は複雑化する。このような企業内の組織は、それぞれのデプロイテクニック次第で自動化の度合いはまちまちながら、1つ以上の小さなアプリケーションパイロットプロジェクトをクラウドプラットフォームに移すことに成功していることが多い。これらのパイロットプロジェクトは、CDP導入の出発点として役に立つ。DevOps実践のロールアウト全般については、第10章を参照していただきたい。

新しいCDPを設計、実装し、組織に訓練を施すために必要な労力は、さまざまな要因によって変わる。そのような要因としては、1つ以上の既存プラットフォームの存在、人員的な余裕、スキルと今までの経験、社内の広い範囲からの支援と関与などがある。もう1つ重要な要素としては、顧客の環境が行政機関の規制、制約を受けているかどうかというものもある。規制団体としては、オーストラリア健全性規制庁(APRA)、カード取扱事業者セキュリティ標準委員会(PCI SSC)などがある。

図12.1では導入チームのほか、セキュリティ運用(SecOps)チームの役割を見ておこう。SecOpsは、すでに開発チームと交流があり、どの企業でもセキュリティはきわめて重要な問題なので、SecOpsチームはCDP導入で当然重要な存在になる。そのため、SecOpsは、どの企業でも、重要なステークホルダーになる。第8章で説明したように、SecOpsは難しい職責

を担っており、機敏性とスピードの追求とビジネス上のリスクのバランスを取らなければならない。

セキュリティは、CDP 自体のセキュリティと CDP がデプロイするアプリケーションの両面で、CDP にとって重要な問題だ。一般に、CDP を導入すれば、従来のセキュリティメカニズムの水準を維持できるだけでなく、ほとんどの場合は大幅に水準を引き上げることができる。その理由の一部は、CDP ならデプロイするすべてのコンポーネントに対してポリシーや手順を強制できるというところにある。また、特権ユーザーやシステムの数を減らせるという効果もある。SecOps チームは一般に最初の時点では CDP に疑問を感じているが、時間が経ち経験を積んでいくと、熱心な支持者になる。その理由の一部は、アプリケーションのライフサイクルステージの節で説明したように、SecOps の関心事がビルドに自動的に組み込まれることにある。

Sourced Group が関与している時期には、経営陣の支持とポートフォリオ横断的なプロジェクト管理もきわめて重要だ。企業で全社レベルのデプロイをするときには、経営幹部の支援と経験を積んだプログラムマネージャーの働きが必要である。プログラムマネージャーは、内部の難問を解決に導いたり、リソースを組織したり、チーム間の仲介をしたり、ステークホルダー管理を助けたりして、スムーズなデリバリーを保証する。これらの問題も、第 10 章で一般的に説明している。

CDP 実装のコンサルティングでは、個々のアプリケーションの DevOps チームがそれぞれの CDP を持っていることが多い。これらの CDP には共通点がなくバラバラになっていることが多い。セキュリティの一元化、コンプライアンス、規模の経済を実現するために、CDP 技術チームには共通ツールとテクノロジーのオーナーシップが与えられる。このチームは、全社規模で CDP 関連ツールをサポートする。Sourced Group が導入する典型的なツールは、Splunk、Atlassian Confluence、Sonatype Nexus、Atlassian Bamboo、Atlassian Stash、Atlassian JIRA だ。ツールチームは、CDP COE の一部であり、必然的に CD 技術チームの一員にもなっているが、既存の DevOps チームのメンバーが充てられる。メンバーは、それぞれのテクノロジーを極めたいという意識を持ち、全社規模のプラットフォームをサポートするために必要なスキルをすでに持っているか、持ちたいと思っていることが望ましい。

12.3　継続的デプロイパイプライン

CDPは、企業がアプリケーションのライフサイクルを管理するための標準的な方法を提供する。企業、特に金融セクターに属する企業は、強力なリスク管理フレームワークを持っており、保証とリスク軽減が得られるなら機動性をある程度犠牲にしてもかまわないと思っている。アプリケーションのライフサイクルを標準化すると、変更を機能ブランチに隔離し、その変更をテストしてから、穏健な道を通って本番稼働に進むことによって、リスクを軽減することができる。

この節は、この章でもっとも詳細な部分だが、ツールと標準化されたアプリケーションのライフサイクル、状態と永続記憶の管理という観点からCDPを説明する。

12.3.1　CDPのツール

図12.2は、CDPを形成するツールとそれらのやり取りの概要を示したものである。Atlassian JIRA（チケットシステム）の情報は、Atlassian Stash（ソースコード管理システム）とAtlassian Bamboo（継続的デプロイシステム）に与えられる。Stashは、Bambooがイメージをビルドするために使うアプリケーションと構成情報のソースコードを提供し、BambooはそのあとでAWSへのデプロイを行う。BambooはAWSとネーティブにやり取りするわけではないので、“Tasks for AWS”という市販プラグインを利用する。

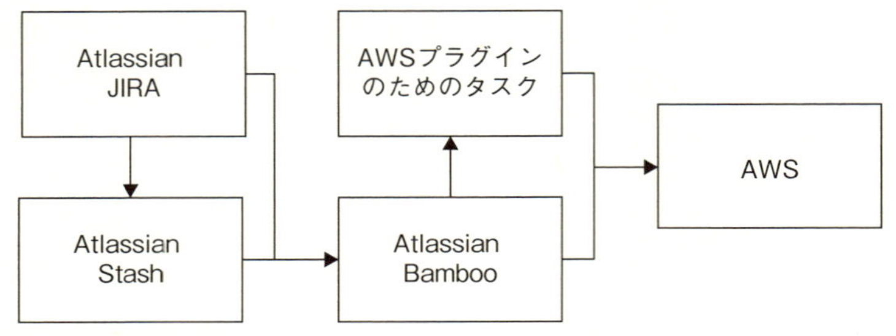

図 12.2　CDP の完全なツールセット［アーキテクチャ図］

CDP の 2 大基本要素と言えば、ソースリポジトリと継続的インテグレーション / デプロイ(CI/CD) ツールである。市場には、オープンソース、ホステッド、市販のさまざまなソースリポジトリが出回っているが、企業の場合は、一般に規制上の問題や IP 保護要件があるので、Atlassian Stash や GitHub Enterprise のような BTF (Behind the Firewall) ソリューションを使うことになる。Sourced Group は、CD ツールとして Atlassian Bamboo を選んでおり、これが CDP の背骨を形成する。Atlassian Bamboo は、チケット、監査証跡システムと密接に統合されているなど、企業の CDP にとって重要な機能をいくつか持っているが、すぐあとで述べるように、Atlassian Bamboo のユニークなブランチ管理機能こそ、CDP の目的のためにきわめて重要な機能である。

CDP の中心機能は、標準化されたアプリケーションライフサイクルの強制とそれによる安心感である。ライフサイクルは、バージョン管理システムとともに実行される(ソフトウェア) プランとして定義される。安心を提供するためには、機能、テストブランチとメイン、インテグレーションブランチで同じライフサイクル(またはプラン) が使われることが大切だ。Atlassian Bamboo は、プラン内でブランチを意識しており、任意の個数のソースブランチに対してプランのコピーを実行できるようになっている。ブランチは自動的に検知、クリーンアップされるので、人間の作業量はさらに減る。図 12.3 は、ブランチのために仮想プランを使っているところを示している。

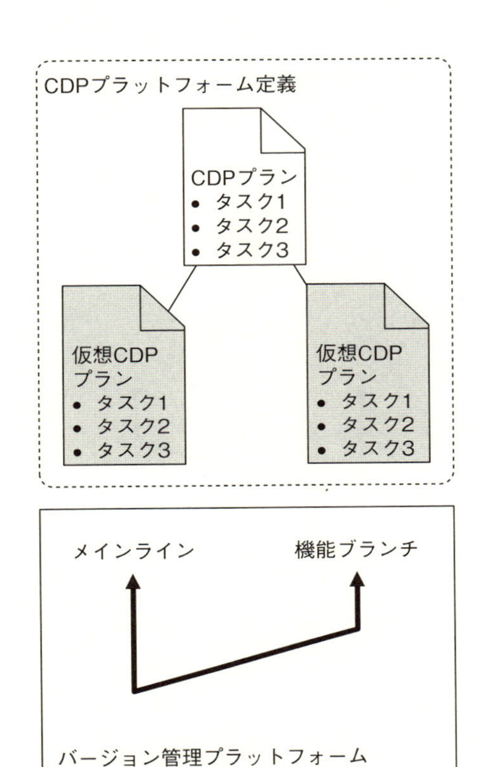

図 12.3　各ブランチのための仮想 CDP プラン［アーキテクチャ図］

これは、各ブランチを別個のプランとして管理する多くの CD システムとは対照的だ。図 12.4 に示すように、各ブランチを別個のプランとして管理すると、それが管理ポイントとなってどうしてもプランの間にずれができ、標準化されない部分ができて、標準化と安心が得られなくなる。

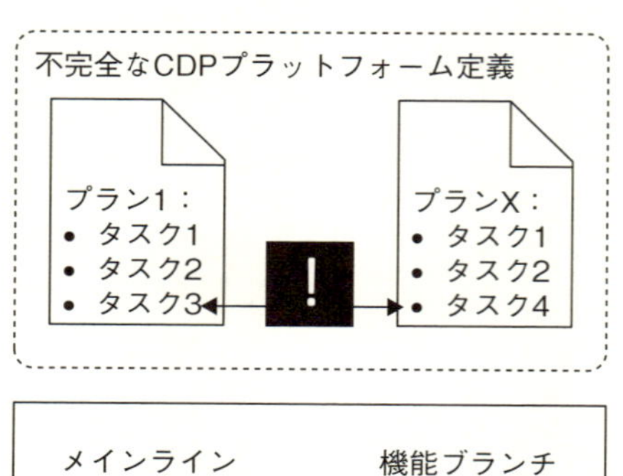

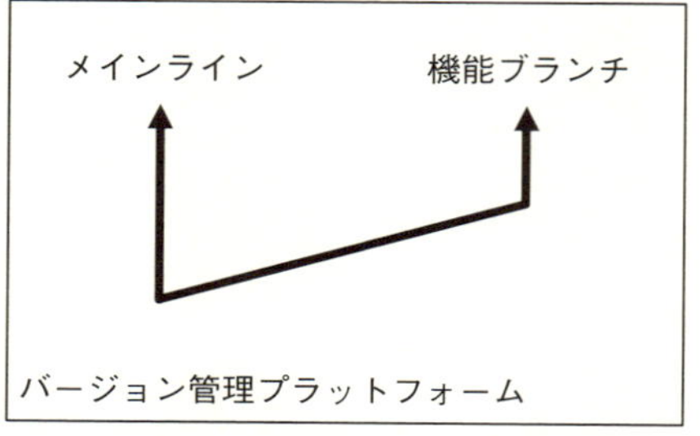

図 12.4　多くのCDツールはブランチごとに別々のプランを作らなければならないようになっているが、これがブランチ間のずれを作り出す［アーキテクチャ図］

CDPの成功に必要不可欠というわけではないが、一般に、Atlassian JIRAなどのチケット管理ソリューションが使われている。チケット管理によって、ビジネスが記録している障害や機能要求のためのコード変更の相互参照は大幅に改善される。実際、最新のアプリケーションビルドに組み込まれたチケットに基づいて、リリースノートを自動生成することさえできる。

このCDP参照アーキテクチャは、さまざまな公開、非公開クラウド環境に合わせて修正できる。この章の目的では、ターゲットプラットフォームはAWSである。この章のこれからの部分では、AWSのいくつかのサービスと製品の基本的な理解を前提として話を進めていく。クラウドの一般的な概念については第2章を、AWS固有の概念についてはAWSの詳細ドキュメントを参照していただきたい。

12.3.2　AWS CloudFormationを使った環境の定義

CDPは、AmazonのCloudFormation（CF）に強く依存している。CFは、

JSONで書かれた宣言的な構成ファイルという形でリソース、セキュリティコンポーネントを含めて仮想環境を完全に定義する。環境は整合性の取れた形でレプリケートでき、アプリケーションコードではごく当たり前なレベルのユニットテストを享受できる。特定のリソース要求が失敗した場合には(おそらく、構成の誤りによる)、スタック全体が単純に解体される。これは、誤ったスタックを残しておくコストを顧客にかけさせないためだ。

少数のアプリケーションのためにAmazon CFテンプレートを開発、メンテナンスするのはまずまずのレベルで簡単である。しかし、アプリケーションの数が増えていくと、個々のアプリケーションのために個別のテンプレートを維持するのは次第に非効率になっていく。さらに、CDPは、ほとんどのステップとアプリケーションの各ティアのために別個のCFスクリプトを利用する。

AWSは、ユーザーが使いたいと思うようなアップデートやベストプラクティスを頻繁にリリースする。しかし、テンプレートに変更を加えようとすると、異なるコードベースを管理しなければならないので、作業が複雑で時間もかかる。Sourced Groupは、この難題に対処するために、汎用の運用テンプレートセットを管理することにした。これらは、図12.5に示すように、イメージ作成時かデプロイ時にアプリケーション固有テンプレートとダイナミックにマージされる。こうすると、CDP管理下のすべての環境に変更、アップデートが確実に行きわたる。一元管理の共通テンプレートセットを作ることには、CDPに新アプリケーションを追加するためにチームが必要とする時間と労力が大幅に削減されるという効果もある。共通テンプレートセットが大変な作業の大半を取り除いてくれるので、AWSへのデプロイの経験がほとんど、あるいはまったくないチームにとっては、これは特に重要だ。

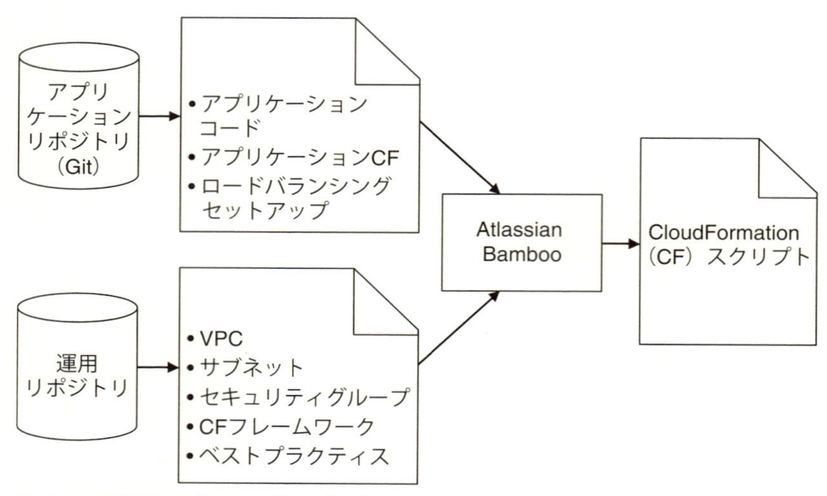

図 12.5 運用テンプレートとアプリケーションの構成をマージして単一の CF スクリプトを作る［アーキテクチャ図］

図 12.5 は、CF のマージプロセスを示している。手元のアプリケーションのテンプレートが運用テンプレートとマージされて、イメージ作成プロセスで使われる単一のテンプレートが作られる。運用テンプレートには、周辺セキュリティグループ（企業、組織の仮想プライベートクラウド：VPC への外部からのアクセスを防ぐ）とネットワークセキュリティグループ（VPC の境界内でのネットワークのセキュリティを確保する）も含まれている。これらのテンプレートは、アプリケーションテンプレートが運用テンプレートのどれかが指定した設定をオーバーライドしないように、優先された形でマージされる。

運用テンプレートは 1 つの Git リポジトリに格納されており、アプリケーションテンプレートは別の Git リポジトリに格納されている。こうすると、両者をはっきりと分離し、しっかりと管理できる。Atlassian Bamboo は、さまざまなテンプレートを 1 つの CF テンプレートにマージする。

別個の CF テンプレートをマージすることにより、全社的なセキュリティポリシーについて説明したときに概要を示したセキュリティ管理も実現できるようになる。具体的には、セキュリティポリシーに基づき、コンポーネントによって異なる要件を指定し、それらの要件を満たすために必要なことは、いわゆる消費ユニットとしてすべて中央で一元的に指定することができる。たとえば、すべてのS3 (Simple Storage Service) バケットはログを取り、バージョン管理を有効にするという全社的な要件があり、アプリケーションのCFテンプレートがS3バケットを使っている場合、マージされたCFテンプレートでは、S3バケットは標準サービスの上に構築されているもののこれらの要件を満たしているバージョンに置き換えられる。この拡張バージョンは、SecOpsの協力をもらったCD技術チームが作っている。そして、S3「ユニット」を消費することにより、拡張バージョンは定義上セキュリティポリシーに準拠する。

12.3.3 標準化されたアプリケーションのライフサイクルとその活用

CDPの主要な技術的成果は、アプリケーションのライフサイクルの標準化である。アプリケーションのライフサイクルは、図12.6に示すように、5つのメインステージに分割できる。

図12.6 CDPでアプリケーションが通過するステージ［ポーターの価値連鎖図］

1. ビルドとテスト

基本的なコードのテストを行い、アプリケーションアーティファクトを作る。どちらもこの章のテーマではない。第5章を参照していただきたい。

2. イメージ作成

アプリケーションアーティファクトと構成を一時的なターゲットオペレーティングシステムの上で起動し、そのスナップショットを撮ってイメージを「焼き込み」、そこから新しいVMを作れるようにする。AWSでは、これをAMI (Amazonマシンイメージ) と呼んでいる。

3. デプロイ

新しい独立したアプリケーション「スタック」をデプロイし、ASG（AWS Autoscaling Group）を通じ、AMIのコピーとして新しく起動されたVMを構成し、ロードバランシング、スケーリング、モニタリング、ネットワーキング、データベースなどのインフラストラクチャ、構成システムをサポートする。

4. リリース

DNSエントリが指すものを既存のスタックから新しいスタックに切り替えて、新スタックをリリースする。リリースに先立ち、ローリングアウトのときもサービスを継続できるように、新スタックは既存スタックの容量、スケールに合わせて修正を加える必要がある。

5. 解体

すべてのトラフィックが新スタックに移ったら、以前のスタックはもう不要なので解体する。解体する前に、スタックの安全をチェックして、すべてのトラフィックが本当に旧スタックから新スタックに移っていることを確かめるべきだろう。まだ本番要求にサービスを提供しようとしている環境を解体するのはいかにもまずい。

次節では、個々のステージを詳しく説明する。ここでは、全体の動作と使い方を説明する。標準化されたアプリケーションライフサイクルは、CDシステム（Atlassian Bamboo）ではプランとして実装されている。Bambooはバージョン管理システムを監視し、コミットがあるたびにすべてのブランチでプランを実行する。標準化されたアプリケーションライフサイクルとバージョン管理システムの組み合わせは、アプリケーションデベロッパとビジネスの両方に高い安心感を与える。機能ブランチやテストブランチなどの重要度の低いブランチでライフサイクルの実行に成功したら、本番などの重要度の高いブランチでも成功するだろうという安心が得られる。

新機能の追加など、システムへの変更を指示されると、アプリケーションデベロッパは新しい機能ブランチを作り、ソースコードに変更を加え、ブランチにコミットする。こうすると、CDPを介して標準アプリケーションライフサイクルが作動する。CDPは、その機能ブランチのために独立した環境を作る。そのため、ほかの機能の開発を中断せずに個別にテスト、実験をすることができる。アーティファクトは、できれば高度に自動化されたテストにより、この環境で検証される。ブロックを起こさない独立した環境によるアプローチは、プラットフォームの基礎の1つだ。大規模で実験的な機能と小さな変更を並行して進められ、しかも同じ標準に従わせることができる。デベロッパには、完全でリリースできる機能を作るために必要なものについて明確なガイドラインが与えられ、ビジネスには、スプリントや個別の機能の進行状況がリアルタイムで見えるようになっている。

機能がリリース可能、あるいは本番環境にデプロイできる状態になったら、デベロッパはGitの"pull request"を実行して、自分の機能ブランチを重要度の高いブランチにマージする。次に、リードデベロッパが、機能ブランチのビルド結果を評価する。具体的には、検証環境でチェックして、スプリントブランチへのマージを許可する。図12.7も参照していただきたい。スプリントが完了すると、チームリーダーは変更全体をテストチームに提出する。小規模なチーム、ガバナンス/リスク管理の要件が大きくないチームは、このモデルを単純化し、機能ブランチを直接UAT(ユーザー受容テスト)、ステージング環境にリリースしてもよい。

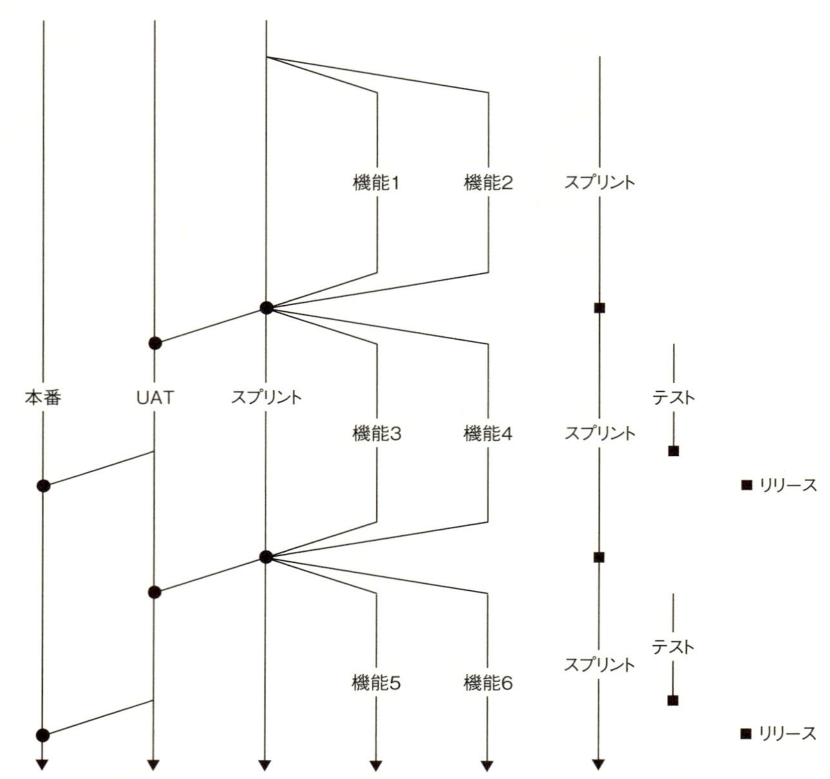

図 12.7　機能の開発、テスト、インテグレーションは独立に行われる（左：バージョン管理ブランチ、右：開発スプリント、独立したテスト、リリースのタイミング）

第 5 章で説明した CDP とここで説明している CDP とでずいぶん違うという感じがするかもしれない。第 5 章の CDP は、プレコミットテスト、コミット、ビルド / パッケージング / ユニットテスト、インテグレーションテスト、UAT/ ステージング、そして最後に本番デプロイとなっていた。これは、ここで説明している一連のブランチと対応している。ここでの CDP は、個々のブランチに規定されている。機能ブランチはローカルなテストを行う。スプリントブランチは、異なるブランチ、他のシステム、サードパーティサービスの間のインテグレーションテストを行う。UAT ブランチから作られるスタックは、受容、パフォーマンステストに使われる。そして、本番ブランチは、実際に稼働しているアプリケーションに対応する。

本番以外の上位ブランチの使い方は、組織ごとに異なるが、DevOps自体は、一般にブランチは少ない方がよいとしている。第5章の議論をもう1度参照していただきたい。企業は、大規模で場合によっては地理的に分散したチームを持っていることが多く、それらのチームの多くは、「スプリント」メソドロジーに基づいて開発を進めている。そして、規制、リスク管理上の要件から、リリースの前にすべてのコード変更を独立したテストチームで評価しなければならないことが多い。CDPは、個々のブランチのために別個のブロックを起こさない環境をプロビジョニングすることによってこれに対応している。こうすると、独立したチームがテストをしている間、開発は仕事を続けることができる。テストと承認を待って長時間ブロックされることがなくなるのである。機能のコミットからリリースまでの時間はまだ長くかかるかもしれないが、プロジェクト全体のペースは落ちなくて済む。

図12.7は、機能ブランチがUAT、本番に進む流れを示している。独立したブランチは、独立に開発、テスト、デプロイできる。

12.3.4 標準化されたアプリケーションライフサイクルの各ステージ

標準化されたアプリケーションライフサイクルのステージとしてここで説明するのは、イメージ作成、デプロイ、リリース、解体である。

イメージ作成

イメージ作成ステージは、使い捨てサーバーにアプリケーションの自己完結的なイメージ（AMI）を作る。サーバーは、AMIに「焼き込まれ」、AMIは、AWSの任意のグローバルリージョンにコピーできる。第5章では、焼き込みのレベルの話をした。CDPは、重く焼かれたイメージのほか、AMIあたり1つのAWS ASGを作ることもできる。このAWS ASGは、ほかのプロセスやシステムを介在させることなく、そのAMIをデプロイすることができる。そのため、Gitは単にソースコードだけではなく、アプリケーションのすべての既知のコピーのために、重複を排除してくれる。それらのコピーは、特定のコミットにおける、つまり特定の時点におけるソースコードから焼き込まれたものだからだ。イメージをさらにブートストラップする必要はない。イメージのインスタンスは、起動できすぐに仕事に取り掛かれる。AWSでは、VMはインスタンスと呼ばれることに注意しよう(つまり、AMIのインスタンスということである)。しかし、この章ではVMとインスタンスの両方をどちらでもよい用語として使っていく。

このプロセスは、企業、組織が管理しなければならないAMIの数を増やしてしまいがちだが、いくつかのメリットがある。デプロイが単純化され、アプリケーションの運用面が継続的にサポートされ、スケーラビリティに関連するイベントによるVMのブート回数が減り、ブートプロセスでのエラーが減り、一貫性が高くなることだ。

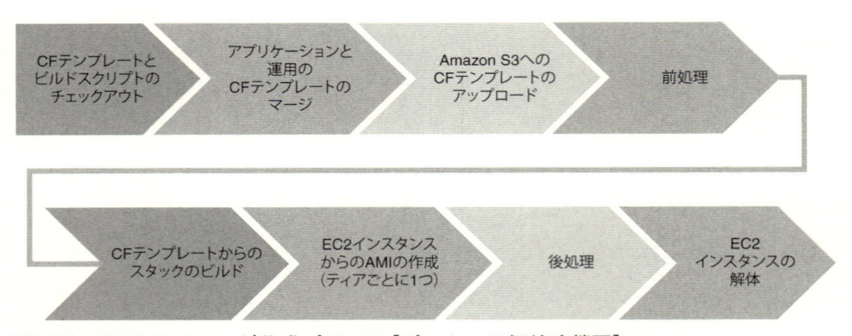

図12.8 CDPのイメージ作成プロセス[ポーターの価値連鎖図]

図12.8は、イメージ作成プロセスの個々のステップを図示している。アプリケーションの各ティアは、別々のイメージを必要とする。あるビジネスアプリケーションが通常通り3つのティアから構成されている場合(つまり、ウェブ、アプリケーション、データベースの3ティア)、CDPは1つのティアに1つずつ、3つのAMIを作成する。簡単に言う、イメージ作成のステップは次のようになる。

1. Atlassian StashからAmazon CFテンプレートとビルドスクリプトを

チェックアウトする。

2. 図12.5をめぐって説明したように、アプリケーションと運用のCFテンプレートをマージする。得られたCFテンプレートは、イメージ作成のために環境を準備する。
3. Amazon CFテンプレートをAmazon S3にアップロードする。
4. DynamoDBからすべてのビルドからの出力を集めてくる前処理を実行する(パイプライン状態の管理の節を参照)。
5. マージされたCFテンプレートからイメージ作成のための環境を作る。ここでは各ティアのためにビルダーインスタンスを作る。ビルダーインスタンスは、それぞれ作成される個々のイメージの基礎である。このステップは、CFのcfn-initなどのブートストラッピングシステムを使ってビルダーインスタンスに必要なソフトウェアと構成情報をロードする。cfn-initについては、次の段落で説明する。
6. ビルダーインスタンスのコピーをAMIに焼き込む。
7. 後処理を実行する。後処理は、新しいAMI IDを集め、アーティファクトリポジトリに格納し(パイプラインの状態管理の節を参照)、コミットIDなどの適切な識別情報をタグとして付ける。
8. ビルダーインスタンスを破棄し、クリーンアップする。

イメージ作成プロセスは、CFを使って、飾りのない、あるいは企業であらかじめ定義してある標準操作環境のAMIのインスタンスを起動する。Amazon Linux、Red Hat Enterprise Linux、Microsoft Windows Serverといったものである。インスタンスは、AWS CFブートストラップシステムのcfn-initを使ってアプリケーションをブートストラップする。パッケージやファイルのインストール、サービス管理などは、cfn-initエージェントによって処理される。cfn-initは宣言的で原子的な動作をする。そのため、すべての宣言されたアイテムを成功させて正常終了したか、エラーを知らせて処理を中止したかのどちらかを知らせてくる。これは、構成が正しく、アプリケーションが正しくインストールされたことを高いレベルで保証す
ものだ。指定された期限までに成功のシグナルが届かなければ、イン

ンスは破棄され、ビルドには失敗のマークがつけられる。第5章のビルド失敗についての議論を思い出そう。成功した時には、Bambooの“Tasks for AWS”プラグインによってAmazonのEC2 APIが呼び出され、実行中のインスタンスからAMIが作成される。これが終わるとインスタンスは不要になり、終了される。

デプロイ

前のステージで重く焼かれたイメージを作っているので、ライフサイクルのデプロイステージはかなり簡単になる。作成されたAMIは、各ティアのためにLC（launch configuration）を通じて新たに作られたAWS ASGに渡される。CDPは、ASGでインスタンス数の下限を指定し、ASGはその数のAMIインスタンスをただちに起動する。個々のASGにはELB（Elastic Load Balancing）が設定されており、送られてくる要求を利用可能VMに分散させる。ASGとロードバランサがノードについての情報を管理しているので、ノード登録は不要である。そして、インスタンスはイメージ作成ステージでブートストラップされているにで、さらに構成を加える必要はない。

運用リポジトリは、CFテンプレートを通じてASGのために基礎となる標準を定義している。そのため、すべてのASGは、ベストプラクティスのCloudWatchアラーム、トリガー、オートスケーリングポリシーがセットアップされている。この標準化により、アプリケーションチームは、サービスを消費するためにオートスケーリングの専門家になる必要はなく、多くの実装エラーが避けられる。

ASGインスタンスには、S3など、ほかのAWSサービスに対するセキュアなアクセスのために、IAM（IDとアクセス管理）ロールが与えられている。このロールは独立スタックの一部で、アプリケーションリポジトリで定義されているので、ロールに対する変更は、バージョン管理システムとデプロイシステムによって追跡、監査される。そのため、セキュアなIAM認証情報が作られ、認証情報をプレーンテキストや構成ファイルという形でインスタンスに渡す必要もない。IAMプロファイルは、スタックに直接対応づけられるので、侵入が発生しても、スタックをアップデートしてIAM認証情報をリフレッシュできる。

リリース

リリースステージは、CDPのなかでも特に重要な部分である。それまでのステージとは異なり、リリースステージは、現在の本番システムに影響を及ぼす。この節では、本番環境へのリリースに話を絞る。CDPは任意のブランチのために実行でき、その過程で作られるほとんどのスタックはテスト用である。リリースもテストと無関係とは言えないステップだが(つまり、UATテスターはリリースによって最新ビルドに向き合う)、本番環境へのリリースは特に面白い問題が現れる場面だ。ユーザーからの絶え間のない要求のフローをどのようにして新バージョンのアプリケーションに切り替えるのかという問題である。

リリースプロセス自体は自動化されているが、CDPは、このステップで一時停止し、ゲートキーパーが手動でリリースを承認するのを待つことができる。このステップで手動によるトリガーを使うと、新しく作ったスタックがすでに利用できる状態になっているところで、リリースの前にテスト、検証を無限に繰り返すことができる。逆に、自動テストセットに自信があるときには、すべての前提条件が満たされると同時に、CDPにこのステップを実行させることもできる。

図12.9は、DNSエントリの調整により、トラフィックの行き先を元のスタックから新しいスタックに切り替える仕組みを示している。ここでは、Route 53というAWSのDNSサービスを利用している。

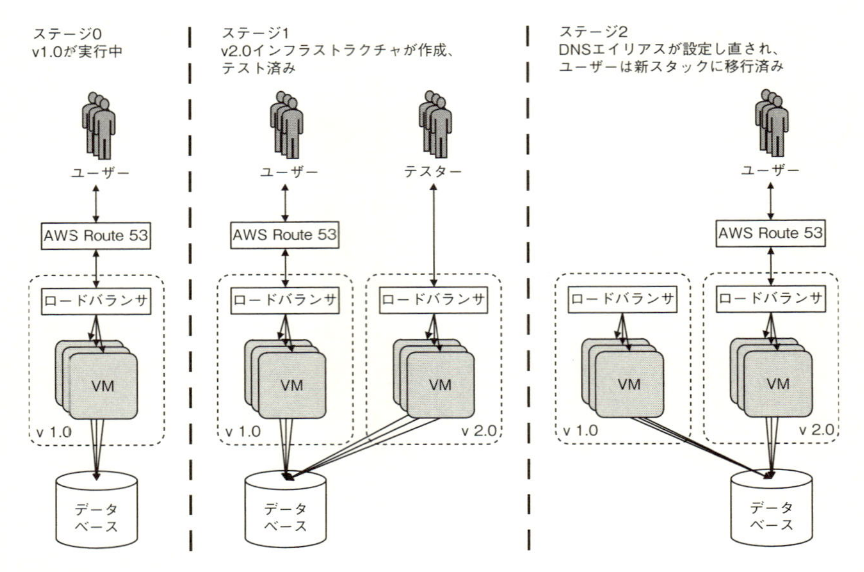

図 12.9　アプリケーションリリースステージ［アーキテクチャ図］

リリースのステージ0では、元のバージョン（v1.0）だけが実行されている。ステージ1は、2つのアプリケーションスタックがある段階である。2つとは、この時点での本番スタック（「赤」とかアクティブスタックと呼ぶ）と新しくビルドした「黒」または非アクティブスタックのことだ。ステージ2ではリリースが完了し、ライブトラフィックの行き先は赤スタックから黒スタックに切り替えられている。図に示すように、スタックのステートレスな部分は2つのバージョンの間で完全に分離されているが、永続記憶のデータベースはビルドが変わっても同じものを使っている。そのため、ステージ1のテストは本番データベースを操作することになるので、非破壊的でなければならない。永続記憶の処理方法の詳細は、12.3.6節「永続記憶の管理」で説明する。

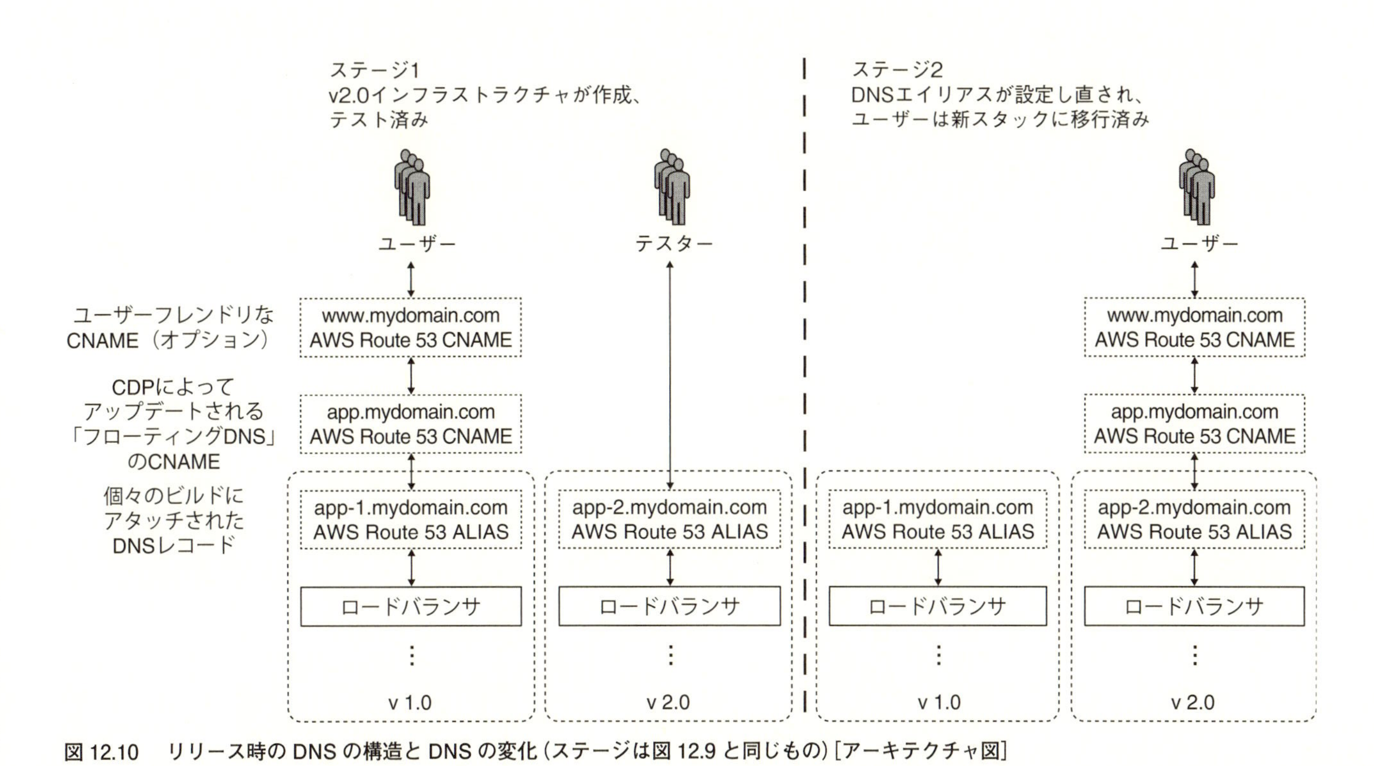

図 12.10　リリース時の DNS の構造と DNS の変化（ステージは図 12.9 と同じもの）［アーキテクチャ図］

図12.10は、DNSの構造をもっと詳しく示したものである。Route 53を使ってそれぞれのスタックのためにALIASタイプのDNSエントリが作られている。このALIASは、スタックの最上位ティアのロードバランサを指している。テスターは、このALIASを使って特定のビルドに送り込まれる（この図のステージ1のように）。システムのユーザーは、エントリポイントとしてユーザーフレンドリなホスト名（CNAME）を使うのが普通だ。このCNAMEは、いつも必ずアクティブスタックを指している別のCNAME、「フローティングDNSレコード」に解決される。リリースは、フローティングDNSレコードを古いALIASから新しいALIASに切り替えるという形で行われる。DNSの一般的なことは第2章で、デプロイにおけるDNSの役割については第6章で説明した。ここで特徴的なのは、3つのDNSレコードが階層的に積まれていることだ。ここで注意すべき第2のポイントは、ホストからホストを参照するALIASとCNAMEが使われていることだ。単純なAレコードなら、ホスト名から1つ以上のIPアドレスを参照するところである。CNAMEについては必要な理由がわかるが、ALIASについては、AWS ELBが自動生成された（ユーザーフレンドリではない）DNSホスト名を提供してくるので使っている。これは、AWSが透過的なロードバランシングのためにリソースをスケーリングできるようにするためだ。

フローティングDNSレコードのアップデートは、リリース用の別個のCFスクリプトを使って行われる。別のCFスタックが作られていたそれまでのステージとは異なり、リリースでは、既存のCFスタックがアップデートされる。これはCFのネーティブアップデート機能を使っているが、この機能を使うためには、AWS Bambooプラグインで“update stack if already exists”（すでにスタックがある場合はそれをアップデートする）フラグをセットしなければならない。この機能を有効にすると、Bambooはまず指定された名前のスタックを探し、見つかればそれをアップデートする。そのようなスタックがなければ、Bambooがスタックを作る。DNSの変更はCFを介して制御されるので、リリースかロールバックかは、監査可能なCFスタックのアップデートになる。リスト12.1は、アップデートをサポートするサンプルCF DNSレコードを示したものである。CDPは、

“BuildNumber” パラメータを介して現在のビルド番号を指定する。

リスト 12.1　リリース CloudFormation の例

```
"Resources" : {
  "Route53DNSRecord" : {
    "Type" : "AWS::Route53::RecordSet",
    "Properties" : {
    "HostedZoneName" : mydomain.com.,
    "Comment" : "Application DNS Record",
    "Name" : "myapplication.",
    "Type" : "CNAME",
    "TTL" : "10",
        "Re sourceRecords" : "myapplication-",{"Ref:
"BuildNumber"},".mydomain.com"
    }
  }
}
```

リリースは、本番アプリケーションに直接影響を及ぼすという性質を持つため、CDP でもっともリスクの高いステージである。このリスクを軽減し、スムーズで自律的なデプロイを実現しやすくするために、さまざまなテクニックを使うが、そのなかでももっとも重要なのは、トラフィックマッチングとロールバックだ。

■ トラフィックマッチング

アプリケーションスタックが本番リリースできる状態だということが確認できても、スタック間のスムーズな移行を保証するためには、まだ踏んでおかなければならないステップがいくつかある。現在の本番スタックから新しいスタックにトラフィックを切り替えるときには、ビジーで「温まった」環境から、「冷たい」スケーリングされていない環境にトラフィックを切り替えることになる。適切に管理しなければ、切り替えによってパフォーマンスに悪影響が及び、アプリケーションアウテージを起こす可能性がある。そこで、生きたトラフィックを送り込む前に新しい環境の暖機運転（スケールアップ）をすることが大切だ。AWS APIを使えば、現在の本番ロードバランサに結びついている健全なインスタンスの数をプログラムからチェックすることができる。この情報がわかれば、現在本番稼働で必要とされているインスタンス数に合わせて新しい環境をスケーリングすることができる。これは、関連するASGの望ましいインスタンス数を調整して行う。トラフィックを切り替える前に、新しく追加したインスタンスがロードバランサで“InService”状態に達するようにすることも同じくらい重要だ。ASGの設定によっては、新しい環境はトラフィックが少ないために新環境はスケールバックを始める場合がある。そのため、この処理はトラフィックを切り替える直前に行うか、インスタンス数の加減を望ましい数と同じに設定し、切り替え後に元に戻すといった操作が必要である。

デプロイしようとしているアプリケーションがインスタンスベースのファイルやメモリキャッシュを使っている場合は、トラフィックの切り替えの前にキャッシュの暖機運転をしておくとよい。こうすると、キャッシュの（再）作成処理によってアプリケーションの最初のユーザーが影響を受けることを避けられる。

■ ロールバック

何らかの理由でリリースが失敗した場合、ロールバックが必要になる。つまり、元のバージョンにトラフィックを切り替え直すのである。リリースのためにRoute 53とCFを使えば、ロールバック処理は単純になる。新しいスタックを本番環境にリリースしたあとも、すべてのリリース後テストが成功するまでは、元のスタックは実行したままにしておく。リリース後テストで新リリースに問題が見つかったら、元の環境へのロールバックは、基本的にリリースの逆であり、単純で自動化された処理になる。ロールバックは、Bambooから手動で開始することができる。すると、BambooはCFを使ってフローティングDNSレコードが再び元のスタックを指すようにアップデートする。このプロセスでも、CDPがトラフィック／ロードマッチングを行うことが大切だ。元の本番スタックは、アクティブに負荷を受け取っていない間にスケールダウンされているはずである。しかし、ロールバックが必要になった理由が重大で、可用性やパフォーマンスが下がってもかまわないようなときには、トラフィックマッチングのステップは省略してよい。

解体

本番トラフィックが新しいスタックに切り替えられ、ロールバックの可能性がなくなったら（リスク評価、その他のビジネスプロセスによってロールバックが不要と決まったら）、元のスタックはもう不要である。しかし、元のスタックを解体する前に、しておかなければならないことがいくつかある。

まず、現在本番実行されているスタックを解体するのを避けるために、解体の前にCDPはスタックがトラフィックを受け取っていないことを確認するように構成しておかなければならない。ELBをポーリングしてトラフィックの兆候を調べたり、対応するVMのCPU利用度を計測したりといったさまざまなチェックがある。これらの指標が1つでも想定外の値を返すことがあれば、CDPは解体を中断してオペレータに警告を送る。このとき、オペレータはスタックが使われていないことを確認したら、タスクを再実行できる。このステップは、たとえば、元のスタックにトラフィックが送られなくなったあとも、元のスタックがバッチ、キューベースタスクをまだ処理しているときに、不用意に解体をしないようにするためにきわめて重要である。

第2に、アプリケーションスタックがS3バケットを含む場合、CDPはまずそのバケットからすべてのオブジェクトを削除してから解体に取りかからなければならない。CFは、不用意にデータを破壊しないように空のS3バケットの解体しか許可しない。

最後に、個々のスタックは完全に切り離されているので、CDPが元のスタックを削除すると、スタックがすべてのリソースを解放する。

CDPの主要なメリットの1つは、さまざまなテスト環境のために新しいアプリケーションスタックを作る作業が単純になることだ。さまざまなブランチ、環境のために新しい開発スタックを簡単に作れるようになるので、AWS リソースの消費が短時間になることが多い。AWS の料金を許容範囲内に収めるためには、不要になったらすぐに開発スタックを解体することがきわめて重要だ。ほとんどの企業では、チームの責任体制と自動的に強制される一連のルールを通じてこれを実現している。開発チームは、責任を持って、使い終わった自分の環境をクリーンアップ、解体しなければならない。機能ブランチでは、解体は CDP の最終ステージであり、手作業で開始される。解体されていないスタックは、"in progress" と表示され、Bamboo ではアクティブ環境として表示される。使われていないスタックを確実に取り除くために役立つ一連の自動化タスクがある。

- 営業時間外に本番環境以外のすべての環境をシャットダウンする。
- 週末や休暇期間に本番環境以外のすべての環境を強制的に解体する。

すべての CF リソースにタグを付けているので、確実に本番スタック以外のスタックだけにこれらのプロセスが適用されるようにすることができる。

12.3.5 複雑なアプリケーションとパイプラインの状態の管理

複雑なアプリケーションは、数十、あるいは数百ものコンポーネントから構成されることがある。DevOps のベストプラクティスに従い、多数のコンポーネントの間に密接な依存関係を持ち込まないようにしても、多くのアプリケーションスタックは、複数のコンポーネントから構成されることになる。たとえば、ウェブティア、ビジネスロジックティアと MySQL、S3 ストレージから構成されるアプリケーションがあったとする。その場合、一般に上位ティアがデータストアを使えるようにするために、上位ティアを作る前にデータストアを作る必要がある。そこで、CDP エージェント（アプリケーションの個々のコンポーネントが専用のエージェントを手に入れる）は、フェーズに分けてスケジューリングできるようになっている。図 12.11 は、それを示している。データストアのための CDP エージェントはフェーズ1にスケジューリングされ、ウェブ、ビジネスロジックティアのためのCDPエージェントはフェーズ2にスケジューリングされる。このスケジューリングは、アプリケーションが個々のコンポーネントにフェーズ番号を割り当てて定義する。エージェントは一般に独立して先に進むが、1つだけ例外がある。リリースだけは、すべてのエージェントが同じフェーズに揃えて同期的に進められる。これは、トラフィックの方向を首尾一貫した形で切り替えられるようにするために必要とされることだ。首尾一貫とは、ある特定の時点を取り出したとき、トラフィックの処理には同じビルドから作られたスタックが使われているということである。

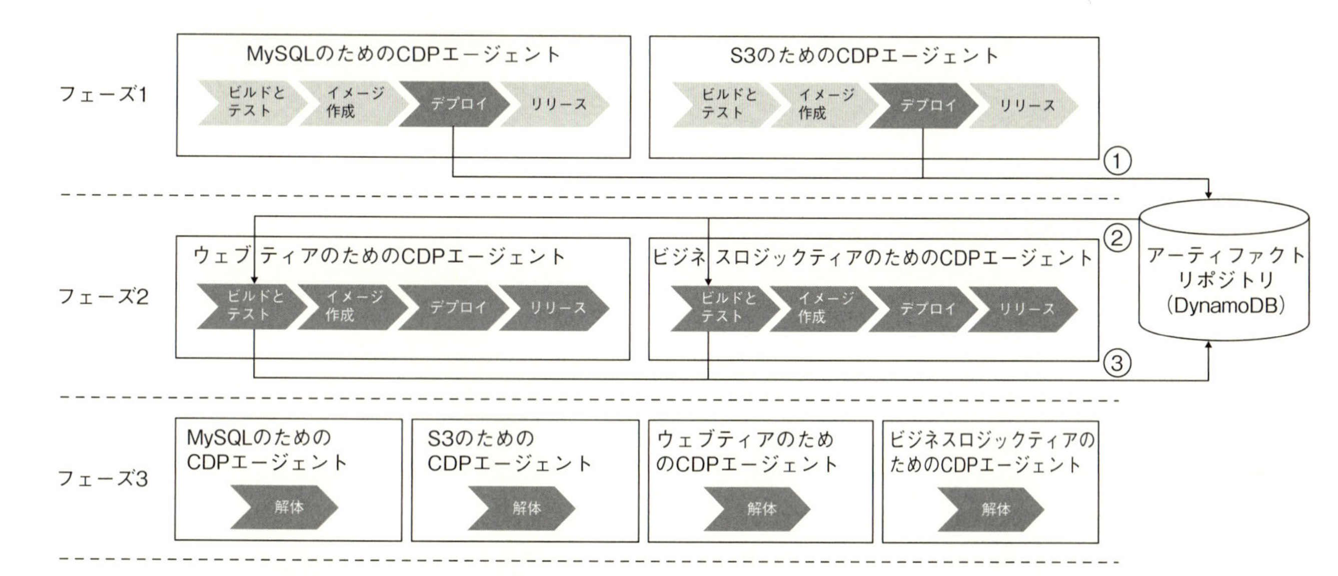

図 12.11　パイプラインの状態［ポーターの価値連鎖図＋アーキテクチャ図］

また、コンポーネントのなかには、CDP の各ステージが全部実行されなくても困らないものがある。このサンプルの場合、データストアは AWS 製品なので、ほかのステージを必要とせず直接デプロイできる。図 12.11 では、フェーズ 1 の両データストアエージェントのデプロイ以外のステージがライトグレイで描かれているが、それがこのことを示している。そして、フェーズ 3 には、すべてのコンポーネントの解体ステージが含まれている。これは定義に暗黙のうちに含まれていることで、解体はすべてのコンポーネントを通じて同期的に行われる。また、特定のアプリケーションに対する CDP のこのようなカスタマイズは、CDP の実装やベストプラクティスに影響を及ぼしたりはしない。すべてはアプリケーション固有 CF テンプレートのなかで行われており、この CF テンプレートは全社規模の運用 CF テンプレートにマージされる。つまり、CDP や運用 CF テンプレートに対する変更は比較的簡単に実装、テストでき、最終的に数百のアプリケーションに瞬間的に適用できる。

CDP の最後のコンポーネントは、パイプライン状態リポジトリである。このリポジトリは、可用性が高く一貫性を保つ頼れるストレージサービスで、パイプラインのあとのステージやアプリケーション自体が使う CF の出力、その他のアーティファクトを格納する。CDP は、図 12.11 の右端に示すように、パイプラインの状態を管理するアーティファクトリポジトリとして、Amazon の DynamoDB を使っている。DynamoDB は、可用性がきわめて高く、セキュアなフルマネージド NoSQL データストアであり、一貫して低レイテンシーのパフォーマンスを発揮する。

図 12.11 のアーティファクトリポジトリの横に書かれている丸で囲んだ数字は、2 つのコンポーネントのビルドとテストステージを例として、データの作成と消費のシーケンスを示している。コンポーネントの CDP エージェントがステージの末尾に達したとき、その後処理システムはすべての関連する出力を集めて DynamoDB に書き込む。CDP エージェントは、次のステージに移り、ビルドのアーティファクトとしてわかっている「すべて」のものを DynamoDB から取り出し、以前のビルドステージ、フェーズ、エージェントから得られたすべての情報にアクセスできるようになる。CDP は、

データ処理（DynamoDB）と制御（CDP）を分割することにより、スケーラビリティが高くなる。個別のフェーズ、コンポーネント、ステージの数や複雑度は大きな意味を持たなくなる。個別のステージは、DynamoDB から得たデータを消費し、タスクを実行し、新しく作った情報を DynamoDB に格納して、次のステージで消費できるようにする。

12.3.6　永続記憶の管理

前節の議論は、主として CDP で管理される一時コンポーネントやステートレスコンポーネントに関わるものだった。ほとんどのアプリケーションは、一時スタックと同じライフサイクルでは管理できない永続的なリソースも持っている。コンポーネントが永続的なものだということを示すために、個別のブランチで DynamoDB の関連するレコードには永続的というタグが付けられる。各ステージの冒頭で変数を集めてくる前処理スクリプトは、まずコンポーネントに永続的のタグがつけられているかどうかを調べる。付けられている場合、永続コンポーネントは再利用され、再作成、解体の対象から外れる。DynamoDB のレコードには、たとえば MySQL データベースや S3 バケットの URL が含まれている。その後のすべてのビルドは、設定が解除されるまで、S3 バケットの URL などの永続レコードを同じように受け取る。

図 12.11 をもう 1 度見ていただきたい。S3 バケットに永続的のタグが付けられているものとする。すると、S3 の CDP エージェントは、フェーズ 1 での作成、フェーズ 3 での解体を行わなくなる。代わりに、アーティファクトリポジトリには既存の S3 バケットの URL が格納され、ほかのすべてのコンポーネントはそれを使うように設定される。

永続性フラグはブランチ単位の設定なので、本番ブランチと無関係なほとんどのコンポーネントは使わない。図 12.7 のブランチについて考えてみよう。本番ブランチで本番データベースに永続性フラグをセットすれば、本番データベースは置換、解体されない。しかし、UAT などの下位のブランチでは、永続性フラグをセットしたりはしない。そのため、自動テストスイートは、たとえ最後のビルドが壊れて、データベースを首尾一貫しない状態で残してしまっても、クリーンで一貫性のあるデータベースで始められることを信じてよい。

永続データストアのアップグレード（たとえば、スキーマやデータベースエンジンのアップグレード）の方法も複雑な問題だが、この章では取り扱わない。

12.4 CD パイプラインの基礎にセキュリティを焼き込む

セキュリティは、パイプラインの運用に関しても、パイプラインが管理するアプリケーションのリソースに関しても、CDP の基礎のレベルで対応すべき問題だ。

第 8 章では、セキュリティについて少し詳しく説明した。この節では、Amazon CF を使った作業の分割と AWS IAM を使った認証、権限付与に重点を置いて説明する。

12.4.1 Amazon CloudFormation を使った作業の分割

CF について説明したときにすでに触れたように、ネットワークトランスポート、ネットワークセキュリティ、運用、アプリケーション開発の間での強制的な分割は、Amazon CF テンプレートと優先順位に基づく破壊的（つまり上書きをともなう）マージプロセスの組み合わせによって実現される。

「ネットワークトランスポート」部門は、企業データセンターと AWS トランスポートの接続など、データセンター間の接続を担当する。ここには、AWS Direct Connect、BGP（Border Gateway Protocol）、IPsec/VPN の構成、自動フェイルオーバーのための冗長リンクのセットアップなどが含まれる。「ネットワークセキュリティ」部門は、境界ネットワークとセキュリティを担当する。これら 2 つの部門は、CDP によってリソースが管理される環境を定義する CF テンプレートを保守する。たとえば、ネットワークトランスポート部門の CF テンプレートは、VPC、ピア接続、ルートテーブルに関連したものになる。それに対し、ネットワークセキュリティ部門のCFテンプレートは、VPCサブネット、セキュリティグループ、ACLに関連したものになる。

「運用」は、ホストとリソースのロギング、Amazonアベイラビリティゾーン、リソースタギングなどに関するベストプラクティスを実装する。同様に、個々の「アプリケーション開発チーム」は、アプリケーション固有のCFテンプレートを開発、保守する。これらのテンプレートは、アプリケーションの健全性チェック、オートスケーリングルール、トリガー、しきい値などをめぐるものになる。

特定のアプリケーションをデプロイするとき、CDPはまず、アプリケーションテンプレートから始め、運用テンプレートをオーバーレイする。こうすると、アプリケーションデベロッパが指定した特権のない設定はマスクされ、オーバーライドされる。マージは、運用に偏った形で破壊的であり、そのためベストプラクティスと標準が強制される。たとえば、アプリケーションのオーナーが、レイテンシーを最小限に抑えるためにすべてのコンポーネントを1つのアベイラビリティゾーンにまとめるという指定をしても、会社全体のポリシーとしてはシステムの可用性(アベイラビリティ)を高くすることが要求されている場合には、運用のCFテンプレートがアプリケーションの設定をオーバーライドし、複数のアベイラビリティゾーンにリソースを配置する。

12.4.2 IDとアクセス管理

CDPのなかでIDとアクセス管理について考えなければならない場所がいくつかある。まず第1は、ホストシステムの管理だ。ホストがCDPの外で管理されている場合、管理者がリモートログインしたり、リモートコマンドを発行したりするのが普通であり、それが必要にもなる。たとえば、アプリケーションサーバーがサービスを提供しなくなった場合、管理者はそのホストにログインし、問題を調査して、エラーを起こしたサービスを再起動するだろう。しかし、環境が効率よく信頼できる形でデプロイされていれば、ホストへのログオンは不要になり、問題点を解決するための時間が長くなる。管理者のアクセスを取り除けば、攻撃面を縮小でき、SSHの公開/非公開鍵を管理する必要もなくなる。

Amazon IAMロール、プロフィール、ポリシーを積極的に使えば、EC2インスタンス、ユーザー、AWS S3などのAWSサービスへのアクセスやパーミッションを制限できる。個々のサービスの詳細については、それぞれの製品ドキュメント(アクセス先は12.7節にまとめてある)を参照していただきたい。運用、セキュリティチェックリストの一部は、AWSホワイトペーパーになっている。

S3バケット内のオブジェクトやAmazon SQS (Simple Queue Service)などのAWSリソースに対する特権的なアクセスが必要なEC2インスタンスは、IAMロールを対応づけて持っている。こうすると、アクセス許可は中央で一元的に管理でき、必要なときには瞬時に取り消せる。機密性の高いAWSリソースに対するアクセス制限の手段としてはIAMロールが望ましい。CDPを介してデプロイされるすべての互換リソースは、デフォルトでIAMロールかポリシーを付けて提供される。

IAMロールをサポートしないものの、IAM認証情報(アクセスキーや秘密キーなど)を必要とするアプリケーションに対して、CDPはIAM認証情報を必要とする個々のVMにIAM認証情報を埋め込むことができる。追加のセキュリティ手段として、認証情報は、スタックのデプロイごとに交換される。つまり、イメージ作成ステージで新しい認証情報が作成されてそれを必要とするAMIに焼き込まれる。そして、解体時に認証情報は無効化される。こうすると、セキュリティが破られたときの影響を1つのスタックに限定でき、同じ認証情報がほかのアプリケーションや環境に属するリソースへのアクセスのために使われることを防げる。また、認証情報は、少なくとも3か月ごとに交換される。

12.5 高度な概念

この章では、Sourced Group CDPフレームワークの基本設計の概要を説明してきた。企業が成熟してくると、さらに追求できる高度な領域がいくつかある。

12.5.1 本番環境と非本番環境のずれを最小限に抑える

企業では、長い間実行している非本番環境が、少しずつ本番環境からかけ離れていくという問題がよく起きる。Sourced Group は、図 12.12 に示すように、ビルドのたびに、最新の本番環境のスナップショットをもとに非本番環境のあらゆる側面をリフレッシュしてこの問題を解決している。

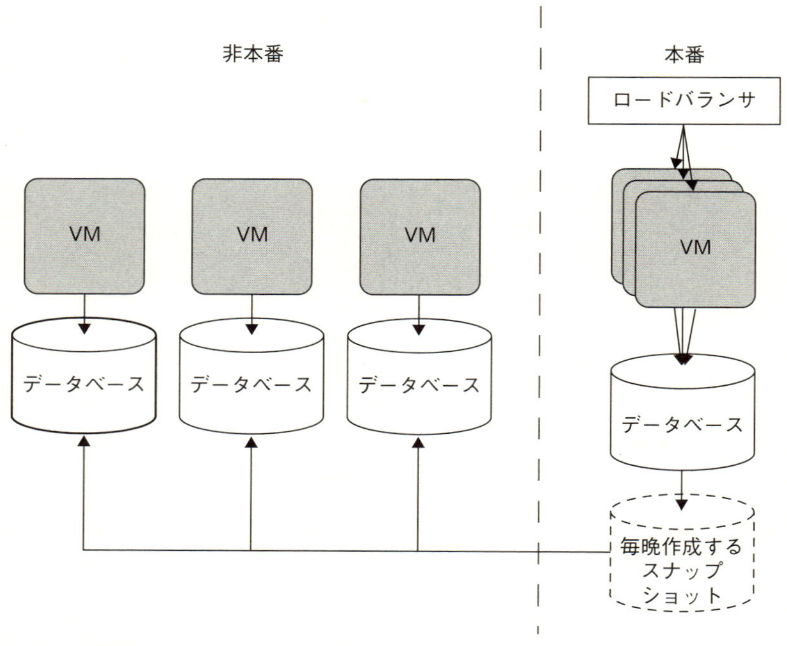

図 12.12 非本番ビルドのために本番データベースのスナップショットを使う［アーキテクチャ図］

非本番環境は、本番環境の永続データストアから毎晩作成するスナップショットを使う。リソースは、スナップショットからオンデマンドで作る。こうすると、本番よりも数時間しか遅れていない永続データストアを使って開発／テスト／インテグレーションを実行できる。

12.5.2 プロバイダの限界の回避

よく使われているクラウドプラットフォームの一部は、サービスの一部の要素に対して非常に厳しい制限を課している。それらの制限は、製品開発のある一時点でのサービスを反映していることが多い。制限が短期的なものでも長く続くものでも、CDP はそのような要素を計算に入れておく必要がある。AWS が VPC あたりのセキュリティグループの数に課している現在の制限もそのようなものの 1 つだ(12.7 節にアクセス先が書かれているドキュメントを参照)。デフォルトの制限は 100 セキュリティグループだが、ほとんどの企業の実際のデプロイには過酷な 200 がなぜか上限となっている。この制限は、1 つの VPC に入れるリソースのデプロイに影響を与え、間違いなく CDP を圧迫している。このような難問に直面し、ある顧客に対して「オートスケーリングされる VPC モデル」を実装した。このモデルでは、VPC は、セキュリティモデルの可用性と枯渇状況に対応して動的に作成、削除される。その結果、セキュリティグループのニーズに従ってスケールアウトするように「オートスケーリング」された数のアプリケーションデリバリー VPC が作られる。処理の流れのあらましは次の通りだ。

1. ユーザーからスタックビルドコマンドを受け取る。
2. スタックがいくつのセキュリティグループを必要とするかを計算する。
3. 必要とされるセキュリティグループの数が、既存のアプリケーションデリバリー VPC でまかなえるものかどうかをチェックする。
4. 答えがイエスなら、アプリケーションをプロビジョニングする。
5. 答えがノーなら、VPC ビルドジョブを呼び出して新しいアプリケーションデリバリー VPC をビルドする。
6. DynamoDB 内にあらかじめ作られている構成テーブルから、必要とされる IP/ サブネットの詳細情報を取り出す。
7. アプリケーションスタックをデプロイする。DynamoDB に必須の VPC ID に対応させてスタックを登録する。

このシステムでは、管理プロセスが絶えずDynamoDBからすべての実行中のVPCとアクティブアプリケーションのデータをポーリングしている。特定のVPCを使っている実行中のアプリケーションがなくなったら、管理プロセスはVPCコンテナと付随するコンポーネントを終了する。

この高度なプロセスは、IPアドレス空間のダイナミックなプロビジョニングやVPCピアリングなどに依存している。企業の相互接続環境では、仮想インタフェースを作れるAWS Direct Connectなどのソリューションとともに、バックホール接続をAPIで排他的に管理できることがきわめて重要になる。交差接続された要素をあらかじめ用意しておくことが必要になる場合がある(VLAN：Virtual Local Area Networksなど)。これらはDynamoDBに挿入され、枯渇を防ぐために容量管理プロセスが投入される。

12.5.3 ベンダーロックイン

Sourced GroupのCDPは、AWS、特にCFに密結合している。そのため、VMware、OpenStack、Cloud Foundryなどのほかのプラットフォームに移行するのは非常に難しい。こうなるのは、現在、IaaS (Infrastructure as a Service) レイヤにプラットフォーム横断の標準がないからだ。PaaS (Platform as a Service) では、プロバイダ間の互換性が高くなって、将来はプロバイダ間の活発な移動が見込まれるが、それでも、複数のパブリッククラウドプロバイダをサポートするためには、最初の時点である程度の力仕事が必要になることに変わりはないだろう。

12.5.4 新しいAWSネーティブサービスについての展望

2014年11月のAWSグローバルカンファレンスでは、アプリケーションライフサイクルの構成、デプロイ、管理のためにいくつもの新製品がリリースされた。これは、汎用SaaS (Software as a Service) 商品として提供できるほど、継続的デプロイのテクニックとプロセスが成熟し、標準化されたことを示している。

AWSの新しいサービスで、CDPの一部を単純化する強い可能性を秘めているものは、AWS CodeDeployである。CodeDeployは、イメージ作成プロセスに含まれているブートストラッピングアクティビティの多くを変える。基本的には、cfn-initの発展バージョンだということができる。Sourced GroupのCFテンプレートマージテクニックは、AWS CodeDeployとスムーズに統合できるので、将来はCDPの複雑な部分をかなり単純化できるだろう。

12.6 まとめ

Source Groupは、何年も前から企業がCDPをインストールするのを手伝ってきた。Source Groupのパイプラインは、ライフサイクルをビルドとテスト、イメージ作成、デプロイ、リリース、解体の5ステージで捉えるものだ。各ステージは、一連のツールを使ってプロセスを自動化している。この標準化されたライフサイクルは、アプリケーションのバージョン管理システムに含まれるすべてのブランチに適用され、デベロッパとビジネスに機能を本番システムに安心してマージできるというかなりしっかりした保証を与える。別々のアプリケーションを使い、リリース管理を自動化しているため、ソフトウェアリリースのリスクは軽減され、時間も短縮される。

セキュリティは企業では非常に大きな関心事であり、どのプラットフォームでもSecOpsが成功の鍵を握っている。CDPは、AWS環境への単一のエントリポイントを提供する。そして、SecOpsが必要とするガバナンスとコンプライアンスの機能は、運用の強制可能なCFテンプレートによって提供される。

CDPの広範な採用には、教育と文化が特に重要な役割を果たす。CDP技術チームはパイプライン自体をサポートするが、CDP導入チームは新しい開発チームのサポートをする。導入チームは、継続的デプロイのテクニック全般と特定のCDP実装の両方について、知識を与え、伝承していく職務を果たす。

12.7 参考文献

ここに示したツールの詳しい説明や情報については、次のリンクを参照していただきたい。

- Atlassian：https://www.atlassian.com/
  - Bamboo：https://www.atlassian.com/software/bamboo
  - Bamboo ブランチ管理：https://confluence.atlassian.com/display/BAMBOO/Using+plan+branches
  - Bamboo "Tasks for AWS" プラグイン：https://marketplace.atlassian.com/plugins/net.utoolity.atlassian.bamboo.tasks-for-aws
  - Stash：https://www.atlassian.com/software/stash
  - Stash ブランチパーミッション：https://confluence.atlassian.com/display/STASH/Using+branch+permissions
  - Stash プル要求：https://confluence.atlassian.com/display/STASH/Using+pull+requests+in+Stash
  - JIRA：https://www.atlassian.com/software/jira
  - JIRA と Bamboo のインテグレーション：https://confluence.atlassian.com/display/JIRA/Viewing+the+Bamboo+Builds+related+to+an+Issue
- Amazon Web Services：http://aws.amazon.com
  - CD/CI ベストプラクティス：http://www.slideshare.net/AmazonWebServices/continuous-integration-and-deployment-best-practices-on-aws-adrian-white-aws-summit-sydney-2014
  - CloudFormation の初期化：http://docs.aws.amazon.com/AWSCloudFormation/latest/UserGuide/aws-resource-init.html
  - CloudFormation ヘルパースクリプト(cfn-init を含む)：http://docs.aws.amazon.com/AWSCloudFormation/latest/UserGuide/cfn-helper-scripts-reference.html
  - DynamoDB：http://aws.amazon.com/dynamodb/

- Security ドキュメント：http://aws.amazon.com/security/
- ホワイトペーパー（運用、セキュリティチェックリストを含む）：http://aws.amazon.com/whitepapers/
- VPC のセキュリティグループ数などの制限：http://docs.aws.amazon.com/AmazonVPC/latest/UserGuide/VPC_Appendix_Limits.html
- CodeDeploy：http://aws.amazon.com/codedeploy/

- Splunk：http://www.splunk.com/
- Sonatype Nexus：http://www.sonatype.com/nexus

第13章 マイクロサービスへの移行

協力：Sidney Shek

弊社の製品は、あらゆる規模のチームがすべてを把握、共有し、今までよりも賢く仕事を進め、よりよいソフトウェアをともに作るのをお手伝いします。

―― https://www.atlassian.com/company

13.1 Atlassianへようこそ

Atlassianは、JIRA（欠陥トラッキングとソフトウェア開発）、Confluence wiki、HipChatメッセージング、JIRA Service Deskなどのチーム向け作業補助ツール、Bamboo継続的インテグレーションサーバーやBitbucketホステッドリポジトリなどの開発ツールを生産している。前章のケーススタディでは、Sourced Groupのパイプラインがこれらのツールをどのように活用しているかが示されている。これらのツールの多くは、オンプレミスサーバーでも、Atlassianのホステッドクラウドサービスでも利用できる。

Atlassian Cloudは、現在130か国のほぼ2万件の顧客にサービスを提供している。「顧客」は、1つ以上のアプリケーションにサインアップしたチームや企業、組織を表し、それぞれのエンドユーザーは数人～数万人の幅がある。現在のところ、約6万のアプリケーションインスタンスが毎日約1TBのネットワークトラフィックを処理している。Atlassianは、この負荷をサポートするために、米国内に2か所の本番データセンターを抱えている（約60のラックに8200CPUコア、5300台の物理ディスクを収めて顧客の要求に応えている）。第11章のケーススタディでは、複数のデータセンターの同期を保つ方法の一例を示した。顧客のアプリケーションインスタンスは、現在OpenVZコンテナでホスティングしている。軽く焼いたイメージと重く焼いたイメージの違い、コンテナの使い方については、第5章を参照していただきたい。最新鋭のコンテナの活用は成功を収め、Atlassianは顧客あたりのコストを数桁分も削減できた。今後、Atlassianは、モノリシックなアプリケーションからテナントを使わないマイクロサービスベースのアーキテクチャに移行しようとしている。新しいアーキテクチャでは、エンドユーザーからの要求は、任意のフロントエンドサーバー（一般にユーザーと地理的に近い場所にあるもの）が処理でき、共通ビジネスロジックとデータティアはアプリケーション、顧客を横断した形で共有される。この移行の目標は次のようなものだ。

- データとサービスをエンドユーザーに近づけ、顧客から見たパフォーマンスを上げること。
- さらにコストを下げつつ、増えていく顧客に対応できるように、Atlassian Cloudのスケーラビリティを上げること。Atlassianデータセンターに現在あるインフラストラクチャで現在の倍の顧客ベースをサポートする。
- パフォーマンスとコストの改善のために、適切なところではパブリッククラウドプロバイダの利用をサポートすること。
- データセンターがアウテージを起こしたときに、従来よりも簡単にデータの災害復旧をできるようにすること。
- 機能をデプロイして顧客にサービスを提供するまでのスピードを上げること。

Atlassianは、これらのマイクロサービスの多くをAWS（Amazon Web Services）などのパブリッククラウドプロバイダでデプロイする予定だ。

Amazon Direct ConnectなどのVPN（仮想プライベートネットワーク）インフラストラクチャをセットアップすれば、Atlassianデータセンターとの間で双方向通信をすることができる。アプリケーションインスタンスは、移行期間中はAtlassianのデータセンターに残る。

この変更によって、特にマイクロサービスへの移行期間中に、アウテージを起こしたり、エンドユーザーから見たパフォーマンスを下げたりしないようにすることは、Atlassianにとって大きな問題だ。そのため、新しいマイクロサービスの要件の先頭には、運用上の課題が多数集まっている。たとえば次のようなものだ。

- データが消失のリスクなしに適切な形式で適切な位置に移行されるようにすること。
- 新しいマイクロサービスがロールアウトされている間、新しいマイクロサービスをサポートするために機能の一部が失われることがないようにアプリケーションを書き換えること。
- マイクロサービスの新しい機能をダウンタイムなしでロールアウトでき、予想外のエラーが起きたときにはロールバックできるようにすること。
- サポートチームのために新たなサポートツールを提供すること。たとえば、現行のサポートチームのメンバーは、必要に応じて顧客のコンテナにログインし、デバッグしたり、データやログにアクセスしたりすることができる。サービスが共有される新しい環境では、同じサポートユースケースのために新しいツールが必要だ。
- 十分なパフォーマンスモニタリングとアラートを実施できるようにすること。マイクロサービスでパフォーマンスが低かったりアウテージが起きたりすると、膨大な数の顧客に影響を及ぼす。そのため、欠陥はできるだけ早く見つけ、解決にかかる時間を短縮しなければならない。

13.2 マイクロサービスをデプロイするためのプラットフォームの構築

デプロイプラットフォーム、Atlassian データセンターへのネットワーク接続、ロギング、モニタリングなど、多くのインフラストラクチャコンポーネントは、すべてのマイクロサービスで共通に使われる。そこで、マイクロサービスが技術、構成パラメータの選択などで不必要な重複や不一致を起こさないようにするために、これらは1つのきわめて可用性の高い PaaS（Platform as a Service）にまとめているところだ。現在のところ、この PaaS は AWS インフラストラクチャの上で動作し、CloudFormation などの AWS ツールを前提として作られているが、必要に応じて追加機能も提供している。マイクロサービスデベロッパからみたとき、土台のクラウドサービスプロバイダは基本的に抽象化されている。図 13.1 のアーキテクチャ図には、AWS のなかの Atlassian PaaS の主要コンポーネントが描かれている。そのなかには、DNS サービスの Route 53、複数のアベイラビリティーゾーン（AZ）の EC2 インスタンスにデプロイされたサービス全体に受け取った要求をバランスよく分散する ELB（Elastic Load Balancing）、計測、アラームのための CloudWatch などが含まれている。サービスは、RDS（Relational Database Service）、DynamoDB、S3、SQS（Simple Queue Service）などのさまざまな AWS リソースにアクセスできる。サービスからインターネットや VPC の外の AWS リソースに送られる要求は、高可用性のために複数の AZ にデプロイされている Squid プロキシの前の ELB によって行き先を決められる。また、ログメッセージは、複数の AZ の EC2 インスタンスにデプロイされた Elasticsearch/Kibana に ELB 経由で送られる。

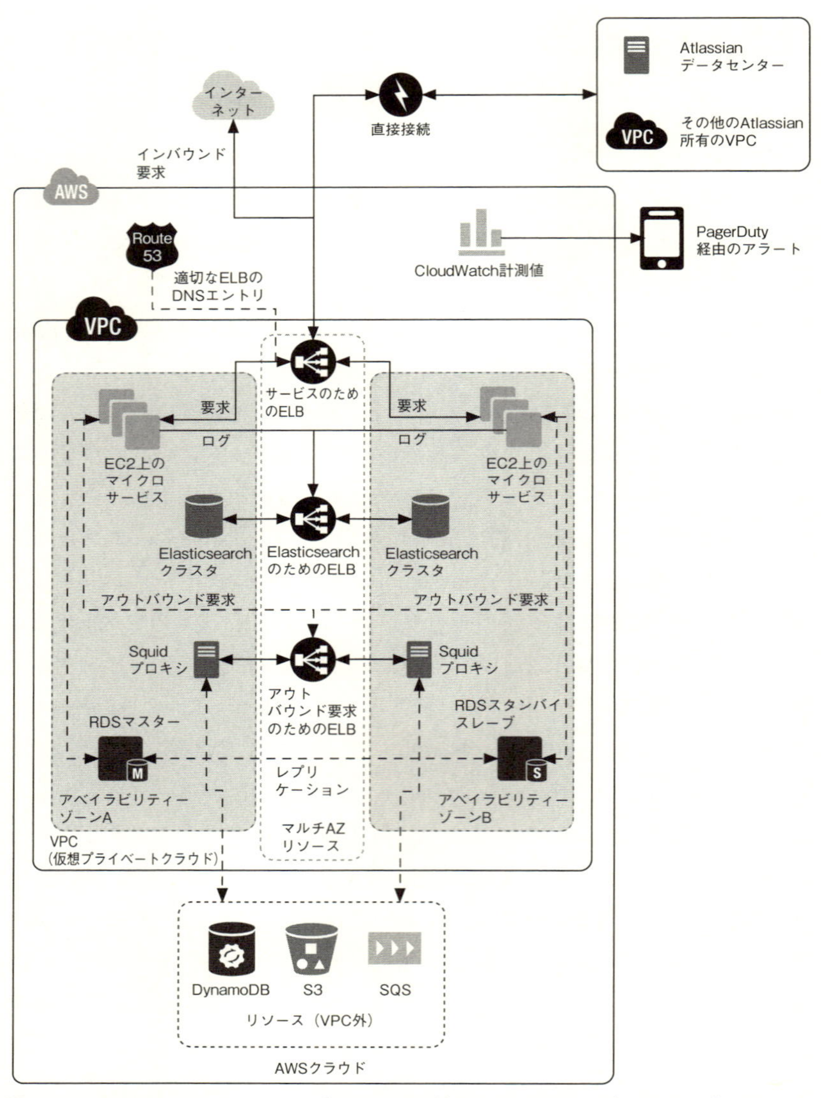

図 13.1 Atlassian マイクロサービス PaaS で使われているコンポーネント [AWS シンプルアイコン]

Atlassian のマイクロサービス PaaS は、次の機能を提供する。

- **マイクロサービスを実行するための共通コンテナ**

マイクロサービスインスタンスは、マイクロサービスデベロッパではなく、PaaS チームによって管理される AMI を使ってそれぞれの AWS EC2 インスタンス上で実行される。この AMI には、必要なランタイムと PaaS インフラストラクチャが含まれている。インスタンスサイズは、マイクロサービスデベロッパがコントロールできる(たとえば、CPU を酷使するマイクロサービスでは、コンピューティング最適化インスタンスを指定できる)。PaaS にマイクロサービスをデプロイするためにデベロッパがしなければならないことは、サービスの構成とメタデータ(たとえば、必須リソース、環境変数)を含むサービスデスクリプタ、実行するアーティファクト(たとえば、JVM サービスのためのバイナリ JAR ファイル、Docker イメージなど)を渡すことだけだ。

- **リソースのプロビジョニングと管理**

S3 バケット、DynamoDB テーブル、SNS (Simple Notification Service) トピックの作成、管理などである。この部分の目的は、リソースの実装(AWS か Google か)を抽象化し、特定のリソースの管理を改善することだ。たとえば、現在の AWS SNS トピックは、CloudFormation テンプレートではアップデートできず、作り直さなければならない。

- **マイクロサービスインスタンスの間のオートスケーリングとロードバランシング**

マイクロサービスデベロッパは、サービスデスクリプタのなかで必要とされるインスタンス数の下限とオートスケーリングの基準を指定するだけでよい。Atlassian PaaS が、個々のデプロイのために必要な AWS ロードバランサとオートスケーリングの構成を作る。現在は、AWS ELB とオートスケーリンググループを使っている。

- **ログの統合とサーチ**

マイクロサービスは、できれば JSON 形式でコンソール(標準出力か標準エラー出力)にログエントリを出力するだけでよい。ログエントリは

fluentdに自動的にピックアップ、解析されてElasticsearchクラスタに送られる。デベロッパとサポートチームは、Kibanaを介して統合ログにアクセスできる。Kibanaはログをサーチし、統計をグラフ化する(たとえば、時系列によるエラーのヒストグラム)ことができる。

- **計測値の収集、統合、報告、アラート**

CPUの負荷、ELBのレイテンシーとエラー率といった標準的なインフラストラクチャレベルの統計は、AWS CloudWatchとStackdriverを使ってサポートされている。重要な指標のしきい値を越えると、PagerDutyによるアラートが送られる。その他のマイクロサービス固有の指標も、ロギングインフラストラクチャで収集され、Kibanaでグラフ化される。

- **AWSのマイクロサービスとAtlassianデータセンターの既存アプリケーションの間のセキュアなネットワークインフラストラクチャ**

Atlassianデータセンターのアプリケーションと AWSにデプロイされているマイクロサービスの間には、双方の高速接続が開設されており、Atlassianの内部DNSなどのサービスも実行されている。

- **ダウンタイムゼロのデプロイと高速ロールバックのサポート**

マイクロサービススタックは、新しいスタック(たとえば、新しいAWS ELB、オートスケーリンググループ、EC2インスタンス)を作り、マイクロサービスインスタンスがサービスを開始したあとで、DNSエントリを新しいスタックに切り替えたら(現在はRoute 53で)、シームレスにアップグレードされる。アップグレードが成功したと判断されたら元のスタックは削除され、そうでなければDNSエントリを再び切り替えて元のスタックへのロールバックが行われる。このプロセスは、第2章と第12章のケーススタディでもっと詳しく説明されている。DNSのTTLは、高速な切り替えのために低く(60秒)設定されている。また、これらのスタックは、マイクロサービス自体を表すだけである。RDSテーブルやS3などのリソースは、先ほど触れたリソースプロビジョニングメカニズムを使って別個に管理される。

- **開発、テストの異なるステージをサポートするための複数の環境**

PaaSは、4つの環境を提供する。このように複数の環境を提供するのは、個々のアプリケーションやマイクロサービスが各ステージを通って発展していくようにするためだ。そのため、環境は次の環境で実行されるソフトウェアに対してテストされる。環境は次の通りである。

- **ドメイン開発**
  この環境は、マイクロサービスチームの開発中のテストに使われる。
- **アプリケーション開発**
  この環境は、アプリケーション（たとえばJIRA、Confluence）やほかのマイクロサービスなどの外部の依存コードを使ったテストをサポートしている。この環境は、Atlassian社内のすべてのアプリケーションデベロッパが使える。この環境のマイクロサービスは、「ドッグフード」をサポートするために、すべてのAtlassian Cloudベースアプリケーション開発インスタンスに接続されている。
- **ステージング**
  本番環境に非常に近く似せてある。たとえば、複数のAWSリージョンへのデプロイがある。Atlassianのドッグフードインスタンス（つまり、Atlassianの社内で使われる本番グレードのインスタンス）は、この環境に接続されている。この環境は、主として本番の構成をテストするために使われる。
- **本番**
  この環境は、顧客のAtlassian Cloudインスタンスをサポートする。2つの別々のAWSリージョンにデプロイされたPaaSがあり、リージョンがエラーを起こしたときでも高可用性を提供する。

13.3 BlobStore：マイクロサービスのサンプル

開発するマイクロサービスの選択は、エンドユーザーにとっての価値（たとえば、ユーザーエクスペリエンスの向上）とAtlassian自身にとっての価値（たとえば、災害復旧サポート）によって左右される。今までにAtlassianは、シングルサインオン、課金の一括請求、ユーザーエクスペリエンスの実験、ドキュメントの変換、バイナリオブジェクトのストレージ、アプリケーションインスタンス管理、その他パイプラインに含まれる多くのマイクロサービスを設計してきた。標準的な例として、JIRAの欠陥の添付、Confluenceページ、さらにはソフトウェアバイナリなどのアプリケーションが生成したバイナリデータ(ブロッブとも呼ばれる)を格納するマイクロサービス、BlobStoreを取り上げよう。BlobStoreは、Atlassianで4番目という早い時期に作られたマイクロサービスで、Atlassian PaaSで本番稼働された最初のマイクロサービスでもある。

BlobStoreの開発が急がれた最大のビジネス上の要因は、顧客データの災害復旧を単純化することだ。現在、顧客の添付データは、ストレージノードと顧客インスタンスで実行される計算ノードで管理されている。本稿執筆時点では、2つのデータセンターで約40TBの添付データがあった。そのため、災害復旧のサポートは、データセンター間でこのデータを転送するという時間に追われ、リソースを大量消費する操作である。そして、コピーされるデータは転送先ストレージノードの空き領域に収まらなければならないという難しい「パッキング」問題がある。BlobStoreを使うと、アプリケーションのバイナリデータはAWS S3に格納され、AWSデータセンター間のS3レプリケーションを利用するようになる。そのため、顧客のデータセンター間転送は不要になり、第2データセンターの顧客インスタンスへのフェイルオーバーが大幅に簡単になる。S3などのストアに顧客データを格納すると、エンドユーザーにデータのコロケーションを提供したり、データセンター間のロードバランシングを改善したりするための、データセンター間での顧客インスタンスの移動が現実的になってくる。

技術的な立場からは、BlobStoreは、すべてのAtlassianアプリケーションから抽象化できるコンポーネントとしては比較的単純で自明であり、アプリケーション間でマイクロサービスを共有するために論理的に早い段階で実現すべきステップでもあった。

13.3.1 アーキテクチャ

マイクロサービスは小さいので、目の前の問題にもっとも適したテクノロジーを使って開発することができ、実装のアプローチが多種多様だということは、マイクロサービスの大きなメリットの1つだ。実際、Atlassianではまったくその通りで、現在のマイクロサービスは、Java、Scala、Node.jsをミックスしたものになっている。BlobStoreは、小さなScalaベースのマイクロサービスで、コードはほぼ2500行であり、小さなチームによって開発、管理されている。ブロッブのためのHTTP API（アプリケーションプログラミングインタフェース）を公開するために、Twitterが作ったFinagleという軽いRPCフレームワークを使っている。図13.2は、BlobStoreの主要コンポーネントをまとめたものだ。BlobStoreサーバーのコレクションは、AWS上のAtlassian PaaSにデプロイされ、S3、DynamoDBのキーマッピングにブロッブを格納する。そして、アプリケーションにインストールされる小さなBlobStoreクライアントのプラグインがある。このプラグインは、アプリケーションコードからBlobStoreへのアクセス（たとえば、要求に必要なHTTPヘッダーの追加）を抽象化し、クライアントサイドでインメモリバッファリングをしなくてもブロッブをストリーム出力できるようにする。

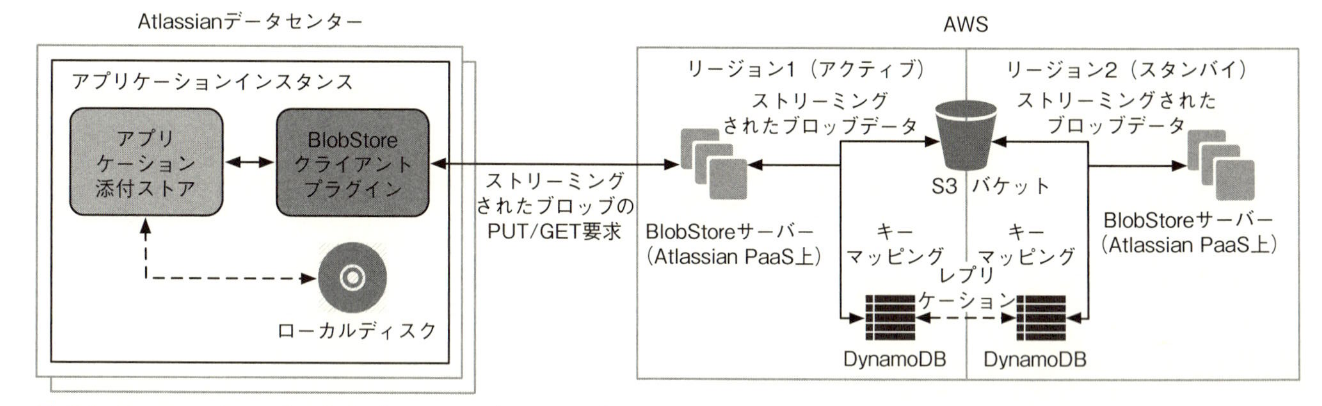

図13.2 BlobStoreのアーキテクチャ［AWSシンプルアイコン］

BlobStoreの本質は、「コンテンツでアドレッシングできる」ストアである。コンシューマー（たとえば、JIRAやConfluence）は、「論理キー」を付けてBlobStoreにバイナリデータ（ブロップ）を送る。すると、ブロップはブロップのコンテンツのSHA-1ハッシュ（「コンテンツハッシュ」と呼ばれる）をキーとしてAWS S3に格納される。BlobStoreは、コンシューマーの論理キーとコンテンツハッシュの間のマッピングを管理する。このマッピングは、現在はAWS DynamoDBに格納される。AWS DynamoDBは、メンテナンスが楽で可用性が高くスケーラブルなキーバリューストアだ。コンシューマーは、論理キーまたはコンテンツハッシュに基づき、RESTfulリソースを介してブロップにアクセスできる。ブロップとマッピングは、別のAWSリージョンでも使えるようにレプリケートされる。BlobStoreサーバーは、2つのAWSリージョンの間でアクティブ/パッシブ構成で実行されるが、これはAtlassianデータセンターからのレイテンシーがもっとも下がるからだ。AtlassianデータセンターのDNSサーバーのBlobStoreのDNS CNAMEエントリは、BlobStoreサービスに対するトラフィックを適切なAWSリージョンに送る。

13.3.2 純粋関数型のアーキテクチャ、プログラミングによる安全性とパフォーマンス

BlobStoreは、純粋関数型アーキテクチャで作られている。ポイントとなる原則は、「データが常にイミュータブル」だということだ。そのため、どのデータ（ブロップやキーマッピングに加えられた変更を表すレコード）も破棄、変更されない。現在のデータの表現を変えるためには、システムに「ファクト」を追加していくだけだ。データは祖先が1つのバージョン管理システムに格納される。イミュータブルなデータストアもイミュータブルなAPIを提示している。特定の要求に対する応答はいつも同じだ。APIがイミュータブルなので、キャッシングをサポートでき、ビジネスロジックを単純化するために要求を構造化することができ、テストが簡単になる。サービスについての知識が少しあれば、モックで簡単にサービスからの応答をエミュレートできるのだ。関数型アーキテクチャを使うことにより、

設計では2つの重要な判断を下すことになり、それが多くの利点を生み出す。

まず第1に、S3は、コンテンツハッシュをキーとしてブロッブを格納する。そのため、同じコンテンツなら、S3での位置は必ず同じになる。同じコンテンツが複数回BlobStoreにアップロードされても、コンテンツハッシュをキーとして使っているので、S3には1度格納するだけでよい。SHA-1アルゴリズムを使っているので、衝突が起きる可能性は極端に低い。この方法は、データの重複を防げるだけでなく、ブロッブの単純なデータキャッシングにもなる。コンシューマーは、論理キーかコンテンツハッシュでブロッブを要求できる。論理キーによる要求は、コンテンツハッシュの永続URLにリダイレクトされるが、コンテンツが同じなら永続URLも必ず同じになるので、これはキャッシングできる。このキャッシングは、AWSまでのリンクによるネットワークレイテンシーの影響を最小限に抑えるために重要な意味を持つ。各データセンターからAWSまでの間は高速リンクで結ばれているが、ブロッブにアクセスするためのネットワークレイテンシーは、ディスクファイルにアクセスするレイテンシーよりもどうしても高くなる。BlobStoreは、HTTPクライアントのローカルなキャッシュを使うことも、AtlassianデータセンターのVarnishのようなキャッシングサーバーも使うことができ、このレイテンシーを下げることができる。ブロッブの削除は、ブロッブ自体ではなく、キーマッピングだけを削除すればよいので、高速で非破壊的な操作になる。そのため、誤って削除を実行したときも、データ自体は復旧できる。そして、少し時間が経ったあと、マッピングを持たない古いデータはガベージコレクションで削除することができる。

第2に、キーマッピングはイベントソーシングモデルを使って格納されている。つまり、マッピング自体を格納するのではなく、マッピングに対する「イベント」(つまり、挿入/削除イベント)が格納されているのである。特定の時点での特定のキーマッピングを復元するには、その時点までのすべてのイベントを取り出して順に再現することになる。このモデルでは、データは削除されず、誤って削除してしまったマッピングも復元できる。単純に、ある時点でのマッピングをキーマッピングストアに問い合わせればよい。また、マッピングに対する監査証跡も「ただ」で手に入る。さらに、イベントソーシングなら、DynamoDBのような単純ながらスケーラビリティの高いキーバリューストアでも、トランザクションの基本特性が得られる。つまり、遠隔地間でレプリケーションされている環境ではスケーラビリティが得にくいRDBMSは不要だということである。スキーマの発展も比較的簡単に実装できるという利点もある。NoSQLデータストアを使っているので、スキーマの更新のために「世界よ止まれ」的なアクティビティは不要だ。また、属性に対する新しいイベントや変更は、データバージョンを認識するオブジェクトマーシャラが処理できる。マーシャラは、いつも最新バージョンのスキーマでデータを表示することができる。既存のデータをアップデートしたり書き直したりする必要はない。

BlobStoreは、関数型アーキテクチャだけでなく、関数型プログラミングのコンセプトを取り入れている。サーバーはScalaの関数型のスタイルで書かれている。関数型プログラミングの基本コンセプトは、変数は可能な限りイミュータブルにし、型は、論理関数や演算を表現するものも含め、原始型を使いまわすのではなく(それではわけがわからなくなるので)、必要に応じて新しい型を作るというものだ。それにより、Atlassianは、ユニットテストや実行時チェックに頼らず、コンパイル時チェックデコードをテストできるほか、次のようなメリットを享受している。

- コンパイル時の型のチェックでコンパイラがコードの正しさをかなり保証できるので、明示的なテストにはあまり依存していない。
- コードが簡潔になる。
- イミュータブルな変数を使っているため、並行処理の問題を従来よりも簡単に解決できる。
- 純粋関数型コードは、入力に対する出力がいつも同じなので、ユニットテストが大幅に簡単になる。「モック」が必要になることはまずなく、プロパティベースのテスト(ScalaChek、Specs2によって)を使えば、自動的に境界条件をカバーするテストデータが生成できる。

マイクロサービス開発に関数型のコンセプトを応用する上で特に大きな

難問だったのは、デベロッパたちに適切なスキルセットを身に付けさせることだった。関数型プログラミングと関数型の概念はかなり古くからあるが、ほとんどのデベロッパはよく知らなかった（Scala、Clojure、Haskellなどの言語が人気を集めるようになってきて状況は変わりつつあるが）。BlobStoreチームは、関数型プログラミングの経験を積んでいるデベロッパたちを集めて立ち上げ、ほかのチームメンバーの学習速度が上がるようにした。また、Atlassian社内の知識を共有するという文化は、会社全体に関数型プログラミングとアーキテクチャの経験を広める上で役立っている。

13.3.3　○○性の実現

BlobStoreの設計、実装上の決定のなかにスケーラビリティや可用性を考慮した部分が含まれていることについてはすでにおわかりいただけたと思う。表13.1は、アーキテクチャの望ましい性質として重要なものをどのようにして達成しているかをまとめてある。

13.4　開発プロセス

Atlassianのほとんどのチームは小規模で、約5人以下のデベロッパから構成され、何らかのアジャイル、リーン開発手法をチーム自身で決めて採用している。たとえば、BlobStore開発チームは、デベロッパが5人で、1週間スプリントのScrumを使っていた。

一般に、開発チームには品質管理（QA）部門のテスターも関与している。従来のテスターとは異なり、QAチームメンバーの職務は、テストの監督、テストアプローチ、タスクの指導である。たとえば、QAは、「開発者によるテスト（DOT）」プロセス（第2のデベロッパがテストコードをチェックし、必要な手動テストを実施する）のセットアップに関与し、テストケースが完全なものになっているかどうかを特にチーム外で開発されたソフトウェアのコンテキストで評価する。QAは、ブリッツテストなどのテストイベントの準備や探索的テストの補助もする。ブリッツテストは大きな機能変更のデプロイに先立って行われるチェックと品質管理のデモセッションで、多い

表 13.1　BlobStore における○○性の実現方法

スケーラビリティ	BlobStore のサーバーとクライアントは、ストリーミングを多用している。データのバッファリングは、10kB 未満という規模に抑えられている。それは、メモリを使い切るリスクを負わずに、数 GB ものサイズのブロッブを安全かつ並行して転送できるようにするためだ。そのため、BlobStore サーバーは、多数の並行接続をサポートでき、サーバーはメモリの少ないインスタンスにもデプロイできる。またメモリを酷使するマイクロサービスとインスタンスを共有することもできる。 BlobStore サーバーはステートレスでもある。要求と要求の間にコンシューマーの状態を保持したりはしない。負荷が上がったときには、新しいサーバーインスタンスを起動できる。サーバーのパフォーマンスは、現在のところ CPU 律速なので、指定された CPU レベルが 10 分間続くと、オートスケーリンググループが新しいインスタンスを起動する。オートスケーリンググループは、負荷が低いときにはグループのスケールダウンも行う。
可用性	Atlassian PaaS は、別々の AWS リージョンに本番環境を分割しており、それぞれに独立した BlobStore をデプロイしている。アプリケーションインスタンスは、既知の DNS ホスト名を使って BlobStore サーバーに接続を試み、通常は適切な DNS エントリによってアクティブデプロイに接続される。AWS リージョンが止まったときには、DNS エントリを第２のリージョンの BlobStore サーバーに切り替えれば、アプリケーションインスタンスをリダイレクトできる。 キーマッピングとブロッブは AWS リージョン間でレプリケートされているので（キーマッピングでは AWS Data Pipelies、S3 では AWS 組み込みのデータセンター間レプリケーションで）、アプリケーションインスタンスがほかの Atlassian データセンターに移された場合（災害復旧やロードバランシングにより）でも、データにはアクセスできる。そして、BlobStore は、アベイラビリティゾーン間レプリケーションをサポートする高可用性データストア（DynamoDB と S3）を使っている。
セキュリティ	特定の顧客のアプリケーションインスタンスだけが顧客のデータにアクセスできるようにするために、個々の要求は認証、権限付与の手続きを通過しなければならない。 また、データの区分化を保証するために、BlobStore は顧客ごとにブロッブに暗号をかけられる。特定の顧客のインスタンスのセキュリティが破られたときでも、その顧客のデータにしかアクセスできない。そして、S3 バケット全体に対する AWS アクセスキーがリークされても、データは簡単に入手できない。
拡張性	BlobStore のサーバーアーキテクチャは、下にあるデータストアやキーマッピングのストレージを簡単に交換できるように設計されている。
保守性	BlobStore 全体で関数型プログラミングのテクニックを使っているので、テストが簡単になっている。また、型を多用しているので、既存、新規のチームメンバーが将来コードを書き換えても正しくなるだろうという確信が得やすい。

人数で、ソリューション全体のデモとエンドツーエンドのテストを行う。

Atlassian、特にマイクロサービス開発チームにとって大きな問題の1つとして、チーム間のコミュニケーションを管理可能な水準に維持することがある。マイクロサービスは、コアアプリケーションの開発、デプロイ、サポートのあり方に非常に大きな影響を与える。チーム間のデプロイの依存関係もある。たとえば、PaaSチームとBlobStoreチームには、PaaSの特定の機能がBlobStoreの新しいバージョンのデプロイをブロックしているというような関係がある。従来は、このようなコミュニケーションの必要性は、アーキテクトや経験を積んだ人たちが打ち立てた知識、ブログポストや社内Confluenceインスタンスのページを通じて社内で共有されている知識、全員参加のデモプレゼンテーションなどを通じて非公式な形で判断されていた。この協調的なアプローチは、ソリューションの共有/開発のためにうまく機能してきたが、最近では、チーム間の依存関係をより統一的に見きわめ、把握するために、プロジェクトマネージャーを通じた公式的な確認作業が導入されている。BlobStoreチームの実際のやり取りの例を示しておこう。

- 製品チームのアーキテクトが早い段階から関与して、重要な要件をキャッチしている。これらは、公式的にはJIRAの問題と捉えられ、定期的に評価されている。一般に、製品チームとマイクロサービスチームの間には、ノイズを最小限に抑えるために、コントロールされたやり取りが行われている。アーキテクトとチームリーダーが主として情報を流している。
- 製品チームとインフラストラクチャチームが製品のバックログの増加とともに、BlobStoreの新たな要件を提起した。これは、非公式な議論として始まったが、JIRAの機能として追跡されている。
- PaaSチームとBlobStoreチームは、新しい要件や問題を確認、修正することを繰り返すうちにコミュニケーションが密になり、両方が並行してロールアウトされるようになっている。両チームは非公式なチャットルームでのやり取りとJIRAの公式的な問題追跡の両方を組み合わせている。チーム間の調整は、プロジェクトマネージャーによってより正式な形で管理されている。

- 製品コードの重要な変更は、製品チームとマイクロサービスチームの両方によってレビューされている。
- マイクロサービスコードの変更は、ほかのチームが自由に見られるようになっている。これは、チーム間で知識やテクニックを共有し、パフォーマンスやセキュリティの問題になりそうなことを見つけるための重要な手段になっている。

13.4.1　開発とサポート

Atlassianの開発チームは、作ったソフトウェアの本番環境へのデプロイに従来よりも深く関わるようになってきている。BlobStoreの場合、開発チームはBlobStoreサーバーの本番環境へのロールアウトを行い、各ステージでの適切なインスタンスの確定、必要なスクリプトとロールバック手続きの開発、顧客インスタンスでの「スイッチの切り替え」、エラー発生時のPagerDutyによるアラートの受け付けなど、顧客アプリケーションインスタンスの関連機能のステージング付きロールアウトも行った。このように従来よりもロールアウトに深く関与したことにより、本番コードは徹底的にテスト、レビューされ、土台のデータに対するインバンド、アウトオブバンドの両方のアクセスのツールが作られた。

Atlassianは、DevOpsのコンセプトの一部を支持しているが、完全なDevOpsプロセスモデルからはこの2年ほどで離れ、アプリケーションインスタンスと土台のプラットフォームの可用性の確保を職責とする専門のサービス運用グループを設けている。これは、複数の部門でアップタイムの確保の職責を共有すると、インシデントのすばやい解決のためには非効率になってしまうという問題に対処するためだ。アプリケーションやマイクロサービスは、サービス運用に移管されるまでは本格的に本番稼働したとは見なされない。そして、開発、インフラストラクチャ、運用部門の間では、職責の定義が異なる。

運用部門は、インシデント発生時に最初に問題を受け付ける窓口であり、アプリケーションやサービスの土台を支えるプラットフォームに対して7日間24時間のサポートを提供する。彼らは、開発チームから渡されたランブックに従って最初にインシデントの解決を試み、さらに調査が必要なときにはサービスオーナー（一般に、開発チームのメンバーが含まれている）に拡大することができる。運用部門は、サービス指標（たとえば、サービスのアップタイム、インシデント統計、SLAを満たしたか否か）を報告し、サービスカタログ、アラートのJIRAとの統合、レポートシステムなどでインフラストラクチャをサポートするという職責も持つ。そして、移管の前後と移管の最中には、サービス運用と開発チームのコラボレーションもある。開発チームは、運用前には、必要とされるドキュメントを提供し、運用ユースケースのためのツールを整備しなければならない。たとえば、BlobStoreの場合には、添付データのバックアップ／復元手続きは、AWSアセットも含むように書き換えられた。そして、必要なドキュメントとスクリプトを開発しなければならなかった。移管作業中は、サービス運用はサービスの指標の計測を始め、苦情などの窓口になった。移管後は、開発チームはインシデント解決のために必要なときには共同作業を行い、インシデントの反省会にも参加した。サービス運用は、新しいユーザーストーリーの発見とバックログの優先順位付けに役立つ指標をデベロッパに提供できる（たとえば、運用の負荷を下げる新機能、バグフィックスの優先順位付けなど）

顧客の要求に対応する専用サポートチーム（顧客サービス）もある。多くのマイクロサービスは、「水面下」に潜るかもしれないが、エンドユーザーに対して影響が出ることは避けがたくある。そのため、マイクロサービスデベロッパとサービスの間にはコミュニケーションが必要だ。たとえば、特定の条件のもとでは（たとえば、アプリケーションインスタンスが何らかの理由で使えない場合）、データのインポート／エクスポートは、アウトオブバンドでなければならないことがある。添付のローカルなファイルベースのストレージからBlobstoreマイクロサービスに移行すると、標準の「ファイルシステム」メカニズムでアプリケーションの添付データに簡単にアクセスすることはもはやできない。そこで、添付に対するアウトオブバンドアクセスをサポートするようなデータモデルが設計されてきたし、付属ツールが開発されてきた。

また、多くのチームは、開発ライフサイクルに「デベロッパによるサポート」（第1章では、信頼性エンジニアと呼ばれていた）というものを組み込んできた。ここでは、開発チームのメンバーもサポートの業務に就く（たとば、1度に2週間ずつなど）。デベロッパたちは、サポートの仕事に入っている間は運用チームと密接に連携して仕事をする。デベロッパによるサポートは、短期的には機能開発のためのリソースを減らしてしまうが、長期的には、設計やツールが改善され、サポートに入ったデベロッパによるトラブルシューティングの必要性が下がり、開発されたソフトウェアは従来よりも運用チームがサポートしやすいものになっているはずだという考えのもとに実施している。

13.4.2　ビルドとデプロイパイプライン

Blobstoreのコードと構成情報は、Gitリポジトリ（Atlassian Stash）で管理されている。開発チームは、機能ブランチ戦略を取っている。機能ブランチは、新しいタスクやストーリーの1つ1つのために作られ、一般に2、3日で終わる短命なものである。特定の時点でブランチの仕事をしているのは、一般に一人二人のデベロッパだ。マスターにマージするためには、機能ブランチのプル要求を送り、ブランチの仕事をしていない二人のデベロッパの承認を受けなければならない。成功したブランチのビルドも必要とされる。

サーバーとクライアントの両方のコードについて、マスターブランチに加えられた変更のビルド、テスト、環境へのデプロイを自動化するために、一連のBambooビルド、デプロイプランが作られている。図13.3は、継続的デプロイパイプラインの主要なステップを示している。クライアントプラグインのデプロイとBlobStoreサーバーのデプロイとでは道筋が異なることに注意しよう。

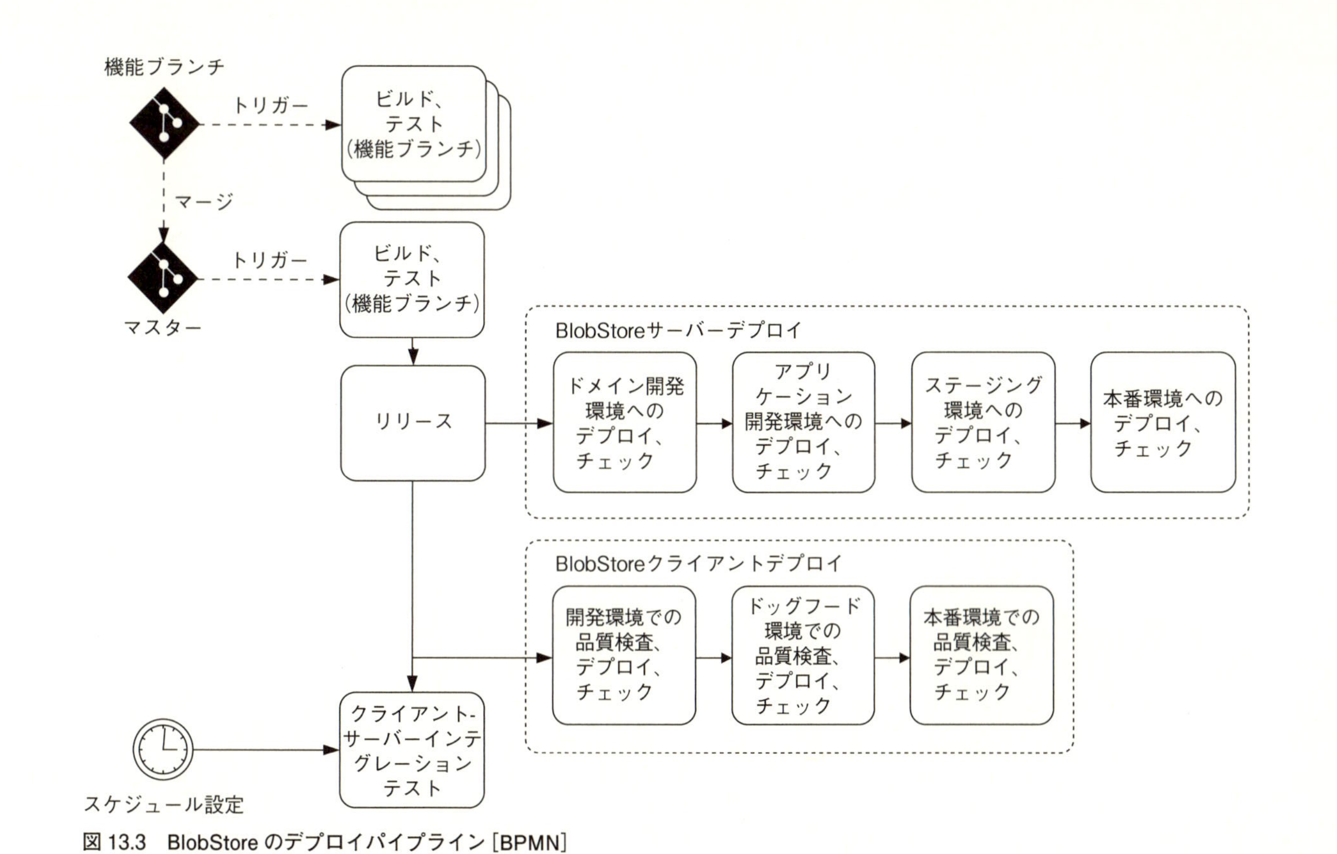

図 13.3　BlobStore のデプロイパイプライン［BPMN］

デプロイパイプラインの主要な特徴は次の通りだ。

- パイプラインは、マスターへのマージから1時間ほどで本番環境にコードをデプロイできるように効率化されている。デプロイの早い段階では、サーバーコードが1日に2、3回本番環境にデプロイされることも多かった。BlobStoreクライアントはサーバーよりも徹底的なテストを行うため、クライアントパイプラインは約3時間経つとデベロッパが使える状態になる。本番環境へのロールアウトは、必要なら週に1度のデプロイの一部として行うことができる。
- コードはパイプラインの早い段階で「リリース」される（つまり、ビルド、タグ付け、Nexusの中央アーティファクトリポジトリへのデプロイまでを済ませる）。これは、パイプラインの異なる箇所でビルドインフラストラクチャに変化（たとえば、Java SDKバージョンの違い）が起きないようにするためだ。この方法には、Bambooの処理とうまく噛み合わないという欠点がある。Bambooは、デプロイプランの一部として分岐、リリースが実行されるときにうまく動作する。
- BlobStoreは、標準的なセマンティックバージョニングに従う。これは主としてBlobStoreクライアントとサーバーAPIの変化に対応するためだ。下位互換性のある変化はマイナーバージョンをインクリメントし、下位互換性のない変化はメジャーバージョンをインクリメントする。サーバー自体の変更は、パッチバージョンをインクリメントするだけだ。
- 私たちの意図は1本のメインラインを維持することで、それはマスターブランチだ。現在のビルドパイプラインでは、マスターブランチで問題が起きるとリリースができなくなる。この問題は、マスターへのマージに先立って完全なテストをし、マスターのビルドパイプラインが常にグリーンになるようにすることによって緩和される。コードがリリースされる「安定」ブランチを作り、マスタービルドがテストに合格したときに限りマスターを安定ブランチにマージするという方法もある。しかし、BlobStoreチームは、チームの規模が小さいことを考えると、「安定」ブランチ方式はオーバーヘッドが高すぎると判断した。

- 直接の開発チームの外部の人々が使う「開発」環境にBlobStoreクライアント/サーバーコンポーネントをデプロイするときには、自動ユニットテスト、クライアント-サーバーインテグレーションテスト、AWSリソースとのインテグレーションテストに合格したものでなければならない。コンシューマーアプリケーションから適切な環境にデプロイされたBlobStoreサーバーまでのすべての経路をテストするエンドツーエンド受容テスト、など、「スモーク」テストに合格すると、その後の環境に対するサーバーのデプロイが自動的に行われる。パフォーマンステストも定期的にスケジューリングされる。

13.4.3 コンシューマーアプリケーションのダウンタイムなしの本番稼働

BlobStoreチームは、BlobStoreサーバーの本番デプロイのほか、追加のダウンタイムなしでコンシューマーアプリケーションに必要な変更を加えてロールアウトするという職責も持っていた。これは、データのマイグレーションとコンシューマーアプリケーションのコードのマイグレーション/デプロイという2つの独立したステップを並行して進めていくという形で進められていた。つまり、データのマイグレーションは、アプリケーションコードの変更がまだ終わっていないうちに実行される可能性があり、そのため本番状態に達するために必要な時間は短縮されていたのである。

データマイグレーションは、アプリケーションインスタンスにデプロイされた新しいデータマイグレーションプラグインから起動されるアウトオブバンド処理として実行されていた。このプラグインは、BlobStoreのために必要とされるアプリケーションコードの変更からは切り離されていた。データマイグレーションは、等冪操作、つまり何度実行してもそれまでにマイグレートされたデータを上書きしない操作だった。ブロッブのコンテンツハッシュは、キーマッピングの一部として格納されていたので、ブロッブがすでにマイグレートされていたかどうかはバイナリデータを比較するまでもなく簡単に判断できた。マイグレーションは、アプリケーションコードに対する変更がロールアウトされる間も数週間にわたって継続的に実行されており、ネットワークその他のリソースを余分に消費せずに、コントロールされたインクリメンタルなデータマイグレーションが実現されていた。

アプリケーションコードの変更には、ローカルオンリー（つまりBlobStoreなし）、ローカルメイン（つまり、BlobStoreに対する非同期的な操作）、リモートメイン（つまり、BlobStoreに対する同期的な操作でキャッシュの読み出しのためにローカルにフォールバックする）の3種類の操作モードが含まれていた。これらのモードは、再起動せずに実行時に変更できるフィーチャーフラグを使って有効にされていた。暫定的な「ローカルメイン」モードは、信頼性を確保するためのコード全体とBlobStoreサーバーまでのネットワークパスの確実なテストのために、またパフォーマンス計測値を集めて、現実のレイテンシーやエンドユーザーエクスペリエンスに対する影響の可能性を知るために使われていた。この2ステージによるアプローチにより、完全な本番状態に達する前にソリューション全体に対して確信を持つことができた。

両ステージのロールアウト、つまり、データのマイグレーションとコード変更を有効にするフィーチャーフラグの切り替えは、カナリアインスタンス（添付のサイズ、個数がランダムに散らばった約10個のインスタンス）から少しずつ始めた。成功したら、100個のインスタンスのグループにロールアウトし、次はラック（約1,000の顧客）、そして2つのデータセンターのラック、最後に全顧客の切り替えという形である。顧客に大きな影響を与えずにBlobStore開発チームが問題点に答えられる状態を保つために、このプロセスには数週間の時間がかかった。

13.5 発展するBlobStore

プロジェクトの進展にともない、BlobStoreマイクロサービスは発展してきた。その過程で、バックエンド実装は大幅に変更され、顧客単位の暗号キー、ブロッブのコピー/移動、バイト範囲要求などの新機能が追加された。今までは、変更はスムーズで、コンシューマーアプリケーションコードに与える影響はもしあってもごくわずかだった。

顧客単位の暗号キーの追加は、そのよい例だ。当初のシステムでは、暗号化はS3バケット上でAWSサーバーサイド暗号化を使って実装されていた。しかし、開発の過程で顧客ごとに暗号キーをサポートしなければならなくなり、そのためBlobStoreサーバー自体のなかで暗号化を実行するように変更しなければならなくなった。結局、サーバーの大幅な変更、S3のキー構造の変更、HTTP APIに対する比較的小さな変更が必要になったが、コンシューマーアプリケーションでは、目立った変更は不要だった。この変更は、次のようにして行われた。

- 顧客の暗号キーはBlobStoreによって一時的にインスタンス上で管理されることになった。これは、近いうちに別個のマイクロサービスに暗号化処理を委ねようという考えである。そのため、コンシューマーアプリケーションは暗号化プロセスを意識したものではなかった。
- データの不変性を維持するために、S3のブロッブには、プレーンテキストのコンテンツハッシュと暗号キーのセキュアハッシュの2つのキーを与えた。これにより、正しいキーがなければデータを復号できなくする変更が簡単になった。誤ったキーを与えると、S3内のブロッブは単純に存在しないことになる。また、同時に同じコンテンツに複数の暗号キーを与えることもできるようになった。これは、時間の経過とともに暗号キーを変えるときに重要だ。再暗号化の作業中、クライアントが「古い」キーでデータにアクセスできるようになるため、再暗号化をオンラインでダウンタイムなしに実行できるようになる。

Atlassian PaaSとBlobStoreサーバーは、現在本番環境で顧客にサービスを提供している。あるメジャーなアプリケーション（JIRA）のBlobStore機能は、すべてのAtlassianクラウドインスタンスで有効にされている。今までのところ、大きな欠陥は見つかっておらず、本番システムのインシデントは起きていない。BlobStoreチームは、「安全第1」のアプローチを取ってきたからだと考えている。特に次のようなことだ。

1. 関数型アーキテクチャと関数型プログラミングを使って、コードの品質が高くなるようにするとともに、不用意なデータ破壊を防いでいる。
2. データとコードの両方のマイグレーションについて非常に慎重にロールアウトプランを練っている。
3. 必要なツールや指標の開発など、ソリューションのサポートのしやすさに力を入れている。
4. システムが予測される負荷を処理できるようにするためのパフォーマンステストを含め、ほとんどのテスト、デプロイを自動化している。

マイクロサービスへの移行はまだ初期段階だが、それでもすでにいくつかの利点を観察している。

● デプロイにかかる時間の短縮

既存のモノリシックアプリケーションに変更を加えるのと比べ、新機能の追加やバグフィックスのデプロイにかかる時間がかなり短縮されている。その要因は、次のようなものである。

- コードベースが従来よりも小さく、焦点が絞られているので、素早く書き換えられる。たとえば、機能の追加、削除のために必要なBlobStoreのサーバーサイドの変更は2日ほどで実装され、本番環境にデプロイされる。その時間の大半はレビュー待ちによるものだ。コードベースが小規模なので、アーキテクチャをクリーンに保つことができ、テストカバレッジは完全なものになる。
- マイクロサービスに対するインタフェースが明確に定義されているので、ビルドパイプラインのインテグレーションテストには、マイクロサービスが提供する機能に焦点を絞ったごく少数のものを含めるだけでよい。これは、ビルドパイプラインのサイクルを大幅に短縮する。
- コンシューマーアプリケーションから独立してマイクロサービスに変更を加えてデプロイできる。アプリケーションのデプロイサイクルは、モノリシックアプリケーション全体の包括的なインテグレーションテストを実行するためマイクロサービスと比べるとどうしても長くなるが、マイクロサービスはアプリケーションのデプロイサイクルから切り離せる。

- **リソースのコピーの大幅な整理**

たとえば、少数のBlobStoreサーバーインスタンスですべての既存の顧客にサービスを提供することができており、個々の顧客のコンテナにいちいちリソース(CPU、RAM、ディスク)を与えたりはしていない。顧客コンテナごとにリソースを与えていると、顧客インスタンス間でリソースを共有することは難しくなる。Atlassian IDシングルサインオンでも同じようなことが起きている。

- **タスクに適した非JVMパッケージの利用**

アプリケーションをDockerイメージにまとめてPaaSにデプロイするようになると、できることが1つのJVMに縛られなくなる(たとえば、必要ならパフォーマンスの高いネーティブツールを組み合わせることができる)。

- **特定のマイクロサービスに最適な言語の利用**

コードを実装する言語として、Javaに縛られないのはもちろん、JVMを使う言語にも縛られなくなった。そのため、新しいマイクロサービスは、さまざまな言語(たとえば、Node.js、Python、Clojure)を使って素早く開発されるようになった。

新しいテクノロジーの常として、多くの課題が現れ、解決されてきている。しかし、互いにやり取りし合うマイクロサービスを作ることが増え始めてから、新たな課題が顔を出してきている。それらの一部をまとめておこう。

- **マイクロサービスのデプロイは、動く部品が多くモノリシックアプリケーションよりも「複雑」になる**

マイクロサービスは、コードベースこそ小さいが、新しいデプロイパイプライン、ネットワーク、ロギング、計測値収集など、考えなければならないことや必要なインフラストラクチャが増えている。そのため、初期のマイクロサービスの開発、デプロイには、かなり余分に時間がかかった。

Atlassian PaaSによってこれらの問題はかなり単純化され、初期のマイクロサービスで作ったものの多くは再利用されているので、その後のサービスの開発時間は大幅に短縮されている。

- **従来のモノリシックアプリケーションとは大きく異なる新しいアーキテクチャ面での問題が出てきている。**

それらの多くは実装が難しいわけではない。難しいのは、コンシューマーアプリケーションの仕事をしている人々を含め、すべてのエンジニアたちにそれらの問題を意識してもらうことだ。そのような問題としては、次のようなものがある。

- **水平スケーラビリティをサポートするためにステートレスビジネスロジックが必要**

  サービスは、要求と要求の間にセッション状態を残さないように、またデータのキャッシングを使う場合には細心の注意を払って設計しなければならない。

- **サービスは複数のテナントをサポートするように設計することが必要**

  たとえば、サービスは特定のテナントのデータから要求を導き出したり、テナント間でデータをコンパートメント化したり、テナントが自分のデータにしかアクセスできないようにしたりする必要がある。

- **マイクロサービスまでのホップ数が増えたためにネットワークレイテンシーが高くなる**

  マイクロサービス化初期の短期間で考えれば、イミュータブルなHTTP APIでキャッシングは比較的簡単に実装できた。しかし、サービスのネットワークを作り、要求がネットワークホップをいくつも跨ぐようになると、これが問題になってきた。できる限りデータがキャッシュ可能な状態に保たれるように、従来以上に注意が必要になっている。

- **マイクロサービス間の低レイテンシーの認証、権限付与**

  マイクロサービスは、ほかのマイクロサービスと行き来するときに要求の認証、権限付与を受けなければならない。そして、要求を送るためにエンドユーザーのふりをしなければならない場合もある。これを効率よく処理することは、特に要求が複数のマイクロサービスを通り過ぎる（それぞれのマイクロサービスが認証、権限付与を行わなければならないことがある）場合には難問であり、この問題には今も取り組んでいるところだ。しかし、それが可能だということは、Kerberosなどの既存のメカニズムが示している。

- **マイクロサービスのデプロイ、ロールバックは、長時間実行されるインテグレーションテストなしで独立に行う**

マイクロサービスは、互いに依存せずにデプロイされなければならないが、変更は同じ環境のほかのサービスと互換性を保つことが必要だ。現在は、互換性の確認のためにインテグレーションテストを使っているが、マイクロサービスの数が増えると、この部分がボトルネックになる。コンシューマー主導契約、テストラン時のメタデータの維持、マイクロサービスの特定のバージョンを組み合わせたときの信頼性といったコンセプトを調査しているが、未解決の問題として残っている。

- **明確に定義されたAPIのもとでマイクロサービスを「小さく」保ち、焦点がぶれないようにすること**

モノリシックアプリケーションでは、同じデプロイユニットに機能を追加するのが習慣になっていたので、マイクロサービス開発にもこの癖が伝染しやすい。この問題に対処するために、Atlassian Saas、アプリケーションのアーキテクトたちは、マイクロサービスの境界線を定義するためのロードマップを作った。また、Atlassianでは、モノリシックアプリケーションは、OSGi（そして現在はHTTP）ベースのプラグインシステムを使っていてすでに高度にモジュール化されているので、この問題はそれほど大きくなっていない。最後に、マイクロサービスは、時間の経過とともに新しいサービスがオンラインに登場すると、機能をさらに分割するためにリファクタリングが必要になる可能性がある。明確に定義されたインタフェースを持つ小さなコードベースは、このような変化に比較的対応しやすい。

- **これから作られるマイクロサービスへの依存**

守備範囲が狭いため、マイクロサービスはほかのマイクロサービスと組み合わせなければ本格的な処理には使えないのが普通だ。しかし、最初の段階では、すべての依存マイクロサービスが使える状態にはなっておらず、一時的なソリューションや迂回策が必要になる。たとえば、顧客データの暗号化やキー管理は、厳密に言えばBlobStoreマイクロサービスの射程圏内ではないが、そのようなサービスが作られるまでは一時的なソリューションが必要だった。今後、適切なマイクロサービスが開発されたら、BlobStoreはリファクタリングが必要になるだろう。そこで、マイクロサービスのリファクタリングを射程に入れて心構えと時間をリファクタリングしなければならない。とはいえ、サービスは比較的小さいので、そのリファクタリングは比較的簡単なはずだ。

- **ほかのプロジェクト（アプリケーション、サービス）への依存**

この課題はどのようなアーキテクチャにもあるものだが、マイクロサービスは「アプリケーション横断的」であり、接触する相手が多いため、ほかのアーキテクチャよりもこの課題が重要なものになる。しかし、マイクロサービスの特徴である明確に定義されたAPIとプロジェクトの守備範囲の明確化によって、この種の依存関係は明確化しやすく、管理しやすい。また、Atlassian PaaSやBlobStoreなどの初期のマイクロサービスの経験から、チーム間のコミュニケーションや依存関係の管理をめぐるプロセスが改善され、アジャイルメソドロジーから得られたアウトプットをうまく活用して作業の遅れを見つけて修正を加えることもできるようになった。

- **マイクロサービスのサポートはモノリシックアプリケーションのサポートとは異なる**

すでに述べたように、マイクロサービスを扱うためのツールやプロセスは、モノリシックアプリケーションをサポートするときのものとはかなり異なる。マイクロサービスの仕事では、ツールやプロセスの開発を計算に入れておく必要がある。サポートのスムーズな移行のためには、マイクロサービス開発チーム、サービス運用、サポートの間の密接なやり取りがきわめて重要だ。運用プロセスの標準化と整理のために運用チームの導入プロセスを現在開発している。一般的なサポートに加え、マイクロサービスの分散ネットワークのデバッグは、モノリシックアプリケーションスタックとは大きく異なり、それよりも難しい。要求が入ってきたときに生成される一意なIDを介して要所で要求を追跡するTwitterのZipkinのような分散トレーシングソリューションのさらなる調査が必要とされる。

今までのところ、マイクロサービスによるプラスの方がマイナスよりもはるかに大きく、Atlassianは、経験を積むうちに課題は減り、ビルドテンプレートやインフラストラクチャは開発スピードを上げ、モノリシックアプリケーションのサイズは小さくなるものと考えている。Atlassianは、初期のマイクロサービスで弾みをつけ、完全なテナントレスアーキテクチャへの移行を成功させるだろう。そう考えられる要因をいくつか挙げておこう。

- Atlassianは、顧客あたりのコストを下げるとともに、新しい機能やアプリケーションを素早く稼働できるようにしつつ新しい顧客にサービスを提供するためにアプリケーションのスケーラビリティを上げるためにはどうすればよいかという事業にとってきわめて大きな問題を抱えている。Amazon、Netflix、Googleなどのウェブまわりの大企業を見ればわかるように、共有マイクロサービスを正しく実現できれば、これらの課題のすばらしいソリューションになる(つまり、技術的な負債の蓄積を最小限に抑えつつ、問題に対処できる)。
- マイクロサービス開発は、小さな高品質の機能を提供する部品を素早く本番稼働することを目的とする点で、アジャイルメソドロジーやDevOpsのコンセプトに近い。このケーススタディで説明してきたように、Atlassianの各チームでは、アジャイルとDevOpsはしっかり根づいているので、本質的にすばやく本番稼働できる小さな部品であるマイクロサービスは、チームの仕事のペースを上げる方向への自然な進化である。
- PaaSの開発は、Atlassianのマイクロサービス導入の転機となった。Atlassian PaaSは、HerokuやElastic BeanstalkなどのパブリックPaaS製品と同様に、デベロッパが調査、イノベーションを進めるための便利なプラットフォームになっただけではなく、本番サポートに役立つ標準化された共通インフラストラクチャも提供している。その結果、社内で広くリリースされてから数週間のうちに、さまざまな技術スタックのマイクロサービスが多数開発されるようになった。

このケーススタディを執筆している間にも、複数のマイクロサービスがAtlassian PaaSにデプロイされ、BlobStoreの機能とほかのAtlassian Cloudアプリケーション、マイクロサービスとのインテグレーションが進められていた。今後、Atlassian Paasは、一元化された改良計測値コレクション、機密ストア、AWSアセット管理など、役に立つインフラストラクチャコンポーネントを組み込んでいくだろう。パイプラインには、テナント管理、認証/権限付与、外部タスクスケジューリングなど、その他の重要なマイクロサービスも含まれている。Atlassianは、本物のアジャイルのスタイルで、手の届きやすいところにある成果から摘み取り、スピードを上げ、新しい課題が現れたときにはプランに修正を加えている。

13.6 まとめ

マイクロサービスへの移行は、少しずつ進めることができる。そのためには、最初に移行するサービスの間の共通点を見つけ、それらの共通サービスを利用するようにアプリケーションのアーキテクチャに修正を加える必要がある。Atlassianでは、マイクロサービスが依存できるPaaSも開発しなければならなかった。このように2つの異なる開発作業が同時に進められたため、調整が必要になったが、いくつかのマイクロサービスがデプロイされてから、PaaSは比較的安定したものになった。

BlobStoreは、永続データに影響を及ぼすマイクロサービスで、おそらくその実装は、ほかのタイプのサービスよりも繊細な作りになっている。BlobStoreは、格納するブロッブをイミュータブルにする形で実装されている。このようにイミュータブルにすることによってブロッブはどれもガベージコレクションで回収されるまでは残るので、ロールバックやエラー追跡をサポートできた。

13.7　参考文献

この章で触れたテクノロジーの詳細については、次のリンクを参照していただきたい。

- Amazon Direct Connect：http://aws.amazon.com/directconnect/
- CloudWatch：http://aws.amazon.com/cloudwatch/
- DynamoDB：http://aws.amazon.com/dynamodb/
- ELB：http://aws.amazon.com/elasticloadbalancing/
- Elasticsearch：http://www.elasticsearch.org/
- Finagle RPC：https://twitter.github.io/finagle/
- Fluentd：http://www.fluentd.org/
- Kibana：http://www.elasticsearch.org/overview/kibana/
- OpenVZ：http://openvz.org/Main_Page
- Route 53：http://aws.amazon.com/route53/
- RDS：http://aws.amazon.com/rds/
- S3：http://aws.amazon.com/s3/
- Amazon SQS：http://aws.amazon.com/sqs/
- Squid：http://www.squid-cache.org/
- SNS：http://aws.amazon.com/sns/
- Stackdriver：http://www.stackdriver.com/

第5部

▲▼▲

今後の方向

第5部では、今後数年の間にDevOpsがどのように発展していくかを考える。まず、私たちは数年前からDevOpsを研究してきているので、私たちの研究成果と方向性を説明する。次に、DevOpsがどのように発展していくかについてもっと広い視野で予想していく。

第1章では、DevOpsとは、コードをコミットしてから通常の本番環境で実行されるまでの時間を短縮することを目標とするプロセスのコレクションだと定義した。ビジネスプロセス管理コミュニティは、長年にわたってプロセスを掘り出してモデリングする作業を続けてきた。私たちの研究は、ログから個別のDevOpsプロセスのプロセスモデルを作り、そのモデルを使ってプロセスのエラー検知、診断、修復を進めていくものである。第14章では、これについて説明する。

DevOpsは急速に発展してきた。そして、まだまだ発展し続ける。DevOpsの発展は、組織構造、プロセスの定義、テクノロジーの3つの分野にまたがるものになるだろう。第15章では、これら3つが今後3年から5年の間にどのように変わっていくかを予想する。

第14章 プロセスとしての運用

協力：Xiwei Xu、Min Fu

自分がしていることをプロセスとして表現できないのなら、
自分が何をしているのかわかっていないということだ。

―― W・エドワード・デミング

14.1 イントロダクション

第9章で述べたように、継続的デプロイパイプラインは、単に「システムのシステム」的な特徴を持つ新たなソフトウェア製品の1つであるに留まらず、プロセスの特徴を色濃く持っている。これは、診断、バックアップと修復、アップグレード、メンテナンスなどほかの多くの操作にも当てはまる。愛用のcronjobやスクリプトでさえ、一連の小さなツールをパイプライン化したものになっているということは、システム管理者の世界ではよくあることだ。運用の世界は、そのようなプロセス的なシステムが大量にアプリケーションやシステムの上で動作している世界だと言うことができるだろう。これらのプロセスは単純に逐次的に実行されるのではなく、プロセス、タスクの両方のレベルで無数の同時/並行実行を含んでいる。

この章の目的は、運用をプロセスとして扱うことに潜んでいるさまざまな側面を明らかにすることだ。「プロセスとして扱う」とは、既存の運用ソフトウェア/スクリプトとそれらのログからプロセスモデルを見つけるという意味だ。プロセスモデルが見つかれば、次のようなことができる。

- 見つけたプロセスモデルを分析して改良のチャンスを探す。
- プロセスモデルを使ってさまざまな操作の進行状況をモニタリングし、そこからできる限り早くエラーを検知し、修復する。
- 実際の運用プロセスと同レベルのモニタリングしきい値を設定する。これをプロセス全体のレベルではなく、ステップレベルで実現する。そうすれば、従来よりも早い段階でエラーを検知して修復できるようになっていく。
- 根本原因の診断など、ほかのアクティビティにプロセスモデルを役立てる。

これらのアクティビティは、何が起きているのかというコンテキストが見えないことが多いため、行うのが難しい。プロセスモデルと進行状況のモニタリングがそのようなコンテキストを与えてくれる。プロセスモデルは、さまざまなイベントとモニタリングから得られた計測値の相関関係を明らかにして、実行時システムの理解を深めるための中心的な場所でもある。チャンスは十分にある。見つかったプロセスモデルはオリジナルプロセスのバリエーションをまとめるために使える。また、プロセスの将来のアプリケーションを実行するためのメカニズムにすることもできる。

プロセス指向システムは、ワークフローシステム、あるいはビジネスプロセス管理システムと考えることができる。これらの分野では、ログとイベントトレース、プロセス分析、ランタイムモニタリングと予測、プロセスの品質向上、人手がかかるプロセスなどからプロセスモデルを抽出する。第6章のローリングアップグレードについての議論も、このようなものの見方の例と考えることができる。しかし、この章では、運用プロセスのワークフローまたは(ビジネス)プロセスに焦点を絞りたい。

この節で最後に考えなければならないのは、プロセスモデルの抽象化レベルだ。プロセスモデルは、実施すれば期待した結果が得られるような一連のアクティビティを定義したものである。このアクティビティセットは、細かいレベル（プロセスを遂行するためのすべてのステップ）でモデリングすることも、粗いレベル（プロセスの過程で実施される主要なアクティビティ）でモデリングすることもできる。モデリングのレベルは、プロセスモデルを見つけるときに使ったソースの豊かさと、モデルから得たいと思っているものによって決まる。ソフトウェアシステムの常として、プロセスモデルは実行時の特性（パフォーマンス、信頼性、セキュリティがもっとも重要な３つ）と開発時の特性（相互運用性と書き換えやすさが重要な２つ）から理解することができる。この章では、プロセスモデルが正しく定義されている運用プロセスの信頼性について私たちが進めてきた研究に焦点を絞る。ほかに研究すべきテーマとしては、プロセス（とそのモデル）の正しさを保証する方法、プロセス実行のパフォーマンスを向上させる方法、必要とする粒度のレベルで効率よくモデルを作る方法などが考えられる。

14.2　動機と概要

第９章で述べたように、信頼性とは、デプロイパイプライン全体とその個々の部品が、決められた期間にわたってサービスのプロビジョニングを維持できる能力のことである。典型的なパイプラインは、さまざまなタイプのシステムが返してくるさまざまなタイプのエラー（クラウドAPIのエラーコードから、構成変更の無言のエラーまで）を処理しなければならない。第２章で説明したように、クラウドは本質的に不確実なものなので、不作為にエラーが起きる。そのため、以前は処理に成功していたスクリプトが誤った結果を返してくる場合がある。これは、防御的プログラミングが重要には違いないが、それだけでは不十分だということだ。私たちは、プロセスの望ましい状態はどのようなものなのかを理解し、それと実際の状態を比較するという方法を提唱したい。これは、この章で私たちが論じるアプローチの基礎になっている。運用プロセスには、一般のビジネスプロセスよりもこのアプローチが取りやすくなる特徴がいくつかある。特に大きいのは、次のものだ。

- 運用プロセスは、ごくわずかの種類のエンティティしか操作しない。この章で使うローリングアップグレードの例では、Elastic Load Balancer（ELB）、Auto Scalingグループ（ASG）、Launch Configuration（LCD）、仮想マシン（VM）だ。それに対し、一般的なビジネスプロセスでは、操作対象のエンティティには非常に多くのタイプのものがある。
- 運用プロセスは、時間単位でなくても、10分単位のタイムフレームがある。そのため、数分でログを集め、エラーを検知し、エラーを修復できれば役に立つ。それに対し、一般的なビジネスプロセスでは、タイムフレームはこれよりもずっと短い。
- 運用ツールは、一般にノイズの少ない高品質のログを生成するので、そのログを使えばプロセスモデルを作れる。

プロセスの望ましい状態はどのようなものかを知るためには、まず適切なプロセスモデルを見つける必要がある。それが終わったら、エラーの検知、診断、修復の準備ができる。プロセスモデルは、プロセスの実行に成功したときのログを分析すれば見つかる。このプロセスモデル探しは、プロセスの実行に成功してログを生成したあと、オフラインで行う。

プロセスの実行中、プロセスの望ましい状態と現在の状態を比較する。違いがあれば、それは信頼性に問題があるということであり、修復のための戦略の種となる。これらのアクティビティは、オンラインでプロセスとともに（並行して）行われる。

この章を通じて、サンプルとしてはローリングアップグレードのプロセスを使う。ローリングアップグレードは、同時に1つ以上のサーバーにアプリケーションの新バージョンをデプロイする。サービスからサーバーを取り除き（おそらく、サーバーを削除することになる）、そのサーバーまたは代わりのサーバーにアプリケーションの新バージョンをロードし、新しくロードされたサーバーを起動する。ローリングアップグレードについては、第6章で詳しく説明したので参照していただきたい。図14.1は、第6章の図の再掲だが、AWS上のAsgardが使っているローリングアップグレードプロセスを示している。

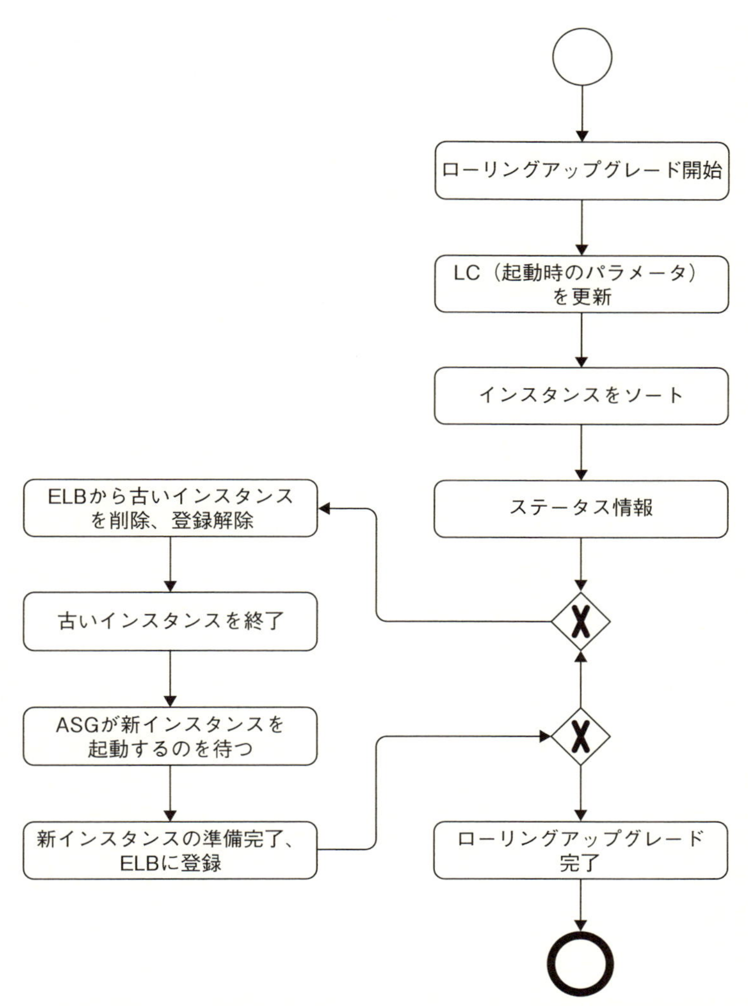

図 14.1　AWS 上の Asgard からのローリングアップグレードの流れ（図 6.2 の再掲）［BPMN］

14.3　オフラインのアクティビティ

先ほど述べたように、プロセスモデルはオフラインで作られる。運用とコード/スクリプトの理解に基づいて手作業で作ることもできるが、プロセスマイニングのテクニックを使って、特にログからプロセスモデルを見つけることもできる。この節では、プロセスの実行に成功したときにオフラインで行われるプロセスマイニングのアクティビティを説明する。このアクティビティは、オンラインエラー検知と修復の基礎を提供する。

手作業でモデルを作るのではなく、プロセスマイニングのテクニックを使うべきだとする理由は複数ある。まず第1に、テクノロジーを取り入れるためには、自動化が決定的に重要だ。自動化すれば、プロセスモデルの作成に必要なスキルレベルが下がる。コンスタントに発展していく操作はたくさんあるはずだ。手作業でモデルを作ってあとでメンテナンスするのでは、コストがかかり過ぎる。第2に、運用ソフトウェアのソースコード/スクリプトにはアクセスできないことが多い。そのため、その理解のためには、ログなどの外部から観察できる痕跡を使わなければならない。第3に、実行時のログは、元の運用ソフトウェアを書き換えることなく、運用プロセスの進行とともにテストや診断を開始するために使える。

ローリングアップグレードでは、元のバージョンを実行している少数(k個)のインスタンスがサービスから抜き取られ、新バージョンを実行するk個のインスタンスに置き換えられる。毎回の交換にかかる時間は、通常は分単位である。数百、数千のインスタンスを小さなkでローリングアップグレードしようとすると、かなり時間がかかるだろう。

Asgardツールは、ローリングアップグレードを実行すると、リスト14.1のようなログを残す。

リスト14.1 Asgardのローリングアップグレードで作られたログ(抄)

```
"2014-05-26_13:17:36 Started on thread Task:Pushing
ami-4583197f into group testworkload-r01 for app
testworkload."
"2014-05-26_13:17:38 The group testworkload-r01 has 8
instances. 8 will be replaced, 2 at a time."
"2014-05-26_13:17:38 Remove instances [i-226fa51c]
```

```
from Load Balancer ELB-01"
"2014-05-26_13:17:39 Deregistered instances
[i-226fa51c] from load balancer ELB-01"
"2014-05-26_13:17:42 Terminating instance i-226fa51c"
...
"2014-05-26_13:17:43 Waiting up to 1h 10m for new
instance of testworkload-r01 to become Pending."
```

ログを見れば、ソースコードを見なくても、このオペレーションがプロセスとして何をしているのかだいたいわかる。たとえば、このソフトウェアは、8個のインスタンスを持つインスタンスグループにAMIをプッシュしている。AMIには、新バージョンのソフトウェアが含まれている。すべてのインスタンスがアップグレードされるまで、1度に2つずつインスタンスをアップグレードするというプランだ。元のインスタンスはELBから削除/登録解除され、システムが新バージョンのインスタンスの起動を待つ間に終了される。その後、この新インスタンスがELBに追加/登録される(リストには含まれていない)。そして、すべてのインスタンスがアップグレードされるまで、この置換のステップはループで実行される。

プロセスマイニングのテクニックを使えば、ソースコードにアクセスしなくても、このログから図14.1のようなプロセスモデルを掘り出すことができる。ログからプロセスモデルを作るためには、次の2つの基本ステップを実行する。

1) ログが表しているアクティビティに基づいてログをグループにまとめ、アクティビティ名のタグを付ける。
2) ProMなどのツールを使ってタグ付きのログからプロセスモデルを作る。

図14.2は、Asgardが生成したログが、Logstash(ログ管理ツール)に格納され、プロセスモデルが生成されるところを示している。

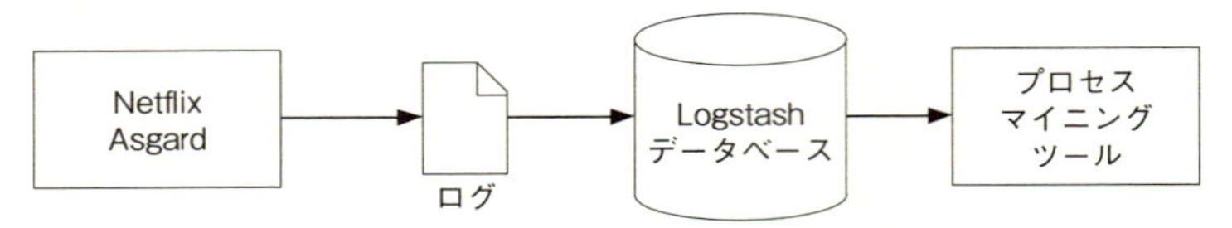

図 14.2　Asgard のログを使ってプロセスモデルを生成する［アーキテクチャ図］

このオペレーションのログ情報のソースは Asgard だけではない。AWS には、すべての Cloud API が呼び出す CloudTrail ログという機能がある。Asgard のローリングアップグレードオペレーションは、インスタンスの登録解除 / 終了 / 起動などのステップで Cloud API を呼び出している。これらの Asgard のオペレーションは、CloudTrail ログに痕跡を残す。ただし、API 呼び出しという抽象化のレベルが低いところでだ。「ステータス情報」などのステップは、Cloud API 呼び出しを行わないので、CloudTrail にも跡を残さない。しかし、同じ運用プロセスの複数の情報ソースを結合したり、関連づけたりすることはできる。この関連づけは、もっと役に立つプロセスモデルの生成に役立つだけでなく、関連づけ自体が原因と結果を対応づけるために使え、その情報がアサーション、診断、さらには修復に利用できる。リスト 14.2 は、CloudTrail のサンプルログエントリを示している。このログエントリは、操作対象の AWS リソース（VM インスタンス）を識別するとともに、要求に付随する ID 情報やパラメータも示していることに注意しよう。

リスト 14.2　CloudTrail のログのサンプル

```
{ "awsRegion": "us-west-2",
  "eventName": "TerminateInstances",
   "eventSource": "ec2.amazonaws.com<http://ec2.
amazonaws.com>",
  "eventTime": "2014-01-24T01:59:58Z",
  "eventVersion": "1.0",
   "requestParameters": {"instancesSet": {"items":
```

```
[{"instanceId": "i-5424a45c"}]}},
   "responseElements": {"instancesSet": {"items":
[{"currentState": {"code": 32,"name": "shutting-
down"},"instanceId": "i-5424a45c","previousState":
{"code": 32,"name": "shutting-down"}}]}},

"sourceIPAddress":"autoscaling.amazonaws.com<http://
autoscaling.amazonaws.com>",
      "userAgent": "autoscaling.amazonaws.com<http://
autoscaling.amazonaws.com>",
        "userIdentity": {"accountId":
"066611989206","arn": "arn:aws:iam::066611989206:root"
,"invokedBy":
"autoscaling.amazonaws.com<http://autoscaling.
amazonaws.com>","principalId": "066611989206","type":
"Root"}}
```


図14.3は、タイムスタンプに基づいてプロセスアクティビティとCloudTrailログの関連づけを行う仕組みを示している。このように関連づけると、プロセスモデルのどのアクティビティが行われているときにどのAWSリソースが操作されているのかがわかる。さらに、アクティビティの始めのときのリソースの状態がわかり、行われるはずの操作のタイプがわかれば、アクティビティ終了時のAWSリソースがどのような状態になるのかが想定される。14.4節ではこの考え方を詳しく見ていく。

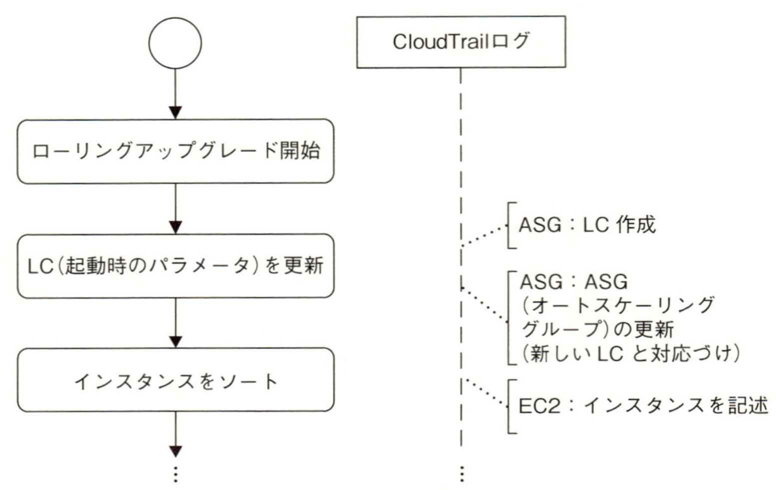

図 14.3　CloudTrail ログとプロセスモデルを関連づけて、プロセスモデルの各アクティビティが操作する AWS リソースを判定する［左：BPMN、右：UML シーケンス図］

プロセスモデルの開発には、人間が介在しなければならないステップが2つある。

1. アクティビティのグループを解析し、粒度が望ましいレベルにあるかどうかを判定するとともに、グループに名前を付けるとき。すべてのログ行を別々のグループにするか、ログ行全部を含む1つのグループしかないのかという両極端のなかで、適切な粒度のレベルを選ぶためには人間の判断が必要だ。
2. 生成されたプロセスモデルを解析するとき。プロセスモデルのなかには、存在しないアクティビティや移行が含まれている可能性がある。モデルが本当にモデリングしたプロセスを表現しているかどうかは人間が判断しなければならない。

スキルのあるアナリストなら、プロセスモデルは1日もかけずに作成できる。

14.4 オンラインアクティビティ

私たちが今注目しているのは、ローリングアップグレードプロセスの信頼性だということを思い出そう。つまり、ローリングアップグレードの実行中に起きるエラーを検知、診断、修復したいということだ。エラー検知と修復は、ローリングアップグレードの実行中にオンラインですることができる。診断は、エラー検知の次のアクティビティだが、これはオンラインでもオフラインでもできる。高速なオンライン診断は、修復時に使える情報を増やしてくれるが、エラーの陰に潜む問題点の詳細な分析は、修復によってシステムが安定した状態に戻ってからオフラインでした方がよい結果が得られる。

ここで時間のことについて頭に入れておきたいことがある。Asgard のログはすぐに作られ、すぐに処理できる。しかし、CloudTrail のログは、現在のところ、API 呼び出しが発行されてから最大で 15 分も待たなければ見ることができない。そのため、エラー検知と修復は、Asgard ログだけを使って進められる。CloudTrail のログは、個々のアクティビティが終了した時点での AWS リソースの望ましい状態を理解するためには役立つが、作成されるまで時間がかかるため、エラー検知や修復には直接使えない。

14.4.1 エラー検知

Asgard が生成するログ行から、個々のアクティビティステップの最初と最後を見分けることができる。プロセスモデルからは、ステップの望ましい実行順序がわかる。望ましい実行順序から外れたステップを探すことは、エラー検知の 1 つのモードになる。この種のエラーは、「コンフォーマンスエラー」と呼ばれる。

コンフォーマンスチェックは、次のタイプのエラーを検知できる。

- Unknown：まったく意味のわからないログ行
- Error：既知のエラーに対応するログ行
- Unfit：ログ行は既知のアクティビティに対応しているが、プロセスインスタンスの現在の実行状態から考えると起きてはいけないことが記録されている。これはアクティビティをスキップしてしまったか(プロセスの先走り)、アクティビティを取り消してしまったか(プロセスの逆戻り)による。

たとえば、見つけ出したプロセスモデルから考えると、"2014-05-26_13:17:38 Remove instances [i-226fa51c] from Load Balancer ELB-01"というログ行を見たら、すぐにそのインスタンス[i-226fa51c]の終了についてのログ行がなければおかしい。時間内にログ行が表示されなかったり、既知、未知を問わず別のログ行が表示されたりする場合、それは何らかのタイプのエラーを示している。

コンフォーマンスエラーが起きると、オペレータに対するメッセージが生成され、エラー修復メカニズムが起動される。オペレータに対するメッセージは、順序から外れたログ行が生成されてから数秒以内に生成される。そのため、手作業でエラー診断、修復を行うときでも、オペレータは、数千、いや数百万行もあるログ行のどこから始めればよいかがわかる。

第2のタイプのエラー検知は、アクティビティが操作しているAWSリソースに依存するものだ。CloudTrailログとプロセスモデルを関連づけるときに、個々のアクティビティが操作するAWSリソースがわかるということを思い出そう。たとえば、「ELBから古いインスタンスを削除、登録解除」というアクティビティを実行すると、実行完了後にELBに登録されているインスタンスの数は、実行開始時に登録されていたインスタンスの数よりも1つ少なくなるはずだ。

プロセスを実際に実行したときに取り除かれる具体的なインスタンスは、オフライン分析で取り除かれたインスタンスとは異なるかもしれないが、インスタンスの数が1つ少なくなるということは起きるはずだ。アクティビティ開始時にELBの状態を記録し、アクティビティ終了時のELBの状態と比較すれば、次のことが確かめられる。

1) 実際に特定のインスタンスがELBから取り除かれている。

2) インスタンスIDはわかっているので、次の「古いインスタンスを終了」アクティビティでどのインスタンスが終了されるかは正確にわかる。

ローリングアップグレードプロセスは、ELB、ASG、LC、VMインスタンスの4種類のAWSリソースしか操作しない。そのため、アクティビティ開始時にこれらのリソースの状態を保存するのにかかる時間は短い。そして、アクティビティ終了時には、AWSにクエリーを送れば、これらのリソースのそのときの状態を知ることができる。クエリーに対する応答時間はAWS次第だが、私たちの経験では、応答時間は数秒である。クエリーが2回なので、アクティビティ終了時のリソースの状態と望ましい状態の比較は、秒単位で実行できる。さらに、保存と比較はAsgardから独立して動作するプロセスが実行するので、エラーが検知されないかぎり、通常のローリングアップグレードプロセスが遅くなるようなことはない。

これらの手段で検知できるエラーとしては、ロングテールなどのクラウド内の要因によるエラー、同時に異なるインスタンスをデプロイしようとしている2つのチームの間の干渉によるエラーがある。私たちが検知したエラーの種類の例を示そう。

1. AMIがアップグレード中に変わる
2. キーペア管理のエラー
3. セキュリティグループの構成エラー
4. アップグレード中のインスタンスタイプの変更
5. アップグレード中にAMIが使用不能になる
6. アップグレード中にキーペアが使用不能になる
7. アップグレード中にセキュリティグループが使用不能になる
8. アップグレード中にELBが使用不能になる

14.4.2 エラーの修復

エラーが検知されたとしよう。そのとき、AWSリソースについては3種類の状態情報がある。

1. 最後のアクティビティを開始したときの状態
2. 現在のエラー状態
3. 望ましい状態

現在の状態が何らかの理由で誤っていることはわかっている。エラーを自動的に修復するための選択肢が少なくとも2つある。最後のアクティビティを開始したときの状態にロールバックするか、望ましい状態にロールフォワードするかだ。

これらのアクティビティの実行がどれくらい難しいかは、状況次第で変わる。たとえば、元のインスタンスがELBから登録解除されていないものとする。その場合、修復策は、登録解除操作の再試行になるだろう。一方で、もっと複雑なプロセスでは、最後のアクティビティを開始したときの状態に戻ることができないかもしれない。たとえば、VMが一時停止、削除されたときには、そのIPアドレスは失われる。元のものと同じIPアドレスを持つVMを修復することはできない。

14.5 エラーの診断

エラーを修復したと言っても、エラーの根本原因を修復したわけではないかもしれない。たとえば、前節のエラー検知の部分で触れたエラーのなかには、2つの異なるチームが同時にシステムの異なるバージョンをデプロイしようとしたために、競合とリリースの衝突が起きてエラーが検知されるというものが含まれている。衝突が解決されなければ、システムは再び同じエラーを起こす。そこで、エラー診断に神経を集中させよう。

私たちが探しているのは、ソフトウェアのバグではなく、クラウドの運用に起因するエラーの診断方法である。ソフトウェアのバグの診断は確かに重要で役に立つが、現在取り上げている私たちの研究の範囲からは外れる。運用エラーの診断では、参照モデルとして「フォールトツリー」を使う。このようなフォールトツリーでは、各ノードはエラー、障害を表し、子ノードのエラーがその原因となっている。そして、子ノードの子ノードは、子ノードのエラーの原因になっている。図14.4は、ローリングアップグレードのエラーを検知するために使っているフォールトツリーの一部である。このツリーを作るためにはある程度の労力が必要だが、これは1度限りの作業であり、できあがったツリーは、多くのクラウド運用に再利用できる。

診断では、プロセスがどのように進むかについての知識が役に立つ。エラーがどのステップで発生したかがわかれば、原因はそのステップで使われていたAWSリソースに関連したものに絞られる。すると、それらのリソースに影響をおよぼす要素を持っている部分だけを残して、それ以外の部分を木から取り除くことができる。さらに、発生したエラーのタイプの履歴データがあれば、フォールトツリーの各ブランチに確率を与え、その確率を使って診断プロセスを進められる。

14.6 モニタリング

第7章で触れたように、しきい値を使ってアラート、アラームを生成するときには、しきい値が低く設定されていると擬陽性が増えるという問題がある。しきい値を高くすると、本物のエラーを見逃す擬陰性が起きるおそれがある。通常は、しきい値を調整して擬陽性の数が容認できる程度まで減るようにする。

運用プロセスの実行中には、VMがサービスから外されたり、追加されたりするのでアラートやアラームの数が増える。企業、組織のなかには、この種のプロセスの実行時に、アラート、アラームの洪水を避けるためにこれらをオフにしているところがある。

プロセスが実行されていることがわかっており、プロセスの現在のアクティビティが何かがわかっているので、モニタリングのしきい値をダイナミックに調整すればよい。たとえば、ローリングアップグレードを行っているなら、インスタンスがサービスから取り除かれるのがいつなのかはわかっているはずだ。インスタンスがサービスから外れると、一時的にほかのサーバーに対する負荷が増える(このときもワークロードが比較的安定しているとして)。だから、たとえばサーバーがサービスから外れたときには、

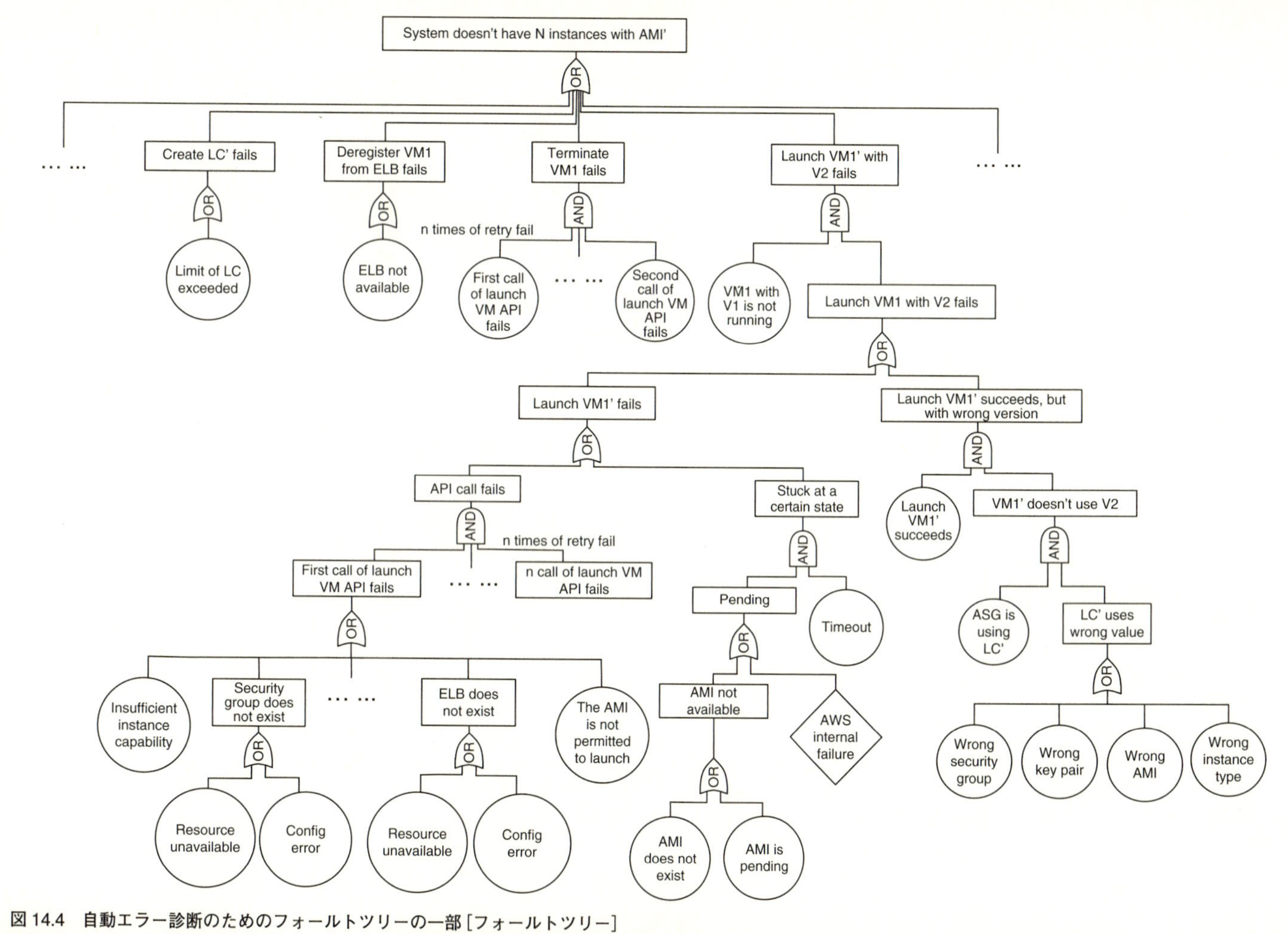

図 14.4　自動エラー診断のためのフォールトツリーの一部［フォールトツリー］

一時的にCPUしきい値を上げ、新しいサーバーがアクティブになって負荷を共有するようになったらまた下げるようなことをすればよい。

14.7　まとめ

この章では、過去2年間にわたって私たちが実施してきた研究の一部を紹介した。運用をプロセスと捉えれば、ログ行からプロセスモデルを作り、運用上の理由から起きたエラーの検知、修復にそのプロセスモデルを活用できる。私たちの研究で特に重要なのは、プロセスのコンテキストを活用して、プロセスが操作するAWSリソースの望ましい状態を確定するところだ。望ましい状態がわかっていれば、エラーが検知でき、場合によってはそのエラーを修復できる。さらに、プロセスのコンテキストの知識があれば、モニタリングのしきい値をダイナミックに調整して、運用プロセス実行時に生成される擬陽性のアラーム、アラートを減らすことができる。

14.8　参考文献

プロセスマイニングについては、van der Aalstの著書[van der Aalst 11]で詳しく学ぶことができる。

エラーの検知、診断、修復についての私たちの一連の研究については、Xuほか[Xu 14]とWeberほか[Weber 15]を見ていただきたい。アップデートは、http://ssrg.nicta.com.au/projects/cloud/ に掲載される。

この章で触れたテクノロジーの詳細については、次のリンクで知ることができる。

- AWS："Error Codes-Amazon Elastic Compute Cloud," http://docs.aws.amazon.com/AWSEC2/latest/APIReference/api-error-codes.html
- Logstash：http://logstash.net
- Asgard：https://github.com/Netflix/asgard

第15章 DevOpsの未来

未来のもっともよいところは、いつかやってくることだ。

——アブラハム・リンカーン

15.1 イントロダクション

この章では、未来を展望するという危険な企てに挑戦する。まず、DevOpsは「キャズムをまたごうとしている」という仮定について考える。このフレーズはジェフリー・ムーアがテクノロジーの普及過程を説明するために考え出したものだ。このモデルでは、テクノロジーはまずイノベーターたちに採用される。そして、アーリーアダプターから次第にメインストリームが採用するようになる。メインストリームに採用されるためには、投資に値するテクノロジーだと思わせるために、使い方、サクセスストーリー、ビジネス的に考慮すべきことなどを説明する資料が大量に必要になる。メインストリームで採用されるために資料が必要とされることを「キャズム」と呼ぶ。このような資料を提供しないテクノロジーは、生き残れない。テクノロジーは、アーリーアダプターから始まり、メインストリームに入り、大多数に採用されると、最後はレイトアダプター、ラガードまで広がる。

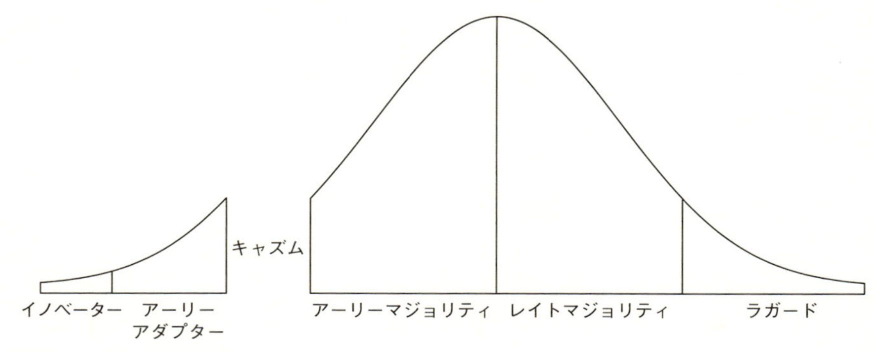

図15.1　キャズムをまたぐ

DevOpsの場合、イノベーターはGoogle、Amazon、Netflixである。作られた資料は、講演、ミーティング、書籍（本書を含む）、新ツール、LinkedInグループ、ブログである。

今は、ほかの企業が何らかの形でDevOpsの実践を調査、採用しているところだ。そのような企業としては、次のものが挙げられる。

- **十分な地位を築いているが、イノベーターほどの機敏さを必要としないインターネット企業**

  Atlassian（第13章のケーススタディ参照）は、このカテゴリに含まれる。

- **既存企業**

  大小の既存企業が継続的デリバリー、継続的デプロイを調査したり採用したりしており、開発と運用の密接な連携を模索している。第12章のケーススタディでは、Sourced Groupがコンサルティングしたのがどのような企業かを示している。

- **新興企業**

  新興企業の最初の目標は、顧客ベースを掴むことだ。自分たちが使っているプロセスにはそれほど注意を払っていない。アーキテクチャは最初はモノリシックなものが多く、運用プロセスは一般にデベロッパたちが担っている。しかし、成長してくると、もっと柔軟なアーキテクチャともっと組織的な構造が必要になる。この段階に達すると、DevOpsの採用を始める。

本書全体を通じて論じてきたように、DevOpsは組織、プロセス、テクノロジーの問題に触れる。この章の未来予想は、上に挙げた企業のカテゴリーに従って進めていく。

15.2　組織的な問題

組織的な問題としては、DevOpsスタイルのアクティビティに参加するほかの部門、オーナーシップと組織変更、権限付与と統制の3つの問題を取り上げる。

15.2.1　DevOpsスタイルのアクティビティに参加する可能性のあるほかの部門

DevOpsは、開発と運用の間の壁を破ってシステムを本番稼働するときの組織的な非効率を削減する運動として始まった。開発と運用の両方にとって問題の原因になり得る部門はほかにもある。

- **ビジネスイニシアティブ**

ビジネスイニシアティブは、企業のほとんどの部分に影響を与える。新製品、値引き、テストマーケティング、サプライチェーンの変更は、すべて開発と運用の両方に影響を及ぼす。ほとんどの既存企業は、この種のことを計画、管理するためのプロセスを持っている。開発から本番稼働までの時間が短縮されると、ビジネスイニシアティブを担当する部門とDevOpsの間の調整にかかる時間は、全体の時間のなかで大きな割合を占めるようになる。すると、それらの部門と開発、運用の間の調整をもっと円滑にせよという圧力がかかる。この「BizOps」は、関連情報をコンテンツ管理システムに移し、調整でコンテンツ管理システムを使うようにして実現されつつある。

- **データサイエンティスト**

ビッグデータは、戦略的思考を前進させ、リアルタイムの顧客獲得を促進させるための状況判断を得るために使われる。複雑なビッグデータ・アナリティクス・クラスタを運用し、データ・インジェスチョン・パイプラインを保守し、本番環境にデータアナリティクス（機械学習モデルと予測結果）を統合するために、データサイエンティストという新しいタイプのビジネスアナリストが登場し、DevOpsが速やかに対応しなければならない新たな要件を生み出している。

- **セキュリティ**

第12章のケーススタディでは、継続的デリバリーパイプラインを確立していく過程でのセキュリティ部門の役割を取り上げた。また、第8章では、セキュリティ監査を取り上げた。セキュリティプロセスとセキュリティ監査の機敏な作成は、企業の問題であるだけでなく、規制当局の問題でもある。今、コンプライアンスとコンプライアンステストを自動化するための作業が進められている。この作業の成果は、セキュリティだけではなく、SOX法などの財務会計に対する規制へのコンプライアンスにも応用できる。

- **戦略的プランニング**

継続的デプロイパイプラインを持っていると、ほかのビジネスチャンスが開けてくる可能性がある。たとえば、Netflixは、運用ツールスイートを開発するチャンスがあったが、自分たちの中心的なビジネスではないということから開発を中止したことがある。ほかの企業も、自らのDevOps活動の結果としてビジネスチャンスを掴む場合があるだろう。

15.2.2 オーナーシップと組織変更

マイクロサービスのオーナーは小さなチームだが、その他の多くのチームもそれを使う。マイクロサービスがアップデートされたら、オーナーチームはすべての下流のサービスと互換性があることを確かめるだけでなく、より重要なことだが、上流のサービスにマイナスの影響が及ばないことを確かめなければならない。これは伝統的な依存関係の問題だが、マイクロサービスの複雑さ、規模、リアルタイムパフォーマンスの要件の厳しさによってこの問題は悪化している。そこで、最近注目されているのは、上流のコンシューマーの開発チームを下流のサービスのテストスイートの共同オーナーにして、テストスイートを通じて変更の交渉を持ちかけられるようにするという方法である。一方、マイクロサービス環境のエンドツーエンドテストは高くつくので、多数のチームをエンドツーエンドテストの共同オーナーにするという方法は現実的ではない。このテストスイートにさまざまな人が自由に新テストを追加すると、テストを１回実行することが高くついてしまう（時間がかかる上に、テストが不安定なものになる）。

企業は、社内の組織変更を頻繁に行う。マイクロサービスの開発を一定期間進めてくると、企業はさまざまなマイクロサービスを持つことになり、そのなかには開発中のものもあれば、メンテナンスの段階に入ったものもあるだろう。組織変更が行われると、チームのなかにはよく知らないマイクロサービスのオーナーになるものが出てくる。これは、ドキュメントと知識移転に関して標準的で長期的な技術問題となる。

さらに、古いマイクロサービスのなかには、新しいツールを利用できないものも出てくる。たとえば、モニタリングは、アプリケーションが適切な情報を提供してくれなければ困ってしまう。新しいチームが古いマイクロサービスの担当を引き継いだとき、そのマイクロサービスは、モニタリングデータ生成についてのチームの標準を満たしていないかもしれない。すると、十分な品質で自動テストを実行できなくなってしまう。

15.2.3　権限付与と統制

権限付与か統制かも、組織の問題として持ち上がる可能性のあるものだ。一方では、重要な決定事項（リリースや A/B テストなど）を階層的で人に頼る承認プロセスではなく、小さなチームや個人に委ねるという方法がある。このような委任をするとスピードは上がるが、本番システムに重大なリスクを持ち込む場合がある。この問題には、パイプラインプロセス自体に自動品質管理機能を置くという解決方法がある。たとえば、自動テストとその他のゲートを通過しなければ、本番システムをロックダウンするのである。しかし、この方向にも次に示す２つの問題が起きることが予想される。

1. プロセスは、何でも取り込んでしまう傾向がある

問題が起きると、プロセスに新しい要素（フロー、ゲート、構造など）を

追加しようとすることがある。時間の経過とともに、プロセスのもともとの作成意図は見失われ、ある要素がプロセスに含まれている理由を正確に思い出せる人間がいなくなっている。要素内の機能の存在理由が変わり、もう意味がないのにまだ要素が残っている場合もある。

2. プロセスのオーナーシップ

デプロイプロセスのオーナーは、開発チームにあることもあれば、組織全体になることもある。第12章のケーススタディでは、個々の開発チームが手を入れられる組織全体としての基本プロセスがあった。Amazonには、ビルドツール作成を担当する部門があり、そのツールが基本プロセスを提供する一方で、パラメータである程度カスタマイズすることもできる。ここでも、組織変更が起きると、プロセスのオーナーシップは、プロセスやその存在理由をよく知らないチームに移る場合がある。

15.3 プロセスの問題

将来発生するプロセスに関する問題には、ベンダーロックインなどの古い問題もあれば、料金モデルなどのようにクラウドをプラットフォームとして使うことによる問題もある。さらには、変更がデプロイされるまでの時間が短縮されることによる問題もある。

15.3.1 ベンダーロックインと標準

継続的デプロイパイプラインは、さまざまなツールを利用し、ある1つのプラットフォームにデプロイする。すべてのツールとプラットフォームがベンダーロックインの可能性を秘めている。これは新しい問題ではなく、少なくとも50年にわたってコンピュータ産業に存在し続けてきた問題だが、だからといって問題が軽減されたわけではない。

ベンダーロックインには、標準を使うという解決方法がある。標準言語とインタフェースを使ったからといって移植性が保証されるわけではないが、問題は確実に単純になる。継続的デプロイパイプラインで使われるツールには、まだ広く採用されている標準はないが、私たちの予想の1つは、

DevOpsがキャズムをまたいでいくと、標準を求める圧力が強まるだろうということだ。

標準がない状態でベンダーロックインを避ける方法としては、次のものがある。

- **防御的プログラミング**

  第9章では、変更可能性をサポートするために使えるテクニックを取り上げた。デプロイパイプライン内のあるツールを別のものに変えるのは、変更可能性のシナリオである。

- **マイグレーションプログラム**

  専用のマイグレーションプログラムを作れば、プログラムをあるツールから別のツールに移すことはできる。ターゲットのコンセプトがソースのコンセプトのスーパーセットなら、そのようなプログラムはもっともよく動作する。ターゲットの環境でソースのコンセプトをエミュレートするのは、ほかにもっと単純なマッピングがないときに使うべきテクニックだ。このようなエミュレーションは、人間の労力とマシンの効率性ということからコスト的に効果的な方法になることが多いが、ターゲット上でのパラメータの選択で憶測をはさみがちなので、理想的な方法とは言いがたい。

ベンダーロックインを避けるためのテクニックとしては、開かれたAPI（アプリケーションプログラミングインタフェース）を提供し、ツール間の相互運用については活発なプラグインエコシステムを育てるというものもある。たとえば、Jenkinsは、外部で開発されたプラグインを介して非常に多くのツールと相互運用を実現している継続的インテグレーション製品として人気を集めている。この方法なら、ユーザーは自分が気に入っているバージョン管理、テスト、依存ライブラリ管理システムを選ぶことができる。

15.3.2 料金モデル

クラウドプラットフォームのリソースに対する料金モデルは、次の4種類に分類される。

1. 消費ベース

あらかじめ決めたスケジュールに基づいて使ったリソースに対して料金を支払う。

2. 契約ベース

1か月などの特定の期間中、無制限、または上限まで利用でき、その期間に対して料金を払う。

3. 広告ベース

ウェブページやディスプレイに宣伝が表示されるのを認める分、値引きする。

4. 市場ベース

特定のタイミングでの需給関係に基づいて料金を払う。コンシューマーに対するリソースの割り当てにはオークションを使う。

これらの料金モデルを組み合わせた形のものもある。たとえば、AWSは、割り当てられた(消費された)VM(仮想マシン)の特性に基づいて1時間単位(契約)で課金する。

契約モデルと消費モデルの組み合わせで課金されるサービスを使う場合は、VMのプールを作り、コンテナを使ってVMの内容を変える戦略を採用するとよいだろう。この戦略のもとでは、たとえばオートスケーリングのルールは2つのレベルを持つことになる。片方はVM内のコンテナを確保/解放し、もう片方はVMを確保/解放する。コンテナモデルは、コンテナに1つのマイクロサービスをデプロイするのがもっとも適しているマイクロサービスアーキテクチャとも相性がよい。

15.3.3 変化のスピード

継続的デプロイパイプラインが成功を収めると、デプロイの頻度が上がるため、次のような波及効果がある。

- **デプロイの品質についての考え方が変わる**

月に1度ずつデプロイしているときには、新バージョンが正しくデプロイが円滑に進むことを保証することがとても大切になる。デプロイにかかる時間自体は、かなり長い一定時間以内に終われば大きな問題にならない。しかし、1日に10回もデプロイするようになると、重要視されるものが変わる。デプロイでもっとも重視される品質問題は、アウテージを避けることだ。たとえば、ユーザーに対するサービス提供に影響を及ぼすことを防げるタイミングでデプロイエラーをキャッチして止まっても、短時間のうちに次のデプロイを行うので、それほど大きな問題にはならない。重視されるのは、特定のデプロイで散発的にエラーが出ることではなく、デプロイエラーが繰り返されることだ。ステートレスなサービスでは、エラーが起きたらローリングバックするのが妥当な戦略である。このときにデプロイされるはずだった変更は、次のデプロイでシステムに組み込まれる。

- **自動エラー検知/修復は重要になる**

　月に1度デプロイしているときには、個々のデプロイの正しさをていねいに検査して手作業でエラーをトラブルシュートするだけの時間がある。しかし、1日に10回もデプロイするようになると、エラーはほかのデプロイにも影響を及ぼす場合があるので、手作業でエラーを修復することはとてもできない。そこで、モニタリングし、エラーを検知して、自動的にロールバックするツールが重要になる。診断ツールも重要だ。理想を言えば、診断ツールは、エラーの原因をピンポイントで特定し、アプリケーションシステムまたはデプロイパイプラインに知らせられるはずだ。

- **ワークロードとアプリケーションの動作が変わる**

　企業は、継続的デリバリーによって製品に新しいサービスや機能をスピーディーに導入できるようになる。すると、ユーザーのふるまいやそのあとのワークロード、トラフィックのパターンが変わる。そのような変化があまり顕著でない場合でも、パフォーマンスや信頼性が上がったバージョンは、内部サービスの消費のしかたが変わる。従来のモニタリングシステムは、履歴データやシステムの特定のバージョンのベンチマークに基づいてていねいに設定したしきい値に依存している。この種のモニタリングは、ソフトウェアの1つのバージョンが数週間から数か月実行される場合にはうまく機能するかもしれないが、1日に10回も新バージョンをデプロイするようになると、新バージョンのためにしきい値を調整することが難問になる。適切に調整できなければ、擬陽性のアラームが多数生成されることになる。

- **環境が変わる**

現在のモニタリングツールは、アプリケーションが実行される環境が基本的に変わらないことを前提として作られている。しかし、デプロイが頻繁になるとその前提が崩れ、異なるタイプの誤ったアラームが生成されるようになるだろう。デプロイが頻繁になると、デプロイ中はモニタリングツールをオフにすることになる。実際、このような運用は非常によく見られる。モニタリングツールは、デプロイを意識するとともに、プロセスに対するその他の干渉も意識しなければならない。

つまり、システムをスピーディーに変更できるようになると、いずれ継続的に変更されることになり、そうするとテスト、モニタリングの実施方法が根本的に変わってしまう。時間のかかるエンドツーエンドテストよりも、本番環境でのカナリアテストやインテリジェントモニタリングに重点を置くようになるだろう。こういった動きにより、エンドツーエンドテストとモニタリングの境界があいまいになり、まったく新しいソリューションが必要になるはずだ。一方、インテリジェントモニタリングは、インフラストラクチャやアプリケーションの予備的なスケーリングのための予測的アナリティクスを実現し、適応的モニタリングはさまざまなコンテキスト情報を使ってダイナミックにモニタリング対象のエンティティやしきい値を変更できる。

15.4 テクノロジーの問題

テクノロジーに関する私たちの予想は、継続的デリバリーパイプラインが個別のツールのコレクションではなく、1つのエンティティとして見られるようになるだろうということだ。現在の継続的デリバリーパイプラインは、ほとんどのものが個別のツールの連鎖で、それぞれは独自のスクリプトを持ち、複数のインテグレーションスクリプトで結合されている。インテグレーションスクリプトは発展し、継続的デプロイパイプラインの環境も発展して、緩やかに結合された部品のコレクションではなく、さまざまな部品から構成される1つのエンティティとして見られるようなコレクションを形成するだろう。スクリプトで既存のツールをただインテグレートするだけの場合には、大きな問題がいくつかある。

- パイプライン全体を通じてのトレーサビリティがほとんどない。たとえば、どの環境にどのビルドがデプロイされたかを知るのは非常に難しい。本番環境のコンポーネントにテストビルドを接続したために何度か大きなアウテージが起きている。
- トレーサビリティがないと、エラーの診断が非常に難しくなる。本番環境のエラーログには、上流のビルド、テスト、コミットのアクティビティやアーティファクトに関する情報が通常は含まれていない。トレースをしようとすると、長い時間と膨大な人間の労力が必要になるだけでなく、インテリジェントな自動修復の実現可能性が低くなる。
- 1つのツールから別のツールへ認証情報を受け渡さなければならなくなることが多いが、そうするとセキュリティリスクが生まれる。クラウドが提供するセキュリティ機能によって複雑なものがさらに複雑になる。
- 今よく使われているツールの多くは、継続的デリバリーや継続的デプロイの時代よりも前に作られている。これらのツールを使って新しいコンセプトや実践を自然に表現するのは難しい。

このような発展から私たちが予想しているのは、継続的デプロイパイプラインのさまざまなコンセプトの導入とパイプライン内でのさまざまな品質向上の実現である。

15.4.1 継続的デプロイパイプラインのコンセプト

本書全体を通じて、継続的デプロイパイプラインの運用に固有なさまざまなコンセプトを論じてきた。これらのコンセプトには、継続的デプロイパイプラインの定義のなかで第1級の地位が与えられるはずだ。つまり、インテグレーションスクリプトは、これらのコンセプトの定義/実行ができるようなものでなければならないということである。次に示すのは、これらのコンセプトのなかでも特に重要なもののリストだ。

- **環境**

コミットされたコードをパイプラインに投入し、パイプラインを通過させるのは、大まかに言えばさまざまな環境にコードをデプロイすることだ。第2章で定義したように、環境には、一般に、ロードバランサ、その環境で動作しているシステム、データベースや構成パラメータなどが含まれている。環境には、ほかのサービスやそのモックバージョンが含まれていることもある。パイプラインツールは、マッピング、トレース、アクティビティの相関関係などを管理しつつ、環境の指定、環境の作成、コードやコードからビルドされたデプロイ可能なアーティファクトの環境の内外への移動、環境の解体を実行できなければならない。本番環境では、トラフィックマッチングやウォームアップなどのコンセプトも組み込んでおくか、指定できるようにする必要がある。

- **デプロイ**

パイプラインツールでは、特定の実装の細部については隠し、プラットフォーム/システム固有の「プロバイダ」によって提供されるようにしつつ、デプロイで考慮しなければならないさまざまなものやことを指定できるようにしなければならない。それには次のものが含まれる。

  - **青/緑(または赤/黒)デプロイ**

  青/緑デプロイの指定は、デプロイされるイメージとデプロイのターゲット(VMの数、オートスケーリングルール、VMの位置)を指定するだけのことだ。サポートインフラストラクチャは、次の2つのことをしなければならない。

  a) 確実に新バージョンが正しくインストールされるようにすること。
  b) 適切なときに新バージョンにトラフィックをシフトすること。

古いバージョンの削除はこのコンセプトに含めても、解体のコンセプトに含めてもよい。

- **ローリングアップグレード**

ローリングアップグレードの指定は、デプロイされるイメージ、置換されるインスタンス、ローリングアップグレードの粒度を指定するだけのことになる。

- **ロールバック**

ロールバックは、デプロイのIDを指定するだけで指定できなければならない。ほかのパラメータは、前のデプロイとその指定方法がわかっていれば取り出せる。

- **カナリアデプロイ**

デプロイの2つのスタイルは、どちらもカナリアで部分実行できなければならない。カナリアの数と配置の基準(ランダム、顧客ベース、地理ベース)を指定する。

- **A/Bテスト**

カナリアデプロイは、新バージョンが正しく動作するのを確認するために2つのバージョンを並行して実行するが、A/Bデプロイは、新バージョンBが、たとえば特別提供のユーザー受容などの指標でAを上回っているかどうかをテストするために使われる。

- **フィーチャートグル**

フィーチャートグルのオン/オフの指定は、フィーチャーID、オン/オフのどちらか、変更範囲(特定のサーバーだけをトグルするかすべてのサーバーをトグルするのか)を指定する。

- **解体**

環境は、VMその他のリソースを削除し、DNSエントリからそれを取り除けば解体される。解体はデプロイとは別のアクティビティとして指定することも、青/緑デプロイの一部として指定することもできる。

- **モニタリング**

デプロイ中のモニタリングには、パイプラインのパフォーマンスのモニタリングとステージング / 本番環境にデプロイされたアプリケーションのふるまいのモニタリングの両方が含まれる。パイプラインは、アプリケーションや環境の変化をさまざまなモニターに明示的に知らせなければならない。この情報は、モニタリングツールがしきい値を調整したり、正しい変更に対して誤ったアラームを送るのを防いだりするためにきわめて重要になる。

- **データ / バージョンのレプリケーション**

複数のデータセンターを維持する企業は減り、クラウドプロバイダのレプリケーションサービスを利用するようにアーキテクチャを変更していくだろうが、独自データセンターやプライベート / パブリックのハイブリッドクラウドを維持する企業も残るだろう。データセンター間での同期は、パイプラインツール内で指定できなければならない。また、データレプリケーションのタイプ、レプリケーションの頻度も指定できるようにすべきだ。

- **パイプラインのSLA（サービス品質保証契約）**

企業は、デプロイの各段階でどれくらいの時間がかかるかを予測できなければならない。たとえば、カナリアデプロイは、ユーザーの5%に影響を及ぼすものとする。カナリアのロールアウトにどれだけの時間がかかり、残りのロールアウトにはどれだけの時間がかかるのか。ローリングアップグレードは、青 / 緑デプロイよりも40ドル安く実行できるが、30分余分にかかるかもしれない。宣言的なアプローチのデプロイ（Chef/Puppetなどの構成管理ツールでよく使われる）は、デプロイ手続きの複雑さを隠してくれるが、時間（収束時間が予測できない）とエラーからの修復（唯一のメカニズムとして再試行を使っている）の両面で変更の実現に不確実性を持ち込んでしまう。土台のシステムとアプリケーションSLA、パイプラインSLAについてやり取りすれば、宣言的なアプローチでも予測可能性が改善される。第14章で説明したように、比較的抽象レベルの高いところでプロセスビューを導入する方法もある。これらはすべて、運用と開発がデプロイを計画、スケジューリングする上で役に立つだろう。

- **アプリケーションのSLA**

アプリケーションの新バージョンがデプロイされている間、現バージョンのSLAは維持されるかもしれないし、変更されるかもしれない。アプリケーション SLA のこのような調整を指定できるようにする必要がある。

- **構成管理データベース(CMDB)**

CMDB は、統合継続的デプロイパイプラインのなかで重要な部分だ。現時点では、一般的な構成管理ツールのデータモデルは守備範囲が狭く、複数のパイプラインにまたがる構成要件を指定するというニーズを満たしていない。CMDB を守備範囲の広い第 1 級のコンセプトにすれば、このような特殊な要件も満足させられる。

15.4.2 継続的デプロイパイプライン内の品質向上の実現

統合継続的デプロイパイプラインのもとで実現できる品質向上は3つある。

1. 馬鹿げたことを一切させない

誤った構成を指定できないような制約を指定することはできるはずだ。たとえば、本番環境以外の環境が本番データベースにアクセスできないようにすること、特定の地域へのデプロイには、構成のなかで特定の設定をすること、環境を変更するためには、必ず特定の品質ゲートを通過しなければならないようにすることなどである。

2. エラーを自動的に検知、診断、修復する

第 14 章では、運用プロセスの過程で発生するエラーの検知、診断、修復のために使えるテクニックを説明した。これらのテクニックは自動化できるので、統合継続的デプロイパイプラインでは定型的に実行される部分にすべきだ。また、これらのテクニックの多くは、従来よりもインテリジェントなモニタリングシステムに統合すべきである。運用プロセスのコンテキストは、誤ったアラームの抑止、わかりにくい問題の検知、根本原因の診断で重要な役割を果たす。

3. オペレーションの終了時刻を予測する

私たちが重要コンセプトと認定した SLA に関連しているのが、オペレーションのパフォーマンスのモニタリングと予測である。予測ができれば、必要なときにデプロイの予定を立てられる。特定のステップが現在処理中なのか、すでに終わっているかをただ知るだけではなく、オペレーションの進行状況を可視化できる。

15.4.3 実装

このような統合継続的デプロイパイプラインの実装にはさまざまな可能性がある。この可能性には、ツールに依存しないDSL（ドメイン固有言語）の定義から、すでにRuby gemに存在するデプロイに使えそうな部分を統合するRuby gem、あるいはほかのツールセットの上位構造になるものの作成までの幅がある。

実装の戦略が何であれ、パイプラインを実装し、品質を向上させる上で、私たちが取り上げたコンセプトは第1級のエンティティになるはずであり、パイプラインのインフラストラクチャに組み込むべきものだ。

15.5 エラー報告、修正はどうするか

本書の冒頭で、DevOpsとは、コードのコミットから通常の本番実行までにかかる時間を削減するためのプロセスのコレクションだと定義した。

通常の本番実行を実現するために最良でもっとも効果的な方法は、デプロイプロセスからすり抜けるエラーの数を減らすことだ。そのため、デプロイされたコードの品質を高くすることとデプロイ後にエラーを検知することの間に引かれた線はあいまいになる。

第5章で取り上げたSimian Armyがしているようなライブテストは、エンドユーザーにエラーを見せないようにしながらエラーを検知、修復するための1つのテクニックだ。Simian Armyのメンバーがエラーを検知したとき、Simian Armyは本番で実行されるテストケースなので、エラーの原因もわかる。

形式手法もついにマイクロサービスと組み合わせて使える成熟度を達成したかもしれない。最新の形式手法は、1万行未満のコードの正しさを証明することができる。マイクロサービスは、第13章で説明したように、5000行未満のコードになることが多い。そのため、マイクロサービスの形式的なチェックは、可能性の領域のなかに含まれているように見える。さ

らに、マイクロサービスは、メッセージ渡しのみで通信する。この単純さも、マイクロサービスの形式的なチェックのサポートに役立つように見える。しかし、低水準サービス、プロトコルはそもそも複雑なので、スタック全体の形式的なチェックは不可能だろう。

たとえあるマイクロサービスが形式的にチェックできなくても、静的分析と実行中に使えるフック（デバッガーが使うようなもの）を組み合わせれば、アプリケーションエラーを今までよりもすばやく修復できるようになりそうだ。

15.6 最後に

DevOpsは採用のキャズムのまっただなかにいるが、勢いがあり、資料の数もどんどん増えているので、メインストリームに受け入れられ、普通の実践になるだろう。開発と運用は、得られた力によって今までよりも速いペースで世界にソフトウェアイノベーションを送り届けられるようになる。さしあたり、私たちはDevOpsがキャズムをまたぐために必要なことに貢献できてうれしく思っている。

15.7 参考文献

キャズムをまたぐことについては、Wikipediaのhttp://en.wikipedia.org/wiki/Crossing_the_Chasmというエントリを参照していただきたい。

Ethann CastellがクラウドのBillingモデルについてIBMブログで書いている[Castell 13]。

参考文献

[3Scale 12] J. M. Pujol. "Having Fun with Redis Replication Between Amazon and Rackspace," July 25, 2012, http://tech.3scale.net/2012/07/25/fun-with-redis-replication/

[Agrasala 11] V. Agrasala. "What is IT Service?" December 6, 2011, http://vagrasala.wordpress.com/2011/12/06/what-is-it-service/

[Allen 70] T. J. Allen. "Communication Networks in R&D Laboratories," *R&D Management*, 1 (1), 1970.

[Ambler 12] S. W. Ambler and M. Lines. *Disciplined Agile Delivery: A Practitioner's Guide to Agile Software Delivery in the Enterprise*. IBM Press, 2012.〔日本語訳は『ディシプリンド・アジャイル・デリバリー――エンタープライズ・アジャイル実践ガイド』(翔泳社)〕

[Ambler 15] S. Ambler. "Large Agile Teams," January 9, 2015, https://www.ibm.com/developerworks/community/blogs/ambler/?lang=en

[Barros 12] A. Barros and D. Oberle (Eds.). *Handbook of Service Description: USDL and Its Methods*. Springer, 2012.

[Bass 13] L. Bass, P. Clements, and R. Kazman. *Software Architecture in Practice, 3rd Edition*. Addison-Wesley, 2013.

[BostInno 11] J. Evanish. "Continuous Deployment: Possibility or Pipe Dream?" November 21, 2011, http://bostinno.streetwise.co/2011/11/21/continuous-deployment-possibility-or-pipe-dream/

[Brutlag 09] J. Brutlag. "Speed Matters," Google Research, June 23, 2009, http://googleresearch.blogspot.com.au/2009/06/speed-matters.html

[Cannon 11] D. Cannon. *ITIL Service Strategy*. The Stationery Office, 2011.

[Castell 13] E. Castell. "The Present and Future of Cloud Pricing Models," IBM Cloud Products and Services, June 12, 2013, http://thoughtsoncloud.com/2013/06/present-future-cloud-pricing-models/

[Clements 10] P. Clements, F. Bachmann, L. Bass, et al. *Documenting Software Architectures, 2nd Edition*. Addison-Wesley Professional, 2010.

[Confluence 12] M. Serafini. "Zab vs. Paxos," March 28, 2012, https://cwiki.apache.org/confluence/display/ZOOKEEPER/Zab+vs.+Paxos

[Dean] J. Dean. "Designs, Lessons and Advice from Building Large Distributed Systems," http://www.cs.cornell.edu/projects/ladis2009/talks/dean-keynote-ladis2009.pdf

[Dean 13] J. Dean and L. André Barroso. "The Tail at Scale," *Communications of the ACM*, 56 (2) , pp. 74-80, 2013.

[Dumitras 09] T. Dumitraş and P. Narasimhan. "Why Do Upgrades Fail and What Can We Do About It?" Middleware '09 Proceedings of the 10th ACM/IFIP/USENIX International Conference on Middleware, Springer, 2009, http://dl.acm.org/citation.cfm?id=1657005

[DZone 13] P. Hammant. "Google's Scaled Trunk Based Development," May 9, 2013, http://architects.dzone.com/articles/googles-scaled-trunk-based

[Edwards 14] D. Edwards. "DevOps is an Enterprise Concern," InfoQ QCon interview with Damon Edwards by Manuel Pais, May 31, 2014, http://www.infoq.com/interviews/interview-damon-edwards-qcon-2014

[Erl 07] T. Erl. *Service-Oriented Architecture: Principles of Service Design*. Prentice Hall, 2007.

[FireScope 13] "What is an IT Service?" November 12, 2013, http://www.firescope.com/blog/index.php/service/

[Fitz 09] T. Fitz. "Continuous Deployment at IMVU: Doing the Impossible Fifty Times a Day," February 10, 2009, http://timothyfitz.com/2009/02/10/continuous-deployment-at-imvu-doing-the-impossible-fifty-times-a-day/

[Fowler 06] I. Robinson. "Consumer-Driven Contracts: A Service Evolution Pattern," June 12, 2006, http://martinfowler.com/articles/consumerDrivenContracts.html

[Gilbert 02] S. Gilbert and N. Lynch. "Brewer's Conjecture and the Feasibility of Consistent, Available, Partition-tolerant Web Services," *ACM SIGACT News*, 33 (2) , pp. 51-59, 2002.

[Gillard-Moss 13] P. Gillard-Moss. "Machine Images as Build Artefacts," December 20, 2013, http://peter.gillardmoss.me.uk/blog/2013/12/20/machine-images-as-build-artefacts/

[Hamilton 12] J. Hamilton. "Failures at Scale & How to Ride Through Them," November 30, 2012, Amazon Web Services.

[Humble 10] J. Humble and D. Farley. *Continuous Delivery: Reliable Software Releases through Build, Test, and Deployment Automation*, Addison-Wesley Professional, 2010.〔日本語訳は『継続的デリバリー―― 信頼できるソフトウェアリリースのためのビルド・テスト・デプロイメントの自動化』(アスキー・メディアワークス)〕

[Hunnebeck 11] L. Hunnebeck. *ITIL Service Design*. The Stationery Office, 2011.

[InfoQ-M 13] E. Minick. "A Continuous Delivery Maturity Model," July 17, 2013, http://www.infoq.com/presentations/continuous-delivery-model

[InfoQ-R 13] A. Rehn, T. Palmborg, and P. Boström. "The Continuous Delivery Maturity Model," February 6, 2013, http://www.infoq.com/articles/Continuous-Delivery-Maturity-Model

[InfoQ 14] D. Edwards. "Introducing DevOps to the Traditional Enterprise," June 18, 2014, http://www.infoq.com/minibooks/emag-devops

[InformationWeek 13] J. Masters Emison. "Cloud Deployment Debate: Bake Or Bootstrap?" October 30, 2013, http://www.informationweek.com/cloud/infrastructure-as-a-service/cloud-deployment-debate-bake-or-bootstrap/d/d-id/1112121

[ITSecurity 14] D. Raywood. "Shellshock hit our old unpatched server, admit BrowserStack," November 13, 2014, http://itsecurityguru.org/shellshock-hit-old-unpatched-server-admit-browserstack/#.VGVvZskhMuI

[Kandula] S. Kandula, G. Ananthanarayanan, A. Greenberg, I. Stoica, Y. Lu, B. Saha, E. Harris. "Combating Outliers in Map-Reduce," Microsoft Research, http://research.microsoft.com/en-us/um/people/srikanth/data/combating%20outliers%20in%20map-reduce.web.pptx

[Kreps 13] J. Kreps. "The Log: What Every Software Engineer Should Know About Real-time Data's Unifying Abstraction," December 16, 2013, http://engineering.linkedin.com/distributed-systems/log-what-every-software-engineer-should-know-about-real-time-datas-unifying

[Lamport 14] L. Lamport. "Paxos Made Simple," *ACM SIGACT News* 32, 4, December 2001, http://research.microsoft.com/en-us/um/people/lamport/pubs/pubs.html#paxos-simple

[Ligus 13] S. Ligus. *Effective Monitoring and Alerting*. O'Reilly Media, 2013.

[Lloyd 11] V. Lloyd. *ITIL Continual Service Improvement*. The Stationery Office, 2011.

[Lu 15] Q. Lu, L. Zhu, X. Xu, L. Bass, S. Li, W. Zhang, and N. Wang. "Mechanisms and Architectures for Tail-Tolerant System Operations in Cloud," *IEEE Software*, Jan-Feb 2015, pp. 76-82.

[Massie 12] M. Massie, B. Li et al. *Monitoring with Ganglia*, O'Reilly Media, 2012, http://ganglia.sourceforge.net/

[Mozilla] C. AtLee, L. Blakk, J. O'Duinn, and A. Zambrano Gasparian. "Firefox Release Engineering," http://www.aosabook.org/en/ffreleng.html

[Nelson-Smith 13] S. Nelson-Smith. *Test-Driven Infrastructure with Chef, 2nd Edition*. O'Reilly Media, 2013.

[Netflix 13] "Preparing the Netflix API for Deployment," November 18, 2013, http://techblog.netflix.com/2013/11/preparing-netflix-api-for-deployment.html

[Netflix 15] J. Kojo, V. Asokan, G. Campbell, and A. Tull. "Nicobar: Dynamic Scripting Library for Java," February 10, 2015, http://techblog.netflix.com

[Newman 15] S. Newman. *Building Microservices: Designing Fine-Grained Systems,* O'Reilly Media, 2015.〔日本語訳は『マイクロサービスアーキテクチャ』(オライリージャパン)〕

[NIST 11] P. Mell and T. Grance. "The NIST Definition of Cloud Computing," National Institute of Standards and Technology, NIST Special Publication 800-145, http://csrc.nist.gov/publications/nistpubs/800-145/SP800-145.pdf

[NIST 13] "Security and Privacy Controls for Federal Information Systems and Organizations," NIST 800-53, Rev. 4, April, 2013 http://csrc.nist.gov/publications/PubsDrafts.html

[OMG 11] "Business Process Model and Notation," Version 2.0, OMG, January 2011, http://www.bpmn.org]

[Puppet Labs 13] C. Caum. "Continuous Delivery Vs. Continuous Deployment: What's the Diff?" August 30, 2013, http://puppetlabs.com/blog/continuous-delivery-vs-continuous-deployment-whats-diff

[Rance 11] S. Rance. *ITIL Service Transition*. The Stationery Office, 2011

[Schad 10] J. Schad, J. Dittrich, and J.-A. Quiané-Ruiz. "Runtime Measurements in the Cloud: Observing, Analyzing, and Reducing Variance," *Proceedings of the VLDB Endowment,* 3 (1), 2010.

[SEI 12] G. Silowash, D. Cappelli, A. P. Moore, R. F. Trzeciak, T. J. Shimeall, and L. Flynn. "Common Sense Guide to Mitigating Insider Threats, 4th Edition," December, 2012, http://resources.sei.cmu.edu/library/asset-view.cfm?assetid=34017

[Seo 14] H. Seo, C. Sadowski, S. Elbaum, E. Aftandilian, and R. Bowdidge. "Programmers' Build Errors: A Case Study (at Google)," *Proceedings of the 36th International Conference on Software Engineering* (*ICSE 2014*).

[Sockut 09] G. H. Sockut and B. R. Iyer. "Online Reorganization of Databases," *ACM Computing Surveys,* 41 (3), Article 14, July

2009.

[Spencer 14] R. Spencer. "DevOps and ITIL: Continuous Delivery Doesn't Stop at Software," Change & Release Management blog, April 5, 2014, http://changeandrelease.com/2014/04/05/devops-and-itil-continuous-delivery-doesnt-stop-at-software/

[Steinberg 11] R. A. Steinberg. *ITIL Service Operation*. The Stationery Office, 2011.

[Tonse 14] S. Tonse. "MicroServices at Netflix," August 8, 2014, http://www.slideshare.net/stonse/microservices-at-netflix

[van der Aalst 11] W. van der Aalst. *Process Mining: Discovery, Conformance and Enhancement of Business Processes*. Springer, 2011.

[Weber 15] I. Weber, C. Li, L. Bass, S. Xu and L. Zhu. "Discovering and visualizing operations processes with POD-Discovery and POD-Viz," *International Conference on Dependable Systems and Networks* (*DSN*), Rio de Janeiro, Brazil, June, 2015.

[Xu 14] S. Xu, L. Zhu, I. Weber, L. Bass, and D. Sun. "POD-Diagnosis: Error diagnosis of sporadic operations on cloud applications," *International Conference on Dependable Systems and Networks* (*DSN*), Atlanta, GA, USA, June, 2014. http://ssrg.nicta.com.au/projects/cloud/

索引

【あ行】

【か行】

【さ行】

【た行】

【な行】

【は行】

【ま行】

【や行】

【ら行】

【わ行】

著者

Len Bass（レン・バス）

オーストラリアのNational ICT Australia（NICTA）の上級主幹研究員。カーネギーメロン大学のSoftware Engineering Institute（SEI）に25年間勤務していた。その間の著書に『実践ソフトウェアアーキテクチャ』（日刊工業新聞社）がある。

Ingo Weber（インゴ・ウェーバー）

オーストラリアのNational ICT Australia（NICTA）のソフトウェアシステム研究グループ上級研究員。

Liming Zhu（リーミン・チュー）

オーストラリアのNational ICT Australia（NICTA）の研究グループリーダーで主幹研究員。

訳者

長尾　高弘（ながお・たかひろ）

1960年千葉県生まれ、東京大学教育学部卒、（株）ロングテール社長。1960年千葉県生まれ、東京大学教育学部卒、（株）ロングテール社長。25年ほどで90冊ほどを翻訳。最近のものは『世界でもっとも強力な9のアルゴリズム』、『AIは「心」を持てるのか』『グーグルのソフトウェア開発』、『The DevOps 逆転だ！』、『最強のビッグデータ戦略』（日経ＢＰ社）など（longtail.co.jp/tlist.html参照）。その他、窓の杜にPCK（Win用ユーティリティ）、詩集『縁起でもない』『頭の名前』（以上、書肆山田）など。

DevOps 教科書

2016年 6 月21日　第 1 版第 1 刷発行

著　者　レン・バス（Len Bass）
　　　　インゴ・ウェーバー（Ingo Weber）
　　　　リーミン・チュー（Liming Zhu）
訳　者　長尾　高弘（ながお　たかひろ）
発行者　村上　広樹
発　行　日経 BP 社
発　売　日経 BP マーケティング
　　　　〒 108-8646　東京都港区白金 1-17-3
　　　　NBF プラチナタワー
　　　　TEL（03）6811-8650（日経 BP 出版局編集）
　　　　http://ec.nikkeibp.co.jp/
表紙・カバー　アート・オブ・ノイズ
本文デザイン・DTP　クニメディア（株）
印刷・製本　図書印刷（株）

ISBN978-4-8222-8544-9

Printed in Japan